Metazoa – Morphologie und Evolution der
vielzelligen Tiere

Achim Paululat • Günter Purschke

Metazoa – Morphologie und Evolution der vielzelligen Tiere

Ein Praxisbuch zum Zoologischen Praktikum

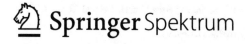 Springer Spektrum

Achim Paululat
Fachbereich 5, Biologie/Chemie
Universität Osnabrück
Osnabrück, Deutschland

Günter Purschke
Fachbereich 5, Biologie/Chemie
Universität Osnabrück
Osnabrück, Deutschland

ISBN 978-3-662-66183-3   ISBN 978-3-662-66184-0 (eBook)
https://doi.org/10.1007/978-3-662-66184-0

Die Deutsche Nationalbibliothek verzeichnet diese Publikation in der Deutschen Nationalbibliografie; detaillierte bibliografische Daten sind im Internet über http://dnb.d-nb.de abrufbar.

Lektorat/Planung: Renate Scheddin
Springer Spektrum ist ein Imprint der eingetragenen Gesellschaft Springer-Verlag GmbH, DE und ist ein Teil von Springer Nature.
Die Anschrift der Gesellschaft ist: Heidelberger Platz 3, 14197 Berlin, Germany

Vorwort

Als Teil des heute als organismisch bezeichneten Anteils der Ausbildung von Biologie-studenten wird auch heute noch oft ein Grundkurs Zoologie oder ein Zoologisches Grund-praktikum angeboten, von den Studierenden mit einer Portion schwarzen Humors gelegentlich auch als „Schnippelkurs" bezeichnet. Da die moderne Biologie eine immense Vielzahl von spannenden Themen umfasst, bleibt für ein solches Praktikum oft wenig Raum und es be-inhaltet daher meistens nur wenige Objekte, die dennoch die wichtigsten sogenannten Bau-pläne repräsentieren sollen. Auch die Zahl der hierfür aufgewendeten Semesterwochenstunden ist an fast allen Universitäten im Laufe der Zeit geringer geworden, sodass viele Objekte, die traditionell in einem großen zoologischen Grundpraktikum untersucht wurden, heute nicht mehr behandelt werden. Eine in die Tiefe gehende Auseinandersetzung mit den Bauplänen der Tiere, der Histologie und dem Zusammenspiel anatomischer Formen, der Evolution und den systematischen Zusammenhängen zwischen den Tiergruppen ist daher heute in der Regel Fort-geschrittenenpraktika vorbehalten. Das hier vorgelegte Buch berücksichtigt die geänderten Bedingungen und beschränkt sich auf nur wenige Objekte, die aber dennoch einen großen Teil der Diversität widerspiegeln und das für alle Biologiestudierenden inklusive unserer an-gehenden Lehrerinnen und Lehrer essenzielle Grundwissen repräsentieren sollen. Neben einer makroskopischen Untersuchung der verschiedenen Tiere und Lebendbetrachtungen sind aber zusätzlich handwerkliche Fertigkeiten zur richtigen Benutzung von Stereomikroskop und Mikroskop als optische Hilfsmittel nötig. Die größeren Objekte müssen dabei zum Verständnis ihrer Organisation sorgfältig präpariert, die kleineren an Totalpräparaten mikroskopisch oder auch histologisch untersucht werden. In diesem Buch schlagen wir je nach Größe der Tiere eine entsprechende Mischung von Untersuchungsmethoden vor.

Darüber hinaus trägt unser Lehrbuch dem geänderten Lernverhalten heutiger Studierender Rechnung. Anders als in vielen klassischen Anleitungen stehen in diesem Buch Fotografien im Vordergrund. Zeichnungen werden nur ausnahmsweise als Schemata und zum Verständnis der Präparation verwendet. Dennoch möchten wir den Wert von eigenen Zeichnungen besonders hervorheben. Eine Zeichnung, vom eigenen Präparat angefertigt, besitzt einen hohen didakti-schen Wert. Studierende, die präzise zeichnen, akkumulieren wesentlich mehr Wissen in ihrem Langzeitgedächtnis als diejenigen, die nur ein Foto aufnehmen oder das Objekt betrachten. Fotografien wiederum spiegeln die realen Verhältnisse oft viel besser wieder als eine Skizze. Studierende arbeiten gerne mit solchen Fotografien, viele der hier gezeigten Abbildungen haben wir bereits in unseren eigenen Lehrveranstaltungen erprobt. Unser Grundmodul Zoo-logie in Osnabrück wird jedes Jahr von 100 bis 140 Studierenden belegt. Die Rückmeldungen unserer Studierenden zeigen uns, dass Fotos und Zeichnungen eine perfekte Kombination dar-stellen, um die grundlegende Anatomie der Tiere besser verstehen zu lernen. Wir verstehen daher unser Buch als optimale Ergänzung zu bewährten Lehrbüchern wie dem Kükenthal *Zoo-logisches Grundpraktikum* oder dem Wehner/Gehring „*Zoologie*", in manchen Situationen mag unser Buch auch andere Lehrbücher ersetzen. Wir haben nun unsere im Laufe der Jahre gesammelten Fotos ergänzt, Lücken geschlossen, hier und da um Fotografien von histo-logischen Präparaten erweitert und zu einem neuen Buchkonzept entwickelt. Jedem unserer Kapitel stellen wir eine kurze Einführung des besprochenen Tieres und der besprochenen Tier-gruppe voraus, sodass auch nur mit diesem Praktikumsbuch gearbeitet werden kann, ohne weitere Lehrbücher hinzuziehen zu müssen. Wir möchten mit unserem Buch den Studierenden einen ersten kompakten Überblick über die Baupläne der Tiere liefern, sind uns aber dennoch darüber bewusst, dass jedes einzelne Objekt wesentlich mehr Aufmerksamkeit und inhaltliche Tiefe verdient hätte, als wir hier auf dem zur Verfügung stehenden Raum geboten haben. Dies ist der Idee geschuldet, die aus unserer Sicht wichtigsten Aspekte der jeweiligen Tiergruppe anzusprechen, ohne dass das Buch seine Kompaktheit verliert.

Darüber hinaus sollten die für solche Übungen benötigten Tiere möglichst einfach zu beschaffen sein, oft stammen sie aus Zuchtbetrieben, die unter anderem Hobby-Entomologen (Schaben), Teichliebhaber (Teichmuscheln), Zoos (Ratte) oder Restaurants (Forelle, Schnecke) beliefern, ein Eingriff in empfindliche Ökosysteme ist dabei also ausgeschlossen. Wenn Sie gesammelt oder gefischt werden (Seescheide, Seestern), sollte dies so geschehen, dass das jeweilige Ökosystem keinen Schaden nimmt. Selbstverständlich spielen ethische Aspekte eine wichtige Rolle. In unserem eigenen Grundpraktikum Zoologie legen wir daher seit vielen Jahren die Bezugsquellen stets offen und stellen uns gegebenenfalls der Diskussion. Die überwältigende Mehrzahl unserer bisherigen Studierenden bewertet unser Konzept positiv und möchte nicht auf ein echtes Präparierpraktikum verzichten. Oft stehen moderne Medien, die gerne als möglicher Ersatz gepriesen werden, zur Verfügung. Beispielsweise gibt es eine Vielzahl von „Video-Tutorials" unterschiedlicher Tierpräparationen im Internet. Solche Videos können bei guter Qualität eine hervorragende Ergänzung zu einem realen Grundpraktikum Zoologie sein, sind aber kein gleichwertiger Ersatz.

Wir hoffen, dass unser Buch möglichst vielen Studierenden ein besseres Verständnis von Bauplänen ermöglicht. Wir freuen uns auf Rückmeldungen von Studierenden und Lehrenden, um diese Anregungen in späteren Auflagen zu berücksichtigen. Auch bei der Auswahl der Tiere sind wir für Wünsche offen.

Osnabrück, Deutschland   Achim Paululat
März 2023   Günter Purschke

Dank

Im Laufe der Jahre haben zahlreiche Mitarbeiter der Abteilung Zoologie/Entwicklungsbiologie an der Universität Osnabrück zum Gelingen des zoologischen Praktikums beigetragen, beispielsweise durch das Ausarbeiten von Präparieranleitungen. Unser Dank geht unter anderem an Dr. Annette Bergter, Dr. Heiko Harten, Dr. Christine Lehmacher, Dr. Ekaterini Olympia Psathaki und Dr. Torsten H. Struck.

Für die Mitarbeit an diesem Buch möchten wir uns ganz besonders bei der Biologiestudentin Caici Neerincx bedanken. Caici hat mit viel Engagement zahlreiche Tiere präpariert und für die Fotografie vorbereitet.

Einzelne Kapitel wurden von Prof. Dr. Hermann Aberle (Düsseldorf), Prof. Dr. Ernst-Martin Füchtbauer (Aarhus, DK), Prof. Dr. Monika Hassel (Marburg), Dr. Peter Heimann (Bielefeld), Dr. Katherina Psathaki (Osnabrück) und Prof. Dr. Torsten Struck (Oslo) Korrektur gelesen. Dafür sind wir zu tiefem Dank verpflichtet. Lebende Exemplare von *Trichoplax adhaerens* wurden von Prof. Dr. Harald Gruber-Vodicka (Kiel) zur Verfügung gestellt.

Einige Fotos wurden im Rahmen unserer meeresbiologischen Praktika nach Roscoff (Station Biologique de Roscoff) oder nach Helgoland (BAH, AWI) angefertigt. Dort wurden wir stets durch unsere Gastgeber zuverlässig mit Tieren versorgt. Unser herzlichster Dank gilt daher Ute Kieb, Kathrin Böhmer, Renate Beissner, Uwe Nettelmann und Dr. Eva Brodte von der BAH/AWI auf Helgoland, sowie Philippe Gaëlle und den Mitarbeiter/innen des dortigen Aquariums und der Materialbeschaffung von der Station Biologique de Roscoff. Die wunderbaren Fotos zur Seeigelbefruchtung und Entwicklungsstadien hat uns dankenswerterweise em. Prof. Dr. Dietrich Ribbert (Universität Münster) zur Verfügung gestellt. Prof. Ernst-Martin Füchtbauer (Universität Aarhus) steuerte Fotos von *Ciona*-Embryonen bei.

Inhaltsverzeichnis

Über die Autoren

Achim Paululat, 1961 in Soest geboren, studierte Biologie, Chemie und Erziehungswissenschaften mit dem Ziel des Lehramts. Nach dem 1. Staatsexamen promovierte er 1990 bei Dietrich Ribbert an der Universität Münster. Bereits während dieser Zeit arbeitet Achim Paululat als Dozent an der damaligen Pädagogischen Hochschule Münster und als freiberuflicher „Guide" am Naturkundemuseum in Münster. Im Anschluss an seine Post-Doc- und Assistentenzeit bei Renate Renkawitz-Pohl an der Univeristät Marburg und einem Forschungsaufenthalt bei Alan Michelson am HHMI, Harvard Medical School in Boston, folgte die Habilitation in den Fächern Zoologie und Entwicklungsbiologie an der Universität Marburg. 2004 wurde Achim Paululat auf den Lehrstuhl für Zoologie, heute Zoologie-Entwicklungsbiologie, an den Fachbereich Biologie/Chemie der Universität Osnabrück berufen. Als Sprecher von Graduiertenkollegs, Mitglied in mehreren Sonderforschungsbereichen und Projektleiter in internationalen Konsortien sowie nach zwei Amtzeiten als Dekan widmet er sich aktuell der Erforschung von genetischen und zellphysiologischen Prozessen in Muskelzellen und Nephrocyten im Modellorganismus *Drosophila melanogaster*. Darüber hinaus ist Achim Paululat zurzeit Mitglied im DFG-Fachkollegium 203 und Co-Editor der deutschen Ausgabe des Lehrbuchs *Campbell Biologie*. Persönliche Note: An dieser Stelle möchte ich mich ganz besonders bei meiner Frau Mechtild und bei meinen beiden Kindern Gero und Meret bedanken, die immer sehr viel Verständnis für meine gelegentlich wohl anstrengende Begeisterung für alle naturwissenschaftlichen Themen aufbringen.

Günter Purschke, 1954 in Hamburg geboren, studierte Biologie und Chemie für das Lehramt an Gymnasien an der Georg-August-Universität in Göttingen. Nach dem ersten Staatsexamen promovierte er dort 1984 bei Wilfried Westheide. Seit seinem Studium ist er kontinuierlich in der studentischen Lehre tätig, zuerst als studentische und wissenschaftliche Hilfskraft, nach der Promotion als wissenschaftlicher Mitarbeiter (Assistent) an der Universität Osnabrück am Lehrstuhl für Spezielle Zoologie bei Wilfried Westheide. Auf die Habilitation im Fach Zoologie 1997 folgte im Jahr 2002 die Ernennung zum außerplanmäßigen Professor. Nach der Lehrstuhlvertretung in dieser Abteilung 2003/2004 ist er bis heute weiterhin am heutigen Lehrstuhl für Zoologie und Entwicklungsbiologie bei Achim Paululat tätig. Seinen Forschungsschwerpunkt hat er in der Morphologie, Phylogenie und Systematik der Anneliden gefunden. Schwerpunkte der eigenen wissenschaftlichen Arbeit betreffen unter anderem Struktur und Evolution des Nervensystems und der Sinnesorgane, wobei zahlreiche Untersuchungen den Augen und Fotorezeptoren gewidmet sind. Neben etlichen Originalveröffentlichungen ist er Mitherausgeber mehrerer fachwissenschaftlicher Bücher: 2005 (mit Thomas Bartolomaeus, Bonn) *Morphology, Molecules, Evolution and Phylogeny in Polychaeta and related Taxa*, 2016 (mit Andreas Schmidt-Rhaesa, Hamburg, und Steffen Harzsch, Greifswald) *Structure and Evolution of Invertebrate Nervous Systems*, 2019, 2020, 2021 und 2022 (mit Markus Böggemann, Vechta, und Wilfried Westheide, Osnabrück) je ein Band im *Handbook of Zoology, Annelida*, jeweils auch mit eigenen Review-Beiträgen. Seit der 1. Auflage 1996 von Westheide/Rieger *Spezielle Zoologie* ist er auch dort als Autor verteten. Seitdem mit der

8. Auflage 2009 die deutschsprachige Überarbeitung des Lehrbuchs *Campbell Biologie* von Osnabrücker Biologen übernommen wurde, hat er kontinuierlich die Kapitel zur Phylogenie, zur Diversität und Evolution der Metazoa, zu den Wirbellosen und den Wirbeltieren überarbeitet. Nicht zuletzt haben Achim Paululat und er das *Wörterbuch der Zoologie* in seiner jetzigen Form stark überarbeitet und aktualisiert.

Nach welchen Kriterien haben wir die in diesem Buch behandelten Tiere und Tiergruppen ausgewählt? Allgemein werden heute die Metazoa je nach Autor in 30 bis 36 sogenannte Tierstämme eingeteilt, die letztlich alle auf einen nur ihnen gemeinsamen Vorfahren, die Stammart aller Metazoa, zurückgehen (Abb. 1.1). In einführenden Lehrbüchern wird aber in der Regel bereits eine Auswahl getroffen, so werden beispielsweise im *Campbell Biologie* (Urry et al. 2019) im Stammbaum der Metazoa nur 15 Taxa berücksichtigt, aber 23 im Text beschrieben. Ähnlich ist es in der *Zoologie* (Wehner und Gehring 2013). Die verschiedenen besprochenen Großgruppen zeigen alle mehr oder weniger unterschiedliche Baupläne oder deutliche Unterschiede in ihrer Organisation, aber vielen dieser Großgruppen wird man selbst als Biologe niemals begegnen. Sind sie deshalb unwichtig? Gerade für das Verständnis der evolutiven Veränderungen sind derartige Gruppen für Zoologen, die sich mit Phylogenie und Evolution beschäftigen, natürlich besonders interessant. Als Basis für die Allgemeinbildung von Biologen sollte allerdings ein Eindruck vermittelt werden, wie groß die Diversität der Metazoa tatsächlich ist. Darüber hinaus ist die Zahl der Arten einschließlich der Diversität innerhalb dieser Gruppen außerordentlich unterschiedlich. Daraus folgt, dass eine Auswahl allein schon wegen der Anzahl der Gruppen, aber auch wegen der meist großen Teilnehmerzahlen in den Grundpraktika getroffen werden muss. Diese Auswahl sollte zumindest einen großen Teil der unterschiedlichen Baupläne repräsentieren.

Die Kursobjekte und ihre wahrscheinliche phylogenetische Position sind im Stammbaumschema hervorgehoben (Abb. 1.1). Wir schlagen für die Untersuchung in einführenden Zoologiekursen mindestens einen Vertreter aus den Großgruppen vor, die jeweils die unterschiedlichen Baupläne der Metazoa repräsentieren. Dabei haben wir uns auf die diverseren oder artenreicheren Gruppen konzentriert. So sind die basalen Gruppen der Metazoa mit den Schwämmen und Nesseltieren vertreten. Innerhalb der triploblastischen Metazoa, der Bilateria, sind sowohl Vertreter der Protostomia und Deuterostomia ausgewählt worden. In jeder der beiden letztgenannten Gruppen sind die Hauptlinien vertreten, die Ecdysozoa mit Nematoden und Gliederfüßern, die Spiralia mit Plattwürmern, Weichtieren und Ringelwürmern. Bei den Arthropoden, Mollusken und Anneliden werden mehrere Objekte vorgestellt, von denen in einem Grundkurs gegebenenfalls eines ausreichen würde. Die Deuterostomia sind mit den Echinodermata und allen drei Gruppen der Chordatiere vertreten. Letzteres ist auch der Tatsache geschuldet ist, dass wir Menschen ebenfalls zur Gruppe der Chordatiere gehören. Auch traditionell und außerhalb der Biologie wird wohl aus demselben Grund den Wirbeltieren oft mehr Raum gegeben, als ihnen allein von der Artenzahl von etwa 55.000 Arten verglichen mit weit mehr als 1.500.000 Arthropodenarten zukommen würde.

Bei allen Kursobjekten sollte man sich im Klaren sein, dass ihre Eigenschaften, mit denen wir uns beschäftigen, stets eine Mischung aus phylogenetisch alten, also sehr früh in der Evolution der Metazoa entstandenen Strukturen und vergleichsweise jungen Merkmalen sind. Kein Organismus, keine Art oder kein Taxon ist insgesamt ursprünglich, sondern stets ein Merkmalsmosaik aus phylogenetisch alten und neuen Merkmalen. Jede Großgruppe hat ihre eigene unumkehrbare Evolutionsgeschichte hinter sich. Das, was wir an diesen exemplarisch ausgewählten Tieren untersuchen, ist das Ergebnis ihrer individuellen Evolutionsgeschichte. Innerhalb dieser Gruppen zeigen deshalb auch die vorgestellten Vertreter niemals alle gruppentypischen Eigenschaften oder das sogenannte Grundmuster. Dieses trifft in besonderem Maße für die parasitischen Vertreter zu, da diese Lebensweise ganz besondere Anpassungen an ihre Wirte erfordert. So sind zum Beispiel sowohl die frei lebenden Plathelminthes als auch die frei lebenden Nematoden eher mikroskopisch kleine Organismen. Ganz anders die parasitischen Formen. Sowohl bei den Plathelminthes als auch bei den Nematoden erreichen die parasitischen Formen Größen von einigen Zentimetern, etwa der hier behandelte Leberegel und der Spulwurm, oder gar Metern, wie einige Band-

A. Paululat, G. Purschke, *Metazoa – Morphologie und Evolution der vielzelligen Tiere*,
https://doi.org/10.1007/978-3-662-66184-0_1

Abb. 1.1. Phylogenetische Beziehungen der wichtigsten Großgruppen der Metazoa; einige Gruppen wie Placozoa (Abb. 1.2), Loricifera oder Kinorhyncha nicht berücksichtigt. Die gezeigte Topologie ist eine Zusammenfassung verschiedener phylogenomischer Studien (s. Literaturverzeichnis) und stellt eine von mehreren möglichen Hypothesen dar. Die meist als Tierstämme bezeichneten Gruppen sind als terminale Taxa am Ende der Äste genannt, eine Auswahl der inklusiveren höheren Taxa ist auf den jeweiligen Ästen des Baumes positioniert. Die im Buch behandelten Taxa sind in Rot und Fettdruck hervorgehoben

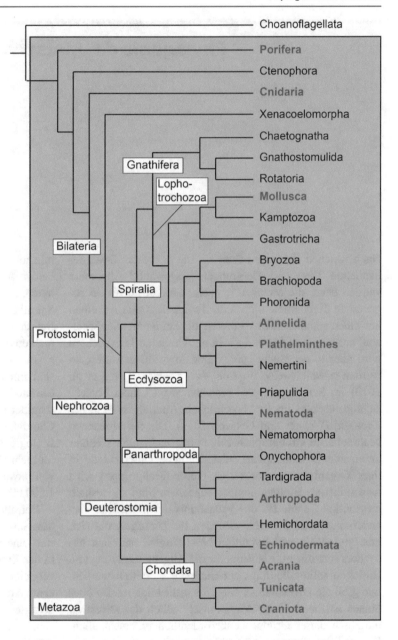

würmer. Dies ist sicherlich auch ein Grund, warum sie als Objekte für ein Anfängerpraktikum den frei lebenden Verwandten vorgezogen werden.

Obschon sehr wahrscheinlich alle Metazoa auf nur einen nur ihnen gemeinsamen Vorfahren zurückgehen, ist es bis heute nicht gelungen, ein phylogenetisches System der Metazoa zu erstellen, dass die Verwandtschaftsbeziehungen der Metazoa mit hinreichend großer Wahrscheinlichkeit wiedergibt. Ein Kladogramm oder ein Stammbaum ist stets eine wissenschaftliche Hypothese, die wie immer in der Wissenschaft getestet und gegebenenfalls falsifiziert werden kann. Bei der in Abb. 1.1 dargestellten Phylogenie ist also zu berücksichtigen, dass die Verwandtschaftsbeziehungen mancher Großgruppen als noch nicht geklärt oder in der Wissenschaft als kontrovers diskutiert zu bezeichnen sind. Dies ist auch nach Einführung der phylogenomischen Verwandtschaftsanalysen nach wie vor der Fall, wenngleich inzwischen viele strittige oder bestehende Probleme geklärt werden konnten. Ein Grund liegt sicher darin, dass wir uns hier mit Evolutionsereignissen beschäftigen, die teilweise 500 Millionen Jahre zurückreichen. Zu den diskutierten Problemen gehört unter anderem, welche der folgenden Tiergruppen, Porifera, Placozoa (Abb. 1.2) oder zuletzt auch die Ctenophora, als erster Ast im phylogenetischen System die ursprünglichsten rezenten Metazoa repräsentiert. Für alle drei Hypothesen gibt es Unterstützung aus molekularen oder morphologischen Untersuchungen, sodass zurzeit keine wirklich falsifiziert werden kann. Der Baum in Abb. 1.1 repräsentiert die „klassische" Hypothese, dass die Porifera, Schwämme, Schwestergruppe aller übrigen Metazoa sind.

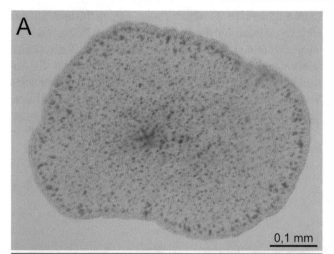

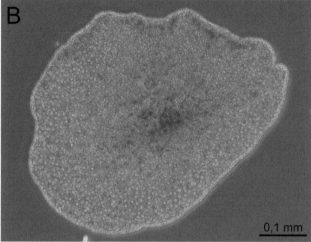

Abb. 1.2. *Trichoplax adhaerens*, Placozoa, Lebendaufnahmen (A) Hellfeld, (B) Phasenkontrast. Der deutsche Zoologe Franz Eilhard Schulze entdeckte 1883 *Trichoplax adhaerens* in einem Meerwasseraquarium des Zoologischen Instituts in Graz. Aber erst Arbeiten aus den 1970er-Jahren von Karl Grell führten zu der Erkenntnis, dass *Trichoplax adhaerens* das vielleicht einfachste aller vielzelligen Tiere ist. Alle für das Leben notwendigen Funktionen werden von etwa sechs morphologisch unterscheidbaren, verschiedenen Zelltypen erbracht. Diese Zellen bilden drei Schichten, ein oberes und ein unteres Epithel und ein dazwischen liegendes Bindegewebe aus Faserzellen. Von den Epithelien der anderen Metazoa unterscheiden sie sich durch das Fehlen einer aus extrazellulärer Matrix (ECM) gebildeten Basallamina, nicht aber der apikalen Verbindungsstrukturen, der Zonulae adhaerentes und septierten Verbindungen. Die Fortbewegung erfolgt mit den monociliären Zellen des unteren Epithels. Die begrenzte Körperschicht wird wegen der fehlenden ECM bei *Trichoplax adhaerens* auch als Epitheloid bezeichnet.

Neben „neuen" Tierstämmen werden nach diesen modernen Verwandtschaftsanalysen „alte" Tierstämme in den modernen Stammbäumen nicht mehr erwähnt, da sie sich als Teilgruppen anderer Großgruppen oder als nicht monophyletisch (auf einen nur ihnen gemeinsamen Vorfahren zurückgehend) erwiesen haben. Zu diesen Gruppen gehören neben zahlreichen anderen beispielsweise die Spritzwürmer (Sipun-

cula) und Bartwürmer (Pogonophora) aber auch die Gliedertiere (Articulata) und Fadenwürmer (Nemathelminthes).

Technische Hinweise

Fotos von lebenden Tieren: Adulte Ohrenquallen und ihre Polypen wurden im Nordsee Aquarium Borkum aufgenommen. Teichmuschel und Bitterling sind im Aquazoo Löbbecke Museum Düsseldorf zu sehen. Wir bedanken uns bei beiden Aquarien für die Möglichkeit, diese Tiere hier vorstellen zu dürfen. Andere Aufnahmen lebender Tiere, beispielsweise von *Sycon raphanus* oder *Ciona intestinalis*, sind im Rahmen unserer Exkursionen nach Roscoff (Bretagne, Frankreich) oder nach Helgoland an die Biologische Anstalt Helgoland/AWI entstanden. **Fotos von Ausstellungsobjekten**: Die Entwicklung des Hummers ist im Museum Helgoland auf Helgoland zu sehen. Die Präparate von regenerierenden Seesternen sind im Heimatmuseum Dykhus auf Borkum ausgestellt. Vielen Dank, dass wir die Objekte hier zeigen dürfen. Wir bedanken uns darüber hinaus bei der Abteilung Verhaltensbiologie an der Universität Osnabrück für das zur Verfügung gestellte Katzenskelett.

Histologische Präparate: Ein Teil der histologischen Präparate wurde mit freundlicher Unterstützung durch Prof. Dr. Monika Hassel, Philipps-Universität Marburg, in den Beständen der Zoologischen Lehrsammlung aufgenommen. Wir bedanken uns des Weiteren bei Patricia und Johannes Lieder, Ludwigsburg, für die großzügige Unterstützung. Lieder-Laboratorium für Mikroskopie, Johannes Lieder GmbH & Co. KG, Solitudeallee 59, 71636 Ludwigsburg, Deutschland. Internet: www.lieder.de. Alle weiteren abgebildeten Schnittserien und Einzelpräparate sind Teil der Histologie-Sammlung der Abteilung Zoologie/Entwicklungsbiologie, Universität Osnabrück, und wurden für Forschung und Lehre hergestellt.

Fotografien: Die Fotos von histologischen Schnitte entstanden überwiegend an einem Leica DM LB Mikroskop, ausgestattet mit DPlan-Objektiven und Jenoptik-Kameras (Progres CF14, Gryphax). Die von Prof. Dr. Ribbert (Universität Münster) zur Verfügung gestellten Fotos von Seeigelbefruchtungen und -Entwicklungsstadien entstanden an einem Zeiss Photomikroskop auf SW-Film, die Fotos von Cilien im Kiemendarm von *Ciona* wiederum wurden mit einer Coolpix 4500 und einer Nikon D5200 an einem Zeiss IM35 an der BAH Helgoland aufgezeichnet. Für einige Fotos kam das „Focus-Stacking"-Verfahren zum Einsatz, um so eine verbesserte Schärfentiefe zu erreichen. Die Fotos wurden hierzu entweder manuell oder mit HIlfe eines Zwischenrings mit automatischer „Bracketing" Funktion (Helicon FB Tube) aufgenommen. Die weitere Verarbeitung der Bilder erfolgte dann mithilfe der „Helicon-Focus"-Software. Fokus-Stacking wurde auch für etliche Aufnahmen von histologischen Präparaten angewandt. Um qualitativ hochwertige Übersichtsaufnahmen zu erzielen, wurden in der Regel mehrere Einzelbilder zu Panoramen zusammengefügt (Stitching), um die notwendige Auflösung für ein Hineinzoomen in die Bilder, etwa bei der E-Book-Ausgabe dieses Buches, zu erhalten. Kameras: Nikon D500, D7500, D5200 und D300s. Objektive: Nikon AF-S Micro Nikkor DX 40 mm/2,8 G, Nikon AF-S Micro Nikkor DX 85 mm/3,5 G ED VR, Nikon AF-S DX Nikkor 16–80 mm/2,8–4 ED VR, Schneider Kreuznach Apo-Componon 2,8/40 mm, Laowa 25 mm/2,8 Ultra Macro 2,5–5X,

Laowa 25 mm/14 2× Macro Probe. Alle nicht-beweglichen Objekte wurden für die Fotografie in einer Präparierschale ausgerichtet und fixiert. Die Verwendung von Reprosäulen (Kaiser und Pentacon), Fernauslöser, Polfilter und die Anwendung einiger Beleuchtungstricks dienten der generellen Verbesserung der Bildqualität. Bildverarbeitung, inklusive Stitching: Affinity Serife Photo, Affinity Serife Designer, Adobe Photoshop CS und Adobe Illustrator CS, Helicon Focus, MacroDLSR.

▶ **Schwämme sind wasserbewohnende Vielzeller ohne echte Epithelien und Organe. Als Adulte sind sie festsitzende und nahezu unbewegliche Organismen, die sich mikrophag ernähren. Schwämme bilden beeindruckende und farbenprächtige Bestandteile vieler mariner Biozönosen. Ihre Farben und Formen sind so mannigfaltig, dass sie auch als tierische Entsprechungen impressionistischer Kunstwerke bezeichnet werden können.**

Schwämme leben sessil, sie sind mit dem Substrat fest verbunden, wandern nicht umher und sie bewegen sich nicht. Obwohl sie auf Laien eher wie Pflanzen wirken, handelt es sich bei Schwämmen dennoch um Tiere. Schwämme (Porifera) gehören zu den ersten echten vielzelligen Tieren (Metazoa = Vielzeller), die unsere Erde besiedelten und ihre Fossilgeschichte lässt sich mindestens bis in die Zeit des Kambriums vor 540–480 Millionen Jahren zurückverfolgen. Sie stellen aus diesem Grund einen wichtigen Meilenstein in der Evolution aller heute lebenden Tiere dar. Echte Epithelien und Organe, wie wir sie bei allen übrigen Tieren finden, existieren bei Schwämmen nicht. Ob sie aber tatsächlich die rezenten Repräsentanten des ersten abzweigenden Astes im Stammbaum aller Metazoa darstellen (s. Abb. 1.1), wird neuerdings kontrovers diskutiert. Wir folgen in diesem Buch allerdings der „*Porifera first*"-Hypothese. Daraus ergibt sich zwangsläufig die Annahme, dass viele der für die übrigen Metazoa und oft für Tiere generell angenommenen typischen Eigenschaften den Porifera primär fehlen. Demnach sind die typischen „tierischen" Eigenschaften erst entstanden, nachdem die Porifera vom Stammbaum der Metazoa abgezweigt sind. Die konkurrierenden Verwandtschaftshypothesen hingegen besagen, dass diese Eigenschaften bei Schwämmen ursprünglich vorhanden waren, dann aber wieder verloren gegangen sind. Demnach wiesen die Schwämme nur sekundär einen extrem einfachen Körperbau auf.

Anatomie der Schwämme

Die einfache Körperorganisation aller Schwämme spiegelt sich im Fehlen jeglicher Organe wider. Schwämme besitzen keinen Darmkanal, kein Nervensystem und auch keine Organe, die für die Osmoregulation und Exkretion sorgen. Alle Körperfunktionen werden auf der Ebene einzelner Zellen ausgeführt. Während Wirbeltiere mindestens 200 unterschiedliche Zelltypen besitzen, beispielsweise Muskelzellen, Nervenzellen, Sinneszellen, Gliazellen, Leberzellen oder Adipocyten, die Gewebe und Organe bilden, übernehmen bei den Porifera nur etwa 20 verschiedene somatische Zelltypen alle Lebensaufgaben. Das ist immerhin fast das Vierfache an Zelltypen wie bei den hier nicht behandelten Plattentieren, Placozoa (s. Abb. 1.2), nachzuweisen ist, die als am einfachsten gebaute Metazoa überhaupt gelten. Adulte Vertreter der Porifera besitzen auch keine durch Symmetrieachsen definierte feste Körperform. Sie sind weder radiärsymmetrisch wie eine Seeanemone oder Qualle, noch sind sie bilateralsymmetrisch wie ein Insekt oder ein Mensch. Stattdessen wachsen die sessilen Schwämme oft unregelmäßig oder passen sich in ihrem Wachstum dem Untergrund an. Ihr Körperbau wird daher als amorph bezeichnet.

Schwämme filtrieren kontinuierlich Nahrungspartikel aus dem durch sie hindurchströmenden Wasser. Eine derartige mikrophage Ernährungsweise ist zwar für viele Meeresbewohner nichts Ungewöhnliches, enthält das Meerwasser doch eine Vielzahl mikroskopisch kleiner abgestorbener organischer Partikel (POM, *particulate organic matter*), prokaryotische oder eukaryotische Mikroorganismen sowie gelöste organische Substanzen (DOM, *dissolved organic matter*). Die Konzentration dieser Partikel im Wasser ist jedoch relativ gering, sodass alle mikrophagen Filtrierer diese anreichern müssen – es muss also eine große Wassermenge filtriert werden, damit die Tiere nicht verhungern und wachsen können. Dieses biologische Problem haben die Schwämme in einzigartiger Weise gelöst, ihr Filtrationssystem ist eines der

A. Paululat, G. Purschke, *Metazoa – Morphologie und Evolution der vielzelligen Tiere*,
https://doi.org/10.1007/978-3-662-66184-0_2

leistungsfähigsten innerhalb der Metazoa: Durchschnittlich alle fünf Sekunden passiert einen Schwammorganismus eine Wassermenge, die dessen gesamtem Körpervolumen entspricht. Dies ist möglich, da der Körper von Schwämmen aus zahlreichen Hohlräumen und Kanälen besteht, die über Poren mit dem Außenmedium in Verbindung stehen. Der wissenschaftliche Name der Schwämme, Porifera, leitet sich dementsprechend vom griechischen Wort *ho poros* – „der Durchgang, die Pore", also Porenträger, ab. Die inneren Hohlräume werden als Spongocoel, Atrium oder Zentralraum bezeichnet, hier sammelt sich das über die Poren einströmende Wasser und verlässt von dort durch meist eine Ausströmöffnung, Osculum (Plural Oscula) genannt, den Körper. Motor der Wasserbewegung sind die im Inneren verborgenen Choanocyten oder Kragengeißelzellen, die mithilfe ihrer Geißeln diesen Wasserstrom erzeugen (Abb. 2.1). Die Komplexität des Schwammkörpers kann je nach Art ganz unterschiedlich sein und wird durch drei Grundformen beschrieben, die sich im Wesentlichen durch den Bau des inneren Kanalsystems unterscheiden. Beim einfachsten, dem Ascon-Bautyp, kleiden die Choanocyten einen einzelnen zentralen Hohlraum aus, während sich beim Sycon-Bautyp (Abb. 2.2, 2.3 und 2.4) alle Choanocyten in Radialtuben befinden. Die Radialfalten bilden sich als Einfaltungen der Körperwand und dienen der Oberflächenvergrößerung der Strömungskammern und erhöhen so die mögliche Filtrationsleistung. Beim Leucon-Bautyp gelangt das einströmende Wasser zunächst in mehrere von Choanocyten ausgekleidete Geißelkammern, bevor es dann in einer zentralen Hauptkammer gesammelt wird und von dort den Körper verlässt. Der jeweilige Bautyp limitiert die maximale Körpergröße. Die Schwämme grenzen sich zur Außenwelt und zum zentralen Hohlraum jeweils durch eine Zellschicht, das Pinacoderm, ab. Der gesamte Raum zwischen den beiden Pinacodermschichten ist ausgefüllt mit extrazellulärer Matrix, hier Mesohyl genannt, die die übrigen Zellen enthält. Durch diesen Aufbau der Schwämme sind der Stabilität des Körpers Grenzen gesetzt. Wegen der geringen Dicke des eigentlichen Schwammkörpers erreichen Schwämme vom Ascon-Typ eine maximale Größe von nur etwa 1 cm bei 1 mm Durchmesser (Abb. 2.5). Einerseits würden größere Schwammkörper mechanisch instabil und andererseits wäre die Anzahl an Choano-

Abb. 2.2 *Sycon raphanus*, Rettichschwamm, Lebendaufnahme, Roscoff, Frankreich

cyten zu gering, um eine ausreichende Filtration zu ermöglichen, wenn die Durchmesser größer wären. Beim Sycon-Typ ist die relative Größe des Atriums kleiner und die Zahl der Choanocyten höher, sodass Schwämme von diesem Typus größere Körperdimensionen erreichen (Abb. 2.2). Beim Leucon-Typ wird dieses Verhältnis noch günstiger, Tausende von Kragengeißelzellenkammern, die durch ein Netzwerk dünner Kanäle miteinander verbunden sind, ermöglichen hohe Filtrationsleistungen und große Körperdimensionen, die im Meterbereich liegen können. Diese Schwämme können bis zu 10.000 Kragengeißelkammern von etwa 20–40 μm Durchmesser pro Kubikmillimeter (mm^3) enthalten.

Die Choanocyten (Kragengeißelzellen) sind für die Wasserbewegung im Schwamm und für die Nahrungsaufnahme von essenzieller Bedeutung. Sie bilden auf der dem Atrium oder den Kammern zugewandten Seite jeweils eine lange Geißel (Flagellum) aus, die von einem Ring aus 30 bis 40 langen Mikrovilli umgeben ist (Abb. 2.1). Mikrovilli werden im Gegensatz zu Cilien nicht durch Tubulin-, sondern durch Aktinfilamente gestützt und besitzen daher auch keinen Basalkörper und sind unbeweglich. Der beschriebene Ring aus Mikrovilli erinnert an einen Kragen oder eine Krone, daher werden diese Zellen auch als Kragengeißelzellen bezeichnet. Die Choanocyten der Schwämme ähneln in ihrem Aufbau den Choanoflagellata, Einzellern, die als nächste Verwandte der Metazoa gelten. Hierfür sprechen

Choanocyte

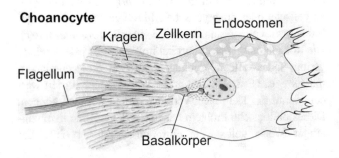

Abb. 2.1 Schematischer Aufbau einer Choanocyte, Kragengeißelzelle. Nach Wandkarten aus der Biologischen Sammlung der Universität Osnabrück, verändert

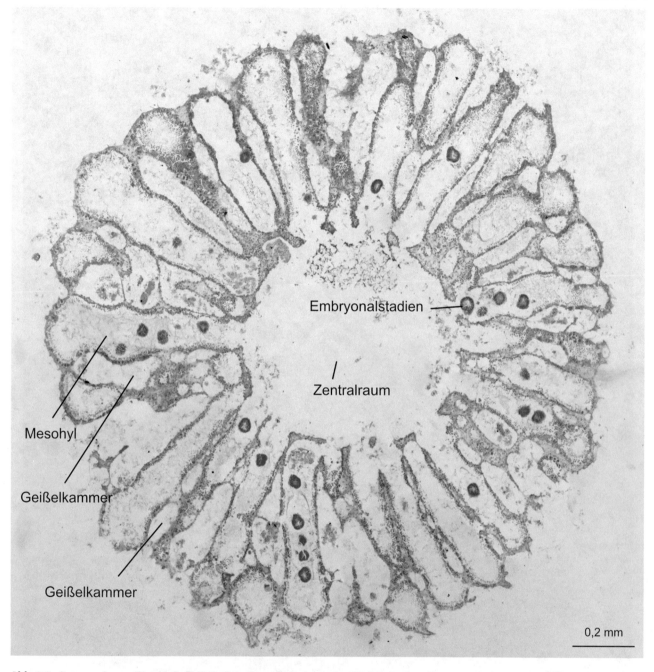

Abb. 2.3 *Sycon raphanus.* Histologie. Vollständiger Querschnitt durch eine mittlere Region eines ausgewachsenen Tieres. Zentralraum mit zuführenden Gängen, Embryonalstadien. Präparat der Zoologischen Lehrsammlung, Philipps-Universität Marburg

neben morphologischen Merkmalen mittlerweile auch zahlreiche molekulare Befunde. Auch ein bei aquatischen Wirbellosen sehr weit verbreiteter Sinneszelltyp, die Collar-Rezeptoren, sind den Choanocyten sehr ähnlich, wenn auch die Anzahl ihrer Mikrovilli (acht oder zehn) sowie deren Länge deutlich geringer sind. Bei Schwämmen sezernieren die Choanocyten einen Schleim (extrazelluläre Matrix), der zwischen den Mikrovilli verbleibt und einen zähen Film bildet. Da die Wand der Zentralkammern von Choanocyten gebildet wird, erzeugt die permanente Bewegung der Geißel einen kontinuierlichen Wasserstrom. Dabei wird das Wasser zunächst durch die 20–50 μm großen Poren (Ostien), die

von Porocyten in der Außenwand des Schwammkörpers gebildet werden, in die zuführenden Kanäle geleitet (Abb. 2.5). So gelangen größere Parikel gar nicht erst in den Schwammkörper. In diesen Kanälen verringert sich der Durchmesser kontinuierlich und Partikel mit einem Durchmesser von weniger als 5 μm werden von den Endopinacocyten oder Archaeocyten phagocytiert. Nur die kleineren Partikel werden durch den Schleimfilm der Kragengeißelzellen getrieben und anschließend durch Endocytose von den Choanocyten aufgenommen. Schwämme ernähren sich also wie die einzelligen Vorfahren der Metazoa; eine extrazelluläre Verdauung gibt es nicht. Die aufgenommenen Partikel werden

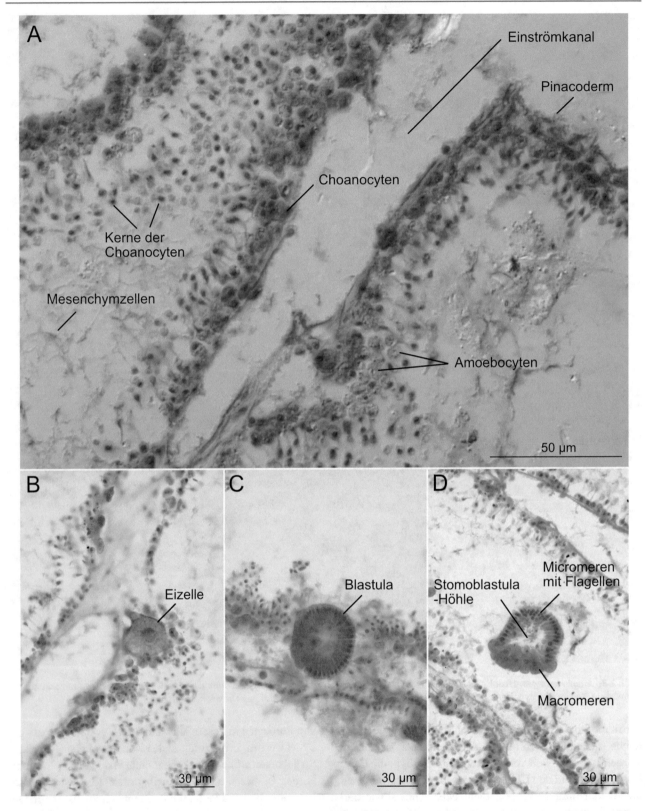

Abb. 2.4 *Sycon raphanus*. (**A**) Ausschnittsvergrößerung mit Geißelkammer und Einströmkanal, Choanocyten, Amoebocyten, Pinacocyten. (**B–D**) Entwicklungsstadien. (**B**) Eizelle. (**C**) Frühe Blastula. (**D**) Stomoblastula. Präparate der Zoologischen Lehrsammlung, Philipps-Universität Marburg

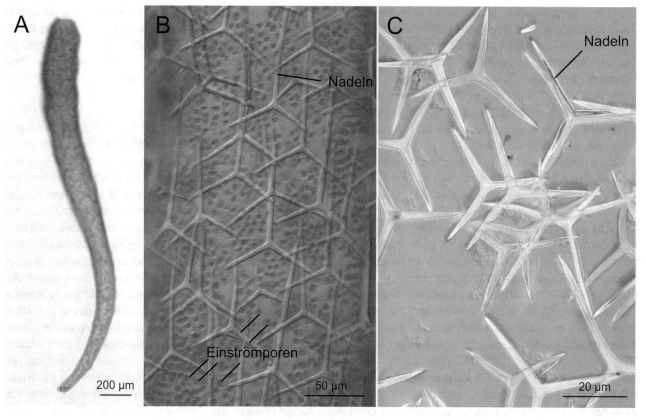

Abb. 2.5 *Leucosolenia blanca.* (**A**) Totalansicht eines etwa 2 mm großen Tieres. (**B**) Ausschnittsvergrößerung. Durch Oscula strömt das Wasser ins Körperinnere, im Mesohyl eingebettete Kalknadeln (Spicula), Nomarski-Interferenzkontrast. (**C**) Isolierte Spicula bei hoher Vergrößerung. Präparate der Zoologischen Lehrsammlung, Philipps-Universität Marburg

Empfohlenes Material

- **Schwämme sammeln:** Schwämme lassen sich auf meeresbiologischen oder limnologischen Exkursionen für eine spätere Verwendung sammeln. Die Tiere werden für 24 Stunden in Bouin'scher Lösung fixiert (15 Teile gesättigte, wässrige Pikrinsäure, fünf Teile 37 % Formaldehyd, ein Teil konzentrierte Essigsäure) und danach über eine aufsteigende Ethanolreihe entwässert. Anschließend werden die Schwämme mehrmals für einige Tage in 95 % Ethanol gewaschen und dann darin aufbewahrt. Spicula können von organischem Material durch Baden in Natriumhypochlorid (handelsübliches Bleichmittel, z. B. Chlorix) befreit werden. Nachdem sich das Gewebe aufgelöst hat, wird mit Wasser gewaschen. Kleine Proben lassen sich nun mikroskopieren (Abb. 2.5).
- **Histologische Schnitte:** Im Lehrmittelhandel sind meist Präparate von *Sycon raphanus*, *Grantia* spec. oder verwandten Arten erhältlich (*Sycon* spec. = *Scypha* spec.) (Abb. 2.2).

intrazellulär verdaut, von den Archaeocyten aufgenommen und an die übrigen Körperzellen weitergegeben. Anorganische Partikel, die in den Schwamm gelangen, werden ebenfalls von Archaeocyten aufgenommen und über die abführenden Kanäle wieder abgegeben.

Porifera besitzen keine echten Epithelien

Die Körperoberfläche von Schwämmen wird nicht durch ein echtes zelluläres Epithel gebildet. Ein echtes Epithel besteht immer aus Zellen, die grundsätzlich eine apikal-basale Polarität aufweisen. Die apikale Seite ist der äußeren Umgebung oder dem Lumen eines Organs zugewandt, während die basale Seite über eine spezialisierte extrazelluläre Matrix, die Basallamina, mit dem benachbarten Gewebe verbunden ist. Spezifische bandförmige Zell-Zell-Verbindungen, die bei Invertebraten von sogenannten Gürteldesmosomen (= Zonulae adhaerentes) gefolgt von septierten Verbindungen (= *septate junctions*)gebildet werden, bewirken den Zusammenschluss der Epithelzellen. Diese Kontakte dienen sowohl der mechanischen Stabilität der Zellschicht als auch der Kontrolle des Stoffaustauschs und gewährleisten das Aufrechterhalten der Polarität. Somit verhindern diese Kontakte einen unkontrollierten Eintritt von Substanzen in das Körperinnere und bilden damit die entscheidende Grundlage für die Evolution von Nerven- und Muskelgewebe. Diese zellulären Eigenschaften fehlen allen Schwämmen und damit unterscheiden sie sich von sämtlichen anderen Metazoa, die ihre inneren und äußeren Körperoberflächen immer durch Deckgewebe, die Epithelien, abgrenzen. Da durch die Durchlässigkeit aller Zellschichten auch bei größeren Schwämmen alle Zellen mit dem Außenmedium in Kontakt stehen, lässt sich auch erklären, warum Schwämme weder Strukturen für die Osmoregulation noch für die Exkretion benötigen. Sie geben Schadstoffe und überschüssige Stoffwechselmetabolite direkt ins Umgebungswasser ab. Bei Schwämmen schützt eine Gruppe von Zellen das Tier nach außen, die sogenannten Pinacocyten. Sie weisen keine apikal-basale Zellpolarität auf und bilden in ihrer Gesamtheit eine nach außen abgrenzende Schicht, die als Pinacoderm der Schwämme bezeichnet wird. Diese Zellen kleiden auch alle Einström- und Ausströmkanäle der komplexer gebauten Schwämme aus. Pinacocyten besitzen eine abgeflachte Form und sind nicht begeißelt. Die inneren Oberflächen, als Choanoderm bezeichnet, bestehen im Wesentlichen auch nur aus einem Zelltyp, den bereits erwähnten Choanocyten oder Kragengeißelzellen (Abb. 2.4).

Das Mesohyl bettet alle Zellen ein und hält den Schwammkörper zusammen

Zwischen dem äußeren Pinacoderm und dem nach innen gewandten Choanoderm finden wir bei Porifera eine hoch spezialisierte extrazelluläre Matrix, das Mesohyl (Abb. 2.3 und 2.4). Es übernimmt bei Schwämmen die Funktion eines Bindegewebes. Ins Mesohyl eingebettet finden wir die weiteren für Schwämme charakteristischen Zelltypen. Dazu zählen die Archaeocyten, die sich amöboid im Mesohyl fortbewegen und von Choanocyten endocytiertes Material aufnehmen können. Sie sind damit ganz wesentlich an der Verdauung der Nahrung beteiligt. Sie produzieren Verdauungsenzyme wie Lipasen, Amylasen und Proteasen und übernehmen auch exkretorische Funktionen. Ihre besondere Eigenschaft liegt in der Fähigkeit, sich als totipotente Stammzellen zu allen anderen Zelltypen des Schwamms, auch zu Eizellen und Spermien differenzieren zu können. Aus Archaeocyten gehen neben den bereits beschriebenen Pinacocyten und Choanocyten auch alle weiteren Zelltypen des Schwamms hervor, unter anderem Sclerocyten, die für die Sekretion von Spicula (Nadeln) verantwortlich sind (Abb. 2.5), und Spongocyten, die Spongin sezernieren. Spongin ist mit dem bei allen höheren Metazoen vorkommenden Collagen IV verwandt und bildet im Mesohyl Sponginfasern, die so meist zusammen mit den Skelettnadeln das Stützgerüst der Schwämme bilden. Tatsächlich produzieren Schwämme zusätzlich auch noch Collagen IV, das von Collenocyten und Lophocyten als Collagenfasern ins Mesohyl hinein sezerniert wird. Die sehr variable Körperform der Schwämme wird durch die Summe der eingebetteten Skelettelemente aus Calciumcarbonat oder Siliciumdioxid (Spicula) und Proteinfasern (Spongin) gestützt (Abb. 2.5). Bei der Herstellung von echten Badeschwämmen wird durch Walken, Auswaschen und durch die Einwirkung feuchter Luft das Spongingerüst, beispielsweise des echten Badeschwamms (*Spongina*

officinalis), von Zellresten befreit. Badeschwämme gehören zu den wenigen Schwammarten, denen Spicula vollständig fehlen. Unter dem Begriff „Naturschwamm" kann auch heute noch ein echter Badeschwamm im Handel erworben werden. Die Tiere stammen dann in der Regel aus Zuchten.

Fortpflanzung und Entwicklung

Die weltweit etwa 10.000 beschriebenen Porifera-Arten sind ausnahmslos sessil. Für die Ausbreitung der Porifera im Biotop sorgen die mikroskopisch kleinen Larven. Sie bewegen sich passiv im Plankton fort, werden mit den Meeresströmungen verdriftet und gehen bei geeigneten Habitaten zur sessilen Lebensweise über. So tragen sie entscheidend zur Besiedlung neuer Lebensräume bei. Wie bei allen Metazoa finden wir auch bei den Schwämmen eine Trennung von somatischen Zellen (Körperzellen) und generativen Zellen (Keimzellen, Eizellen und Spermien). Damit sind Schwämme zu einer geschlechtlichen Fortpflanzung mit meiotischer Bildung der Keimzellen befähigt. Der immense evolutive Vorteil besteht in der Schaffung neuer genetischer Varianten durch Fusion zweier Gameten, die beide im Zuge der Meiose einmaliges Erbgut erhalten haben. Durch Zufallsverteilung maternal und paternal erworbener Chromosomen, durch Crossing over und durch häufig auftretende Spontanmutationen entstehen genetisch einmalige Eizellen und Spermien. Dieses grundlegende Prinzip gilt für alle sich sexuell fortpflanzenden Organismen.

Oogenese und Spermiogenese folgen dem generellen Muster der Metazoa, mit der Bildung von Polkörpern in der Oogenese und der spezifischen Spermienstruktur. Eizellen, die aus Choanocyten oder Archaeocyten differenzieren, und Spermien, die aus Choanocyten hervorgehen, entstehen direkt im Mesohyl, da Schwämme keine Gonaden ausbilden (Abb. 2.4). Die Spermien – und bei einigen oviparen Arten auch die Eizellen – werden über die Wasserströmung und durch die Oscula ins freie Wasser abgegeben. Bei den oviparen Arten findet daher die Befruchtung der Eizelle außerhalb des Schwammkörpers statt und es kommt zur Entwicklung einer planktonischen Larve. Die Larvenformen der Schwämme sind sehr divers, es gibt keine typische Schwammlarve. Nach den Furchungen entstehen je nach Schwammart oder -gruppe teilweise sehr unterschiedliche Larven; manche, wie die Coeloblastula oder Amphiblastula, erinnern an das einschichtige Blastula-Stadium in der Ontogenie vieler anderer Metazoa, während beispielsweise die Parenchymula-Larve, wie der Name vermuten lässt, im Inneren mit Zellen gefüllt ist.

Bei viviparen Arten verbleiben die Eizellen im Muttertier und werden dort befruchtet. Spermien eines anderen Tieres der gleichen Art werden von Choanocyten endocytiert. Diese Choanocyten verlieren dann ihre Geißel und werden zu sich amöboid fortbewegenden Transport-Choanocyten. Sie bringen das Spermium aktiv zu den Eizellen. Spermien fremder Arten werden ebenfalls endocytiert, dann allerdings abgebaut und verdaut. Die Frühentwicklung der Zygote findet bei den viviparen Arten somit im Elterntier statt, daher finden sich im

Mesohyl der erwachsenen Schwämme oft unterschiedliche Entwicklungsstadien (Abb. 2.4). Im Verlaufe der späteren Embryonalentwicklung entsteht dann die frei bewegliche bewimperte Larvenform (Parenchymula-Larve), die den Schwamm verlässt und der Verbreitung der Art dient. Spermien und Oocyten werden in den meisten Fällen innerhalb eines Individuums zu unterschiedlichen Zeiten gebildet. Damit sind die meisten Schwämme konsekutive Zwitter, einige wenige getrenntgeschlechtliche Arten sind allerdings auch bekannt. Neben der geschlechtlichen Fortpflanzung sind alle Schwämme darüber hinaus zu asexuellen Vermehrungswegen durch Fragmentierung, Knospung oder bei Süßwasserschwämmen durch Bildung von Dauerstadien fähig.

Dauerstadien der Süßwasserarten

Süßwasserschwämme sind in ihrer Körperform und Färbung eher unscheinbar, können aber bei krustenförmigen Wuchsformen größere Flächen des Substrats bedecken. Praktisch in jedem Bach oder See findet sich die häufigste einheimische Art *Spongilla lacustris* (Abb. 2.6A). Der Körper dieser Süßwasserschwämme wird im Herbst gänzlich abgebaut. Zuvor kommt es zur Bildung von Dauerstadien, Gemmulae, die aus Archaeocyten hervorgehen und den Winter über in einem Ruhezustand verharren (Abb. 2.6B, C). Im nächsten Frühjahr wandern die Archaeocyten durch die Mikropyle der Gemmulae ins Freie und bilden neue Schwammkörper, indem sich aus den Archaeocyten alle Zelltypen des Schwamms neu differenzieren.

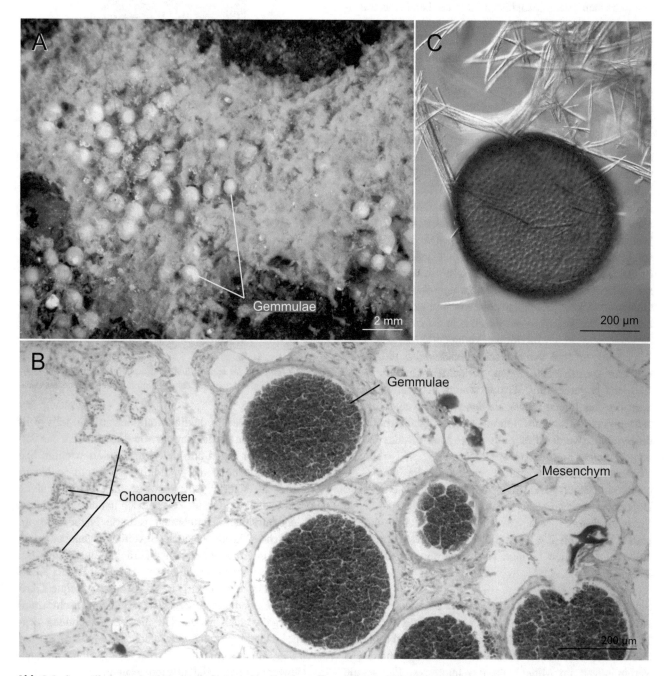

Abb. 2.6 *Spongilla lacustris*. (**A**) Lebendaufnahme einer krustig wachsenden Kolonie, Hase bei Osnabrück. (**B**) Schnitt durch *Spongilla lacustris* mit Gemmulae. Hämatoxylin-Eosin. (**C**) Gemmulae lebend mit Schwammnadeln. Präparate der Biologischen Sammlung der Universität Osnabrück

Vielfalt der Schwämme

Auf unseren meeresbiologischen Exkursionen werden wir
immer auf Schwämme in der Gezeitenzone treffen. Sie weisen alle ganz unterschiedliche Körpergestalten und -farben
auf, auch wenn sie augenscheinlich einer Art angehören.

Einige der fast 10.000 beschriebenen Porifera-Arten können eine Größe von bis zu 3 m erreichen. Bei diesen meist in
karibischen Riffen vorkommenden Schwämmen durch-
strömen mehrere Kubikmeter Wasser pro Minute den Körper.
Die in kälteren Gewässern vertretenen Arten erreichen eine
solche Größe nicht. Schwämme können lokal eine enorme
Populationsdichte erreichen. So stellen sie beispielsweise im
Antarktischen Ozean lokal bis zu 75 % der benthischen Biomasse. Die allermeisten Schwämme sind Meeresbewohner
und kommen von der Gezeitenzone bis in die Tiefsee vor. Nur
etwa 200 Arten besiedeln limnische Biotope.

Die weitaus größte Gruppe unter den Schwämmen stellen
die Hornkieselschwämme (Desmospongiae), die alle dem
Leucon-Typ angehören. Zu den Hornkieselschwämmen gehören der Gewöhnliche Badeschwamm (*Spongia officinalis*)
und alle Süßwasserschwämme wie beispielsweise der heimische *Spongilla lacustris* (Abb. 2.6A). Mit Ihnen nah verwandt sind die Glasschwämme, Hexactinellida. Sie weisen
in ihrem Skelett sechsstrahlige Nadeln auf. Diese Nadeln bestehen aus amorphem Siliciumdioxid. Glasschwämme leben
ausschließlich in marinen Biotopen und meist in der Tiefsee.
Weltweit sind etwa 600 Arten beschrieben worden. Ein Beispiel für einen Glasschwamm ist der Gießkannenschwamm,
Euplectella aspergillum, in Abb. 2.7. In seinem Innern lebt
sehr oft ein Garnelenpaar der Art *Spongicola venustus*. Die
Garnelen wachsen im Inneren des Schwamms zu einer Größe
heran, die ein Verlassen des durch sein Siliciumskelett ge-
härteten Schwamms für immer verhindert. Als besondere
Anpassung an ihre symbiotische Lebensweise bilden die
Garnelen keinen schützenden, verkalkten Carapax mehr,
sind sind ja durch ihren Wirtsschwamm vor Prädatoren sicher. Darüber hinaus nutzen sie den vom Schwamm produzierten Wasserstrom, um Nahrungspartikel zu filtern. Durch
die Symbiose werden diese Schwämme auch mit dem Trivial-
namen *Venus's flower basket* bezeichnet.

Die ausschließlich marin lebenden Kalkschwämme (Cal-
carea) sind durch Sklerite aus Calciumcarbonat (Kalkspat,
Doppelspat) gekennzeichnet. Zu ihnen gehört beispielsweise
Sycon raphanus, der in diesem Kapitel histologisch vor-
gestellt wird (Abb. 2.2, 2.3 und 2.4). Nur in dieser etwa 1000
Arten umfassenden Gruppe treten Schwämme aller drei
Bautypen auf.

Schwämme in der Biotechnologie und Bionik

Aus marinen Invertebraten wurden bis heute weit über
10.000 unterschiedliche Naturstoffe isoliert. Insbesondere
Schwämme stehen dabei als Quelle für neuartige chemische
Verbindungen im Mittelpunkt des Interesses. Für sessile

Abb. 2.7 *Euplectella aspergillum* (Gießkannenschwamm), ein Glasschwamm. Präparat der Biologischen Sammlung der Universität Osnabrück

Organismen ist die Produktion von hochaktiven, teils giftigen Verbindungen für die Abwehr von Räubern oder das Ver-
drängen anderer Arten am gleichen Standort wichtig. Die
Pharmaindustrie nutzt das vielfältige Spektrum an Natur-
stoffen als Ideengeber, beispielsweise für die Entwicklung
neuer Arzneien. In jüngster Zeit hat sich herausgestellt, dass
viele aus marinen Invertebraten isolierte Naturstoffe auf
symbiotische Mikroorganismen (Bakterien, Cyanobakterien,
Pilze und Algen) als Produzenten zurückzuführen sind. Bei
einigen Schwammarten gehen bis zu 50 % der Biomasse auf
Mikroorganismen zurück. Der in Abb. 2.7 gezeigte Glasschwamm *Euplectella aspergillum* (Gießkannenschwamm)
dient übrigens auch als Modell für die Berechnung neu-
artiger Architekturen mit besonderer Baustatik. Inspiriert
durch Schwämme wird nach höchster Festigkeit bei minima-
lem Gewicht und Materialaufwand gesucht.

► **Nesseltiere besitzen einen radiärsymmetrischen Körperbau mit zwei Epithelien, die durch eine extrazelluläre Matrix miteinander verbunden sind. Drei der vier Großgruppen zeigen einen Generationswechsel aus festsitzendem Polypen und freischwimmender Meduse. Exklusives Merkmal sind ihre Nesselkapseln, die beim Beuteerwerb eine wichtige Rolle spielen. Eine hohe Regenerationsfähigkeit verbunden mit erstaunlichen Anpassungen der Fortpflanzungsmodi und nur wenige natürliche Feinde machten die Nesseltiere zu einer weit verbreiteten Metazoengruppe. Neben einigen Süßwasserbewohnern sind die weitaus meisten Arten marin.**

Die ausschließlich aquatisch lebenden Nesseltiere (Cnidaria) sind eine außerordentlich formen- und erfolgreiche Tiergruppe mit etwa 10.000 bekannten Arten. Die allermeisten Arten leben im Meer und nur einige wenige Arten im Süßwasser, wie die in diesem Kapitel vorgestellten Süßwasserpolypen der Gattung *Hydra*. Die Cnidarier werden aktuell in vier Gruppen eingeteilt. Bei drei der vier Gruppen, bei den Schirmquallen (Scyphozoa), Würfelquallen (Cubozoa) und Hydrozoen (Hydrozoa), treten im Laufe ihres Lebenszyklus zwei Lebensformen (Morphen) auf, eine sessil lebende, asexuelle Polypengeneration und eine frei schwimmende (pelagische), sexuelle Medusenform. Jede Lebensform ist daher eng mit bestimmten biologischen Funktionen wie Fortpflanzung und Verbreitung der Art verknüpft. Bei den Blumentieren (Anthozoa), der Schwestergruppe aller übrigen Cnidaria, existiert ausschließlich die sessile Polypenform, die selbst geschlechtsreif wird (Abb. 3.1).

Der Körper eines Polypen ist in fünf erkennbare Abschnitte unterteilt: Fußscheibe, Stiel, Rumpf, Tentakel und die Hypostomregion mit der Mundöffnung (Abb. 3.1A, B). Polypen heften sich mit ihrem Fuß an unterschiedliche Substrate an und warten auf vorbeischwimmende Beute, die sie dann mit ihren Tentakeln ergreifen. Sie sind sogenannte Lauerjäger, im Englischen sehr bildlich als *sit and wait predator* bezeichnet. Im Inneren des Rumpfbereichs befindet sich der Gastralraum, der bei den Süßwasserhydren bis in die Tentakel hineinreicht (Abb. 3.2A). Die kegelförmige Hypostomregion erstreckt sich oberhalb des Tentakelkranzes bis hin zur einzigen Körperöffnung, die gleichzeitig als Mund und After dient. Die Vermehrung der Polypen verläuft in der Regel ungeschlechtlich mittels Knospung. Dabei entstehen bei einem großem Nahrungsangebot im Übergangsbereich zwischen Stiel und Rumpf Tochterhydren, die sich nach wenigen Tagen abtrennen. Abb. 3.1B zeigt ein Tier mit zwei Knospen. Einige Hydren, wie die marin lebende *Protohydra*, können sich auch durch Querteilung vermehren (Abb. 3.1C). Bei den meisten Hydrozoa- und Scyphozoa-Arten bilden sich unter geeigneten Umweltbedingungen die sich geschlechtlich fortpflanzenden, frei schwimmenden Medusen. Wassertemperatur, Tageslänge, Mondphase oder Nahrungsangebot spielen dabei eine wichtige Rolle. Einen solchen Wechsel zwischen verschiedenen Fortpflanzungsmodi und morphologisch sichtbar unterschiedlichen Morphen bezeichnet man als Generationswechsel. Da sich hier asexuelle und sexuelle Fortpflanzung abwechseln, wird dieser Generationswechsel als Metagenese bezeichnet. Medusen lassen sich leicht aus Polypen herleiten, indem die Polypen in der aboral-oralen Körperachse verkürzt und um 180 Grad gedreht werden. Die Medusen sind mit ihrer Mundöffnung dem Boden zugewandt, bei den Polypen ist es genau umgekehrt. Die Fuß-Kopf-Achse (aboral-orale Achse) ist bei Medusen durch die Mundöffnung definiert, die am Ende eines als Magenstiels bezeichneten Rohres (Manubrium) liegt, und durch die gegenüberliegende konvexe Schirmseite (Abb. 3.1D, E). Der Gastralraum ist bei Medusen eher klein und verfügt über mehrere zum Rand des Schirms verlaufende Radialkanäle sowie einen ringförmig umlaufenden Radiärkanal.

Ihren deutschen Namen „Nesseltiere" verdanken die Cnidaria den Nesselzellen (Cnidocyten, Nematocyten) mit im Zellinneren verborgenen Nesselkapseln (Cniden, Nematocysten). Nesselzellen gibt es ausschließlich bei Cnidaria, sie stellen somit eine Autapomorphie dieses Taxons dar

© Der/die Autor(en), exklusiv lizenziert an Springer-Verlag GmbH, DE, ein Teil von Springer Nature 2023
A. Paululat, G. Purschke, *Metazoa – Morphologie und Evolution der vielzelligen Tiere*,
https://doi.org/10.1007/978-3-662-66184-0_3

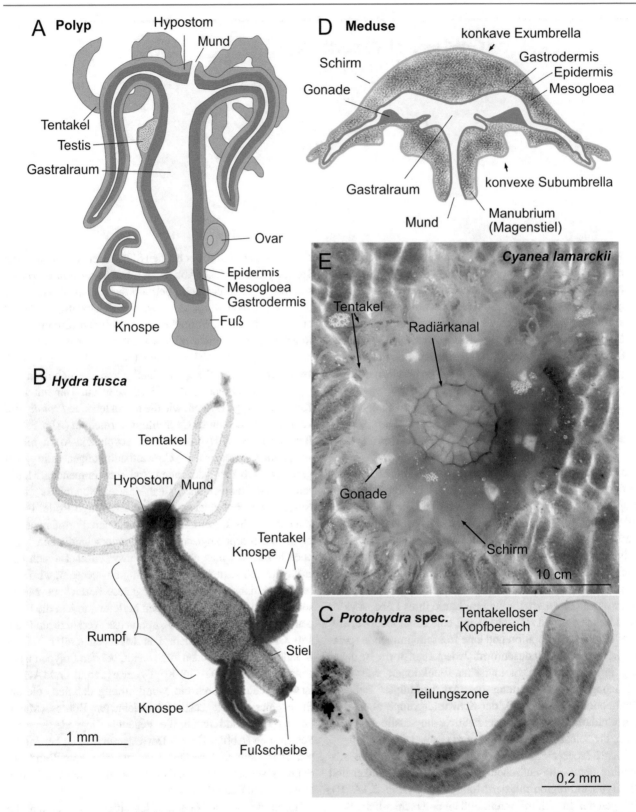

Abb. 3.1 Cnidaria, Körpergrundgestalt. (**A**) Schematische Darstellung des Körperbaus eines Polypen, nach verschiedenen Autoren. (**B**) *Hydra fusca* mit zwei Knospen, gefärbt. Präparat der Biologischen Sammlung der Universität Osnabrück. (**C**) *Protohydra* spec., Teilung. Präparat der Zoologischen Lehrsammlung, Philipps-Universität Marburg. (**D**) Schematische Darstellung des Körperbaus einer Meduse, nach verschiedenen Autoren. (**E**) Meduse, *Cyanea lamarckii* (Blaue Nesselqualle), Lebendaufnahme, Borkum

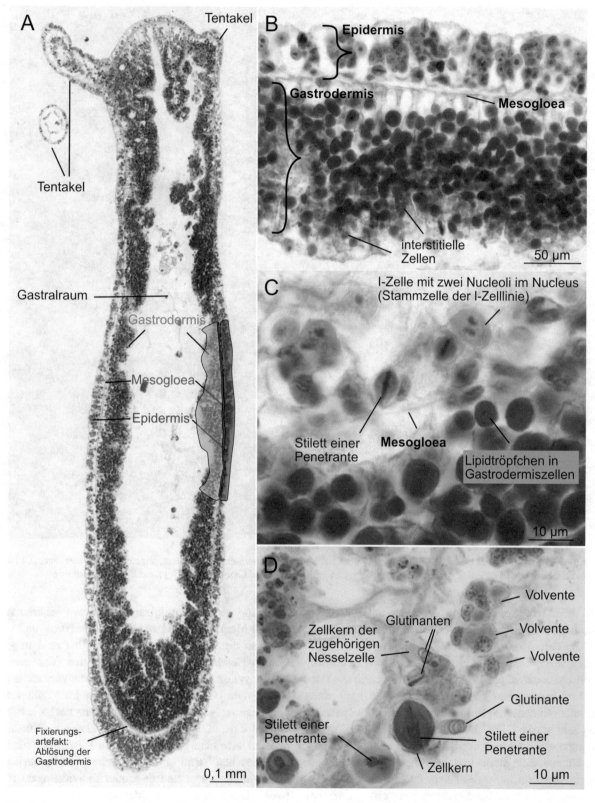

Abb. 3.2 *Hydra* spec., gefärbt. (**A**) Vollständiger Längsschnitt durch ein Tier mit Anschnitt der Tentakel. (**B**) Ausschnitt mit Epidermis, Mesogloea und Gastrodermis. Die Mesogloea erscheint in Azangefärbten Schnitten bläulich. (**C**) Nesselzellen in der Epidermis. Lipidtröpfchen in Zellen der Gastrodermis. (**D**) Ektodermale Batteriezelle eines Tentakels mit verschiedenen Nesselzelltypen. Präparat der Zoologischen Lehrsammlung, Philipps-Universität Marburg

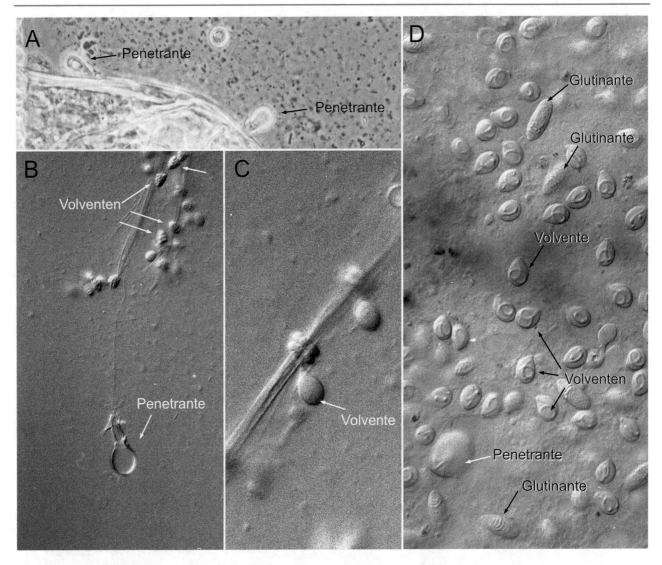

Abb. 3.3 *Hydra spec.,* Nematocyten. (**A**) Penetranten in der Cuticula eines Wasserflohs. (**B**) Isolierte, abgeschossene Penetrante. (**C**) Isolierte, Volvente an Borste eines Wasserflohs. (**D**) geschlossene Penetranten, Volventen und Glutinaten. **A–D**: Phasenkontrastaufnahmen

(Abb. 3.3). Die Nesselkapseln enthalten unter anderem Gifte, die dabei helfen, kleine Beutetiere zu lähmen oder zu töten. Berührt ein Mensch beim Schwimmen versehentlich ein Nesseltier, werden die Nesselkapseln „abgeschossen" und die darin enthaltenen Nesselfäden dringen in die Haut ein. Dort verursachen die entlassenen Gifte dann einen mehr oder minder heftigen Juckreiz. Einige Nesseltiere besitzen sehr starke Gifte, die schmerzhafte Hautreaktionen oder sogar einen allergischen Schock und Lähmungen auslösen können. Sehr starke und auch für den Menschen gefährliche Nesselgifte wurden beispielsweise bei der in australischen Gewässern beheimateten Seewespe (*Chironex fleckeri,* Cubozoa, Würfelquallen) oder der an Atlantikküsten und in den letzten Jahren auch im Mittelmeer anzutreffenden Portugiesischen Galeere (*Physalia physalis,* Hydrozoa, Siphonophorae, Staatsquallen) nachgewiesen. Die Seewespe und die Portugiesische Galeere gehören zu den für den Menschen giftigsten Tieren. An Nord- und Ostsee kommen die schmerzhaft nesselnden, bis zu 1 m großen Gelben Nesselquallen oder Feuerquallen (*Cyanea capillata,* Scyphozoa, Schirmquallen) oder die verwandte Blaue Feuerqualle (*Cyanea larmarckii*) vor, im Mittelmeer die kleine, violett gepunktete, bei Berührung nachts leuchtende und stark nesselnde Leuchtqualle (*Pelagia noctiluca,* Scyphozoa). Am häufigsten an unseren Küsten ist jedoch die für Menschen harmlose Ohrenqualle (*Aurelia aurita*), die in bestimmten Monaten in großer Individuenzahl an den Badestränden angespült werden kann.

Der Aufbau der Körperwand

Alle Cnidaria zeigen eine radiärsymmetrische Körpergrundgestalt mit einer dreischichtigen Körperwand, die einen inneren Hohlraum, den Gastralraum, umschließt (Abb. 3.1). Die Körperwand besteht aus zwei echten Epithelien, die über eine extrazelluläre Matrix miteinander verbunden sind (Abb. 3.2). Eine Leibeshöhle gibt es nicht. Das äußere Epithel wird wie bei allen Metazoa als Epidermis bezeichnet und entstammt embryonal dem Ektoderm. Das den Gastralraum auskleidende Epithel wird Gastrodermis genannt, hier ist das innere embryonale Keimblatt, das Entoderm, namensgebend. Epithelien werden immer von Zellen gebildet, die eine apikal-basale Polarität sowie einen nahe der apikalen Membran gelegenen, gürtelförmigen Verbindungskomplex aufweisen und die an ihrer Basis eine collagenhaltige Basallamina (extrazelluläre Matrix) sezernieren, in der die Zellen sich verankern. Der Verbindungskomplex, sogenannte Zonulae adhaerentes oder Gürteldesmosomen und Tight Junctions oder Zonulae occludentes bei Vertebraten beziehungsweise Septate Junctions bei wirbellosen Tieren, sorgt sowohl für die seitliche Verankerung mit den Nachbarzellen als auch für eine Abgrenzung der Interzellularräume vom Außenmedium, sodass diese Zell-Zell-Verbindungen die strukturelle Voraussetzung für die Kontrolle des inneren Milieus schaffen. Die Polarität drückt sich auf zellulärer Ebene in der Verteilung der Zellorganellen bis hin zu den molekularen Eigenschaften der apikalen und basalen Zellmembranen aus. Bestimmte Strukturen wie Mikrovilli und Cilien können ausschließlich von der apikalen Zellmembran gebildet werden und sind dementsprechend nur bei Epithelzellen zu finden.

Im Falle der Cnidaria wird die zwischen den Epithelien liegende extrazelluläre Matrix (Basallamina) aus rein historischen Gründen als Mesogloea bezeichnet. Sie ist bei *Hydra* und den meisten anderen Cnidaria recht dünn (Basallamina) und nur bei den Medusen aus der Gruppe der Scyphozoa sehr massiv ausgebildet. Zur Zeit der Benennung war man sich noch nicht darüber im Klaren, dass die extrazelluläre Matrix eine allgemein verbreitete und exklusive Eigenschaft aller Metazoa ist. Die Zellen des inneren Epithels (Gastrodermis) und des äußeren Epithels (Epidermis) verankern sich mithilfe spezifischer Transmembranproteine. Die seitlichen Verbindungen werden vor allem durch den Cadherin-Catenin-Komplex geschaffen. Bei Anthozoa sowie den Cubo- und Scyphomedusen bewegen sich amöboide Zellen in der Mesogloea, weshalb einige Evolutionsbiologen sie als Vorläufer des mesodermalen Keimblattes ansehen, aus dem sich bei allen Tieren die Muskulatur und andere Gewebe entwickeln.

Die Cnidaria besitzen ein Gastrovaskularsystem. Das bedeutet, dass der von der Gastrodermis umgebene Hohlraum (Gastralraum) gleichzeitig der Verdauung und Verteilung der aufgenommenen Nahrung dient (Abb. 3.2). Eine Regionalisierung und Spezialisierung des Gastralraums gibt es nicht, da die unverdaulichen Nahrungsbestandteile den Körper wieder auf demselben Weg verlassen müssen, wie sie hineingekommen sind. In der Gastrodermis befinden sich verschiedene Zelltypen: Zellen, die auf die Produktion und Sekretion von Verdauungsenzymen für die extrazelluläre Verdauung im Gastralraum oder auf die Nahrungsaufnahme durch Endo- und Phagocytose spezialisiert sind. Durch die extrazelluläre Verdauung ist es den Cnidaria möglich, auch größere Nahrungsobjekte aufzunehmen. Die extrazelluläre Verdauung ist daher eine der essenziellen evolutiven Neuheiten, die letztlich die außerordentliche Diversität und den biologischen Erfolg der Metazoa begründet haben. Im Gastralraum wird der Verdauungsprozess durch eine permanente Bewegung des Nahrungsbreis angetrieben. Hieran ist maßgeblich die kontinuierliche Cilienbewegung zahlreicher Gastrodermiszellen beteiligt. Unverdaute Reste werden über die Mundöffnung wieder ausgestoßen. Auch das ist typisch für ein Gastrovaskularsystem, bei dem eine einzige Köperöffnung gleichzeitig als Mund und als After dient. In der Gastrodermis und der Epidermis treten basal totipotente Stammzellen auf, welche die hohe Regenerationsfähigkeit des Körpers sichern. Sie liefern bei vielen Arten ständig Nesselzellen, Neurone, bestimmte Drüsenzellen, Spermien und Eier nach, bei einigen Arten (z. B. *Hydractinia*) ersetzen sie auch Epithelzellen. Epithelmuskelzellen, die basal Bündel von Myofibrillen enthalten und für die Kontraktionsbewegungen verantwortlich sind, finden sich sowohl in der Gastro- als auch in der Epidermis. Dabei sind sie oft in der Epidermis in der aboral-oralen Achse und in der Gastrodermis ringförmig orientiert, sodass sie insgesamt ein antagonistisches System für Elongation und Kontraktion bilden und auch für die Fortbewegung genutzt werden können.

Nervensystem, Sinneszellen und Sinnesorgane

Die Cnidaria besitzen ein diffuses, in die Epithelien eingebettetes Nervensystem, das aus Ganglienzellen und sensorischen Nervenzellen gebildet wird. Die Ganglienzellen bilden ein sich über den gesamten Körper erstreckendes Nervennetz aus. Eine besondere Konzentrierung von Nervenzellen an bestimmten Körperstellen findet sich nicht, wenn man von einer Verdichtung der Neurite um die Mundöffnung und im Fußbereich herum absieht. Dies bedeutet, dass Anzeichen einer Cephalisation bei den Cnidariern fehlen. Neben Ganglienzellen treten Sinneszellen (sensorische Nervenzellen) auf, die der Aufnahme, Verarbeitung und Weiterleitung von äußeren Reizen dienen und schließlich die entsprechenden Bewegungsreaktionen stimulieren und koordinieren.

Die Zahl der Nervenzellen nimmt mit zunehmender Größe des Tieres zu. So besteht das gesamte netzförmige

Nervensystem von ausgewachsenen großen Hydren aus ca. 6000 miteinander verbundenen Nervenzellen, dies sind in etwa 10 % aller Zellen eines Tieres. Polypen und Medusen weisen funktionell getrennte Nervennetze in der Gastro- und Epidermis auf, die beispielsweise der Koordination der Schwimmbewegungen oder der Verarbeitung von Signalen der Sinnesorgane oder der Sinneszellen dienen. So besitzt die bei uns heimische Ohrenqualle (*Aurelia aurita*, Abb. 3.4) zwei unterschiedliche Nervennetze. Eines befindet sich in der Epidermis und koordiniert zusammen mit an der Oberfläche des Schirmes liegenden Sinneszellen die Nahrungsaufnahme. Ein zweites Nervennetz begleitet die Radial- und Radiärkanäle und steuert die Schwimmbewegungen der Ohrenqualle. Bei *Hydra vulgaris* wurden erst vor wenigen Jahren vier voneinander unabhängige Nervennetze entdeckt. Drei dieser Nervennetze in den Epithelien werden selektiv bei Körperbewegungen entlang der aboral-oralen Achse, bei Streckbewegungen als Reaktion auf Lichtreize und bei radialen Kontraktionen aktiviert. Das vierte Nervennetz ist rund um die Hypostomregion lokalisiert und wird bei Nickbewegungen der Tentakelkrone aktiviert.

Bei allen Cnidaria gibt es unterschiedliche Rezeptorzellen. So sind beispielsweise Mechano-, Chemo- und Fotorezeptorzellen nachgewiesen worden. Während den Polypen Sinnesorgane im Allgemeinen fehlen, treten bei Medusen recht verbreitet Sinnesorgane mit Augen oder Statocysten auf. So besitzen die Medusen der Scyphozoa am Rande ihres Schirmes beziehungsweise in den Randlappen der Ephyren, Jugendstadien der Scyphomedusen (Abb. 3.4F), als Rhopalien bezeichnete komplexe Sinneskörper, die oft als keulenförmige, tentakelähnliche Strukturen an der Oberseite des Schirmes entspringen. Rhopalien beherbergen Lichtsinneszellen, die meist zu einem Flächen- und einem Grubenauge organisiert sind. Hinzu kommen noch Chemorezeptoren und Gleichgewichtsorgane (Statocysten). In den Rhopalien der Cubomedusen, zu denen die sehr giftigen Seewespen gehören, entwickeln sich sogar Linsenaugen, die zu einem einfachen Bildsehen befähigt sind. Cubomedusen sind übrigens die einzigen Cnidarier, die potenzielle Beutetiere auch direkt durch Schwimmbewegungen ansteuern können. Auch die Nesselzellen mit ihren sensorischen Organellen können Reize wahrnehmen. Beispielsweise besitzt die Meduse von *Obelia* insgesamt acht Statocysten, die sich gleichmäßig verteilt an der Basis der Tentakel befinden (Abb. 3.5C, D). Die blasenförmigen Statocysten enthalten jeweils einen Statolithen, dessen Lageveränderung vom Tier wahrgenommen wird. In fixierten Präparaten sind Statocysten und Statolithen meist nicht zu erkennen. *Obelia* besitzt im Gegensatz zu *Aurelia* (Ohrenqualle) keine Lichtsinnesorgane.

Beutefang mit Nesselzellen und Nesselkapseln

Cnidaria fangen ihre Beute mithilfe ihrer Tentakel, in denen sich ektodermale Epithelmuskelzellen zu Batteriezellen (Abb. 3.2D) ausdifferenziert haben. Aus der Körpersäule heranwandernde, reife Nesselzellen (Cnidocyten, Nematocyten) besiedeln die Tentakel, indem sie apikobasale Tunnel besetzen, welche jede Batteriezelle bildet. Mittig verankern sich ein bis zwei Stenotelen in der Mesogloea, außen die kleineren Nesselzelltypen und warten auf das Signal zum Abschuss der Nematocysten. Etwa 70 % aller Zellen einer *Hydra vulgaris* sind Nesselzellen. Sie bilden intrazellulär die Nesselkapseln, auch Cniden oder Nematocysten genannt. Nesselkapseln sind sehr effektive „Geschosse" mit denen alle Cnidaria auf Beutefang gehen. Geraten Beutetiere wie kleine Crustaceen oder bei größeren Arten auch Fische zwischen die mit Nesselzellen dicht besetzten Tentakel, so lösen sie durch den mechanischen Reiz den Abschuss der Nesselkapseln aus und werden durch deren Gift gelähmt (Abb. 3.3). Die verbrauchten Nesselkapseln werden nicht ersetzt, die Nematocyten gehen nach der Freisetzung der Nesselkapseln zugrunde. Nesselzellen werden stattdessen ständig durch neue Nematocyten ersetzt, die als Nematoblasten aus der Körpermitte heranwandern und jeweils nur ein einziges Mal eine Nesselkapsel bilden können. Nesselkapseln gehören zu den komplexesten Differenzierungsleistungen des Golgi-Apparats. Sie bestehen aus einem Kapselanteil, der aus Minicollagenen gebildet wird, und einem Filamentanteil, der sich als Verlängerung des Kapselteils bildet. Die Kapsel wird durch ein Operculum verschlossen. Der Filamentanteil, der im Inneren der Kapsel kondensiert ist, kann im Falle der Reizung explosionsartig entlassen werden. Dabei wird er entfaltet und handschuhfingerartig von innen nach außen umgestülpt. Die Minicollagen-Kapsel verhindert eine Explosion in Richtung des Körperinneren der *Hydra*.

Nesselzellen werden durch mechanische Reize zum Abschuss der Nesselkapseln stimuliert. Hierfür besitzen sie ein modifiziertes Cilium, das Cnidocil, sowie zahlreiche Mikrovilli, die ringförmig um das Cnidocil angeordnet sind. Einerseits steht die Nesselkapsel unter einem sehr hohen osmotischen Innendruck (ca. 15 MPa), zum anderen birgt die spezielle Faltung des Filamentanteils eine immense Torsionskraft in sich. Im Augenblick der Reizrezeption am Cnidocil oder an den umstehenden Mikrovilli ändert sich die Permeabilität der Nesselkapselmembran und es kommt zu einem schnellen Wassereinstrom. Dies führt unmittelbar zum Aufplatzen des Operculums und innerhalb von Nanosekunden zum Abschuss der Cnide. Hydra besitzt drei grundlegend verschiedene Nesselzelltypen, die jeweils ganz unterschiedliche Funktionen besitzen.

- Penetranten (= Stenotelen, Durchschlagskapseln) können mit ihrem Stilettapparat die Epidermis vieler Beutetiere

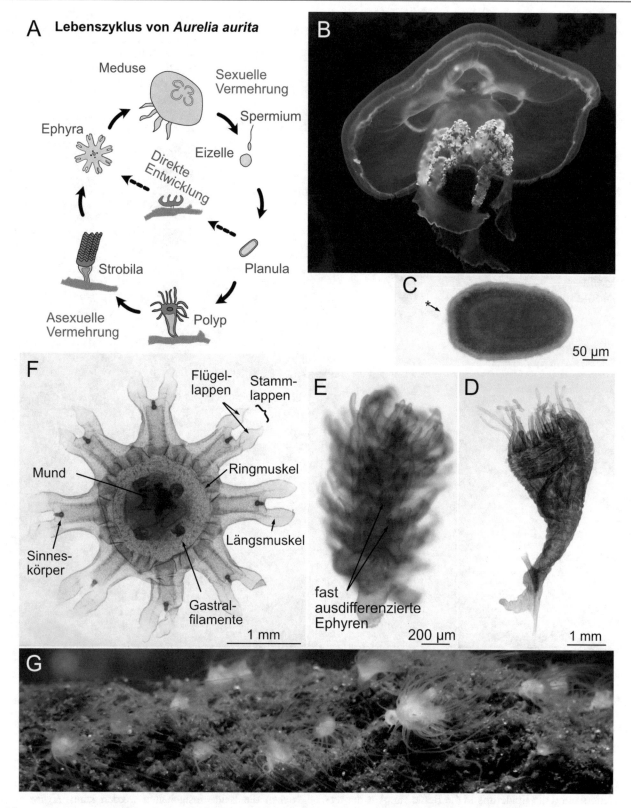

Abb. 3.4 *Aurelia aurita*, Gemeine Ohrenqualle. (**A**) Lebenszyklus von *Aurelia aurita*, schematisch, nach verschiedenen Autoren, (**B**) *Aurelia aurita*, ausgewachsen, lebend, Nordsee Aquarium Borkum. (**C**) Planula-Larve, das Vorderende (Stern) wird später zum Fuß. (**D**) Polyp, Scyphistoma-Stadium (**E**) Strobila-Stadium. (**F**) Frei schwimmende Ephyra-Jungmeduse. Präparate der Biologischen Sammlung der Universität Osnabrück. (**G**) Scyphistoma-Polypen, lebend, Nordsee Aquarium Borkum

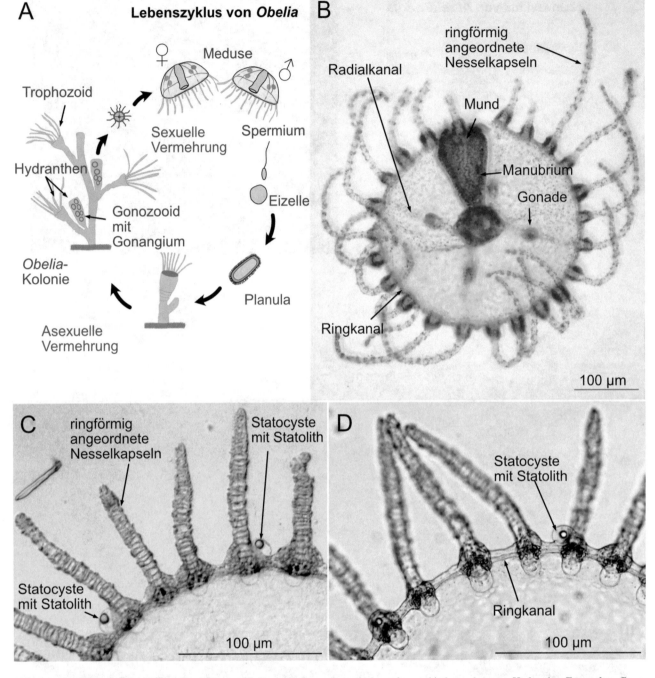

Abb. 3.5 *Obelia geniculata* (**A**) Lebenszyklus von *Obelia geniculata*, schematisch, nach verschiedenen Autoren; Hydranth = Fresspolyp, Gono-zooid = Geschlechtspolyp, Trophozoid = Gastrozoid. (**B**) Meduse, gefärbt, das Manubrium ist zur Seite gedrückt. (**C, D**) *Obelia geniculata*, lebend, Phasenkontrast, Schirmrand mit Tentakeln und Statolithen. Präparate der Biologischen Sammlung der Universität Osnabrück

und sogar den Chitinpanzer von Krebsen durchschlagen (Abb. 3.3). Dabei dringt der Nesselschlauch durch die Cuticula und die Epidermis in die Beute ein. Aus der ter-minalen Öffnung des Nesselschlauchs wird das lähmende Gift freigesetzt.

- Volventen (= Desmonemen, Wickelkapseln) besitzen einen geschlossenen Tubulus, der sich wie eine Spiral-feder um Borsten oder andere dünne Anhänge der Beute-tiere wickelt (Abb. 3.2D und 3.3C, D).

- Glutinanten (Klebekapseln) sezernieren einen kurzen Faden, der oft Borsten enthält und adhäsive Substanzen, mit denen die Beute festgehalten werden kann. *Hydra* nutzt Glutinanten darüber hinaus auch für eine Fortbewegung auf einem festen Substrat in Manier eine Spannerraupe. Die Morphologie von Nesselkapseln wird auch für die systema-tische Einordnung von Arten und für deren Bestimmung ge-nutzt. Es werden 30, nach strengeren Kritereien sogar bis zu 60 verschiedene Nesselkapseltypen unterschieden. Die von den Nesselzellen der Cnidaria übertragenen Gifte wirken hauptsächlich als Neurotoxine, indem sie beispielsweise den Na^+-Einstrom unterbinden und damit die Bildung von Aktionspotenzialen verhindern. In Herzmuskelzellen wird darüber hinaus die unkontrollierte Freisetzung von Ca^{2+}-Ionen aus dem ER ins Cytoplasma induziert, was in extremen Fällen zum Herzstillstand führen kann. Histamin und Prostaglandine in hoher Konzentration lösen Schmerzen aus.

Sind Hydren unsterblich?

Wird eine *Hydra* in mehrere, gleich große Stücke geteilt, bildet sich nach einiger Zeit aus jedem einzelnen Teilstück wieder ein vollständiges Individuum mit Fuß, Stiel, Rumpf, Hypostom und Tentakeln. Diese außerordentliche Regenerationsfähigkeit hat den berühmten schwedischen Naturforscher Carl von Linné (1707–1778) vermutlich zur Namensgebung veranlasst. *Hydra* ist eine Gestalt aus der griechischen Mythologie, ein vielköpfiges Ungeheuer, dem, wenn es einen Kopf verliert, zwei neue Köpfe wachsen; zudem ist der Kopf in der Mitte unsterblich. Eine derartige Regenerationsfähigkeit hat Wissenschaftler dazu veranlasst, *Hydra* als potenziell unsterblich zu bezeichnen. Diese faszinierende Eigenschaft von *Hydra* geht ganz wesentlich auf epitheliale und interstitielle Stammzellen (I-Zellen) zurück. Die I-Zellen kommen in beiden Epithelien vor. Es handelt sich bei ihnen um zwei multipotente Stammzelllinien, die die Epithelmuskelzellen in der Gastro- und Epidermis erneuern, und eine dritte Stammzelllinie, die für die Neubildung von Nematocyten, Neuronen, einigen Drüsenzellen und der Keimzellen verantwortlich ist. Die Stammzellen einer *Hydra* behalten nach heutigem Kenntnisstand ihre Fähigkeit zur Regeneration immer bei und sorgen so für ein kontinuierliches Aufrechterhalten der Gewebefunktionen. Ein sichtbares Altern tritt bei *Hydra* somit nicht auf. Damit unterscheiden sich I-Zellen von Stammzellen des Menschen, die mit der Zeit nur noch eine verminderte Regenerationsfähigkeit aufweisen und das Altern des Individuums nicht mehr aufhalten können. Die überwiegende Mehrzahl der I-Zellen befindet sich bei *Hydra* im Rumpfbereich beider Epithelien. Die in die Differenzierung gehenden Abkömmlinge der I-Zelle gelangen dann in die Kopf- und Tentakelregion oder in den Stielbereich, indem sie von neu entstehenden Zellen aus dem Rumpfbereich „vorangeschoben" werden. Insbesondere in den Tentakeln gehen kontinuierlich Nesselzellen und andere Zelltypen durch Beutefang verloren und müssen ersetzt werden. Hier spielen die I-Zellen wieder eine entscheidende Rolle, da sie Vorläuferzellen von Nesselzellen hervorbringen. In diesen sogenannten Nematoblasten (Zellen, in denen sich Nesselkapseln bilden) entwickeln sich dann die Cniden (Nematocysten), die reife Zelle (-cyte) mit der Nematocyste (Kapsel) bezeichnet man demnach als Nematocyte.

Empfohlenes Material

Süßwasserpolypen (*Hydra*) können gelegentlich im lokalen Zoohandel erworben oder in Süßwasserteichen gesammelt werden. In Süßwasseraquarien entwickeln sie sich oft in sehr großer Zahl. Verschiedene marine Cnidaria-Arten, lebend oder konserviert, lassen sich auch über die Biologische Anstalt Helgoland (BAH)/AWI beziehen.

https://www.awi.de/fileadmin/user_upload/AWI/ Ueber_uns/Standorte/Helgoland/Preisverzeichnis_ Materialversand.pdf

- **Mikroskopische Präparate:**
  - *Hydra* spec., Boraxkarmin-gefärbte Totalpräparate sowie Querschnitte. Falls vorhanden, Präparate mit Ovar oder Hoden.
  - *Obelia geniculata* (= *Laomedea geniculata*). Totalpräparate einer Kolonie, Meduse.
  - *Aurelia aurita* (Gemeine Ohrenqualle). Entwicklungsstadien.
- **Experiment:** Wenn lebende Hydren zur Verfügung stehen, werden die Tiere beispielsweise mit Daphnien gefüttert. Von Hydren gefangene Beutetiere lassen sich anschließend mikroskopieren, um die in der Cuticula steckenden Cniden zu beobachten (Abb. 3.3).

Fortpflanzung und Generationswechsel

Eine Besonderheit der drei Cnidariergruppen Hydrozoa, Scyphozoa und Cubozoa ist der oben erwähnte Generationswechsel, also ein Wechsel zwischen zwei unterschiedlichen Lebensformen, die jeweils als Morphe bezeichnet werden. Die eine Lebensform wird als Polyp, die andere als Meduse bezeichnet. Ein solcher Generationswechsel tritt beispielsweise bei der Ohrenqualle (*Aurelia aurita*, Abb. 3.4) oder bei *Obelia* (Abb. 3.5) auf. Die primär frei schwimmenden Medusen sind fast immer getrenntgeschlechtlich (gonochoristisch), nur selten zwittrig. Mit dem Wechsel zwischen den beiden Lebensformen geht auch ein Wechsel der Fortpflanzungsart einher. Die Medusen vermehren sich immer sexuell, die Polypenform bleibt asexuell. Jedoch gilt auch hier: keine Regel ohne Ausnahme. Innerhalb der Hydrozoa entwickelt *Hydra* keine Medusen, sondern der Polyp wird geschlechtsreif. Ist der Wechsel zwischen geschlechtlicher und ungeschlechtlicher Fortpflanzung wie bei den Cnidariern an einen Wechsel zwischen Morphen gebunden, spricht man von einem metagenetischen Generationswechsel oder kurz Metagenese.

Als Beispiel für eine Schirmqualle (Scyphozoa) mit metagenetischem Generationswechsel sei die aus Nord- und Ostsee allgemein bekannte Gemeine Ohrenqualle (*Aurelia aurita*) genannt. (Abb. 3.4). Die geschlechtliche Fortpflanzung beginnt bei den getrenntgeschlechtlichen Medusen, deren Gonaden sich innerhalb der Gastrodermis bilden (Abb. 3.4B). Daher entlassen die Medusen ihre Eizellen und Spermien zunächst in den Gastralraum. Von dort gelangen sie dann ins freie Meerwasser, wo Eizellen die arteigenen Spermien chemotaktisch anlocken. Aus den erfolgreich befruchteten Eiern entwickeln sich zunächst bewimperte Planula-Larven, die sich im Plankton frei bewegen und für die Ausbreitung der Art von Bedeutung sind (Abb. 3.4C). Sie setzen sich mit dem Vorderende an geeigneten Substraten fest und entwickeln ihr früheres Hinterende zu sessilen Polypen (Scyphistostoma, Abb. 3.4D). Die Scyphistostoma wächst heran und entwickelt sich zu Strobila-Stadien weiter (Abb. 3.4E). Unterhalb der Tentakelkrone bildet sich vegetativ (asexuell) durch Abschnürung von Körperabschnitten (Strobilation) eine Serie von scheibenförmigen Medusen, die, sobald sie ins freie Wasser gelangen, als Ephyren bezeichnet werden.

Die Ephyra ist die Jugendform der Meduse. Mithilfe ihrer acht Stammlappen (Abb. 3.4F) schwimmt sie aktiv umher und trägt so ebenfalls zur Ausbreitung der Art bei.

Stockbildende Cnidaria

Bei metagenetischen Arten vermehren sich die Polypen stets ungeschlechtlich, beispielsweise durch Knospung. Bleiben die durch Knospung hervorgebrachten Jungtiere am Muttertier, so entstehen Polypenstöcke. Ein Beispiel für eine stockbildende Hydrozoenart ist *Obelia geniculata = Laomedea geniculata* (Linnaeus, 1758), die darüber hinaus einen komplexen Lebenszyklus mit Polypen- und Medusenform aufweist (Abb. 3.5 und 3.6). Ein Tierstock besteht aus einer Vielzahl von miteinander verbundenen Individuen, die sich je nach Bau und Funktion in mehrere Klassen aufteilen lassen (Polymorphismus) (Abb. 3.6A–C). Dabei sind die Polypenkörper distal keulenförmig zum Hydranthen erweitert und setzen sich proximal in stielförmige Abschnitte (Hydrocaulus) fort oder stehen über kriechende Stolone miteinander in

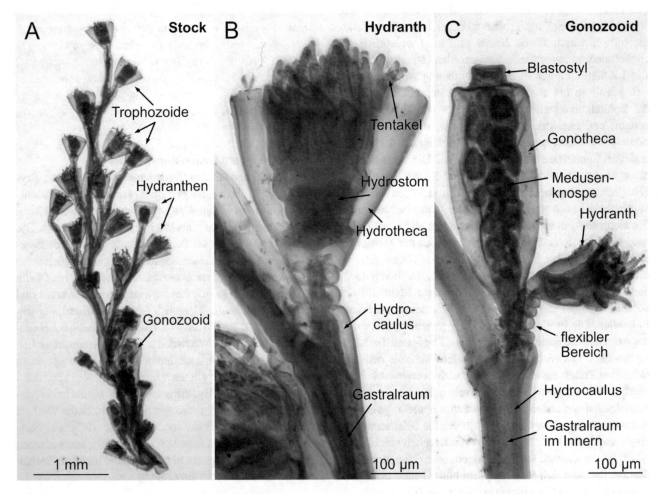

Abb. 3.6 *Obelia geniculata* (**A**) Polypenstock, total, gefärbt, mit Hydranthen in der Hydrotheca (chitinhaltige Schutzhülle) und Gonozooid in der Gonotheca. (**B**) Ausschnitt mit Hydranth. (**C**) Ausschnitt mit Hydranth, Gonozooid und Gonangium. Das Blastostyl ist das zentrale Gewebe, an dem die Medusenknospen sich bilden, die Gonotheca umgibt das Blastostyl und die Medusenknospen. Präparate der Biologischen Sammlung der Universität Osnabrück

Verbindung (Hydrorhiza). Hydranthen, die dem Beutefang sowie der Aufnahme und Verdauung der Nahrung dienen, werden als Trophozoide oder Gastrozoide, Nährpolypen, bezeichnet. Die mit Nesselzellen ausgestatteten Tentakel lähmen und fangen die Beute. Am Stock finden sich bei manchen Arten neben den Trophozooiden auch Dactylozooide (Wehrpolypen), welche tentakelförmig und dicht mit Nesselzellen besetzt sind, aber keine Mundöffnung besitzen und deshalb keine Nahrung aufnehmen können. Gonozooide sind die reproduktiven Polypen, die durch Knospung frei bewegliche Medusen bilden und schließlich aus einer Hülle (Gonotheca) entlassen. Ein solcher Polypenstock wächst kontinuierlich durch die fortschreitende Knospung neuer Polypen heran (Abb. 3.5A und 3.6). Da die Gastralräume der Polypen in einem Stock alle miteinander verbunden sind und Cilien einen ständigen Flüssigkeitsstrom erzeugen (Gastrovaskularsystem), ist die Versorgung mit Nahrung für alle Polypen gewährleistet. Die von den Gonozooiden entlassenen Medusen stellen die geschlechtliche Generation dar und entwickeln Gonaden. Eier und Spermien einer Art finden chemotaktisch zueinander. Aus der befruchteten Eizelle entwickelt sich die bewimperte, frei bewegliche Planula-Larve. Nach dem Festsetzen an einem Substrat differenziert sie sich zu einem sessilen Gründerpolyen, aus dem dann ein neuer Polypenstock entsteht (Abb. 3.6A). Bei manchen stockbildenden Arten kommt es zu Reduktionen der Medusen, die nicht mehr freigesetzt werden, am Stock verbleiben und dann als Medusoide bezeichnet werden. Tatsächlich bilden nur etwa 700 der fast 3200 Arten der Hydrozoa noch frei schwimmende Medusen.

Fortpflanzung bei Hydra

Die Süßwasser-Hydren stellen einen Sonderfall innerhalb der Gruppe der Cnidaria dar, da bei ihnen nicht nur die Medusenform, sondern auch die Larvenform vollständig verloren ging. Stattdessen bildet der Polyp selbst Gonaden aus und ist so zu einem konsekutiven Zwitter geworden (Abb. 3.1C und 3.7). Das Fehlen der Larven wie auch der Medusenform lässt sich sehr plausibel als eine sekundär erworbene Anpassung an den Lebensraum Süßwasser deuten. Ein Verbreitungsstadium, sei es eine planktonisch driftende Meduse oder eine sich ebenso bewegende Planula-Larve, hat hier keinen Selektionsvorteil. Die Gonaden bilden sich bei den Süßwasserpolypen immer innerhalb der Epidermis, also ektodermal. Oft entstehen die Hoden im oberen Bereich des Rumpfes, die Ovarien im unteren Bereich.

Die Gameten werden von Tausenden interstitiellen Zellen gebildet (I-Zellen), die sich im von Epithelzellen gebildeten Hoden zu Spermatogonien und Spermien differen-

zieren (Abb. 3.7A, B). Die Akkumulation von vielen Spermatogonien auf engstem Raum führt zur Aufwölbung des Ektoderms. Daher sind die Hoden äußerlich gut zu erkennen (Abb. 3.7H). Durch Ruptur (Aufplatzen) der Epidermis werden später die reifen Spermien ins Umgebungswasser entlassen. Die Entstehung eines Ovars beginnt ebenfalls durch die Ansammlung von I-Zellen in der Epidermis. Nur eine einzige Zelle wird zur Eizelle (Abb. 3.7C, D), alle anderen werden zu Nährzellen (engl. *nurse cells*). Die Eizelle phagocytiert Nährzellen und nimmt so kontinuierlich an Größe und Masse zu. Schließlich reißt das Ektoderm auf und zieht sich um den Rand der Eizelle zurück. Der entstehende Gewebering an der Basis der Eizelle ist in Abb. 3.7E, F zu sehen. Sobald eine Eizelle dem Medium ausgesetzt ist, finden Befruchtung und Meiose statt. Die Nährzellen, die während der Oogenese von der sich entwickelnden Eizelle aufgenommen wurden, verbleiben während der gesamten Embryogenese als kugelförmige Zellen mit pyknotischen, das heißt degenerierenden, Zellkernen in der Eizelle (Abb. 3.7F). Auch während der nachfolgenden Furchungsteilungen und in der entstehenden Blastula und späteren Gastrula besitzen alle Zellen des Embryos noch Nährzellen in ihrem Cytoplasma. Die Eizelle wird von einer derben, stacheligen Hülle umgeben, welche mechanischen Schutz bietet. Die weitere Entwicklung kann mehrere Wochen dauern und endet mit dem Schlupf einer jungen tentakellosen *Hydra*, die sich sofort mit ihrem Fuß an ein Substrat anheften kann und innerhalb weniger Stunden Tentakel ausbildet.

Neben der geschlechtlichen Fortpflanzung verfügt *Hydra* auch über die Möglichkeit der ungeschlechtlichen Vermehrung. Sie ist sogar sehr viel häufiger, insbesondere, wenn günstige Nahrungsbedingungen vorliegen. Dann ist *Hydra* durch die Bildung von Knospen in der Lage, ein Habitat in kurzer Zeit erfolgreich mit vielen Individuen zu besiedeln. Knospen bilden sich ausschließlich im Übergangsbereich von Rumpf und Stiel (Abb. 3.1B) durch einseitiges Herauswölben von Gewebe aus der Gastralregion. Dieses Körpergewebe (Epidermis, Mesogloea, Gastrodermis) behält seine Proliferationsfähigkeit, die normale Zellzusammensetzung und die lokale Differenzierungsfähigkeit bei. Durch Musterbildungsprozesse wird nach etwa zwei Tagen ein neuer Kopf differenziert, einen Tag später wird die Gewebebrücke an der zukünftigen Fußregion stark eingeschnürt. Der Jungpolyp wird am vierten Tag ohne Wunde über eine schnelle, neuronal vermittelte Sphinkterkontraktion vom Muttertier abgeworfen. Andere Arten von Hydren, wie *Protohydra*, deren Lebenszyklus und systematische Stellung noch weitgehend unklar ist, können sich auch durch Querteilung vermehren (Abb. 3.1C).

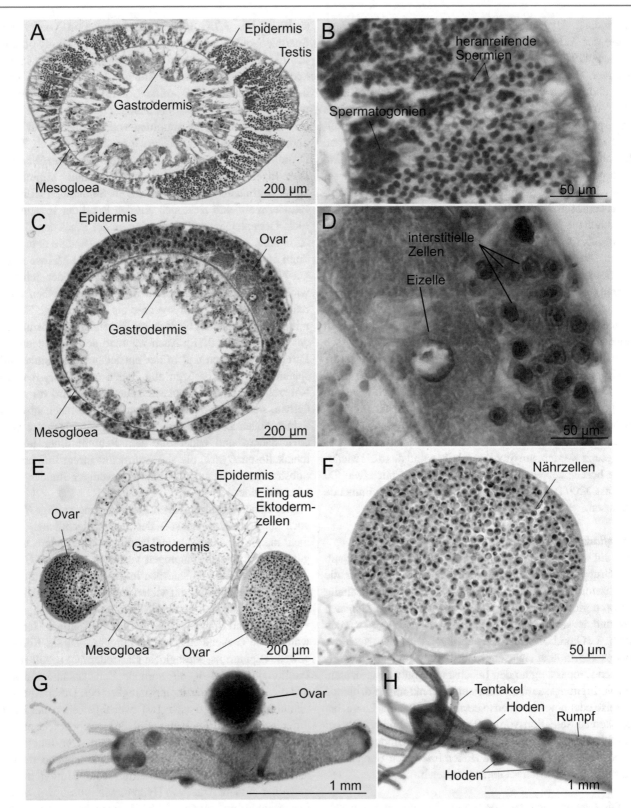

Abb. 3.7 *Hydra* spec. (**A**) Querschnitt durch den Rumpfbereich mit Testis. (**B**) Ausschnitt von (**A**). (**C**) Querschnitt durch den Rumpfbereich mit Ovar und Eizellen. (**D**) Ausschnitt von (**B**). **A–D**: Azanfärbung. Präparate von Johannes Lieder, Ludwigsburg. (**E**) Querschnitt durch den Rumpf-bereich von *Hydra fusca* mit zwei Ovarien. (**F**) Ausschnitt (**E**). Die jungen Ovarien sind angefüllt mit I-Zellen, die Oocyte ist nicht sichtbar. **E, F**: Präparate der Zoologischen Lehrsammlung, Philipps-Universität Marburg. (**G**) Totalpräparat von *Hydra viridis*, gefärbt. Das Tier hat ein weit entwickeltes Ovar und drei Ovarien in frühen Stadien ausgebildet. (**H**) Totalpräparat von *Hydra viridis*, mit vier sich entwickelnden Testes, gefärbt. **G, H**: Präparate der Biologischen Sammlung der Universität Osnabrück

Plathelminthes (Plattwürmer)

4

▶ **Plathelminthes besitzen einen bilateralsymmetrischen Körperbau mit drei erkennbaren Körperachsen. Zwischen der Epidermis und dem Verdauungssystem liegt das mesodermale Parenchym, in das alle Organe eingebettet sind. Eine sekundäre Leibeshöhle, ein Coelom, besitzen diese Tiere nicht. Etwa ein Siebtel der 37.000 beschriebenen Plathelminthes-Arten sind frei lebende Räuber, alle übrigen sind Parasiten. Die Mehrzahl von ihnen lebt als Endoparasiten im Körperinneren ihrer Wirte, beispielsweise in den Gallengängen der Leber oder im Darm. Andere Arten besiedeln als Ektoparasiten Kiemen, die Mund- und Rachenhöhle oder den Enddarm ihrer Wirte.**

Die parasitische Lebensweise macht diese Tiere von ihren Wirten vollständig abhängig, was sich in besonderen Anpassungen ihres Körperbaus, ihrer Stoffwechselphysiologie, ihrer Reproduktionsbiologie und in der Anatomie ihrer Organsysteme widerspiegelt. Allerdings waren einige dieser Anpassungen bereits als sogenannte Präadaptationen bei den frei lebenden Vorfahren vorhanden, wie beispielsweise die zwittrige Organisation, außerordentlich komplexe Geschlechtsorgane und eine innere Befruchtung. Früher wurden die Plathelminthes zumeist in vier Taxa unterteilt: Strudelwürmer (Turbellaria), Saugwürmer (Trematoda), Hakensaugwürmer (Monogenea) und Bandwürmer (Cestoda). Diese sehr populäre Einteilung der Plathelminthes kann sicherlich in einem Anfängerkurs aufgegriffen werden, da sie sich in vielen Lehrbüchern wiederfindet. Es sollte aber darauf verwiesen werden, dass diese Unterteilung nicht die Evolutionsgeschichte der Plathelminthes widerspiegelt, wie sie heute gesehen wird. Neuere Befunde legen nahe, dass die Plathelminthes in die limnischen Catenulida und die Rhabditophora (mit besonderen epidermalen Drüsenzellen) zu unterteilen sind; zur zweiten Gruppe gehören auch alle parasitischen Arten. Ein wichtiges evolutionäres Schlüsselereignis bei den Rhabditophora ist die Entstehung ektolecithaler Eier, die aus Dotterzellen und der eigentlichen befruchteten

Eizelle zusammengesetzt sind (Neoophora). Die parasitischen Arten gehen auf nur ein Evolutionsereignis zurück. Unter anderem ist ihnen gemeinsam, dass die primär bewimperte Epidermis beim Eindringen in den ersten Wirt abgeworfen und durch eine neue Körperbedeckung, die Neodermis, ersetzt wird. Diese wird aus mesodermalen Stammzellen gebildet, ist syncytial und kann unter anderem den Abwehrmechanismen der Wirte perfekt widerstehen. Aufgrund ihrer neuen Körperbedeckung wird diese Gruppe auch als Neodermata („Neuhäuter") zusammengefasst.

Saugwürmer (Trematoda)

Zu den ausschließlich parasitisch lebenden Plathelminthes gehört die etwa 18.000 Arten umfassende große Gruppe der Saugwürmer (Trematoda, Neodermata). Zu ihnen zählen auch die beiden hier vorgestellten Arten, der Große Leberegel (*Fasciola hepatica*) (Abb. 4.1, 4.2, 4.3, 4.4, 4.5, 4.6, 4.7 und 4.8) und der Kleine Leberegel (*Dicrocoelium dendriticum*) (Abb. 4.9 und 4.10). Um überleben zu können, sind diese Parasiten vollständig auf ihre Wirte angewiesen. Generell unterscheidet man Zwischenwirte, in denen die sich asexuell fortpflanzenden Generationen vorkommen, und Endwirte, in denen die meist deutlich größeren sich sexuell fortpflanzenden Generationen leben. Bei den Trematoden ist der erste Zwischenwirt fast immer ein Weichtier, meist eine Schnecke. Die Larven (Cercarien) der Geschlechtsgeneration verlassen den Zwischenwirt und entwickeln sich, nachdem ein geeigneter Endwirt sie unbeabsichtigt aufgenommen hat, zu geschlechtsreifen zwittrigen Saugwürmern. Die adulten Formen leben dann als Endoparasiten in Darm, Lymphgefäßen, Gallengängen oder anderen Organen von Wirbeltieren. *Fasciola hepatica* besiedelt vorzugsweise die Gallengänge in der Leber seines Wirtes (Abb. 4.1A–D). Alle bekannten Trematoda durchlaufen ausnahmslos einen komplexen Generations- und Wirtswechsel und zeigen zahlreiche Anpassungen an das parasitische Leben, beispielsweise Saugnäpfe, mit deren Hilfe sie sich an den Wänden der Gallengänge verankern

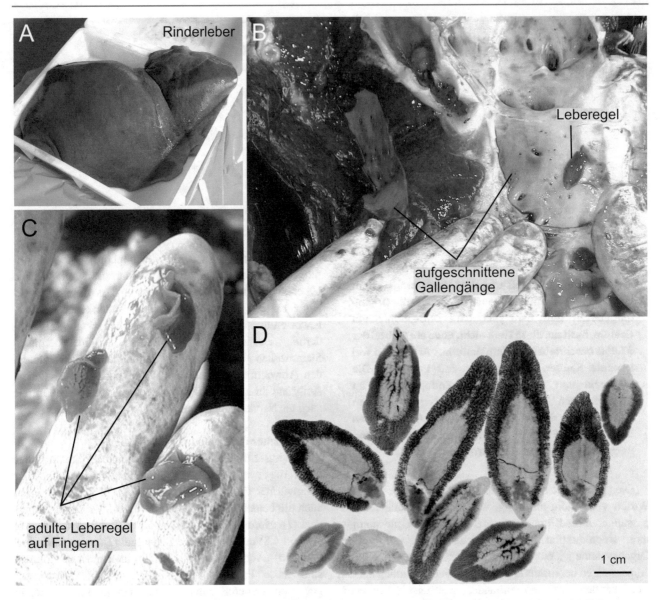

Abb. 4.1 Großer Leberegel (*Fasciola hepatica*). (**A**) Leber eines ausgewachsenen Rindes. (**B**) Aufgeschnittene Rinderleber. In den Gallengängen, die die Leber durchziehen, leben bei infizierten Rindern Große Leberegel (*Fasciola hepatica*). (**C**) Aus Gallengängen entnommene, lebende adulte Leberegel. (**D**) Fixierte, flach ausgelegte Leberegel im Durchlicht, ungefärbt

(Abb. 4.1, 4.2, 4.3 und 4.6). Darüber hinaus besitzen sie, wie bereits erwähnt, eine für den direkten Stoffaustausch optimierte Körperoberfläche, die Neodermis. Nahezu jedes Wirbeltier kann sich mit unterschiedlichen Trematoden infizieren und Krankheitssymptome entwickeln. So zeigt der Mensch bei einem starken Befall mit *Fasciola hepatica* Ödeme und Entzündungen der Leber mit bleibenden Leberschäden, die von dem Durchwandern der Leber und von den Ausscheidungsprodukten der Leberegel verursacht werden. Die Erkrankung wird als Fascioliasis bezeichnet. Häufig sind die parasitisch lebenden Arten nicht auf eine einzelne Endwirt-Spezies festgelegt. So kommt der Große Leberegel zumeist in herbivoren Säugetieren wie Schafen oder Rindern vor, kann aber auch andere Säugetiere inklusive des Menschen als Endwirt besiedeln. Darüber hinaus hat der Große Leberegel zahlreiche nahe Verwandte, die jeweils bestimmte Endwirte bevorzugen. Beispielsweise besiedelt *Fasciola jacksoni* Elefanten, *Fasciola gigantica* Wasserbüffel, Kühe und Menschen oder *Fasciola nyanzae* Flusspferde. Einige Arten sind nur lokal vertreten, *Fasciola hepatica* allerdings ist wie ihr Endwirt, unsere Hausrinder, ein Kosmopolit mit lokalen Infektionsschwerpunkten wie beispielsweise auf der bolivianischen Hochebene Altiplano.

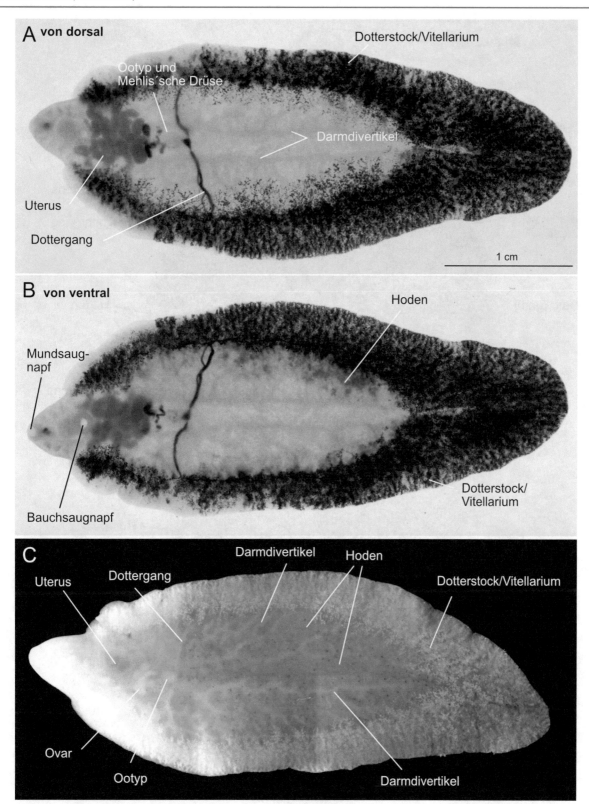

Abb. 4.2 Großer Leberegel (*Fasciola hepatica*). (**A**) Fixierter Leberegel, Durchlicht, von dorsal. (**B**) Fixierter Leberegel, Durchlicht, von ventral. (**C**) Fixierter Leberegel, Auflicht, von dorsal. Alle Tiere ungefärbt

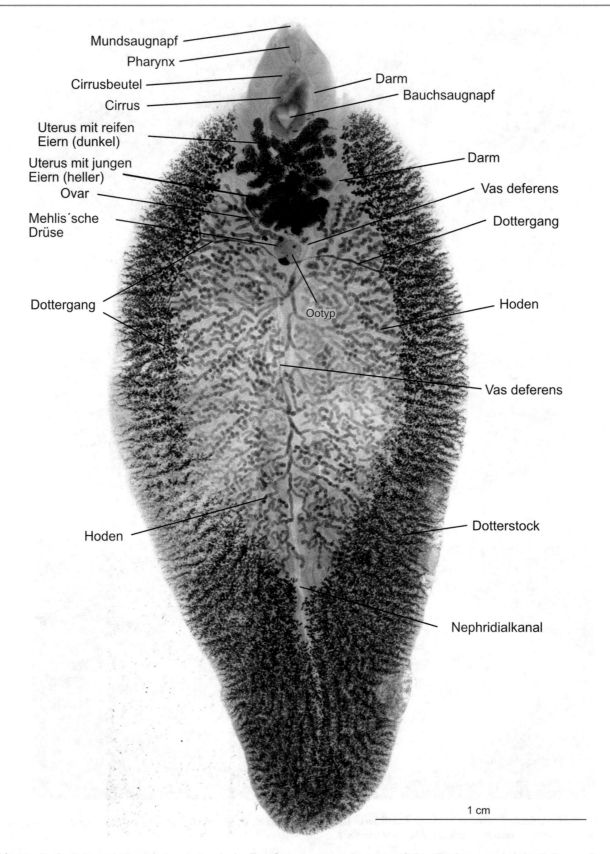

Abb. 4.3 Großer Leberegel (*Fasciola hepatica*) und seine Fortpflanzungsorgane. Im Azan-gefärbten Totalpräparat sind eine Reihe von Organen des Fortpflanzungssystems, der Darm und die Saugnäpfe gut zu erkennen (Durchlicht). Präparat der Biologischen Sammlung der Universität Osnabrück

Abb. 4.4 Schematische Darstellung der weiblichen (**A**) und männlichen (**B**) Geschlechtsorgane von *Fasciola hepatica*

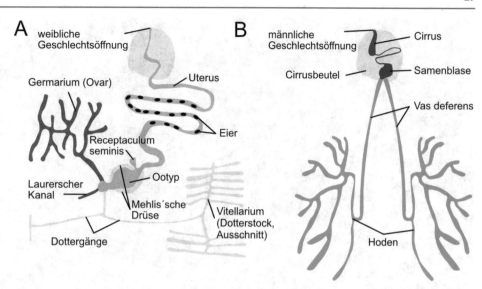

Bandwürmer (Cestoda)

Die zweite große Gruppe der parasitischen Plathelminthes bilden die Cercomeromorpha mit den Bandwürmern (Cestoda) und den Hakensaugwürmern (Monogenea), deren erste Larven einen hinteren Körperabschnitt mit typischen Häkchen zum Festhalten besitzen. Ein Rinderbandwurm (*Taenia saginata*) kann bei nur 7 mm Körperbreite bis zu 12 m Länge erreichen (Abb. 4.12). Die zirka 5000 bekannten Cestodenarten leben ausschließlich als Endoparasiten im Darm ihrer Endwirte. Ihr Lebenszyklus ist deutlich einfacher als der der Trematoden (Abb. 4.12). Ein Wirtswechsel ist fast immer vorhanden, während ein Generationswechsel meistens fehlt. Bandwürmer sind wohl die am extremsten an die endoparasitische Lebensweise angepassten Plathelminthes. In allen Stadien fehlt ein Darmkanal, die Aufnahme der Nährstoffe erfolgt über die gesamte Körperoberfläche. Geschlechtsreife Tiere sind stark abgeflacht und in einer Teilgruppe ist es zur Vervielfachung der Geschlechtsapparate gekommen, einhergehend mit bandförmigen Körperdimensionen, die zur Namensgebung geführt haben (Abb. 4.12 und 4.13). Zu den längsten Arten gehört mit bis zu 20 m Körperlänge der Fischbandwurm (*Diphyllobothrium latum*), dessen Endwirt verschiedene Säuger sind, die sich von rohem Fisch ernähren. Demgegenüber leben die etwa 8000 Arten der Hakensaugwürmer (Monogenea) ekto-parasitisch an den Kiemen oder der Haut ihrer Wirte, meist Amphibien oder Fische. Oft finden sich diese Parasiten auch in denjenigen Körperhöhlen, die direkten Kontakt zur Außenwelt haben, beispielsweise im Mund- und Rachenraum, in der Harnblase, Kloake oder im Enddarm. Monogenea zeigen keinen Generationswechsel und nur selten einen Wirtswechsel. Der Mensch zählt nicht zu ihren Wirten, weshalb sie wohl trotz der relativ großen Artenzahl wenig bekannt sind.

Frei lebende Räuber

Die überwiegende Mehrzahl der frei lebenden räuberischen Plattwurmarten lebt im marinen Sandlückensystem und ist mikroskopisch klein. Meist weit unter 10 mm lang, bleiben sie der Mehrzahl der Menschen für immer verborgen. Charakteristisch sind beispielsweise die in der Brandungszone von Sandstränden in relativ großer Arten- und Individuenzahl lebenden Strudelwürmer aus der Gruppe der Otoplanidae, die sich mithilfe ihrer bewimperten Epidermis im Lückensystem des Sediments fortbewegen. Sie machen als gute Schwimmer dort Jagd auf von der Brandung geschädigte Tiere.

Unter den frei lebenden Formen gibt es auch zwei Gruppen mit größeren Arten: die im Süßwasser lebenden

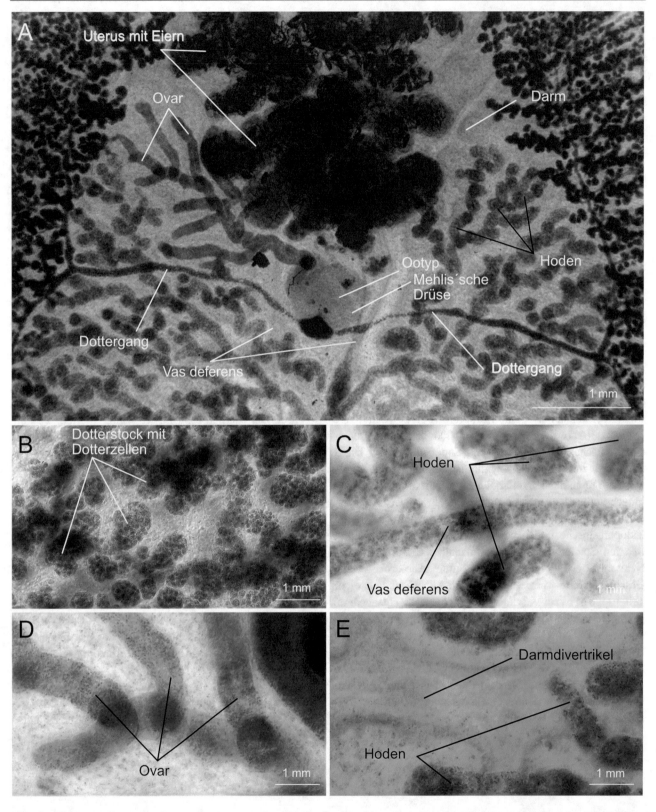

Abb. 4.5 Großer Leberegel (*Fasciola hepatica*). Ausgewählte Organe eines Totalpräparats bei höherer Vergrößerung (Durchlicht). (**A**) Im Ootyp bilden jeweils eine Eizelle und etwa 50 bis 60 Dotterzellen die zusammengesetzten Eier des Leberegels. (**B**) Ausschnitt aus dem Dotterstock mit Dotterzellen. (**C**) Hoden mit Spermatogonien. (**D**) Ovar mit jungen Eizellen. (**E**) Ein Darmdivertikel und begleitende Teile des Hodens. Präparat der Biologischen Sammlung der Universität Osnabrück

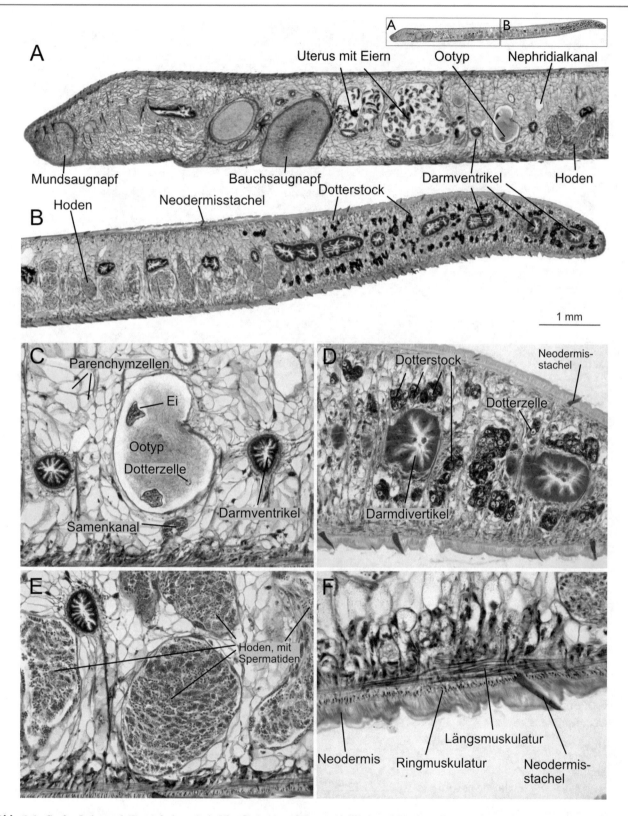

Abb. 4.6 Großer Leberegel (*Fasciola hepatica*). Histologie. Azanfärbung. (**A**, **B**) A und B zeigen den anterioren (**A**) und posterioren (**B**) Teil eines medianen Längsschnitts auf Höhe von Mund- und Bachsaugnapf. (**C**) Anschnitt des Ootyps mit zwei zusammengesetzten Eiern und einer einzelnen Dotterzelle. (**D**) In der Peripherie des Tieres sind mehrere Anschnitte des Darms (Darmdivertikel) und der Dotterstockgänge zu erkennen. (**E**) Anschnitte des Hodens zeigen heranreifende Spermatogonien und Spermatiden, verschiedene Stadien der Spermatogenese. (**F**) Neodermis, eine syncytiale Körperbedeckung, die Neodermisstacheln enthält. Präparate von Johannes Lieder, Ludwigsburg

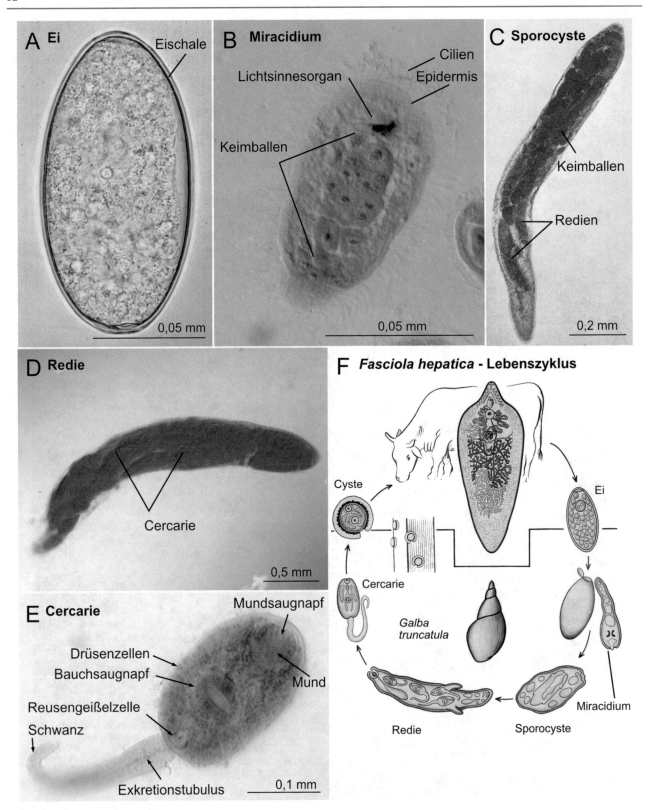

Abb. 4.7 Entwicklungszyklus von *Fasciola hepatica*. (**A**) Zusammengesetztes Ei. (**B**) Frei schwimmende Miracidium-Larve mit Lichtsinnes-organ. (**C**) Sporocyste. (**D**) Redie. (**E**) Frei schwimmende Cercarie. (**F**) Schematische Darstellung des Lebenszyklus. Präparate der Biologischen Sammlung der Universität Osnabrück und der Zoologischen Lehrsammlung, Philipps-Universität Marburg

Entwicklungszyklus von digenen Trematoden am Beispiel von *Fasciola hepatica*

Generation	Stadium	Fortpflanzung	Wirt
1	Zwittriger Saugwurm	Sexuell	Wirbeltier
2	Ei	-	-
2	Miracidium (Larve)	-	Frei lebend (Wasser)
2	Sporocyste (ohne Darmkanal)	Asexuell (Stammzellen)	Mollusk
3	Redie (mit Darmkanal)	Asexuell (Stammzellen)	Mollusk
1	Cercarie (Larve)	-	Frei lebend
1	Metacercarie (Dauerstadium)	-	Meist eingekapselt

Abb. 4.8 Tabellarische Übersicht über den Generations- und Wirtswechsel von *Fasciola hepatica* als Beispiel der digenen Trematoda

Planarien (Tricladida, dreiästiger Darm) und die meeresbewohnenden Polycladida (mehrästiger Darm). Letztere sind oft sehr bunt gefärbt und werden leicht mit marinen Nacktschnecken verwechselt. Nur für diese mit 10–25 mm relativ großen Formen und die parasitischen Arten trifft der Name Plattwürmer zu. Die übrigen frei lebenden Formen haben meist einen drehrunden Körperquerschnitt. Zu den Tricladida gehören auch unsere heimischen frei lebenden Strudelwürmer (Turbellarien), die in Süß- oder überwiegend im Salzwasser verschiedene Biotope besiedeln. Die Bezeichnung Strudelwürmer bezieht sich auf die Fortbewegung aller frei lebenden Plathelminthes, die durch die Bewimperung der Epidermis erfolgt; die ebenfalls vorhandene Muskulatur dient vor allem der Veränderung der Körperform. Tubellarien finden sich oft in Bächen oder der Uferzone von stehenden Gewässern auf der Unterseite von Blättern oder Steinen. So gehört der Dreiecksstrudelwurm (*Dugesia gonocephala*), auch als Bachplanarie bekannt, mit einer Körpergröße von 10–25 mm schon zu den großen Arten innerhalb der frei lebenden Plathelminthes.

Empfohlenes Material

Zum Studium der Organisation eignen sich Lebendobjekte, fixierte ungefärbte und gefärbte Tiere als Totalpräparat und histologische Schnitte von Trematoden. In den meisten zoologischen Sammlungen finden sich histologische Schnitte vom Großen Leberegel (*Fasciola hepatica*), vom Chinesischen Leberegel (*Clo-norchis sinensis*) oder vom Kleinen Leberegel (*Dicrocoelium dendriticum*). Entsprechende Präparate können ansonsten im Lehrmittelhandel erworben werden. Lebende Große Leberegel (*Fasciola hepatica*) sind gelegentlich bei umliegenden Rinderschlachthöfen erhältlich, einfach nach der Leber infizierter Tiere fragen. Vertreter der Tricladida (Planarien) lassen sich in Tümpeln oder Bächen sammeln und im Praktikum lebend beobachten. Marine Formen werden nach Betäubung mit Magnesiumchlorid aus dem Sediment gewaschen und können dann ebenfalls lebend beobachtet werden – sind aber wohl nur ausnahmsweise für Grundkurse geeignet. Cestoden lassen sich als fixierte Totalpräparate demonstrieren. Totalpräparate oder histologische Schnitte vom Rinder- oder Schweinebandwurm sind in Sammlungen oft vorhanden oder lassen sich über den Fachhandel beziehen. Wenn infizierte Leber zur Verfügung steht, werden Skalpelle und größere Pinzetten für die Extraktion der Leberegel benötigt. Die Tiere können in 4 % Formaldehyd fixiert werden.

Der Bauplan der Trematoda: Großer Leberegel (*Fasciola hepatica*) und Kleiner Leberegel (*Dendrocoelium dendriticum*)

Plathelminthes besitzen keine von mesodermalen Epithelzellen ausgekleidete Körperhöhle (Coelom). Stattdessen wird der Raum zwischen Epidermis und Gastrodermis gänzlich von mesodermalen Zellen ausgefüllt, die entweder als Muskelzellen oder Parenchymzellen differenziert sind. Letz-

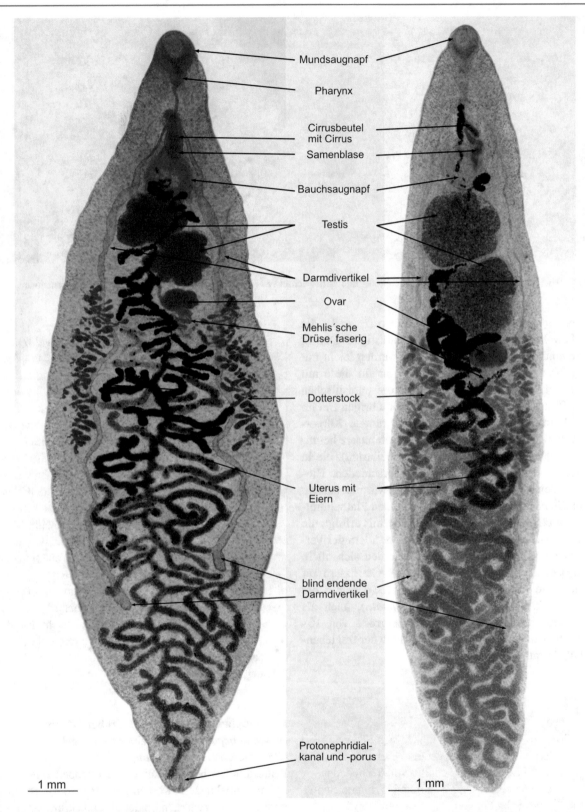

Mundsaugnapf

Pharynx

Cirrusbeutel
mit Cirrus

Samenblase

Bauchsaugnapf

Testis

Darmdivertikel

Ovar

Mehlis´sche
Drüse, faserig

Dotterstock

Uterus mit
Eiern

blind endende
Darmdivertikel

Protonephridial-
kanal und -porus

1 mm

1 mm

Abb. 4.9 Kleiner Leberegel (*Dicrocoelium dendriticum*) und seine Organe, zwei typische Azan-gefärbte Totalpräparate aus der Zoologischen Lehrsammlung, Philipps-Universität Marburg

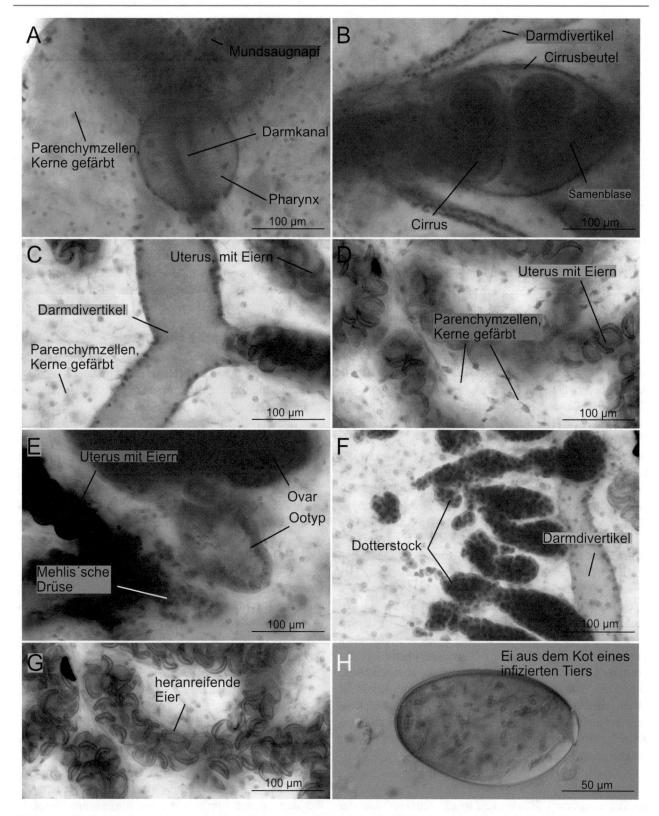

Abb. 4.10 Ausgewählte Organe von *Dicrocoelium dendriticum* im Totalpräparat bei höherer Vergrößerung (Durchlicht). (**A**) Anteriore Körperspitze mit Mundsaugnapf. (**B**) Der ausstülpbare Cirrus („Penis") im Cirrusbeutel liegt anterior vor dem Bauchsaugnapf. Die männliche Geschlechtsöffnung ist in der Regel nicht zu erkennen. (**C**) Ein Darmschenkel. (**D**) Zellkerne des Parenchyms. (**E**) Ausschnitt mit Dotterstock, Darmschenkel und Uterus. Die anfangs hellen gelblichen Eier werden im Zuge der Aushärtung der Eiwand dunkel - schwarz. (**F**) Äste des Dotterstocks. (**G**) Heranreifende Eier im Uterus. (**H**) Ei aus dem Kot eines infizierten Tieres. Präparate der Zoologischen Lehrsammlung, Philipps-Universität Marburg

tere werden in ihrer Gesamtheit als Mesenchym bezeichnet. Dementsprechend besitzen Plathelminthes auch kein Blutgefäßsystem und ihre Exkretionsorgane sind Protonephridien. Die ringförmig, diagonal oder längs angeordneten Muskelfasern liegen unterhalb der Epidermis, sind direkt in das Mesenchym eingebettet und ermöglichen den Tieren eine aktive Bewegung. Da eine Leibeshöhle fehlt, wird dieses Organisationsniveau als acoelomat bezeichnet. Am lebenden Tier oder an einem Totalpräparat (Abb. 4.1, 4.2, 4.3, 4.9 und 4.10) ist der bilateralsymmetrische Körperbau gut zu beobachten. Alle drei Körperachsen, anterior-posterior, dorsal-ventral und links-rechts, lassen sich am lebenden und ungefärbten, aber auch bei fixierten und gefärbten Totalpräparaten leicht erkennen. So liegt das sekundär unpaar gewordene Ovar in der linken Körperhälfte, die Saugnäpfe ventral und anterior und somit der dorsalen und posterioren Seite gegenüber.

Verdauungssystem

Mit dem Mund- und dem Bauchsaugnapf saugen sich die Tiere an den Wänden der die Leber durchziehenden Gallengänge fest (Abb. 4.1B). Der anteriore Mundsaugnapf liegt in unmittelbarer Nähe des spitz zulaufenden Vorderendes des Tieres. Der Bauchsaugnapf liegt weiter posterior auf der ventralen Körperseite. An den Mundsaugnapf schließen sich ein muskulöser Pharynx und ein kurzer Oesophagus an, der die Nahrung, die aus der aufgenommenen Flüssigkeit der Gallengänge des Wirtes besteht, in den Darm überleitet. Der Darmkanal der Trematoda besteht im einfachsten Fall aus einem unpaaren vorderen Abschnitt mit einem sehr muskulösen Saugpharynx und zwei blind endenden Schenkeln, die sich bis ganz ins Hinterende des Tieres ziehen können. Beim Großen Leberegel sind die Darmschenkel durch zahlreiche seitliche Verzweigungen (Divertikel) stark erweitert, hier spricht man auch von einem Gastrovaskularsystem. Ein solch verzweigtes Gastrovaskularsystem kommt nur bei den größeren Trematoda vor und stellt eine sekundäre Anpassung an die Körpergröße dar, bei der der Darm teilweise auch Funktionen des fehlenden Blutgefäßsystems übernimmt. Da ein After fehlt, werden Nahrungsreste wieder über den Mund abgegeben. Während man früher das Fehlen eines Afters für einen primären Zustand hielt, geht man heute davon aus, dass bei den Vorfahren der Plathelminthen ursprünglich ein After im Grundmuster vorhanden war, dann aber sekundär verloren ging.

Nervensystem

Im Gegensatz zum diffusen netzartigen Nervensystem der Nesseltiere besitzen Plathelminthes ein zentrales Nervensystem. Ein Zentralnervensystem ist durch ein übergeordnetes Steuerzentrum (Gehirn) und wenige in Längsrichtung verlaufende Leitungsbahnen (Nervenstränge) gekennzeichnet. Bei den Plathelminthes verlaufen die beiden Hauptnervenbahnen in zwei ventralen Strängen von anterior nach posterior. Sie werden von mehreren dünneren Längsnerven begleitet, die in regelmäßigen Abständen ringförmig um den Körper verteilt sind. Diese Längsnerven werden wiederum durch quer verlaufende Nerven (Kommissuren) verknüpft. Aufgrund dieser Form wird das Nervensystem als orthogonales (regelmäßig rechtwinklig verbundenes) Nervensystem bezeichnet. Die Somata und Neuriten der Nervenzellen sind nicht voneinander in Ganglien separiert, sondern über das gesamte Nervensystem verteilt (Markstränge). Im anterioren Bereich findet sich eine Anhäufung von Ganglienzellen und Nervenzellfortsätzen mit Synapsen (Nervenknoten), das einfache Gehirn. Im Zusammenhang mit der endoparasitischen Lebensweise von *Fasciola hepatica* sind das Nervensystem und vor allem die Sinnesstrukturen im Vergleich zu den frei lebenden Verwandten stark reduziert. So fehlen beispielsweise Augen und die sonst oft vorkommenden Statocysten. In histologischen Schnittpräparaten, die für Praktikumszwecke meist mit Azan gefärbt werden, sind Nervenbahnen schwer zu beobachten. Die bei Plathelminthes deutlich vorangeschrittene Cephalisation ist in der Gesamtansicht am besten bei den Bachtricladen oder den Polycladen zu erkennen, da bei ihnen zwei große Augenflecke in etwa die Lage des Gehirns markieren. Diese Lichtsinnesorgane bestehen aus abschirmenden Pigmentzellen, die als Augenfleck makroskopisch sichtbar sind, sowie den nur histologisch erkennbaren, eigentlichen Fotorezeptorzellen. Bedingt durch die abschirmende Wirkung der Pigmentzellen ist ein Richtungssehen möglich und man kann bei Plattwürmern daher von dem Vorhandensein von Augen sprechen. Dagegen besitzen die parasitischen Vertreter der Plathelminthes im Stadium des geschlechtsreifen Saugwurms keine Augen. Jedoch kommen einfache Pigmentbecherozellen bei den Primärlarven (Miracidien) der Trematoden vor (Abb. 4.7B).

Exkretion

Trematoda besitzen, wie alle Plathelminthes, zur Osmoregulation (Aufrechterhaltung ihrer Ionen-Homöostase) und zur Exkretion (Entsorgung giftiger stickstoffhaltiger Abfallprodukte) ein stark verzweigtes, in alle Körperbereiche projizierendes, filtrierendes Protonephridial-Kanalsystem mit einem einzigen posterior gelegenen Ausführgang (Abb. 4.3). Protonephridien sind typisch für Tiere ohne eine sekundäre Leibeshöhle (Coelom) und ohne Blutgefäßsystem. Ein Kanalast beginnt immer mit einer filtrierenden Terminalzelle, die auch Reusenzelle, Reusengeißelzelle oder Cyrtocyte genannt wird. Die Terminalzelle bildet durch meist stabförmige Zellausläufer, die Kontakt zur Kanalzelle haben, eine Reuse, die wie die Kanalzellen außen von extrazellulärer Matrix (ECM) bedeckt wird. Auf diese Weise kann sie als Filtrationsbarriere dienen. Sehr dicht angeordnete Cilien dieser Terminalzelle erzeugen im Inneren der Reuse durch den Cilienschlag im Kanallumen einen Flüssigkeitsstrom in Richtung des Kanalausgangs. Der dadurch entstehende Unterdruck lässt die sich zwischen den Körperzellen befindende Gewebeflüssigkeit in den Protonephridialkanal hineinströmen. Dabei wird die Gewebeflüssigkeit an den Spalträumen der Terminalzelle und der benachbarten Kanalzelle ultrafiltriert. In den Kanälen erfolgen eine Rückresorption bestimmter Stoffe aus dem Primärharn sowie eine Sekretion von Stoffen, die wegen ihrer Größe für eine Ultrafiltration ungeeignet sind. Der Primärharn wird so zum Sekundärharn und nach außen ausgeschieden. Dieser Vorgang ist prinzipiell bei allen Metazoen (Gewebetiere) mit Nierenorganen gleich, weshalb sie auch als Nephrozoa bezeichnet werden (s. Abb. 1.1).

Die Neodermis, eine Anpassung an das parasitische Leben

Alle parasitisch lebenden Plathelminthes – Saugwürmer (Trematoda), Hakensaugwürmer (Monogenea) und Bandwürmer (Cestoda) – besitzen eine im Tierreich einmalige und ungewöhnliche Form der Haut, die Neodermis. Die bereits mehrfach angesprochene Neodermis ist stets unbewimpert und dient dem direkten Stoffaustausch, der Aufnahme und der Abgabe von Substanzen an ihren Lebensraum (Exkretion und Osmoregulation), den Gallengängen oder Darmabschnitten des Wirtstieres, sowie der Abwehr der Immunantwort oder der Verdauungsenzyme ihrer Wirte. Bei Bandwürmern (Cestoden) ist es in diesem Zusammenhang gar zum vollständigen Verlust des Darmes gekommen. Die gesamte Nährstoffaufnahme erfolgt bei ihnen ausschließlich über die mesodermale Neodermis. Um einen solch wirkungsvollen Stoffaustausch betreiben zu können und außerdem noch der Immunantwort ihrer Wirte zu entgehen, ist im Zuge der Anpassung an das Leben als Endoparasiten die Neodermis entstanden. Die Neodermis ist dadurch charakterisiert, dass ihre mesodermalen Zellen ein nach außen abschirmendes Syncytium bilden. Die Zellkörper sind ins Parenchym abgesenkt und liegen unterhalb der ECM. Von ihnen gehen jeweils mehrere Zellausläufer aus, die mit der oberhalb der ECM liegenden Schicht verbunden und für den Stofftransport verantwortlich sind. Echte Syncytien gehen aus der Fusion von einzelnen, einkernigen Zellen hervor und bilden dann einen vielkernigen Zellkörper. Apikal besitzt die Neodermis besondere zelluläre Strukturen, welche einerseits helfen, die Immunabwehr des Wirtes zu umgehen, andererseits die Nährstoffaufnahme begünstigen. Zusätzlich finden sich dicht stehende Mikrovilli oder labyrinthartige Ein-faltungen, die der Oberflächenvergrößerung dienen. Durch die syncytiale Organisation der Neodermis gibt es keine apikalen Zell-Zell Kontakte in der Abschlussschicht, wodurch das Körperinnere noch besser nach außen abgeschirmt ist als bei einer klassischen Epidermis mit ihren zahlreichen Zell-Zell-Kontaktzonen. Die Bildung der austauschfreudigen Neodermis stellt eine der wichtigsten Anpassungen an das ausschließlich parasitische Leben dar.

Während die adulten parasitischen Formen auf die Neodermis angewiesen sind, benötigen einige Larvenformen eine schützende und bewimperte ektodermale Epidermis. Sie wird im Zuge von oft komplizierten Generations- und Wirtswechseln, die wir im nächsten Abschnitt beschreiben, bei den frei lebenden Larven gebildet (Abb. 4.7 und 4.8). So findet sich beispielsweise eine bewimperte Epidermis bei den Primärlarven (Miracidien, Abb. 4.7B). Sie wird beim erstmaligen Eindringen in einen Wirt abgestreift und durch die Neodermis ersetzt, die sich aus mesodermalen Stammzellen neu differenziert. Übrigens lässt sich das Einwandern von Stammzellen in die Epidermis zur Regeneration auch bei frei lebenden Plathelminthen beobachten.

Mit Ausnahme der Porifera besteht bei allen anderen Metazoa die äußere Körperbedeckung aus einem einschichtigen Epithel, das aus dem Ektoderm hervorgeht und als Epidermis bezeichnet wird. Epithelien bestehen aus apikal-basal polarisierten Zellen, die seitlich durch spezifische Zell-Zell-Verbindungen miteinander in Kontakt stehen. Diese Kontakte dienen der mechanischen Stabilität der Zellschicht und der Kontrolle des Stoffaustauschs, da eine unkontrollierte Diffusion durch diese Strukturen verhindert wird. Die Polarität drückt sich in den Eigenschaften der Zellmembran und in der Verteilung der Zellorganellen aus. So wird apikal und basal eine extrazelluläre Matrix abgeschieden, die basal unter anderem der mechanischen Verankerung der Epithelzellen sowie dem Stoffaustausch und -transport mit dem Körperinneren dient. Die apikale Schicht wird als Cuticula bezeichnet; Ausgangspunkt der Cuticulabildung ist eine Glykokalyx, die außen auf den Zellen gebildet wird. Beide Schichten können Collagen enthalten. Bei Ecdysozoa, hier durch Nematoden und Arthropoden vertreten, enthält die Cuticula Chitin, ein hochpolymeres stickstoffhaltiges Polysaccharid. Eine Besonderheit findet sich bei den Manteltieren, Tunicata; hier enthält die Cuticula Cellulose, eine Substanz, die man sonst nur von Pflanzenzellwänden kennt. Nur die Wirbeltiere, die Craniota, besitzen eine vielschichtige Epidermis, deren innerste Schicht zeitlebens nach außen hin neue Zellen abgibt und so die äußeren Zellen ersetzt. Bei allen Amniontieren (Nabeltiere, Amniota) verhornen diese Zellen durch Bildung von Keratinen, sterben ab und bilden so eine wasserundurchlässige Schutzschicht, die funktionell die Cuticula ersetzt.

Geschlechtsorgane und Fortpflanzung

Wie alle Plathelminthes sind auch Leberegel Zwitter (Hermaphroditen). Jedes Individuum bildet gleichzeitig sowohl weibliche als auch männliche Geschlechtsorgane aus. Im Tier reifen jedoch zunächst die männlichen Keimzellen (Spermien) heran und danach dann die weiblichen Keimzellen (Eizellen). Der Große Leberegel ist also ein proterandrischer konsekutiver Zwitter. Im ungefärbten Totalpräparat erkennen wir fast immer Eier von unterschiedlichem Alter und Reifegrad. Junge Eier erscheinen weißlich oder gelblich und liegen im Eileiter und Uterus (Abb. 4.2). Die Eier der Trematoda enthalten jeweils 50 bis 60 Dotterzellen sowie eine befruchtete Eizelle und werden als ektolecithale Eier (die zusammengesetzten Eier der Neoophora, s. o.) bezeichnet (Abb. 4.5 und 4.6). Wenn die Eischale aushärtet, erscheinen die Eier schwarz und werden über den Uterus und den Genitalporus in die Gallengänge des Wirtes entlassen. Die Tiere begatten sich in der Regel wechselseitig, Selbstbefruchtung ist aber nicht ausgeschlossen. Bei der Begattung wird das männliche Begattungsorgan (Penis oder Cirrus) durch den männlichen Genitalporus ausgestülpt und in den weiblichen Genitalporus eingeführt. Die übertragenen Spermien werden zunächst im Receptaculum seminis gespeichert, bis sie bei der Bildung der Eier für die Befruchtung in den Ootyp entlassen werden (Abb. 4.5 und 4.6).

Bau der Gonaden und Eibildung

Die paarigen Hoden erstrecken sich nahezu in den gesamten peripheren Bereich des Tieres hinein (Abb. 4.6). Die hier produzierten Spermien werden über zwei Samenleiter (Vasa deferentia) zur Samenblase geleitet und zwischengespeichert. Über einen dünnen Gang gelangen sie von dort zum Cirrus. Das Ovar ist in Germarium (Keimstock, im engeren Sinne das Ovar) und Vitellarium (Dotterstock) aufgeteilt. Das ursprünglich paarig angelegte Germarium (Ovar) liegt bei Trematoden sekundär unpaar vor (Abb. 4.2A–C und 4.3). Der zweite Ast der Ovaranlage ist zum Vitellarium differenziert, ein riesiges Netz aus blind endenden Kanälen, die sich lateral in zwei großen Ästen in den Körper des gesamten Tieres erstrecken. Hier werden die Dotterzellen für die zusammengesetzten Eier produziert und durch die Dottergänge zu den Eizellen transportiert. Eizellen, Spermien und Dotterzellen finden erst im Ootyp zusammen (Abb. 4.5). Die Eizelle muss vor der Dotterzellanlagerung und vor der Schalenbildung bereits durch ein Spermium eines Geschlechtspartners befruchtet sein. Die Mehlis'sche Drüse produziert die Sekrete, die für die Bildung der späteren Eischale benötigt werden. Sie heißt daher auch Schalendrüse. Im Ootyp münden also sowohl der vom Ovar kommende Eileiter (Ovidukt) als auch der vereinigte Dottergang, der durch zwei separate Gänge mit den latera-

len Vitellarien verbunden ist, weiterhin das Receptaculum seminis (Samentasche, Aufbewahrung von Fremdspermien) und die Mehlis'sche Drüse. Auch der Laurer'sche Kanal, eine Verbindung zur dorsalen Außenseite des Tieres, mündet hier. Es wird vermutet, dass über den Laurer'schen Kanal überalterte Spermien abgegeben werden. Vom Ootyp zweigt dann der Uterus ab, der die zusammengesetzten Eier zum Genitalporus leitet. Beim Großen Leberegel sind, wie bei fast allen parasitischen Plathelminthes, die Fortpflanzungsorgane besonders umfangreich (Abb. 4.2 und 4.3) und nehmen einen großen Teil des Körpers ein. Dies erklärt sich durch die Notwendigkeit, zur Verbreitung immer neue Endwirte erreichen zu müssen. Die Wahrscheinlichkeit hierfür ist jedoch gering, sodass eine ungeheure Zahl von Eiern gebildet wird, um eine erfolgreiche Reproduktion zu gewährleisten. Den parasitischen Plathelminthes gelingt dies mit zum Teil sehr komplexen Generations- und Wirtswechseln, den viele Arten durchlaufen. So können die Bandwürmer carnivorer Wirte diese nur erreichen, wenn die Wirte mit der Nahrung, ihren Beutetieren, auch die infektiösen Stadien aufnehmen. Daraus folgt, dass von einem Fleischfresser (Fuchs, Katze, Hund) als Nächstes ein Pflanzenfresser (Nagetier, Maus, Ratte) befallen werden muss, damit die Fortpflanzungsabfolge nicht abreißt. Nur eine sehr große Zahl befruchteter Eier, meist Hunderttausende je Individuum, reicht aus, damit einige wenige Nachkommen ihren Weg in einen neuen Endwirt finden. Ist ein solcher Wirt gefunden und erfolgreich besiedelt, lebt der Parasit dann von diesem geschützt und ernährt wie die sprichwörtliche „Made im Speck" – allerdings zu dem Preis, dass ein sehr großer Teil der Energie in die Fortpflanzung investiert werden muss.

Wirts- und Generationswechsel bei Trematoden

Die parasitische Lebensweise macht den Leberegel und andere Arten dieses Taxons vollkommen abhängig von ihrem Wirt. Stirbt dieser, geht auch das Leben des Parasiten zu Ende. Daher ist es für den Erfolg einer Art essenziell, rechtzeitig eine hohe Zahl von Nachkommen zu erzeugen, die erfolgreich neue Endwirte besiedeln. Gerade manche Wirt-Parasit-Beziehungen der Plattwürmer sind recht gut ausbalanciert, sodass die Wirbeltierwirte zwar geschädigt werden, aber bei moderatem Befall nicht daran zugrunde gehen (Abb. 4.7 und 4.8).

Beim Großen Leberegel (*Fasciola hepatica*) gelangen die befruchteten Eier über den Kot des Wirtes ins Freie und können dort einige Monate überdauern (Abb. 4.7A). Im Wasser oder in einer feuchten Wiese entwickeln sich innerhalb von anderthalb bis drei Wochen Miracidien (Wimpernlarven). Sie besitzen Organe, eine zelluläre Epidermis und

Lichtsinnesorgane (Abb. 4.7B). Als einziges Stadium im Lebenszyklus der Trematoden bilden Miracidien eine ektodermale primäre Epidermis mit Cilien aus. Miracidien suchen als Zwischenwirt die in Europa häufige Schlammschnecke *Galba truncatula* aktiv auf (Abb. 4.7F). Sie dringen durch die Körperwand in die Schnecke ein und entwickeln sich dann zu einem ersten, sehr einfach organisierten Adultstadium, das als Sporocyste (Keimschlauch) bezeichnet wird (Abb. 4.7C). Beim Eindringen in die Schnecke werden die Epithelzellen abgeworfen, durch die Neodermis ersetzt und die inneren Organe werden zurückgebildet. Die Nahrungsaufnahme der Sporocyste erfolgt nun über die Neodermis. In der organlosen Sporocyste geht aus diploiden Stammzellen eine weitere Generation hervor, die Redien, die nach dem italienischen Arzt, Parasitologen und Naturforscher Francesco Redi (1626–1697) benannt wurden (Abb. 4.7D). Diese verlassen zwar die Sporocyste, aber nicht den Wirt. Redien besitzen wiederum Organe und können sich aktiv zur Mitteldarmdrüse ihrer Wirtsschnecke bewegen. Bei manchen Arten fehlt diesen Stadien auch ein Darmkanal, dann spricht man von Mutter- und Tochtersporocysten. In den Redien (oder Tochtersporocysten) entstehen wiederum aus somatischen Zellen die Cercarien (Ruderschwanzlarven), die dann die Schnecke aktiv verlassen und im Wasser umherschwimmen (Abb. 4.7E). Nach etwa einem Tag setzen sich die Cercarien an Pflanzen, kriechen diese hinauf, werfen ihren Ruderschwanz ab und bilden ein eingekapseltes Dauerstadium (Metacercarie). So können sie eine ganze Zeit lang auch trockene Witterungsperioden überleben. Die Metacercarien der Leberegel werden beispielsweise von Rindern mit Gras aufgenommen und gelangen so zunächst in den Darm ihres Endwirtes. Die Cystenhülle wird verdaut, die Metacercarien werden in den Darm entlassen, durchbohren die Darmwand und gelangen über die Körperhöhle zur Leber. Sie wandern dann durch das Lebergewebe in die Gallengänge ein, wo sie dann zu adulten geschlechtsreifen Tieren heranwachsen. Infektiös für Menschen und Säugetiere sind, wie bei allen Trematoden, nur die Metacercarien. Daher kann man sich in einem Zoologiepraktikum beim Untersuchen einer infizierten Leber eines Rindes oder eines Schafes auch nicht infizieren. Heute kommt ein Befall des Menschen durch den Großen Leberegel aufgrund des beschriebenen Lebenszyklus und hoher Hygienestandards in Mitteleuropa nur noch selten vor. Weltweit sind allerdings etwa zwei bis drei Millionen Menschen mit *Fasciola hepatica* infiziert. Aufgrund der Ausscheidungsprodukte und durch Zerstörung des Leberparenchyms kann es zu Ikterus (Gelbsucht), Anämie und Verkalkung der Gallengänge und somit zu starken gesundheitlichen Einschränkungen kommen.

Einige weitere parasitisch lebende Trematodenarten können als Zwischen- oder Endwirt den Menschen befallen und schwere Zoonosen auslösen, also durch Tiere verursachte Erkrankungen. Parasitologisch-medizinisch relevant sind insbesondere der Chinesische Leberegel (*Clonorchis sinensis = Opisthorchis sinensis*), der Lungenegel (*Paragonimus* Arten) und der Pärchenegel (*Schistosoma* spp.), um nur einige zu nennen. *Paragonimus westermani* (Orientalischer Lungenegel) befällt Säugetiere, die sich von Krebsen ernähren. Durch den Verzehr von rohen Krustentieren, beispielsweise Hummern, gelangen die infektiösen Metacercarien in den Körper des Menschen und verursachen Lungen-Paragonimiasis mit Husten, Auswurf von Sputum, Bluthusten und Lungenanomalien. Weltweit sind etwa 100 Millionen Menschen infiziert. Der Chinesische Leberegel (*Opisthorchis sinensis*) verbreitet sich durch den Verzehr von rohem Süßwasserfisch und ist im asiatischen Raum mit etwa 20 Millionen infizierten Menschen relativ weit verbreitet. *Schistosoma*-Arten (Pärchenegel) sind die einzigen bekannten getrenntgeschlechtlichen Vertreter unter den Trematoden. Das Weibchen lebt dauerhaft in einer Bauchfalte des Männchens in einer Art Dauerkopulation, daher der Name Pärchenegel (Abb. 4.11). *Schistosoma mansoni* ist der weltweit wichtigste Erreger der Bilharziose. Infizierte leiden unter allergischen Reaktionen mit Ödemen, Husten und Fieber. Bei Massenbefall kann der Verlauf sogar tödlich enden. Schistosomen verbleiben bis zu 20 Jahre im Wirt, was zu chronischen Beschwerden führt. Anders als bei den bisher beschriebenen Trematoden erfolgt die Infektion des Endwirtes nicht durch die Dauerstadien (Metacercarien), sondern direkt durch die Cercarien. Sie bohren sich bei einem Aufenthalt in kontaminiertem Wasser durch die Haut. Von dort gelangen sie ins Blutgefäßsystem und siedeln sich in den Mesenterialgefäßen des Darms oder im Pfortadersystem an. Die für den Menschen bedeutsamsten *Schistosoma*-Arten sind auf die wärmeren Klimaregionen Asiens, Afrikas und Südamerikas beschränkt. Die Zahl der infizierten Menschen weltweit wird auf etwa 300 Millionen geschätzt. Andere Arten der Schistosomatidae (*Ornithobilharzia*, *Trichobilharzia*, *Bilhariella* Arten), die normalerweise Wasservögel als Endwirte befallen, können auch in Mitteleuropa eine sogenannte Bade- oder Cercariendermatitis bei Menschen hervorrufen. Die Cercarien entwickeln sich aber nach dem Durchdringen der Haut in Menschen nicht weiter, sondern verursachen durch ihr Absterben die typischen Entzündungen.

Bandwürmer (Cestoda)

Die Bandwürmer sollen hier aufgrund ihrer veterinär- und humanmedizinischen Relevanz kurz vorgestellt, aber nicht detailliert erläutert werden (Abb. 4.12, 4.13, 4.14 und 4.15).

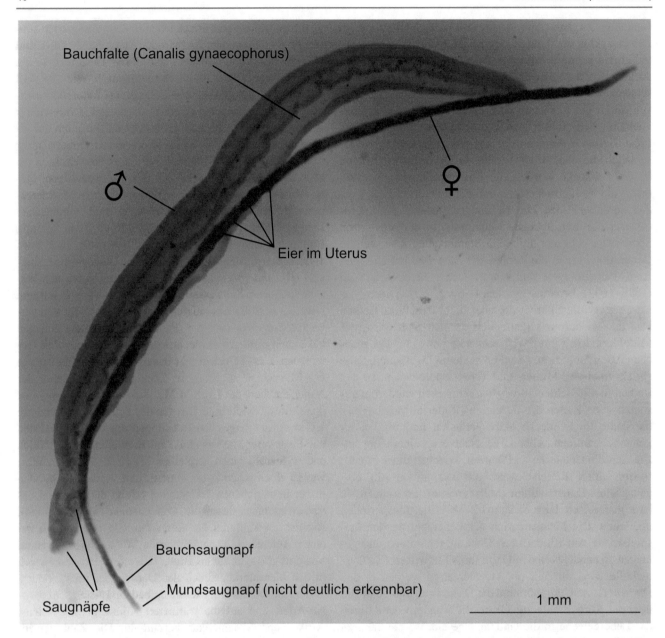

Bauchfalte (Canalis gynaecophorus)

♂

♀

Eier im Uterus

Bauchsaugnapf

Mundsaugnapf (nicht deutlich erkennbar)

Saugnäpfe

1 mm

Abb. 4.11 Pärchenegel (*Schistosoma* spec.). Totalpräparat mit rötlich angefärbtem Männchen und bläulich angefärbtem Weibchen. Die Tiere bleiben ein Leben lang in einer Dauerkopulation. Die Bauchfalte, mit der das Männchen das Weibchen aufnimmt, wird daher auch als *Canalis gynaecophorus* bezeichnet. Präparat der Zoologischen Lehrsammlung, Philipps-Universität Marburg

Aufgrund ihrer stärkeren Angepasstheit an die parasitische Lebensweise sind sie noch weniger gut geeignet, die allgemeine Plathelminthen-Organisation zu repräsentieren. Die bei uns häufigsten Arten sind der Rinderbandwurm (*Taenia saginata*) (Abb. 4.12A), der Schweinebandwurm (*Taenia solium*), der Hundebandwurm (*Echinococcus granulosus*, Abb. 4.15) und der Fuchsbandwurm (*Echinococcus multilocularis*).

Der Körper der Bandwürmer setzt sich aus einem deutlich erkennbaren Kopfabschnitt (Scolex) mit einer sich anschließenden Wachstumszone zusammen, aus der eine unterschiedliche Anzahl von Körpergliedern (Proglottiden) hervorgeht (Abb. 4.13). Am Scolex finden sich Saugnäpfe und oft ein Hakenkranz. Beide dienen der Verankerung in der Darmwand des Wirtes. Da der Stoffaustausch direkt über die Neodermis geschieht, be-

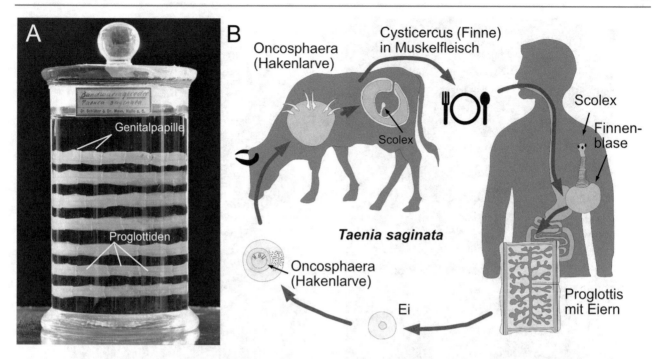

Abb. 4.12 Rinderbandwurm (*Taenia saginata*). (**A**) Feuchtpräparat eines Rinderbandwurms (*Taenia saginata*) im Schliffglas, privat. (**B**) Schematische Darstellung des Lebenszyklus von *Taenia saginata* (nach verschiedenen Autoren)

sitzen Bandwürmer keinen Darm. Die Proglottiden (Singular: die Proglottis) beherbergen jeweils vollständige weibliche und männliche Geschlechtsorgane, wie wir sie schon vom Leberegel kennen (Abb. 4.13). Da zunächst die männlichen, später die weiblichen Gonaden heranreifen (Abb. 4.13B–D), sind Bandwürmer ebenfalls proterandrische Zwitter mit wechselseitiger Befruchtung. Die letzten Glieder des Bandwurms bestehen aus reifen Proglottiden, die jeweils bis zu 100.000 Eier enthalten können. Sie trennen sich vom Rest des Tieres ab und gelangen mit dem Kot der Wirte ins Freie. Dort platzen die Proglottiden auf und setzen die Eier frei. Noch in der Eischale entwickelt sich aus dem Ei die Sechshaken-Larve (Oncosphaera). Sie wird vom Zwischenwirt oral aufgenommen, beispielsweise von einem Rind auf der Wiese. Im Darm des Wirtstieres lösen sich die Eischalen ab und die Oncosphaeren schlüpfen, penetrieren das Darmepithel, erreichen die Blutgefäße und werden im Körper verteilt. So können verschiedene Organsysteme des Wirtes befallen werden. Es entwickelt sich jetzt der sogenannte Blasenwurm (Cysticercus). Dabei handelt es sich um eine dünnwandige, mit Flüssigkeit gefüllte Blase (Finne), in die sich der Kopf des Bandwurms (Scolex) von der Wand ausgehend einstülpt. Die 7–9 × 5 mm große Finne (beispielsweise des Rinderband-

wurms) stellt das Jugendstadium des Bandwurms dar. Endwirte nehmen den Parasiten in der Regel durch Verzehr rohen, „finnigen" Muskelfleisches auf. Sobald sich die Finnen im Darm des Endwirtes befinden, stülpen sie den Scolex aus und heften sich mit den Saugnäpfen an der Darmwand fest.

Während eine Therapie bei Befall mit adulten Rinderbandwürmern relativ einfach ist und letztlich gesundheitlich ohne Folgen bleibt, ist das bei einer Infektion mit Hunde- oder Fuchsbandwurm (*Echinococcus multilocularis* und *Echinococcus granulosus*) nicht der Fall (Abb. 4.15). Diese beiden Arten gehören zu den für den Menschen gefährlichsten Bandwurmarten. Immer wird der Mensch durch einen zu engen Kontakt mit infizierten Hunden oder Katzen versehentlich zum Zwischenwirt. Es entstehen bis zu fußballgroße, geschwürartige Finnenblasen (Cysten), die wichtige Organe wie Lunge, Gehirn, Leber befallen und sich weder chemotherapeutisch noch operativ entfernen lassen. So enden solche Infektionen für die betroffenen Menschen fast immer tödlich. Menschen werden in der Regel nicht zum Endwirt, da sich die Finnen von *E. multilocularis* normalerweise in Kleinsäugern wie Mäusen befinden, somit sind die eigentlichen Endwirte Beutegreifer wie Fuchs, Wolf oder Hund (Tab. 4.1).

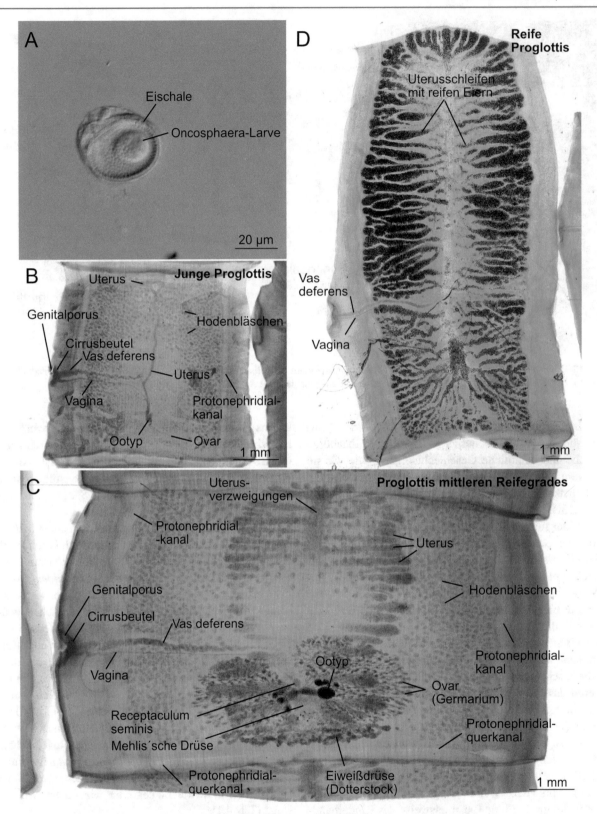

Abb. 4.13 Rinderbandwurm (*Taenia saginata*). (**A**) Ei mit Oncosphaera-Larve. (**B**) Junge Proglottis mit gut entwickelten Hodenbläschen. (**C**) Proglottis mittleren Reifegrades mit sich entwickelndem Uterus. (**D**) Reife Proglottis mit zahlreichen Eiern. Präparate der Zoologischen Lehrsammlung, Philipps-Universität Marburg

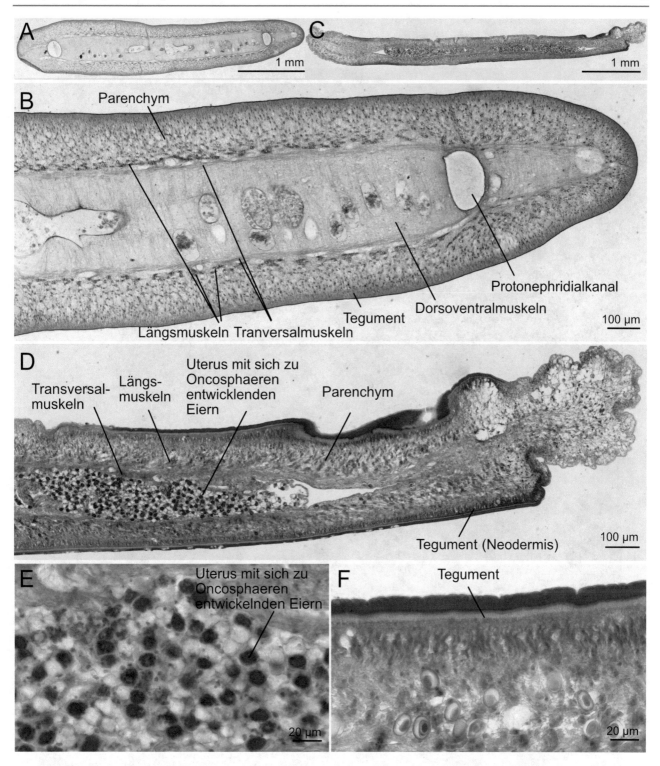

Abb. 4.14 Rinderbandwurm (*Taenia saginata*), Querschnitte durch eine junge (**A**) und eine reife (**C**) Proglottis. (**B**) Junge Proglottis mit Protonephridialkanal, Muskeln. (**D**) Reife Proglottis mit Eiern. (**E** und **F**) Ausschnittsvergrößerungen. Präparate von Johannes Lieder, Ludwigsburg, Azanfärbung

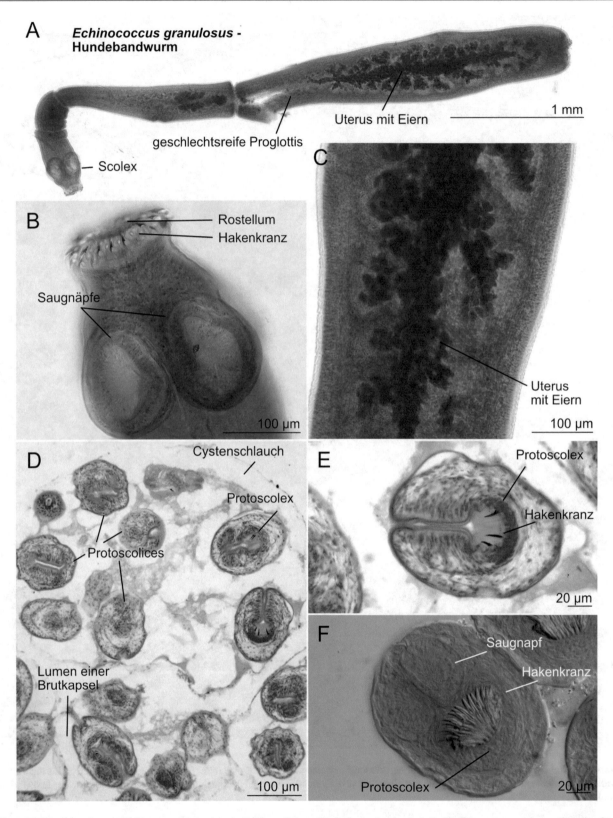

Abb. 4.15 Hundebandwurm (*Echinococcus granulosus*). (**A**) Im gefärbten Totalpräparat ist der dreigliedrige Bau gut zu erkennen. Anterior findet sich der Scolex mit Rostellum und Hakenkranz (**B**), anschließend eine geschlechtsreife Proglottis. (**C**) Die posteriore Proglottis enthält reife Eier und zum Teil reife Larven, die Oncosphaeren. Präparat der Biologischen Sammlung der Universität Osnabrück. (**D**) Querschnitte durch eine gefärbte Cyste mit noch eingestülpten Protoscolices. (**E**). Querschnitt durch einen eingestülpten Protoscolex. (**F**) Hakenkranz eines eingestülpten Protoscolex, ungefärbt, Nomarski-Interferenzkontrast. Präparate der Zoologischen Lehrsammlung, Philipps-Universität Marburg

Tab. 4.1 Bandwürmer (Cestoda)

	Größe, Alter etc.	Endwirt	Zwischenwirt	Erkrankungen
Rinderbandwurm (*Taenia saginata*)	6–10 m, kann bis zu 20 Jahre alt werden, 100.000 Eier je Proglottis, es werden 5–10 Proglottiden pro Tag abgegeben	Mensch Fleischfresser	Rind	Hunger, Gewichtsverlust, Abdominalbeschwerden (Taeniasis)
Schweinebandwurm (*Taenia solium*)	4–6 m, kann bis zu 20 Jahre alt werden, 80.000 Eier je Proglottis, es werden 5–10 Proglottiden pro Tag abgegeben	Mensch Fleischfresser (bei einer Infektion mit Finnen)	Schwein, Mensch (bei einer Infektion mit Oncosphaera)	Wie Rinderbandwurm, bei Infektion mit Oncosphaera-Larven bilden sich Cysten im Gehirn, Auge usw. (Taeniasis, Cysticercosis)
Hundebandwurm (*Echinococcus granulosus*)	3–6 mm	Fleischfressende Wirbeltiere, Hund, Fuchs, Dachs oder Katze	Pflanzenfressende Wiederkäuer: Rinder, Schafe, Pferde oder Ziegen, Mensch	Bei Infektion mit Oncosphaera-Larven bilden sich Cysten in Gehirn, Leber und anderen Organen (cystische Echinokokkose)
Fuchsbandwurm (*Echinococcus multilocularis*)	3–6 mm	Meist im Fuchs (in Süddeutschland sind bis zu 30 % der Füchse Überträger), auch in Hund und Katze anzutreffen	Mensch, Nagetiere, meist Mäuse	Bei Infektion mit Oncosphaera-Larven bilden sich Cysten in Gehirn, Leber und anderen Organen (alveoläre Echinokokkose)

Annelida (Ringelwürmer)

▶ **Ringelwürmer (Annelida) sind eine relativ große Gruppe meist frei lebender aquatischer und terrestrischer Formen, die eine außergewöhnlich große Diversität bezüglich ihrer Morphologie, Biologie und Ökologie zeigen. Vor allem in den benthischen Lebensgemeinschaften der Meere und in den terrestrischen Destruenten-Gesellschaften spielen sie eine außerordentlich wichtige Rolle. Sie zeichnen sich durch einen Körperbau aus meist zahlreichen gleichartigen Abschnitten, den Segmenten, aus. Ihre Epidermis ist von einer Collagen-Cuticula bedeckt; sie besitzen ein Coelom und ein geschlossenes Blutgefäßsystem.**

Die Annelida (Ringelwürmer) sind mit etwa 20.000 Arten eine relativ große und vor allem sehr diverse Tiergruppe. Anneliden findet man in vielen marinen, limnischen und terrestrischen Habitaten, wo sie als bodenlebende Organismen wichtige Mitglieder der jeweiligen Nahrungsnetze und Ökosysteme darstellen. Seltener findet man sie im freien Wasser oder auf dem Substrat. So führen diese Tiere ein mehr oder weniger verborgenes Leben und bleiben vielen Menschen weitgehend unbekannt. Einige wenige Arten treten jedoch in großer Zahl und Individuendichte auf, wie beispielsweise der Wattwurm (*Arenicola marina*) oder die als Sandkorallen bezeichneten *Sabellaria*-Arten, die große Riffe aus Sandröhren bilden können. Die Riffe der einheimischen *Sabellaria alveolata* sind in der Nordsee allerdings durch die Schlepp-netzfischerei vollständig zerstört worden. Die weitaus meisten Anneliden leben im Meer, wo sie von der Gezeitenzone bis in die Tiefsee vorkommen. Diese marinen Anneliden werden meist als Vielborster oder Polychäten zusammengefasst und umfassen etwa 12.000 Arten; die übrigen entfallen auf die mehrheitlich terrestrischen oder limnischen Clitellata (Gürtelwürmer) mit den Wenigborstern oder Oligochäten und den parasitischen oder räuberischen Egeln (Hirudinea).

Anneliden zeigen sehr unterschiedliche Lebens- und Ernährungsweisen und auch ihre Reproduktionsbiologie ist sehr vielfältig – diese Eigenschaften spiegeln sich in einer großen morphologischen und systematischen Vielfalt wider. Aktuelle phylogenomische Verwandtschaftsanalysen konnten die Verwandtschaftsbeziehungen innerhalb der Gruppe weitgehend aufklären und stellen die Annelida innerhalb der Spiralia zu den Lophotrochozoa. Bei Spiraliern durchläuft die befruchtete Eizelle eine Reihe von Teilungen (Furchungen), bei denen die Tochterzellen spiralförmig zueinander angeordnet sind. Ein gemeinsames Merkmal vieler Lophotrochozoa ist die sogenannte Trochophora-Larve, die mit ihren Wimpernbändern an das Schwimmen im offenen Wasser bestens angepasst ist. Ringelwürmer und Weichtiere entwickeln sich aus solchen Trochophora-Larven.

Die große Mehrzahl aller Anneliden gehört einer der beiden Schwestergruppen Errantia und Sedentaria an. Diese Namen beziehen sich im Wesentlichen auf die unterschiedliche Lebensweise der jeweiligen Arten. Errantia (von lat. *errantus*, umherschweifend) sind die mehr mobilen Vertreter und überwiegend herbivore und carnivore, aber auch mikrophage Meeresbewohner. Mitglieder der Sedentaria (von lat. *sedere*, sitzen) sind in der Regel weniger mobil, oft röhrenbewohnend und häufig mikro- oder detritophag. Die Röhren sind entweder permanent oder temporär, können aus verfestigten Sedimentpartikeln oder abgeschiedenen Substanzen wie Chitin oder Kalk bestehen. Diese Klade enthält neben vielen marinen Formen auch die vorwiegend terrestrischen und limnischen Clitellata (Gürtelwürmer). Aus jeder dieser beiden Gruppen wird hier jeweils ein Kursobjekt vorgeschlagen, an denen sich zahlreiche für Anneliden typische Strukturen beobachten lassen: Der Grüne Seeringelwurm, *Alitta virens* (= *Nereis virens*) aus der ersten Gruppe sowie der Gemeine Regenwurm, *Lumbricus terrestris*. Regenwürmer sind terrestrisch, graben in Böden und kommen nur gelegentlich an die Oberfläche, was für die meisten Clitellata mit Ausnahme der Egel gilt. Neben den terrestrischen Formen gibt es innerhalb der Clitellata aber auch Arten, die im Süßwasser oder im Meer vorkommen. Viele Eigenschaften der Regenwürmer lassen sich auch eher mit der besonderen Lebensweise und Biologie der Clitellata erklären, als dass sie als ursprünglich oder Anneliden-typisch gelten können.

Anneliden gehören wie Arthropoda und Chordata zu den segmentierten Metazoa. Wie wir heute wissen, ist die Segmentierung in der Evolution mehrfach unabhängig voneinander entstanden. Wie ihr Name (lat. *annulus*, kleiner Ring) sagt, ist die Segmentierung der Anneliden äußerlich leicht am geringelten Aussehen erkennbar. Segmente sind sich wiederholende Körperabschnitte (Module), die primär untereinander gleichartig (homonom) sind (Abb. 5.1); sekundär kommt es aber oft zu Spezialisierungen einzelner Körperabschnitte und damit zu einer Tagmatabildung. Durch Segmentierung sind im Zuge der Evolution ganz unterschiedliche Organisationsformen verwirklicht worden und wir finden unter den erfolgreichsten Metazoen-Gruppen gleich drei segmentierte Taxa: die Vertebraten, die Arthropoden und die Anneliden. Am Vorderende und am Hinterende der Anneliden befindet sich jeweils ein kleiner nicht-segmentaler Abschnitt, Prostomium und Pygidium genannt. Das Prostomium enthält das Gehirn und trägt die wichtigsten Sinnesorgane, beispielsweise Tastorgane (Palpen), Augen, chemosensorische Organe (Nuchalorgane) und manchmal mechanosensorische Antennen. Das Pygidium trägt die Afteröffnung und bei einigen Formen ebenfalls Tastsinnesanhänge, die Analcirren. Zwischen Prostomium und Pygidium befinden sich die Segmente, von denen das erste die ventral liegende Mundöffnung enthält und als Peristomium bezeichnet wird. Dabei ist bei Anneliden die Zahl der Segmente höchst unterschiedlich und kann von weniger als zehn bis über 1000 betragen. Die meisten Ringelwürmer wachsen nach der Embryonalentwicklung durch Bildung neuer Segmente in einer pränalen Sprossungszone unmittelbar vor dem Pygidium. So bilden die weitaus meisten Arten zeitlebens neue Segmente, sodass deren Zahl bei adulten Exemplaren um einen Mittelwert schwankt. Bei Arten mit geringer Segmentzahl (bis

etwa 20) und bei allen Egeln (Hirudinea) ist die Zahl der Segmente hingegen konstant.

Jedes Segment enthält ein Paar großer flüssigkeitsgefüllter Coelomräume, deren auskleidende Epithelien, als Coelothelien bezeichnet, in der Medianen eine Längswand, das Mesenterium, bilden. An den Mesenterien ist der Darmkanal aufgehängt und oberhalb und unterhalb des Darmes liegen im Mesenterium die beiden großen Blutgefäße des geschlossenen Blutgefäßsystems. Vorn und hinten bildet das Coelothel ebenfalls Wände, die Dissepimente oder Septen genannt werden und aufeinanderfolgende Segmente voneinander trennen. Dissepimente und Mesenterien bestehen also aus zwei dünnen Epithelien, die sich mit ihrer basalen Seite aneinanderlegen und durch eine extrazelluläre Matrix (ECM) verbunden sind. Exkretionsorgane sind segmental angeordnete Metanephridien, die jeweils mit ihrem Wimpertrichter vor einem Dissepiment beginnen und sich mit dem Nephridialkanal im folgenden Segment fortsetzen und dort ausmünden. Der Hautmuskelschlauch besteht aus einer collagenhaltigen Cuticula, Epidermis, ECM sowie Ring- und Längsmuskulatur. Die meisten Anneliden bewegen sich vor allem mithilfe ihrer Längsmuskulatur und den Parapodien fort.

Das Nervensystem besteht aus einem dorsal im Prostomium liegenden Gehirn, das über paarige Schlundkonnektive mit dem Bauchmark verbunden ist. Das Bauchmark besteht aus einer ventralen Kette von paarigen segmentalen Ganglien und paarigen Längsnervensträngen. In jedem Segment gehen vom Bauchmark ringförmige Segmentalnerven aus, die das periphere Nervensystem bilden. Jedes Segment ist darüber hinaus mit paarigen lateralen Auswüchsen, den Parapodien, ausgestattet, auf denen sich Chitinborsten befinden. Parapodien können ganz oder teilweise reduziert sein; beim Regenwurm sind beispielsweise nur noch die beiden Borstenbündel vorhanden.

Der Darmkanal der Anneliden ist als gerades Rohr mit einem ektodermalen Vorderdarm und Enddarm und einem entodermalen mittleren Abschnitt ausgebildet. Vor allem der Vorderdarm (Pharynx) ist oft muskulös ausgebildet und kann, wie bei unserem Kursobjekt *Alitta*, zahnartige Bildungen und Kiefer tragen, die dem Beutefang dienen.

Die Reproduktionsbiologie ist sehr vielfältig, bei den marinen Formen ist ein biphasischer Lebenszyklus aus acoelomater planktonischer Larve (Trochophora) und coelomatem Adultus verbreitet. Das Larvenstadium kann jedoch oft unterdrückt werden und es kommt zu einer direkten Entwicklung wie beispielsweise beim Regenwurm. Letzteres war sehr wahrscheinlich eine Voraussetzung zur Eroberung

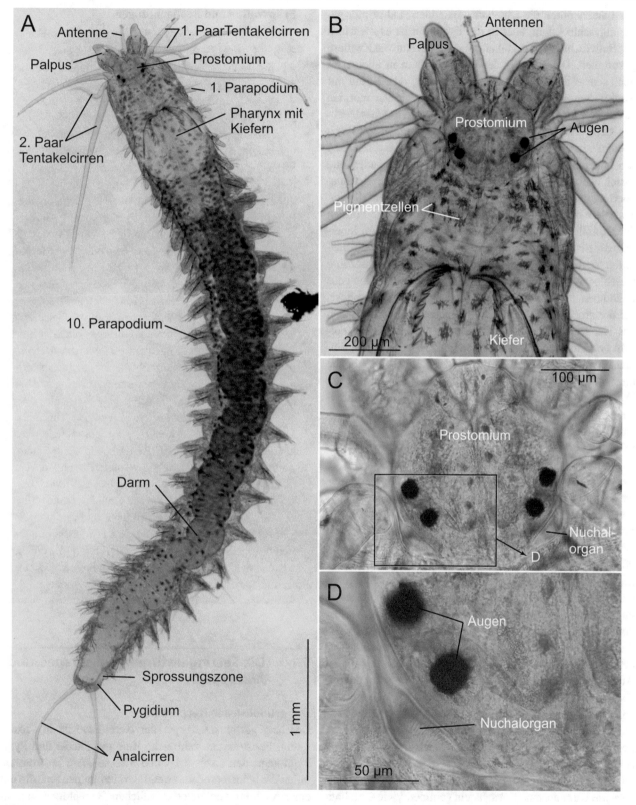

Abb. 5.1 *Alitta* spec. Habitus und äußere Morphologie. Jungtier, Lebendpräparat, Lichtmikroskop. (**A**) Ganzes Tier. (**B**) Vorderende mit Sinnes-organen und Kieferzangen. (**C**, **D**) Vergrößerungen des Prostomiums mit Augen und Nuchalorganen

des Landes durch die Clitellata. Anneliden sind primär getrenntgeschlechtlich, aber in der Evolution ist es mehrfach
zur Entwicklung von simultanen oder konsekutiven Zwittern
gekommen. Die Bildung der Gameten kann in allen oder
doch sehr vielen Körpersegmenten erfolgen oder ist auf nur
wenige Segmente beschränkt. Bei vielen großen marinen
Arten werden die Gameten direkt ins freie Wasser abgegeben, dort befruchtet und die Zygoten entwickeln sich
ebenfalls in der Wassersäule zu Trochophora-Larven weiter.
Bei anderen Formen sind dagegen spezielle Gonaden und
Geschlechtsorgane ausgebildet und eine direkte Spermaübertragung und innere Befruchtung kommen ebenfalls vor.
Vor allem bei Letzteren kommen unterschiedlichste Formen
der Brutpflege vor. Darüber hinaus gibt es vor allem innerhalb der Errantia bestimmte Arten, bei denen die geschlechtsreifen Tiere den Boden verlassen, um im freien Wasser ihre
Geschlechtspartner aufsuchen. Viele dieser Arten zeigen das
Phänomen der Epitokie, eine Form der Adultmetamorphose,
bei der große Teile des Körpers umgebaut werden und sich
das Tier so in eine frei schwimmende, paarungsbereite epitoke Form umwandelt. Diese Arten pflanzen sich oft nur einmal im gesamten Lebenszyklus fort; kurz nach der Abgabe
ihrer Gameten sterben sie. So kann man beispielsweise im
Frühjahr an unseren Küsten oft in großen Mengen Individuen von *Alitta virens* im Spülsaum finden. Es handelt sich
dabei in der Regel um Männchen nach Abgabe der Spermien.

Viele Ringelwurmarten zeichnen sich durch ein großes
Regenerationsvermögen aus, mit dem sie auf natürlicherweise eintretende Verluste von Körperteilen reagieren können. Hierbei stellen die häufigsten natürlichen Verletzungen
quer verlaufende Schnitte durch den Körper dar, wie Verlust
der Kopfregion oder des Hinterendes durch Beutegreifer
oder bei vielen Röhrenbewohnern Verlust der Tentakelkrone. Dabei kommt der Unterteilung der Leibeshöhle
durch Septen eine entscheidende Rolle zu, da deren Muskulatur zu einem Verschluss des Körpers führt und den Verlust
von Körperflüssigkeiten bei Verletzungen begrenzt. Allerdings ist das Regenerationsvermögen außerordentlich unterschiedlich, manche Arten können nur verloren gegangene
Anhänge ersetzen oder gar nicht regenerieren, während andere aus nur einem einzigen unbeschädigten Segment den
ganzen Körper neu bilden können. Adulte Nereididae wie
unser Kursobjekt *Alitta virens* vermögen nur ein verloren
gegangenes Hinterende zu ersetzen. Nach einem Wundverschluss entstehen zunächst eine neue Sprossungszone und
ein neues Pygidium, weitere Segmente werden dann sukzes-
sive wie beim normalen Wachstum gebildet. Viele Clitellata
hingegen, so auch der Regenwurm, können sowohl vordere
als auch hintere Körpersegmente regenerieren; vordere aber
nur, wenn eine Maximalanzahl fehlender Segmente nicht
überschritten wird.

Präparation und Beobachtungen

Empfohlenes Material

Als relativ leicht verfügbares Beispiel für die Gruppe
der Errantia eignen sich gut die hier vorgestellten Vertreter der Nereididae; unter anderem *Hediste diversicolor* oder *Alitta virens* (Abb. 5.1 und 5.2). Die für die
Untersuchung vorgesehenen Tiere können lebend
untersucht (Abb. 5.1 und 5.2) oder konserviert von
meeresbiologischen Stationen bezogen werden. Die
meisten der charakteristischen Eigenschaften (Körpergliederung, Antennen, Palpen, Augen, Nuchalorgane,
Rumpfsegmente, Parapodien, Pygidium mit Analcirren etc.) lassen sich bereits an den lebenden oder fixierten Tieren, unter dem Mikroskop oder dem Stereomikroskop erkennen (Abb. 5.1 und 5.2), sodass eine
Präparation, abgesehen von den Kiefern oder den
Parapodien, nicht unbedingt erforderlich ist.

Für die Gruppe der Sedentaria kommen beispielsweise der Wattwurm (*Arenicola marina*) oder der hier
vorgestellte Gemeine Regenwurm (*Lumbricus terrestris*) infrage. Ersterer kann ebenfalls von meeresbiologischen Stationen bezogen werden. Als ein geradezu
klassisches und dazu noch leicht zu beschaffendes Beispiel gilt allerdings *Lumbricus terrestris* (Abb. 5.9).
Die Tiere können entweder selbst gesammelt oder
käuflich erworben werden (Anglerbedarf). Zur Untersuchung eignen sich frisch abgetötete Exemplare (ca.
60 min in 40 % Ethanol) wesentlich besser (Abb. 5.9A–
C) als länger fixierte Tiere. Eine Konservierung sollte
in 4 % Formaldehydlösung erfolgen, da in Ethanol fixierte Tiere nicht nur schnell die natürliche Farbe verlieren, sondern auch hart, spröde und brüchig werden,
sodass eine Präparation oft unbefriedigend verläuft.
Einige Tiere sollte man immer lebend beobachten.

5.1   Die Seeringelwürmer *Hediste* spec. und *Alitta* spec.

Der grundlegende Körperbau

Der lang gestreckte Körper der Nereididae ist in Prostomium, Peristomium, zahlreiche Rumpfsegmente und Pygidium gegliedert (Abb. 5.1A und 5.2B–E). Am Prostomium
fallen die beiden großen, zweigliedrigen Palpen auf, die mit
einer Vielzahl von unterschiedlichen Rezeptorzellen ausgestattet sind (Abb. 5.1A, B und 5.2C–E). Beim Laufen auf
dem Substrat wird die Region vor dem Prostomium
kontinuierlich mit den Palpen abgetastet und überprüft.
Weiterhin trägt das Prostomium distal die beiden kleineren

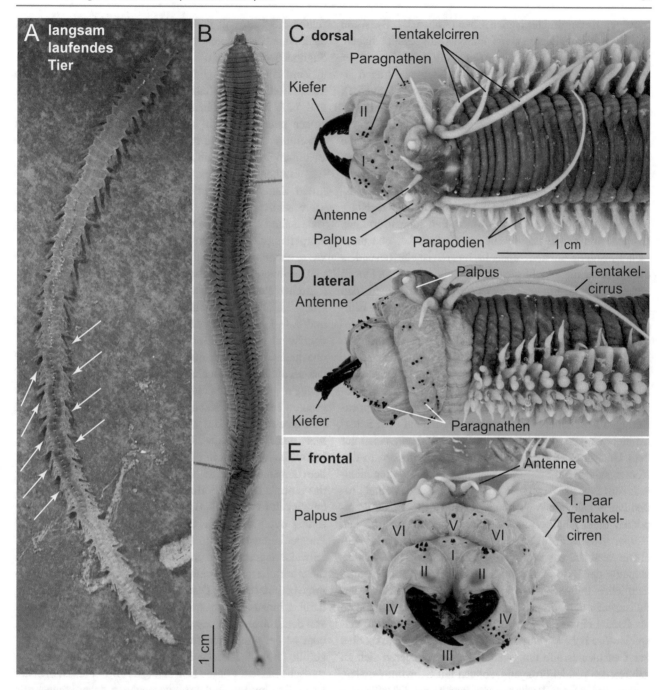

Abb. 5.2 Habitus und äußere Morphologie. (**A**) *Hediste diversicolor*. Lebendaufnahme eines langsam laufenden Tieres, Pfeile weisen auf Parapodien nach der Rückwärtsbewegung (Kraftschlag; etwa jedes fünfte Parapodium im selben Bewegungsmodus). Die Längsmuskulatur versetzt den Körper in eine leichte Schlängelbewegung. Das Rückengefäß ist median als dunkle Linie erkennbar. (**B–E**) *Alitta virens*, fixiertes Exemplar, ♂. (**B**) Ganzes Tier. (**C–E**) Vorderende mit Sinnesorganen (Antennen, Palpen, Augen, Tentakelcirren) und ausgestülptem Pharynx mit Kieferzangen und Paragnathen; römische Ziffern bezeichnen die einzelnen Sektoren, in denen die Paragnathen in jeweils artspezifischem Muster stehen. **C, D, E** jeweils gleicher Maßstab

Antennen und wie bei vielen erranten Anneliden zwei Paar Augen (Abb. 5.1B–D). Die für Anneliden so charakteristischen, mit Chemorezeptoren ausgestatteten Nuchalorgane befinden sich am Hinterrand des Prostomiums und sind in der Regel nur unter dem Mikroskop (Abb. 5.1C, D) oder in histologischen Schnitten erkennbar. Sie sind vermutlich ent-

scheidend am Auffinden der Beute/Nahrung und Geschlechtspartner beteiligt. Der folgende Abschnitt, das Peristomium, trägt insgesamt vier Paar fingerförmiger sensorischer Anhänge, die Tentakelcirren. Sie unterstützen und ergänzen die Anhänge des Prostomiums. In den folgenden Segmenten kann man bei kleineren Individuen die paarigen, zangenförmigen Kiefer durchscheinen sehen (Abb. 5.1A, B). Wenn die Tiere beim Fixieren ihren Pharynx ausgestülpt haben, sieht man die Kiefer auch von außen (Abb. 5.2C–E).

Die auf das Peristomium folgenden Segmente tragen jeweils ein Paar zweiästiger Parapodien (Abb. 5.1, 5.2 und 5.3). In histologischen Schnitten sind in der Regel nur Teile von Parapodien sichtbar oder immer gleich mehrere angeschnitten (Abb. 5.3A–B). Den typischen Bau eines Parapodiums kann man deshalb am besten studieren, indem man mit einer scharfen Rasierklinge oder einem Skalpell ein Rumpfsegment heraustrennt, auf einen Objektträger legt und mit etwas Wasser mikroskopiert (Abb. 5.3C, D). Der dorsale Ast, das Notopodium, besteht bei *A. virens* aus mehreren zungenförmigen Lappen, von denen der dorsale am größten ist, und einer fächerförmigen Borstengruppe. Im Inneren ist eine besonders dicke Borste, die Stützborste oder Acicula, erkennbar. Dorsal gibt es noch einen fingerförmigen sensorischen Anhang, den Dorsalcirrus. Der dorsale Lappen ist besonders gut mit Blutgefäßen versorgt. Die Respiration erfolgt bei marinen Anneliden über die gesamte Körperoberfläche oder mithilfe von Kiemen. Bei den Nereididen, die wir hier im Kurs behandeln, dienen die erwähnten Dorsallappen in jedem Parapodium auch als Kiemen. Der ventrale Parapodienast, das Neuropodium, ist entsprechend aufgebaut, nur sind die lappenförmigen Abschnitte kleiner. Beim Kriechen auf dem Substrat dient es dem Tier als flexibler Fuß, mit dem es sich auf dem Untergrund fortbewegen kann. Beim Kriechen in den Röhren oder beim Schwimmen kommen beide Parapodienäste zum Einsatz. Wenn man die lebenden Tiere in einer großen Petrischale laufen lässt, kann man den Einsatz der Parapodien unter Zuhilfenahme der Längsmuskulatur, die den Körper in sinusförmige Schwingungen parallel zur Sagittalebene versetzt, gut beobachten (Abb. 5.2A). Diese Unterstützung der Bewegung wird beim schnellen Laufen immer deutlicher und schneller, bis sie schließlich in ein undulierendes Schwimmen übergeht, bei dem die Parapodien als Paddel eingesetzt werden. Bei epitoken Individuen, beispielsweise bei *Platynereis dumerilii*, werden die Parapodien zur Geschlechtsreife umgestaltet, sie differenzieren sich zu zahlreichen paddelförmigen Gebilden mit Schwimmborsten, die es den Tieren leichter ermöglichen, ins Oberflächenwasser aufzusteigen und umherzuschwimmen (Abb. 5.3A, B). Bei den Männchen tragen die umgewandelten Parapodien darüber hinaus zahlreiche Chemorezeptoren, die das Auffinden geschlechtsreifer Weibchen ermöglichen. Harnsäure, die ins Wasser entlassen wird, stimuliert die männlichen Tiere dann zur Spermienabgabe. Da beim Schwimmen die Rumpfmuskulatur weniger wichtig ist als bei der Fortbewegung im und auf dem Boden, sind die Rumpfmuskeln verkleinert, während die Parapodialmuskeln vergrößert sind. Da geschlechtsreife epitoke Tiere nicht mehr fressen, wird auch der Darm zurückgebildet. Gleichzeitig ist die gesamte Leibeshöhle dicht mit Gameten gefüllt (Abb. 5.3B). Daneben voll-

führen die Tiere mit ihrer Längsmuskulatur unter anderem auch Atembewegungen, bei denen der Körper 90 Grad zur Sagittalebene schwingt.

Zum Hinterende nehmen die Segmente und Parapodien kontinuierlich und deutlich an Größe ab (Abb. 5.1A und 5.2A, B). Ungefähr die letzten drei bis fünf Segmente zeigen eine noch nicht vollständige Differenzierung. Den Abschluss des Körpers bildet dann das recht unscheinbare Pygidium mit den beiden langen chemo- und mechanosensorischen Analcirren. Alle diese Anhänge tragen eine große Zahl unterschiedlicher Rezeptorzellen, sodass die Tiere zahlreiche und vielfältige Stimuli aus ihrer Umwelt wahrnehmen können. Durch die Verteilung entlang der Körperlängsachse lassen sich auch Gradienten beispielsweise chemischer Stimuli detektieren.

Die innere Organisation lässt sich am besten an histologischen Präparaten untersuchen; hier eignen sich sowohl Quer- als auch Längsschnitte (Abb. 5.3, 5.4, 5.5, 5.6, 5.7 und 5.8). Gehirn, Nervensystem und Sinnesorgane sind in der Regel einfacher anhand von Längsschnitten zu beobachten. An Querschnitten fällt vor allem die Muskulatur des Hautmuskelschlauches auf, die in vier Längsmuskelbündeln organisiert ist (Abb. 5.3A, B). Diese nehmen den größten Teil der Leibeshöhle ein und ermöglichen dem Tier Kriechbewegungen auf dem Substrat und freies Schwimmen, unterstützt durch die Ruderbewegung der Parapodien. Dorsal befindet sich in der Medianen das Mesenterium mit dem dorsalen Blutgefäß, ventral das Bauchmark und darüber das ventrale Blutgefäß. Eine Ringmuskulatur ist nur schwach entwickelt (Abb. 5.5A, B). Weitere Muskelgruppen sind die schräg durch die Leibeshöhle verlaufenden Diagonal- und Parapodialmuskeln. Die Parapodien sind in der Regel nur teilweise angeschnitten und oft auch mehrere gleichzeitig, da diese in Ruhe meist nach hinten gerichtet sind. In der Körpermitte befindet sich der Darmkanal. Die Leibeshöhle erscheint darüber hinaus meistens mehr oder weniger leer, wenn man von den Borsten und deren Muskulatur absieht (Abb. 5.3A), oder ist bei geschlechtsreifen Tiere dicht mit Gameten angefüllt (Abb. 5.3B). Diese Leibeshöhle bildet das hydrostatische Skelett. Für die Bewegung des Rumpfes ist in erster Linie die Längsmuskulatur entscheidend; dabei können alle vier Muskelgruppen unabhängig voneinander bewegt werden, sodass die Bewegungsmöglichkeiten deutlich mehr Freiheitsgrade aufweisen als beispielsweise bei Nematoden, bei denen die Längsmuskulatur nur aus zwei funktionellen Gruppen besteht.

Körperwand

Die Körperwand wird von der Cuticula und der einschichtigen Epidermis gebildet (Abb. 5.3A, B, 5.4A–C und 5.5A–D). Die Cuticula erscheint in einer Azanfärbung wie die unterhalb der Epidermis liegende ECM als blaue Struktur, die sich auch in den ektodermalen Vorderdarm und

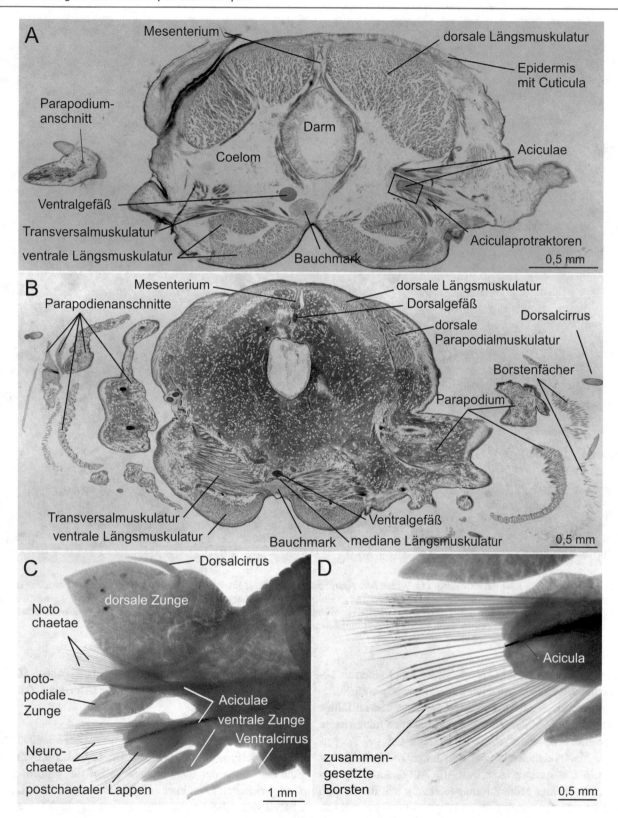

Abb. 5.3 (**A, B**) *Alitta* spec., Querschnitte durch die Rumpfregion nicht-geschlechtsreifer (**A**) und geschlechtsreifer (**B**) Individuen. Diese Art durchläuft bei Eintritt in die Geschlechtsreife eine Adult-Metamorphose vom atoken zum epitoken Stadium. Azanfärbung. (**C, D**) *Alitta virens*. Zweiästiges Parapodium aus Noto- und Neuropodium. (**C**) Ganzes Parapodium. (**D**) Neuropodium mit Acicula und zusammengesetzten Borsten. **A, B** Präparate der Biologischen Sammlung der Universität Osnabrück

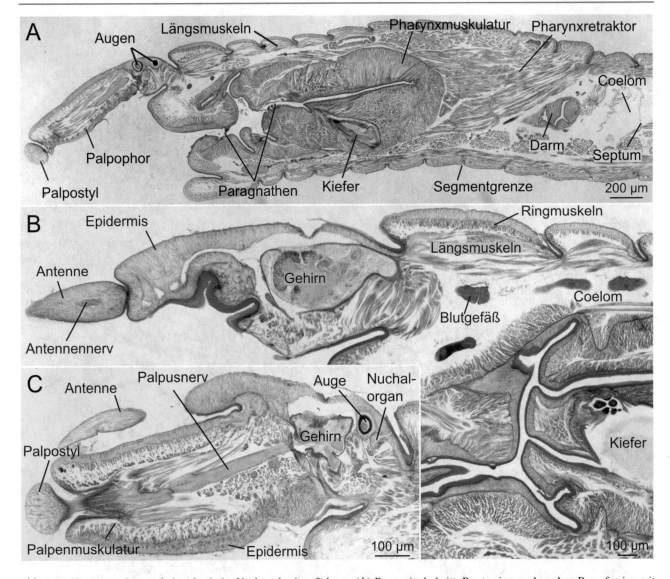

Abb. 5.4 *Alitta* spec., Längsschnitte durch das Vorderende. Azanfärbung. (**A**) Parasagittalschnitt, Prostomium und vordere Rumpfregion mit Pharynx und Pharynxretraktoren. (**B**) Sagittalschnitt mit Antenne, Gehirn, Pharynx, Kiefer und dorsalem Blutgefäß. Im Gehirn sind die nach vorn gerichteten Pilzkörper als rote Strukturen erkennbar. (**C**) Palpus mit Hauptnerv, laterale Ansicht des Gehirns sowie hinteres Auge und Nuchalorgan in der Falte zwischen Pro- und Peristomium. Präparate der Biologischen Sammlung der Universität Osnabrück

Pharynx hinein fortsetzt (Abb. 5.4A, B). Die Epidermis besteht bei Nereididen vor allem aus unbewimperten Stützzellen und verschiedenen Drüsenzellen. Besonders auffällige Drüsen sind die in den Zungen der Parapodien lokalisierten sogenannten Spinndrüsen, deren Somata tief ins Körperinnere hineinreichen und von dort lange Zellfortsätze zur Oberfläche aussenden (Abb. 5.5C–E). Auf diesem Weg verändert das Sekret seine Zusammensetzung und damit auch die Farbe in der histologischen Präparation. Diese Sekrete dienen einigen Arten dazu, eine Wohnröhre zu bilden, bei anderen stabilisieren die Sekrete die ins Sediment gegrabenen Gänge oder formen ein Schleimnetz, in dem Feinpartikel und Plankton gefangen werden. Dieses wird dann von Zeit zu Zeit gefressen und als Ganzes verdaut. Epi-

dermale Bildungen sind auch die Chitinborsten (Abb. 5.5E–G), die durch Muskelfasern bewegt werden (Abb. 5.5E, G).

Nervensystem und Sinnesorgane

Das Nervensystem der Nereididen umfasst ein relativ großes Gehirn im Prostomium (Abb. 5.4B, C und 5.6A–C). An Schnitten nahe der Sagittalebene fallen die großen, nach vorn gerichteten Pilzkörper auf (Abb. 5.4B und 5.6A, C). Es handelt sich dabei um Assoziationszentren, die ihren sensorischen Input unter anderem von den Palpen (Tast- und Geschmacksorgane) erhalten. Sie bestehen aus einem stielförmigen Neuropil und den relativ kleinen, traubenartig angeordneten Somata der Globulizellen. Vom Gehirn ziehen zahlreiche Nerven zu den Kopfsinnesorganen und den wich-

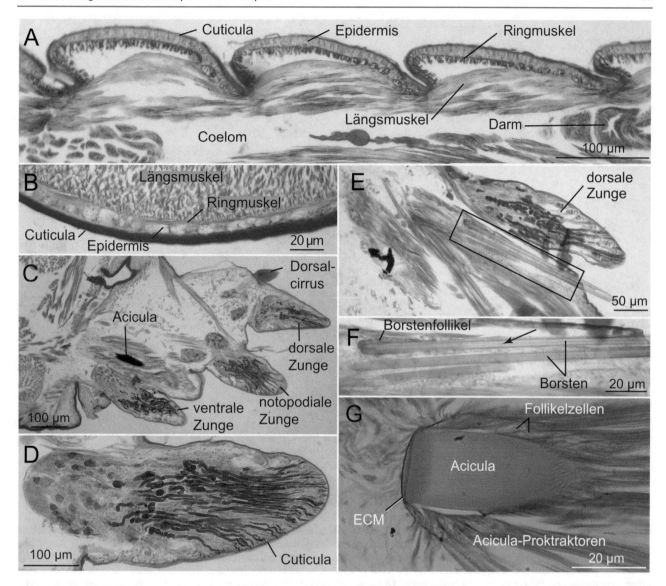

Abb. 5.5 *Alitta* spec., Hautmuskelschlauch und Borsten, Azanfärbung. (**A**) Längsschnitt mit drei Segmenten, dorsal. (**B**) Querschnitt, ventral. (**C**) Parapodium mit lappenförmigen Fortsätzen; dort jeweils Gruppen von Drüsenzellen (sogenannte Spinndrüsen). (**D**) Vergrößerung der ventralen Zunge mit Gruppe von Drüsenzellen; Somata hellblau; Kerne dunkelblau-violett; Zellfortsätze mit reifen, rot gefärbten Sekretgranula ziehen zur Peripherie. (**E**) Notopodium mit Borstenbündel. (**F**) Vergrößerung der eingerahmten Region aus E mit längs geschnittenem Borstenfollikel; Pfeil zeigt auf hohlen Kern der Borste. (**G**) Basis der Acicula mit Follikelzellen und Protraktoren; Längsstreifung der Borste spiegelt die feinen Chitinkanälchen wider. Präparate der Biologischen Sammlung der Universität Osnabrück

tigsten sensorischen Arealen. Besonders auffällig ist die Innervierung der Palpen (Abb. 5.4C und 5.6B), deren mächtiger Nerv über mehrere Wurzeln mit dem Gehirn verbunden ist. Neben Antennen und Palpen sind weitere Sinnesorgane des Kopfes die beiden Augenpaare und die Nuchalorgane (Abb. 5.4C und 5.6B, D, E). Die Augen besitzen einen Glaskörper und eine Retina, an der sich drei Schichten unterscheiden lassen (Abb. 5.6D): Die innerste Schicht enthält die lichtwahrnehmenden Abschnitte der Rezeptorzellen und Ausläufer der Pigmentzellen, die auch den Glaskörper bilden. Die mittlere Schicht ist vor allem durch die dunkle Schicht des abschirmenden Pigments charakterisiert und da-

runter befinden sich die Somata der Pigment- und Fotorezeptorzellen. Unter der ECM inserieren dann die Augenmuskeln. Die Nuchalorgane sind vermutlich chemosensorisch und bestehen aus bewimperten Stützzellen und Rezeptorzellen (Abb. 5.6E).

Vom Gehirn gehen auch die Schlundkonnektive aus, die das Gehirn mit dem Bauchmark verbinden; jedes weist zwei Wurzeln auf (Abb. 5.6B). Das Bauchmark ragt in die Leibeshöhle hinein (Abb. 5.7A) und ist durch eine ECM deutlich als Teil der Epidermis erkennbar (Abb. 5.7C). Zwischen den Ganglien besteht das Bauchmark aus drei längs verlaufenden Strängen, von denen jeder eine Riesenfaser – das sind be-

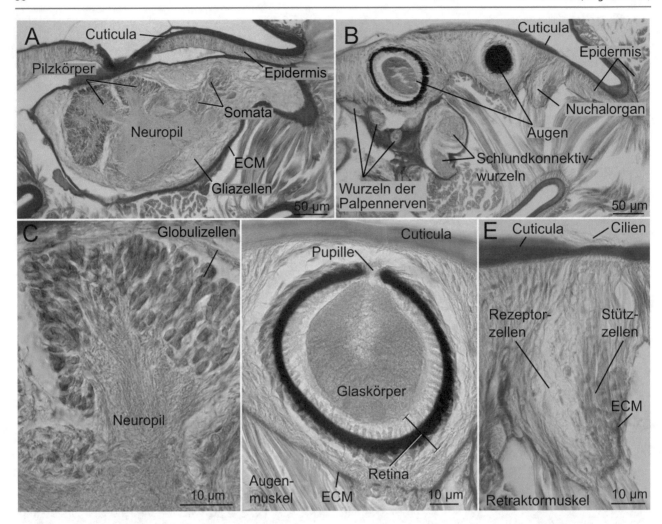

Abb. 5.6 *Alitta* spec., Gehirn und Sinnesorgane. Azanfärbung. (**A**) Gehirn; zentrales Neuropil, periphere Somata und Pilzkörper; Längsschnitt (vgl. Abb. 5.4A–C). (**B**) Peripherer Längsschnitt mit Palpennervenwurzeln, dorsaler und ventraler Wurzel des Schlundkonnektivs; Augen und Nuchalorgan in die Epidermis eingebettet. (**C**) Pilzkörper mit stielförmigem Neuropil und traubenartig positionierten Globulizellen. (**D**) Auge mit dreischichtiger Retina: innere hellere Schicht mit Rhabdomeren, mittlere Schicht mit abschirmenden Pigmenten, äußere Schicht mit Somata der Fotorezeptorzellen und Pigmentzellen. (**E**) Nuchalorgan; Cilien der Stützzellen durchdringen die Cuticula; Rezeptorzellen am helleren Cytoplasma erkennbar. Präparate der Biologischen Sammlung der Universität Osnabrück

sonders schnell Reize weiterleitende Nerven – enthält (Abb. 5.7B). Derartige Riesenfasern sind bei vielen Anneliden vorhanden, allerdings in unterschiedlicher Anzahl; die größten erreichen einen Durchmesser von 1 mm (!). Neben den Neuronen fallen die vielen Gliazellen auf, die die Nervenzellen umgeben. In den Ganglien sind die Längsnerven untereinander verbunden (Kommissuren) und sie entsenden seitlich abzweigende Segmentalnerven, die die Peripherie versorgen (Abb. 5.7A). Seitlich und ventral finden sich in den Ganglien die Somata der entsprechenden Neuronen (Abb. 5.7C).

Verdauungsystem

Ein Charakteristikum des ansonsten wenig gegliederten Darmkanals der Nereididae ist der außerordentlich muskulöse Pharynx. In die Muskulatur sind die beiden mächtigen

epidermalen Kieferzangen eingebettet (Abb. 5.4A–B). Zum Ergreifen der Nahrung wird der Pharynx ausgestreckt, sodass dann die beiden Kieferzangen frei nach vorn zeigen und zugreifen können (Abb. 5.2C, D und E). Die zum Teil radiär angeordnete Muskulatur des Pharynx erlaubt darüber hinaus ein Einsaugen der Nahrungspartikel. Ein System aus verschiedenen Muskelgruppen verbindet den Pharynx mit der Körperwand, von diesen Muskeln sind die Retraktoren besonders kräftig ausgebildet sind (Abb. 5.4A). Der Darm besitzt ein einschichtiges bewimpertes Epithel und ist mit feiner Ring- und Längsmuskulatur ausgestattet (Abb. 5.3A, B und 5.8C, D).

Leibeshöhle

Die Leibeshöhle ist ein echtes Coelom, sie enthält neben der Coelomflüssigkeit aber stets unterschiedliche Zellen (Coelo-

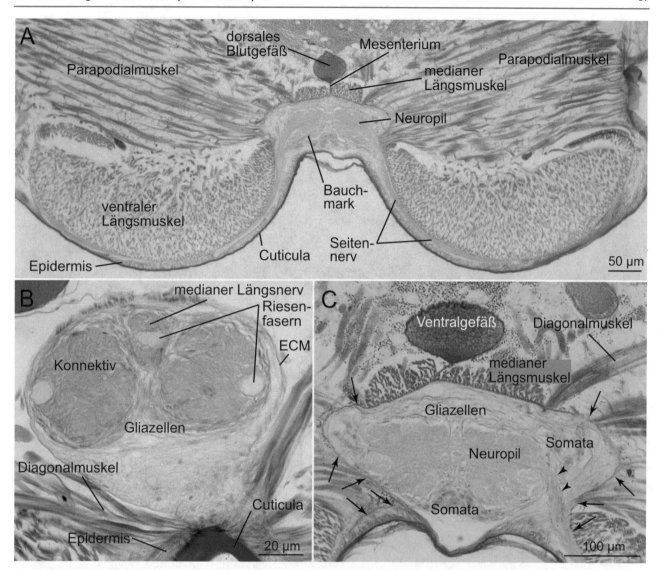

Abb. 5.7 *Alitta* spec., Bauchmark. Azanfärbung. (**A**) Übersicht; Ganglion mit abzweigenden Seiten- oder Segmentalnerven. Kräftige Längs-muskeln; Leibeshöhle wird hier von den Parapodialmuskeln durchzogen. Oberhalb des Bauchmarks der mediane Längsmuskel, das Mesenterium und das ventrale Blutgefäß. (**B**) Bereich zwischen den Ganglien (Konnektive); das Bauchmark besteht aus drei Längsnervensträngen, umgeben von Gliazellen; jeweils mit einer Riesenfaser. (**C**) Ganglion mit einheitlichem zentralem Neuropil und peripheren Somata; basiepitheliale Lage des Nervensystems durch die mit der Epidermis kontinuierliche ECM deutlich erkennbar (Pfeile). Pfeilköpfe zeigen auf abzweigenden Seitennerv. Präparate der Biologischen Sammlung der Universität Osnabrück

mocyten) und zur Geschlechtsreife auch die Gameten (Abb. 5.3B und 5.8A–F). Coelomocyten haben vielfältige Aufgaben; sie spielen unter anderem bei der Abwehr (Phago-cytose von Mikroorganismen und Viren, Immunreaktionen, Aufnahme von Fremdkörpern), beim Wundverschluss und bei der Dottersynthese eine Rolle. Das Coelom wird auch von den Dissepimenten, Mesenterien und Blutgefäßen durchzogen (Abb. 5.3A, B, 5.4A, B, 5.7A, B und 5.8C). Das Coelothel besteht aus ausgesprochen flachen, platten-förmigen Zellen, die der ECM aufliegen; ihre Dicke ist so gering, dass oft nur die ECM auf histologischen Schnitten erkennbar ist und auch nur bei hoher Vergrößerung

(z. B. Abb. 5.7A–C und 5.8C). Nur in den Regionen mit Zell-kernen sind diese Zellen etwas dicker und mit einiger Mühe als rote Punkte auf der bandförmigen ECM zu sehen (Abb. 5.7B und 5.8C). Die Nephridien sind typische Meta-nephridien; sie liegen als relativ kleine Strukturen seitlich der ventralen Längsmuskeln an der Basis der Parapodien (Abb. 5.8A, B). Während der Wimpertrichter (Nephrostom) meist nicht beobachtbar ist, ist der in mehreren Schleifen verlaufende Nephridialkanal leichter zu finden. Der Kanal ist im Inneren bewimpert und verläuft dann in einem gerad-linigen Abschnitt zur Epidermis, um dort auszumünden (Abb. 5.8B).

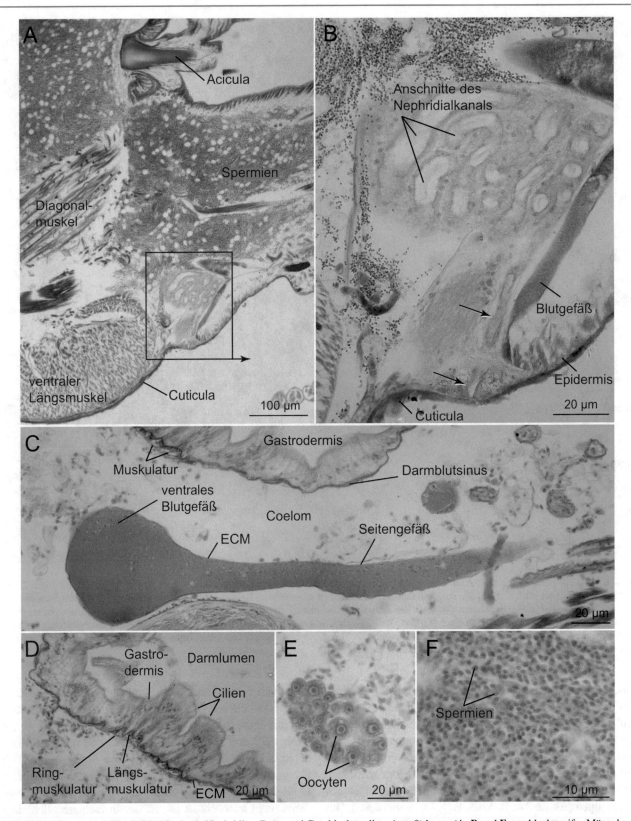

Abb. 5.8 *Alitta* spec., Leibeshöhle (Coelom), Nephridien, Darm und Geschlechtszellen. Azanfärbung. (**A**, **B** und **F** geschlechtsreifes Männchen, **C**, **D** und **E** geschlechtsreifes Weibchen. (**A**) Metanephridium ventrolateral an der Parapodienbasis. Coelom mit Spermien dicht gefüllt. (**B**) Vergrößerung aus A; bewimperter Nephridialkanal mehrfach angeschnitten; Pfeile: nach außen führender Gang; Wimpertrichter nicht sichtbar. (**C**) Coelom, ventrales Blutgefäß mit abzweigendem Lateralgefäß. Blut enthält wenige Zellen (Hämatocyten). (**D**) Bewimperte Gastrodermis mit isolierten Längs- und Ringmuskelfasern. (**E**) Ovaranlage mit frühen Oocyten. (**F**) Reife Spermien mit kugelförmigem Kopf- und Mittelstück bei hoher Vergrößerung. Präparate der Biologischen Sammlung der Universität Osnabrück

Fortpflanzung

Nereididae sind getrenntgeschlechtlich und ihre Geschlechtsorgane sind sehr einfach ausgebildet. Zur Zeit der beginnenden Geschlechtsreife erscheinen Gruppen von sich entwickelnden Oogonien oder Spermatogonien in der Leibeshöhle der Segmente (Abb. 5.8E). Von diesen unscheinbaren Gonaden werden Zellen ins Coelom abgegeben, wo sich die weitere Entwicklung zu Oocyten oder bei Männchen zu Spermien vollzieht. Dabei ist dies nicht auf bestimmte Segmente beschränkt, sondern umfasst den gesamten Rumpf. Die reifen Gameten werden zunächst in der Leibeshöhle gesammelt und dann über die Nephridien ins freie Wasser abgegeben. Durch diese Form der Reproduktion, an die sich dann noch die pelagische Larvalphase im Plankton anschließt, ist die Zahl der Gameten sehr groß, sodass geschlechtsreife Individuen stets komplett mit Gameten gefüllte Leibeshöhlen aufweisen (Abb. 5.3B). Die verschiedenen Arten der Familie zeigen dabei ein unterschiedliches Paarungsverhalten. Bei Arten mit Epitokie wie beispielsweise *Platynereis dumerilii* steigen die Individuen in die freie Wassersäule auf und geben dann unter Schwarmbildung (oder in Kultur auch paarweise) ihre Gameten ab. Bei anderen Arten verbleiben entweder beide Geschlechter am Boden (*Hediste diversicolor*) oder nur eines (*Alitta virens*); hier suchen entweder die Männchen die Weibchen auf (*A. virens*) oder umgekehrt (*H. diversicolor*).

5.2 Der Gemeine Regenwurm *Lumbricus terrestris*

Äußere Organisation

Bei der Betrachtung eines Regenwurms fallen zunächst die sehr gleichförmige homonome Segmentierung und das Fehlen jeglicher Körperanhänge auf (Abb. 5.9A–D). Auch Augen oder andere Sinnesorgane sind nicht erkennbar. Tatsächlich besitzen die im Boden lebenden Tiere stattdessen eine Vielzahl einzelner Fotorezeptorzellen, die über den ganzen Körper verteilt vorkommen und eine Hell-Dunkel-Unterscheidung ermöglichen. Da diesen Lichtsinnesorganen abschirmende Pigmente fehlen, kann man sie nicht unmittelbar erkennen und so bleiben sie in einem Anfängerpraktikum unbeobachtet. An weiteren Sinnesorganen sind noch unscheinbare Sinnespapillen aus wenigen Sinneszellen sowie isolierte Rezeptorzellen vorhanden. Während das Vorderende rund ist und spitz zuläuft, erscheint das Hinterende deutlich abgeflacht (Abb. 5.9A, B). Die Rückenseite ist durch ihre dunklere Farbe leicht zu identifizieren. Etwa im vorderen Körperdrittel sind einige Segmente dorsal und ventrolateral deutlich verdickt; sie bilden das sattelförmige Clitellum oder Gürtel (Clitellata, Gürtelwürmer). Die Lage ist zwischen den verschiedenen Gruppen der Clitellata nicht einheitlich, befindet sich aber immer im vorderen Körperdrittel in der Nähe der Geschlechtsorgane. Das Clitellum besteht aus einem sehr drüsenzell-

reichen Epithel und spielt bei der Bildung des Kokons, in den die Eier abgelegt werden, eine entscheidende Rolle. Wie alle Clitellata sind Regenwürmer simultane Zwitter (Hermaphroditen), das heißt, Eier und Samenzellen werden zur selben Zeit in demselben Individuum produziert. Bei Regenwürmern spielt das Clitellum auch bei der Übertragung des Spermas zum Zusammenhalt der Geschlechtspartner eine wichtige Rolle. Bei näherer Betrachtung unter dem Stereomikroskop fallen an der Bauchseite weitere Strukturen auf (Abb. 5.9C, D). Hierzu gehören die Borsten, die relativ schwer erkennbare weibliche Geschlechtsöffnung in Segment 14, die deutlichere männliche Geschlechtsöffnung in Segment 15 sowie die Samenrinnen, die von der männlichen Öffnung bis zum Clitellum verlaufen. Weiterhin lassen sich bestimmte Drüsenzellareale um bestimmte Borstengruppen mehr oder weniger deutlich erkennen. Die Fortbewegung und das Eingraben erfolgen durch abwechselnde Kontraktionswellen der Längs- und Ringmuskulatur. Wenn man die Tiere auf der Hand hält, kann man die mit bloßem Auge unsichtbaren Borsten fühlen, die vor allem zur Verankerung des Körpers im Boden eingesetzt werden.

Präparationsschritte

Die meisten der charakteristischen Eigenschaften der Clitellata lassen sich nach einer Präparation beobachten (Abb. 5.10, 5.11 und 5.12) und durch histologische Präparate vertiefend studieren. Mikroskopische Präparate können entweder selbst hergestellt oder im Fachhandel bezogen werden. Hierbei sind, wenn möglich, Schnitte durch die Region der Geschlechtsorgane vorzuziehen (Abb. 5.14–5.21). Querschnitte erlauben in der Regel eine einfachere Orientierung (Abb. 5.14A–D); günstig geführte Längsschnitte ermöglichen dagegen die Untersuchung vieler Strukturen der Geschlechtsorgane an nur einem einzigen Präparat (Abb. 5.15). Die vegetativen Organe lassen sich natürlich auch an Schnitten durch eine beliebige Region studieren.

Zur Präparation werden die Tiere mit der Bauchseite nach unten in einer Präparierschale festgesteckt und gerade ausgerichtet. Dann wird in der Körpermitte oder im vorderen Drittel mit einem Skalpell der Hautmuskelschlauch in der Medianen durchtrennt. Bei dem Schnitt sollte man vorsichtig vorgehen, damit der Darm unbeschädigt bleibt (z. B. Abb. 5.11C). Der Schnitt wird dann nach vorn fortgesetzt, wobei auch die relativ kräftigen Dissepimente durchtrennt werden müssen. Anschließend wird die Körperwand zur linken und rechten Seite geklappt und mit mehreren Nadeln festgesteckt, aber ohne das Tier „flachzudrücken". Die weitere Untersuchung findet am besten unter Wasser statt. Nach der so erfolgten Präparation sind fast alle

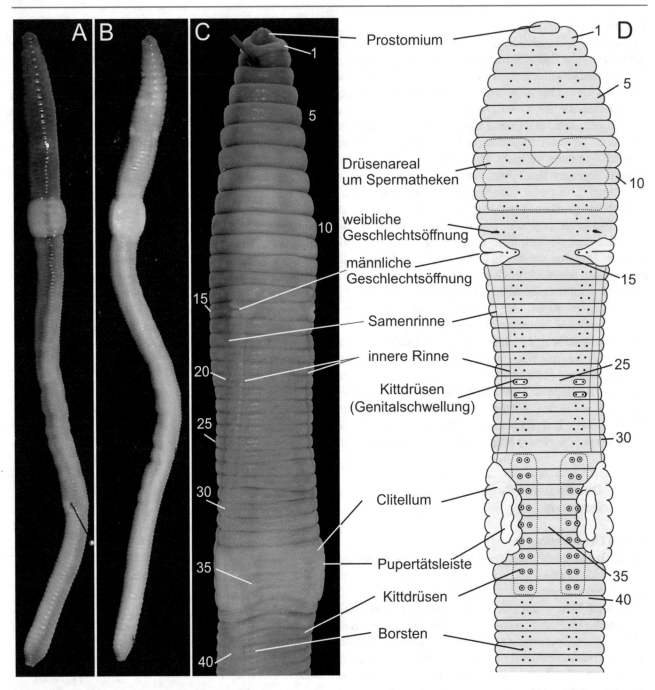

Abb. 5.9 *Lumbricus terrestris*. Äußere Morphologie; Länge ca. 20 cm. (**A**) Dorsalansicht, das Clitellum tritt als gelbliche Verdickung deutlich hervor. (**B**) Ansicht von ventral mit Clitellum und männlichen Geschlechtsöffnungen. (**C, D**) Vergrößerungen des Vorderendes von ventral. Zahlen geben die jeweiligen Segmentzahlen an. Die Öffnungen der Spermatheken liegen seitlich in den Intersegmentalfurchen zwischen den Segmenten 9/10 und 10/11. Das Clitellum ist sattelförmig (mit ventraler Lücke) und reicht von Segment 32 bis 37. Drüsenanschwellungen im Bereich der Spermatheken, der ventralen Borsten in den Segmenten 25 und 26 sowie im Bereich des Clitellums (31 bis 39) in Abhängigkeit von der Geschlechtsreife mehr oder weniger gut erkennbar. (**A–C**) Fotos eines intakten Tieres. (**D**) Schemazeichnung. D kombiniert in Anlehnung an verschiedene Autoren

Strukturen der inneren Organisation gut erkennbar (Abb. 5.10A, B). Bereits bei flüchtiger Betrachtung wird deutlich, dass die äußere homonome Segmentierung sich so im Inneren nicht wiederfindet, denn vor allem im Vorderende fallen die dort liegenden Geschlechtsorgane und die vorderen Strukturen des Darmkanals auf, die auf einige bestimmte Segmente beschränkt sind (Abb. 5.10B).

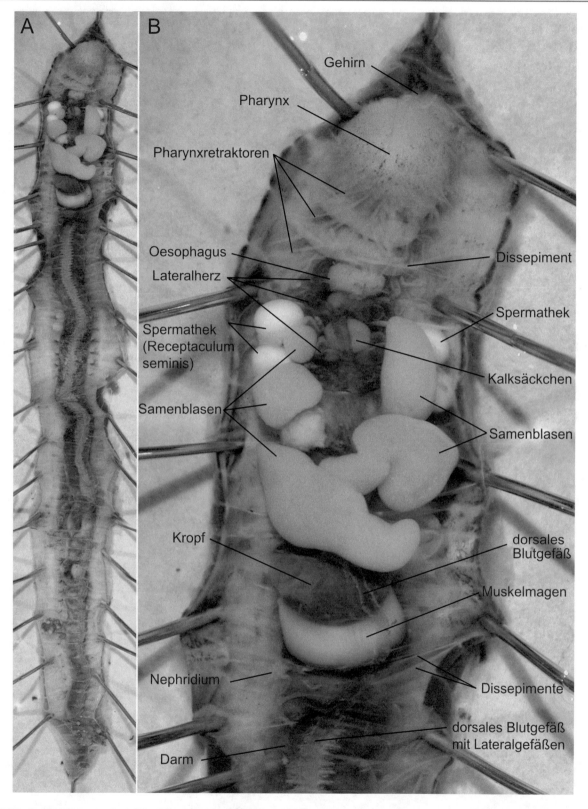

Abb. 5.10 *Lumbricus terrestris*. Adultes Tier, von dorsal präpariert. (**A**) Übersicht über das gesamte Tier. (**B**) Vergrößerte Ansicht der vorderen etwa 20 Segmente mit Geschlechtsorganen und Differenzierungen des Darmkanals

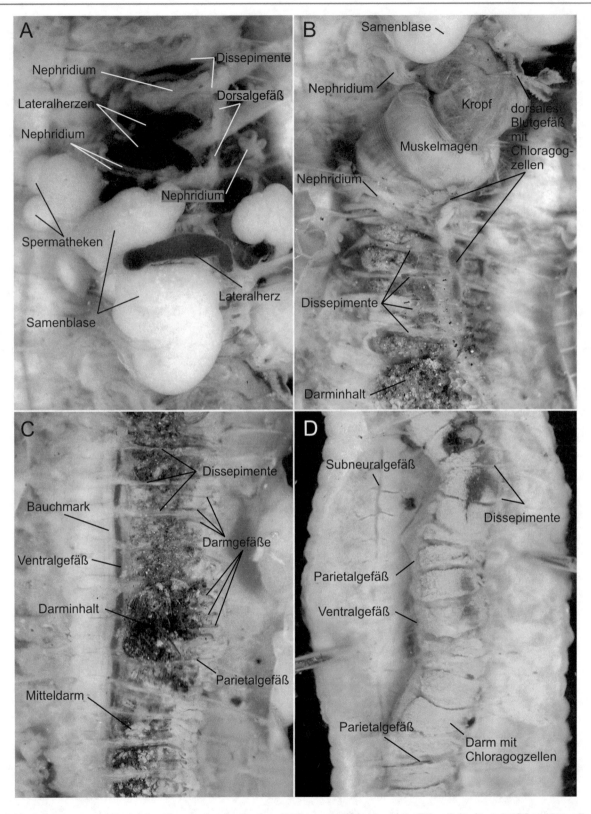

Abb. 5.11 *Lumbricus terrestris*. Adultes Tier, von dorsal präpariert. (**A**) Segmente 7 bis 15, von der linken Seite. Dorsalgefäß und Lateralherzen, Septen und Nephridien. Spermatheken und Samenblasen. (**B**) Segmente 15 ff. Kropf, Muskelmagen und Mitteldarm. (**C**) Sterile Region der Körpermitte; Darm etwas nach rechts verschoben, sodass das Ventralgefäß und das Bauchmark sichtbar sind, pro Segment gibt es zwei Dorsointestinalgefäße, die von dorsal kommend den Darm versorgen. (**D**) Sterile Region; Darm regelmäßig von gelblichen Chloragogzellen umgeben; neben dem Ventralgefäß ist auch das Subneuralgefäß mit Seitengefäßen (Parietalgefäßen) sichtbar

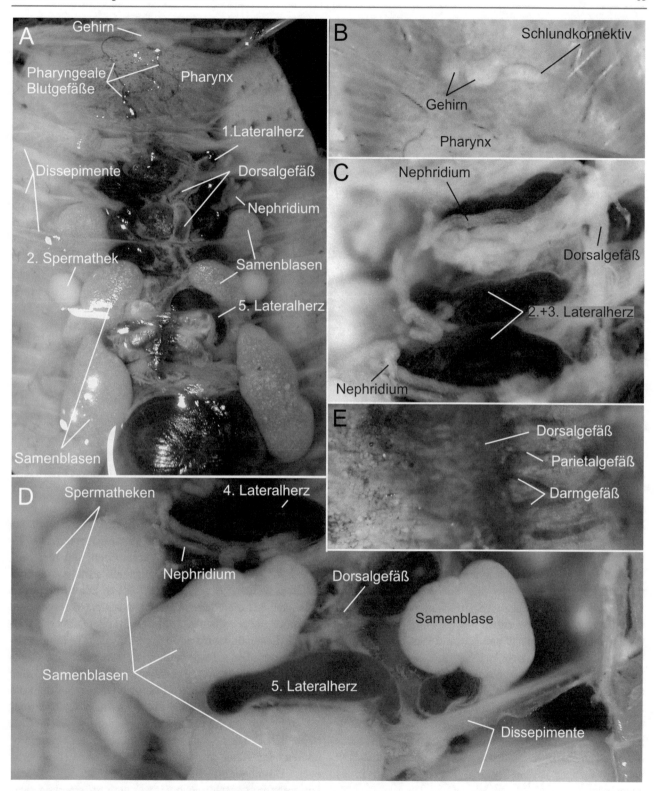

Abb. 5.12 *Lumbricus terrestris*. Adultes Tier, von dorsal aufpräpariert. Geschlechtsorgane und vordere Blutgefäße. (**A**) Segmente 1–15. Dorsal-gefäß mit fünf Paar abzweigenden Lateralherzen; auf dem Pharynx nach vorne ziehende Blutgefäße. Drei Lappen der Samenblasen und hintere Spermatheken. (**B**) Vergrößerung des vorderen Teils von A mit Gehirn und rechtem Schlundkonnektiv unmittelbar vor dem Pharynx. (**C**) Höhere Vergrößerung der Lateralherzen 1–3, vordere Nephridien und muskulöse Dissepimente; Dorsalgefäß ist von Chloragogzellen umgeben. (**D**) 4. und 5. Lateralherz sowie vordere und hintere Spermathek und drei Ausbuchtungen der Samenblasen. (**E**) Blutversorgung des Darmkanals vom Dorsal-gefäß mit zwei Dorsointestinalgefäßen und in den Dissepimenten verlaufendem Parietalgefäß jeweils dazwischen

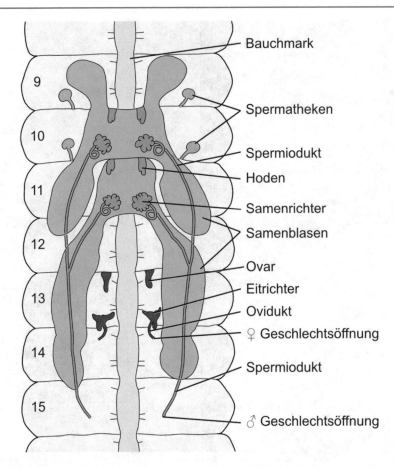

Abb. 5.13 *Lumbricus terrestris*. Schematische Darstellung der Geschlechtsorgane und des Baumarks nach Entfernen des Darmes. Dorsalansicht, Segmente nummeriert, Metanephridien nicht dargestellt

Fortpflanzungsorgane

Die Geschlechtsorgane sollen zuerst vorgestellt werden (Abb. 5.10B, 5.11A, 5.12A, D und 5.13). Neben dem oben besprochenen Clitellum bestehen die Geschlechtsorgane aus paarigen Receptacula semines (hier Spermatheken genannt), paarigen Hoden, Samenblasen, Spermiodukten, Ovarien und Ovidukten. Bei Regenwürmern gibt es zwei Paar Spermatheken in den Segmenten 9 und 10, zwei Paar Hoden in den Segmenten 10 und 11, zwei Paar Samenblasen in denselben Segmenten, die sich bis in die Segmente 9–11 bzw. 11–14 ausdehnen können und ein Paar Ovarien im Segment 13. Die Spermiodukte beginnen jeweils mit einem großen Wimpertrichter in den Segmenten 10 und 11, vereinigen sich im folgenden Segment (12) zu einem paarigen Gonodukt und münden in Segment 15 nach außen, während der Ovidukt kurz und unscheinbar ist, in Segment 13 beginnt und in 14 ausmündet.

Bei der Präparation sind vor allem die Spermatheken und die Samenblasen gut erkennbar (Abb. 5.10B, 5.11A, 5.12A, D und 5.13), während die Gonaden zu einem späteren Zeitpunkt und nur nach Entfernen des Darmkanals darstellbar sind. Sie sind nahe der Körpermitte in den entsprechenden Segmenten ventral an den vorderen Dissepimenten auf-

gehängt. Je nach untersuchtem Individuum sind auch die Samentrichter als weiße, gefaltete Strukturen erkennbar.

In den Hoden entstehen Urkeimzellen, die hier aufgrund ihres weiteren Werdegangs als Protogonien bezeichnet werden (Abb. 5.15 und 5.20A). Die Protogonien gelangen in die Samenblasen, wo sich die gesamte Spermiogenese vollzieht. Diese beginnt zunächst mit weiteren Mitosen und wird mit den meiotischen Teilungen abgeschlossen. Eine Besonderheit ist, dass zwar eine Kernteilung stattfindet, aber keine individuellen Zellen entstehen. Stattdessen entsteht ein Cytophor, bei dem die Zellkerne in der Peripherie einer zentralen Cytoplasmamasse liegen und die weitere Differenzierung durchlaufen (Abb. 5.20C, D). Cytophoren mit Protogonien, Spermatogonien oder frühen Spermatiden erinnern so an Himbeeren oder Brombeeren. Spermatiden in einem späteren Differenzierungsstadium beginnen sich zu strecken, was besonders an den Zellkernen zu erkennen ist. Mit zunehmender Reife wird das Chromatin immer stärker kondensiert und die Färbung der Zellkerne in einer Azanfärbung geht von violett zu einem immer intensiveren Rot über. Die sich bildenden Flagellen der Spermien werden als graue Fäden sichtbar. Da Regenwürmer kontinuierlich

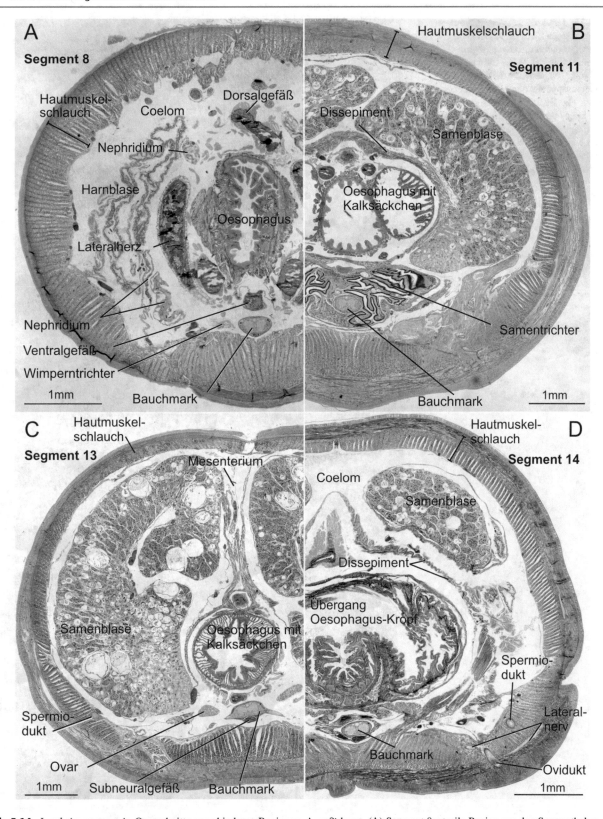

Abb. 5.14 *Lumbricus terrestris*. Querschnitte verschiedener Regionen. Azanfärbung. (**A**) Segment 8: sterile Region vor den Spermatheken und Samenblasen, Wimpertrichter des Nephridiums aus Segment 9 und Nephridium des Segments 8. (**B**) Segment 11 mit Samenblase, Samentrichter; Oesophagus mit Kalksäckchen. (**C**) Segment 13; Ovarien, die Spermiodukte haben sich zu einem Gang innerhalb der Längsmuskulatur vereinigt. (**D**) Segment 14. Hinterer Abschnitt der Samenblase; ventral, Ovidukt kurz vor weiblichem Porus und Spermiodukt. Präparate der Biologischen Sammlung der Universität Osnabrück

Abb. 5.15 *Lumbricus terrestris*. Adultes
Tier, Azanfärbung. Parasagittaler
Längsschnitt durch die Genitalregion
(Segmente 8 bis 15). Vorne ist oben und
ventral links. Nahezu alle Strukturen des
Geschlechtsapparats ohne Spermatheken
und Ovar erkennbar. Die Hoden sind
jeweils kleine unscheinbare Strukturen an
den Dissepimenten der Segmente 10 und
11 vor den jeweiligen Samentrichtern.
Präparat der Biologischen Sammlung der
Universität Osnabrück

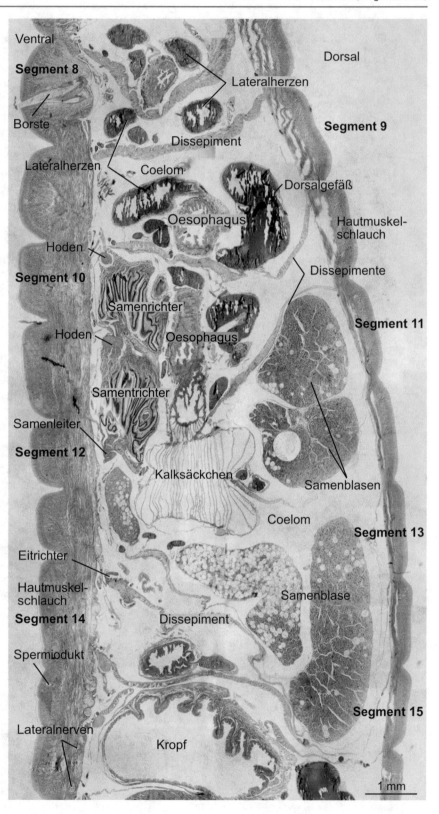

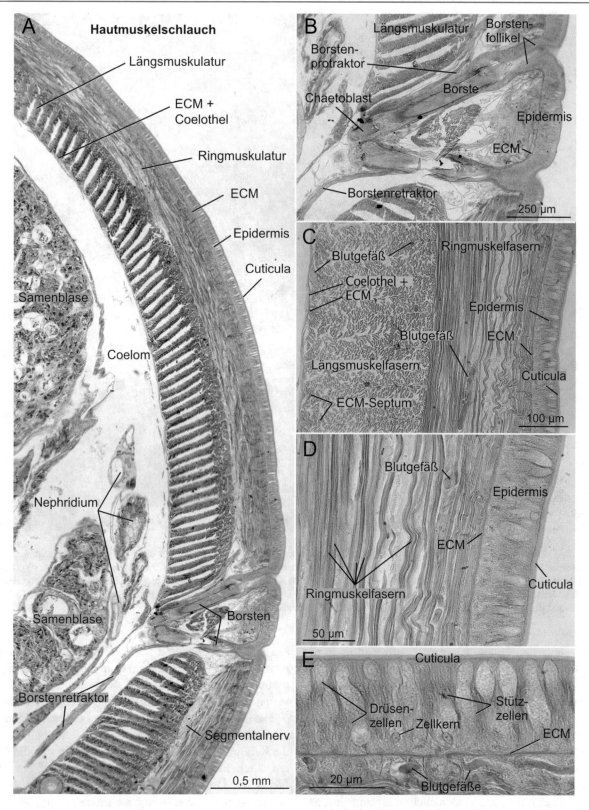

Abb. 5.16 *Lumbricus terrestris*. Hautmuskelschlauch. Azanfärbung. (**A**) Laterale Körperwand mit Cuticula, Epidermis, Ring- und Längs-muskulatur. (**B**) Borsten – jede Borste steht in einer epidermalen Einstülpung (Follikel), deren Boden bildet die Borstenbildungszelle (Chaeto-blast). Borstenmuskulatur inseriert am Borstenfollikel. (**C**) Hautmuskelschlauch, ECM, Epidermis und Cuticula; Blutgefäße innerhalb der ECM zwischen den Muskelfächern. (**D**) Epidermis und Ringmuskulatur. (**E**) Epidermis mit Cuticula, Stütz- und Drüsenzellen, Blutgefäße ziehen bis an die Basis der Epidermis („Hautatmung!"). Präparate der Biologischen Sammlung der Universität Osnabrück

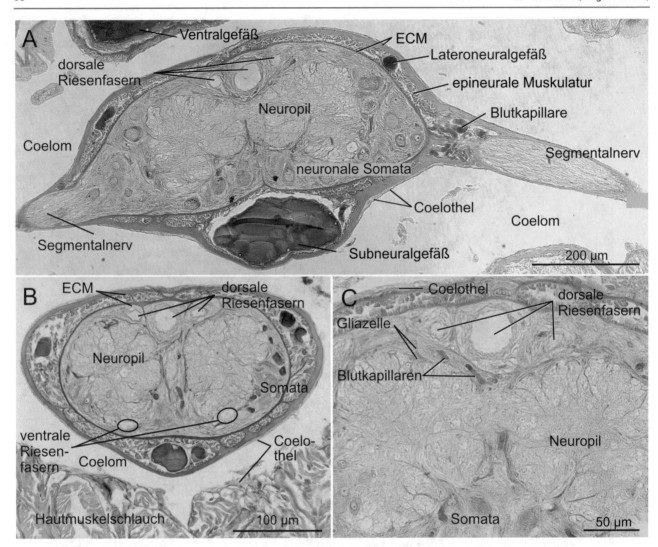

Abb. 5.17 *Lumbricus terrestris*. Nervensystem/Bauchmark. Azanfärbung. (**A**) Ganglion im Bereich einer Seitennervenabzweigung. Dorsale Riesenfasern durch Gliazellen vom übrigen Nervensystem getrennt. Somata nur ventral und lateral, Neuropil zentral. Bauchmark von doppelter Lage ECM umgeben (subepithelial); darin Blutgefäße und Muskulatur. (**B**) Konnektive, Bauchmark mit fünf Riesenfasern, ECM, Blutgefäßen und perineuraler Muskulatur. Konnektive liegen unmittelbar nebeneinander. (**C**) Vergrößerung des dorsalen Bereichs mit Riesenfasern, ECM (blau), Gliazellen und Blutgefäßen. Präparate der Biologischen Sammlung der Universität Osnabrück

Geschlechtszellen bilden, kann man nach Eintritt in die Geschlechtsreife an einem Individuum immer alle Phasen der Spermiogenese in den Samenblasen finden. Die reifen Spermien lösen sich von den Cytophoren ab und werden auf dem Trichterepithel zwischen den Cilien gesammelt, wodurch die Samentrichter, große stark gefaltete Gebilde, immer durch die rote Färbung der Spermienkerne in den histologischen Präparaten sehr auffallen (Abb. 5.14B, 5.15 und 5.20A, E). Die Spermiogenesestadien und oft vorkommende Parasiten lassen sich auch in einem selbst angefertigten Präparat beobachten, indem man eine Samenblase in einen Tropfen 0,4 %iger NaCl-Lösung auf einem Objektträger zerzupft. Nahezu alle Individuen von *Lumbricus terrestris* sind von einem Parasiten befallen, der in den Samenblasen die Cytophoren befällt und sich von die-

sen ernährt (*Monocystis lumbrici*, Apicomplexa, Gregarinea). Vor allem die Cysten mit Gamonten, Zygoten, Sporocysten oder Sporozoiten fallen als rundliche, helle Gebilde in den histologischen Schnitten auf (Abb. 5.14B–D und C).

Die Ovarien sind wesentlich kleiner und unauffälliger als die Hoden (Abb. 5.14 und 5.21A, B). In ihnen vollzieht sich die Reifung der Oocyten. Dabei vergrößern sich die Oocyten durch Produktion von Dottersubstanz auf ein Mehrfaches der Oogonien (Abb. 5.21B). Die großen, hell erscheinenden Kerne enthalten stets einen orange gefärbten, großen Nucleolus (Abb. 5.21B). Reife Oocyten lösen sich ab und werden in einem erweiterten vorderen Teil des Ovidukts bis zur Eiablage aufbewahrt (Abb. 5.13). Bei der Eiablage ziehen sich die Tiere aus dem vom Clitellum gebildeten Kokon so weit nach hinten zurück, dass dieser in

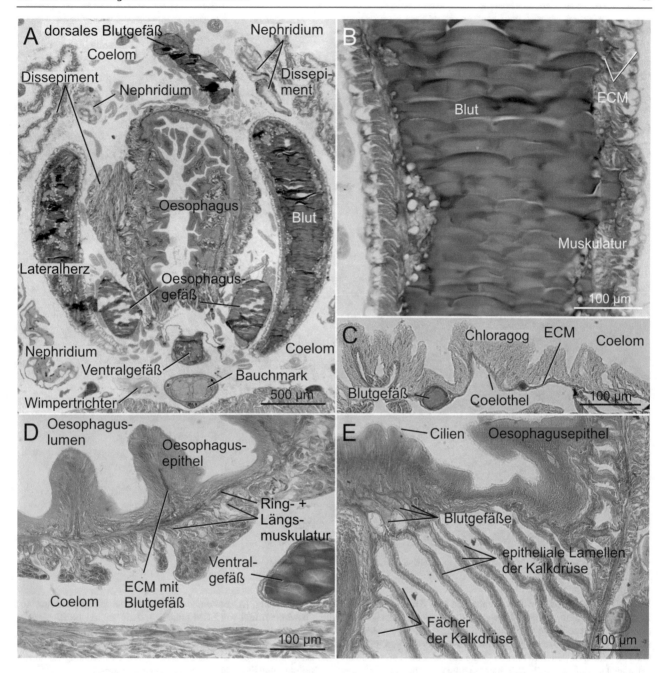

Abb. 5.18 *Lumbricus terrestris*. Darmkanal, Blutgefäßsystem. Azanfärbung. (**A**) Oesophagus mit dorsalem Blutgefäß, ventralen und oesophage-
alen Blutgefäßen sowie Lateralherzen. (**B**) Ausschnitt Lateralherz mit muskulöser Wandung; Blutflüssigkeit beim Schneiden schollenartig zer-
brochen (Artefakt). (**C**) Dissepiment mit Blutgefäß, Muskelfasern, Coelothel; auf dem nach oben orientierten Abschnitt als Chloragoggewebe differenziert. (**D**) Oesophagusepithel, ECM und Muskulatur. (**E**) Kalksäckchen am Oesophagus. Kalksäckchen aus doppelschichtigen Lamellen
aufgebaut. In den Lamellen ausgedehnte Bluträume. Präparate der Biologischen Sammlung der Universität Osnabrück

den Bereich der weiblichen Geschlechtsöffnung gelangt,
und dann werden zunächst die Oocyten in den Kokon abgelegt. Die Zahl der auf einmal abgelegten Eier ist recht gering und liegt zwischen einem (*Lumbricus*) und etwa zehn.
Danach ziehen sich die Tiere weiter aus dem Kokon nach
hinten zurück, sodass dieser zu den Spermatheken gelangt,
aus denen dann Spermien abgegeben werden. Danach wird der
Kokon vollständig abgestreift und sich selbst überlassen. In

diesen Kokons vollzieht sich nach der Befruchtung und
Zygotenbildung die gesamte Embryonalentwicklung;
Larvenstadien gibt es bei *Lumbricus* wie übrigens bei allen
Clitellata nicht. Der Kokon als Flüssigkeitsreservoir erlaubt
eine terrestrische Fortpflanzung und Lebensweise un-
abhängig von Wasserkörpern und erfüllt somit dieselbe
Funktion wie unsere innere Befruchtung in Kombination
mit dem sogenannten Amniotenei. Die Spermatheken sind

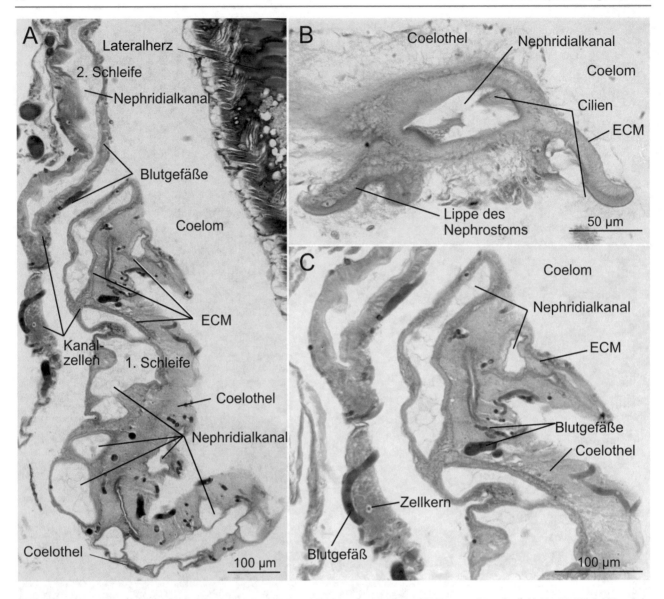

Abb. 5.19 *Lumbricus terrestris*. Nephridien (aus Abb. 5.14A und 5.18A). Azanfärbung. (**A**) Erste und zweite Schleife des Nephridiums aus Segment 7/8, jeweils mehrere Anschnitte des Nephridialkanals. Kanalzellen bewimpert und von ECM umgeben, darin zahlreiche Blutgefäße, Coelothel bildet teilweise recht dicke Hüllzellen. (**B**) Nephrostom des Nephridiums aus Segment 8/9, Bewimperung, im proximalen Anfangsabschnitt des Kanals zwei dicht bewimperte Areale. (**C**) Vergrößerung der ersten Schleife aus A, Kanalzellen mit Zellkernen, ECM, Blutgefäße und Hüllzellen. In weiten Bereichen Dicke des Coelothels unterhalb der Auflösungsgrenze des Lichtmikroskops. – Sichere Zuordnung der einzelnen Kanalabschnitte anhand einzelner Schnitte nicht möglich. Präparate der Biologischen Sammlung der Universität Osnabrück

sackförmige, einschichtige Einstülpungen der Epidermis, oft dicht gefüllt mit den fadenförmigen reifen Spermien (Abb. 5.21D).

Verdauungssystem

Am Darmkanal ist vorne der weißlich-gelb gefärbte Pharynx erkennbar, eine dorsal liegende drüsenreiche Verdickung des Vorderdarms; er ist mit zahlreichen Muskeln an den vorderen, kräftigen Dissepimenten und der Körperwand befestigt (Abb. 5.10A). Darauf folgt der Oesophagus, der im

hinteren Abschnitt, etwa auf Höhe der Samenblasen, mit den sogenannten Kalksäckchen versehen ist (Abb. 5.10B). Es handelt sich dabei um gekammerte, reich durchblutete Divertikel des Oesophagus, die bei Überschuss von Calcium in der Nahrung Calcit abscheiden (Abb. 5.14B, C, 5.15 und 5.18E). Man vermutet, dass dies der Regulation des pH-Wertes und des CO_2-Gehalts im Blut und in der Coelomflüssigkeit dient. Hinter den Geschlechtsorganen mündet in Segment 16 der Oesophagus zunächst in den Kropf, dem Muskelmagen und Mitteldarm folgen (Abb. 5.10A, 5.11B–

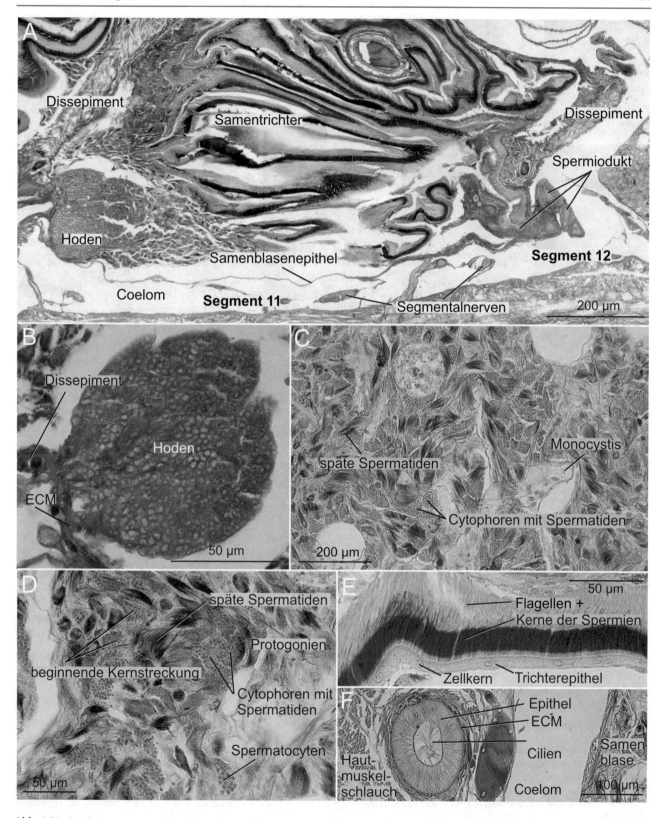

Abb. 5.20 *Lumbricus terrestris*. Männliche Geschlechtsorgane. Azanfärbung. (**A**) Ventralseite Segment 11, Hoden am Dissepiment 10/11, gefalteter Samentrichter; proximaler Abschnitt des Spermiodukts durchbricht Dissepiment 11/12 Längsschnitt. (**B**) Hoden mit isodiametrischen Spermatogonien. (**C, D**) Samenblase mit verschiedenen Spermiogenesestadien und Entwicklungsstadien von *Monocystis lumbrici* (Apicomplexa). Bei höherer Vergrößerung lassen sich die Spermiogenesestadien chronologisch einordnen. (**E**) Samentrichter. Einschichtiges, flaches und bewimpertes Epithel, auf dem die reifen Spermien in paralleler Anordnung mit den Kernen zum Epithel hin orientiert sind (rotes „Band"). (**F**) Querschnitt Spermiodukt; einschichtiges bewimpertes Epithel. Präparate der Biologischen Sammlung der Universität Osnabrück

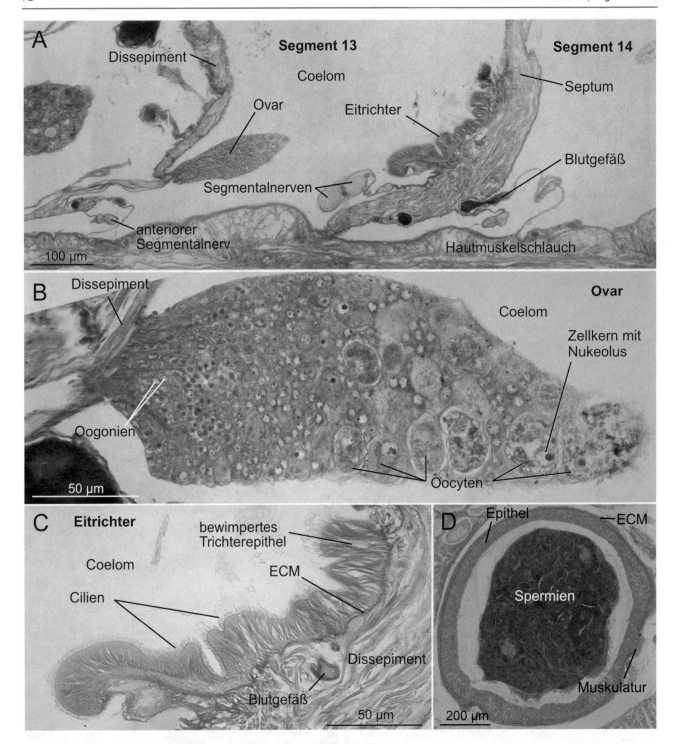

Abb. 5.21 *Lumbricus terrestris*. Weibliche Geschlechtsorgane und Spermatheken. Azanfärbung. (**A**) Längsschnitt, Ovar am Dissepiment, Wimpertrichter des Ovidukts gegenüberliegend. (**B**) Ovar, ECM zieht zwischen die basalen Zellen. Differenzierung zu Oocyten von anterior nach posterior fortschreitend: Am Dissepiment Oogonien, gefolgt von prävitellogenen Oocyten und vitellogenen Oocyten; Letztere sind die größten Zellen und werden am Ende des Ovars ins Coelom abgegeben. (**C**) Großer Wimpertrichter des Ovidukts mit einschichtigem, hohem Epithel. (**D**) Spermathek, Hohlraum mit Spermien (rot) wird von einschichtigem Epithel umschlossen. Präparate der Biologischen Sammlung der Universität Osnabrück

D, 5.14D und 5.15). Vor allem auf dem letzten Abschnitt (Abb. 5.11D) fällt das auch an vielen Blutgefäßen (Abb. 5.10B und 5.12C) vorhandene gelbliche Chloragoggewebe auf. Es handelt sich dabei um ein stoffwechselaktives Gewebe aus keulenförmigen Zellen des Peritoneums (Abb. 5.18C), das in das Coelom hineinreicht. Es hat Speicher- und Exkretionsfunktion und ist somit einer Leber funktionsanalog.

Leibeshöhle, Kreislaufsystem und Atmung
Die Leibeshöhle ist ein echtes Coelom; Dissepimente und Mesenterien sind vergleichsweise kräftig und muskulös ausgebildet und deshalb auch in der Histologie und Präparation gut darstellbar (Abb. 5.10B, 5.11A–C und 5.12A, D). Das Blutgefäßsystem ist, wie für coelomatische Metazoen typisch, geschlossen und besteht aus Spalträumen in der extrazellulären Matrix zwischen aneinandergrenzenden Epithelien (Coelothelien) oder Coelothelien mit Gastro- bzw. Epidermis. Ein inneres Epithel (Endothel) gibt es nicht, es ist auf die Wirbeltiere beschränkt. Die Hauptgefäße bilden das dorsale und ventrale Längsgefäß, die durch segmentale Ringgefäße verbunden sind (Abb. 5.10B und 5.11A–D). Fünf vordere Paare in den Segmenten 7–11 sind sehr groß, muskulös und werden dementsprechend auch als Lateralherzen bezeichnet (Abb. 5.12A–D, 5.14A, 5.15 und 5.18A, B). Die Muskulatur wird dabei von den Coeleothelien gebildet. Diese Muskulatur ist im Falle der Lateralherzen mehrschichtig und durch eigene Blutgefäße versorgt (Abb. 5.18A, B). Unter dem Bauchmark befindet sich noch das ebenfalls in Körperlängsrichtung verlaufende Subneuralgefäß (Abb. 5.11D und 5.14A, C). Es versorgt die ventrale Körperwand (Abb. 5.11D) und das Nervensystem (Abb. 5.17A, B). Die den Darm versorgenden Gefäße stammen vor allem vom Dorsal- und Ventralgefäß (Abb. 5.12E). Weitere Verzweigungen versorgen unter anderem den Pharynx (Abb. 5.12A, B) und alle übrigen Organe wie beispielsweise die Kalksäckchen (Abb. 5.18E) oder die Nephridien (Abb. 5.19A–C). Einzelne Kapillaren ziehen bis dicht unter die Epidermis (Abb. 5.16E). Fast alle Clitellaten atmen über die gesamte Körperoberfläche (Hautatmung) und dementsprechend fehlen besondere Organe zum Gasaustausch, aber blind endende Gefäße lassen sich an vielen Stellen bis zwischen die Epidermiszellen verfolgen.

Osmoregulation und Exkretion
Die paarig angelegten Metanephridien treten in allen Körpersegmenten auf und beginnen jeweils mit einem offenen Wimpertrichter ventral kurz vor dem hinteren Dissepiment eines Segments. Der folgende Kanal durchzieht das Dissepiment und ist zu drei Schleifen aufgewickelt, die jeweils weit nach dorsal ziehen (Abb. 5.14A). Jede dieser Schleifen durchzieht der Nephridialkanal mehrmals, sodass er ein

Mehrfaches der Schleifenlänge aufweist. Die Nephridien fallen in der Präparation als weißliche unregelmäßig umgrenzte Strukturen auf (Abb. 5.10B, 5.11A, B und 5.12A, C). Im histologischen Schnitt ist erkennbar, dass sie aus den eigentlichen bewimperten Kanalzellen und einer ECM, bedeckt vom Peritoneum und Blutgefäßen, bestehen (Abb. 5.19). Eine Erweiterung in der hinteren Schleife fungiert als Harnblase und ist auf Schnitten als großer Hohlraum erkennbar. Diese großen Nephridien sind sehr wahrscheinlich mit der limnisch-terrestrischen Lebensweise vieler Oligochäten korreliert, die ja in einem hypotonischen Medium leben und dadurch relativ viel Wasser ausscheiden müssen.

Körperwand
Der Hautmuskelschlauch von *Lumbricus* ist relativ kräftig ausgebildet und besteht von außen nach innen aus Cuticula, Epidermis, Ring- und Längsmuskulatur (Abb. 5.14A–D, 5.15 und 5.16A–E). Ring- und Längsmuskulatur bilden einen geschlossenen Zylinder, der nur durch die Borstenfollikel unterbrochen wird, welche weit ins Körperinnere reichen (Abb. 5.16A, B). Die Cuticula hebt sich als einheitliche, blau gefärbte Schicht gut von der darunterliegenden Epidermis ab. Die Epidermis ist wie bei wirbellosen Tieren in der Regel einschichtig und besteht beim Regenwurm aus relativ hohen, schlanken Zellen (Abb. 5.16A, D, E). Neben sogenannten Stützzellen kommen sehr viele Drüsenzellen vor, die vor allem saure Schleime produzieren und so den Körper beim Graben vor mechanischer Beschädigung und Mikroorganismen schützen. Die Epidermiszellen ruhen auf einer meist deutlich erkennbaren ECM (Abb. 5.16D, E). Gelegentlich sind auch die Borstenfollikel angeschnitten, die basal die große Borstenbildungszelle (Chaetoblast) erkennen lassen, während die Wandzellen des Follikels relativ flach sind (Abb. 5.16B). An diesen inserieren die Pro- und Retraktoren der Borsten. Unterhalb der Epidermis folgen dann die Ring- und die Längsmuskulatur, die jeweils aus zahlreichen Fasern bestehen, wobei auch hier die Längsmuskulatur kräftiger ausgebildet ist. Die Längsmuskelfasern sind von ECM und einem Peritoneum bedeckt (Abb. 5.16C).

Nervensystem und Sinnesorgane
Das Nervensystem von *Lumbricus terrestris* besteht aus einem zweiteiligen Gehirn (Abb. 5.12B), paarigen Schlundkonnektiven und dem Bauchmark (Abb. 5.11C), von dem in jedem Segment drei Paare segmentaler Nerven ausgehen (ein vorderer und zwei hintere; Abb. 5.20A und 5.21A). Anders als bei *Alitta (Nereis)* und vielen Polychäten liegt das Gehirn nicht im Prostomium, sondern ist nach hinten verlagert, bei *L. terrestris* liegt es im dritten Segment. Gehirn, Bauchmark und Segmentalnerven liegen subepithelial im Coelom (Abb. 5.14A–D), sind also allseits von ECM, gefolgt von einer mesodermalen Hülle, umgeben (Abb. 5.17A–

C). Diese Hülle besteht aus ECM mit dazwischen liegender Muskulatur, gefolgt von ECM und Peritoneum. Darüber hinaus finden sich dort auch Blutgefäße. Das Bauchmark ist nur undeutlich in Ganglien und Konnektive gegliedert. Die beiden Hauptstränge liegen unmittelbar aneinander und sind ebenfalls nur undeutlich voneinander getrennt. Dorsal sind im Bauchmark drei Riesenfasern erkennbar, die durch ECM und Gliazellen vom übrigen, ventralen Bauchmark getrennt sind und so einen zusätzlichen medianen Längsnervenstrang erahnen lassen (Abb. 5.17A–C). Neben den drei dorsalen Riesenfasern gibt es in den beiden Hauptsträngen noch je eine etwas dünnere, ventral gelegene Riesenfaser (Abb. 5.17B). Im hinteren Bereich der Segmente entspringen innerhalb der Ganglien auch die beiden segmentalen Seitennerven (Abb. 5.17A). Hier liegen die meisten Somata, die eine laterale und ventrale Rinde um das zentral liegende Neuropil (dichtes Geflecht aus Nervenzellfortsätzen) bilden. Im Bereich der Ganglien sind auch Fasern deutlich erkennbar, die die beiden Längsstränge als Kommissuren miteinander verbinden. Neben Gliazellen dringen auch Blutgefäße ins Bauchmark vor (Abb. 5.17B, C). (Abb. 5.17C). Komplexere Sinnesorgane gibt es bei Clitellata nicht.

Mollusca (Weichtiere)

▶ **Die Weichtiere (Mollusca) umfassen über 120.000 rezente Arten. Zu dieser sehr formenreichen Tiergruppe gehören unter anderem die allgemein bekannten Muscheln (Bivalvia), Schnecken (Gastropoda) und die Kopffüßer (Cephalopoda), aber auch weitgehend unbekannte Vertreter wie die Kahnfüßer (Scaphopoda) oder Käferschnecken (Polyplacophora). Sie alle sind durch einen weichen Körper gekennzeichnet, der ihnen sowohl den wissenschaftlichen als auch den deutschen Namen Weichtiere verliehen hat. Die meisten tragen zum Schutz dieses Körpers eine Schale aus Kalk.**

Unter den Weichtieren gibt es zahlreiche nur wenige Millimeter große Vertreter, aber auch Giganten wie die Riesenkalmare der Gattung *Architeuthis*. Sie sind mit über 6 m Rumpf- und ca. 18 m Gesamtlänge sogar die größten lebenden wirbellosen Tiere. Auch die Lebensspanne von Weichtieren variiert enorm. Während die in diesem Kapitel behandelten Teichmuscheln oft zehn Jahre alt werden, die Weinbergschnecken aus Zuchtbetrieben sogar ein Alter von weit über 15 Jahren erreichen, gibt es unter den Mollusken auch ganz besonders langlebige Arten. Wissenschaftler entdeckten kürzlich, dass Islandmuscheln (*Arctica islandica*) ein Alter von bis zu 400 Jahren erreichen können. Bahnbrechende Erkenntnisse zum Lern- und Erinnerungsvermögen sind an der bis zu 70 cm langen Meeresschnecke *Aplysia californica* (Kalifornischer Seehase) gewonnen worden. Für diese Arbeiten wurde der Nobelpreis für Medizin oder Physiologie im Jahr 2000 an den österreichisch-US-amerikanischen Neurowissenschaftler Eric Kandel (New York) vergeben. Mollusken besiedeln sehr erfolgreich Salz- und Süßwasserbiotope. Schnecken (Gastropoda), die etwa 80 % aller rezenten Molluskenarten stellen, haben auch das Land als Lebensraum erobert. In den Nahrungsnetzen spielen Mollusken eine wichtige Rolle als Beute zahlreicher anderer Tiere wie Vögel, Seesterne und Seeigel, Fische und vieler Meeressäuger. So sind zum Beispiel die winzigen Ruderschnecken der Gattung *Gymnosomata* wichtiger Bestandteil im Whalaat, ein Fachausdruck für die Nahrung der Bartenwale, mit dem im weiteren Sinne alle bei einem Massenauftreten mariner Kleinlebewesen anzutreffenden Tiere gemeint sind. Mollusken sind natürlich auch Konsumenten und neben herbivoren und detritivoren Formen gibt es auch zahlreiche Carnivore und Aasfresser; die marinen, bunt gefärbten *Conus*-Arten (Gastropoda) besitzen in ihrer Radula eine zähnchentragende cuticuläre Platte, sogar einen Giftzahn, mit dem sie ihre Beutetiere überwältigen.

Der Körperbau der Mollusca

Der Körper der Mollusca ist bilateralsymmetrisch aufgebaut und gliedert sich im Grundmuster in vier morphologisch unterschiedliche Regionen: Kopf, Fuß, Eingeweidesack und Mantel. Der Kopf ist bei Schnecken und Kopffüßern deutlich vom restlichen Körper abgesetzt und trägt immer den Mund, den Buccalapparat mit der Radula und die Cerebralganglien sowie weitere wichtige Sinnesorgane. Unter dem Begriff Buccalapparat versteht man die Gesamtheit der zur Nahrungsaufnahme wichtigen Strukturen, die sich von der Mundöffnung bis zum Oesophagus erstrecken. Der auf der ventralen Seite des Körpers liegende muskulöse Fuß dient der Fortbewegung, als Halteorgan oder zum Graben im Substrat. Kopf und Fuß bilden eine funktionelle Einheit, die daher als Cephalopodium bezeichnet wird. Der Eingeweidesack enthält alle inneren Organe. Bei Schnecken erstreckt er sich in das Schalengehäuse hinein. Der Mantel (Pallium) bildet eine mehrteilige Falte zwischen Kopf, Fuß und Eingeweidesack und formt dadurch die Mantelhöhle. Sie umschließt den Eingeweidesack nach dorsal. Der Mantel scheidet die schützende dorsale Körperdecke ab – primär eine chitinöse Cuticula, die nicht gehäutet wird und in die Kalkstacheln eingelagert sein können. Bei Schnecken und Muscheln scheidet das Mantelepithel eine einheitliche oder zweiteilige Schale aus Kalk ab. Alle Weichtiere, die primär eine solche Schale bilden, werden auch als Schalenweichtiere (Conchifera) bezeichnet. Hierzu gehören beispiels-

A. Paululat, G. Purschke, *Metazoa – Morphologie und Evolution der vielzelligen Tiere*, https://doi.org/10.1007/978-3-662-66184-0_6

weise die Schnecken, die Muscheln und die Kopffüßer, nicht jedoch die Käferschnecken (Polyplacophora) und die Wurmmollusken (Aplacophora). Bei den Kopffüßern ist die Schale zu einem gekammerten hydrostatischen Organ umgebildet und fungiert analog einer Schwimmblase. Die Schale gestaltet sich bei den Conchifera äußerst vielfältig. Bei Schnecken finden wir beispielsweise spiralig gewundene Gehäuse in unterschiedlicher Größe, Form und Farbgebung, bei Muscheln vielgestaltige zweiteilige Schalen. Nacktschnecken, Tintenfische (Sepien) und Kalmare sowie die Kraken (Octobrachia) besitzen entweder eine ins Körperinnere verlagerte Schale (Schulp der Sepien, Gladius der Kalmare) oder sie haben ihre Schale im Laufe der Evolution vollständig rückgebildet. Letzteres ist bei den bodenlebenden Kraken der Fall. Unsere heimische Rote Wegschnecke (*Arion rufus*) hat infolge der Anpassung an eine weitgehend unterirdische Lebensweise ihre Schale verloren. Auch viele Meeresschnecken wie der oben erwähnte Seehase besitzen keine äußere Schale mehr. Die einzigen rezenten Vertreter der Kopffüßer mit einer als Exoskelett ausgebildeten äußeren Schale sind die Perlboote, die zu den Nautilidae gehören.

Der Mantel (Pallium) bildet oberhalb des Eingeweidesackes eine Hautduplikatur aus, die als Mantelhöhle bezeichnet wird. Sie ist bei allen aquatischen Formen, beispielsweise den Teichmuscheln, wassergefüllt und schützt die empfindlichen Kiemen. Der Atemwasserstrom wird durch die Bewimperung der Kiemen erzeugt, führt nach den Kiemen am After, an den Exkretionsporen sowie den Geschlechtsöffnungen vorbei und leitet die Exkremente, Stoffwechselendprodukte oder Geschlechtszellen nach außen. Bei den Landschnecken, wie beispielsweise den Weinbergschnecken, ist die Mantelhöhle dagegen luftgefüllt und bildet eine Lunge, in der der Gasaustausch über das Gewebe des sehr gut durchbluteten Manteldaches erfolgt. Eingeweidesack und Mantel umhüllen und schützen daher alle für die grundlegenden Lebensfunktionen wichtigen Organe, wie etwa den Atmungs- und Verdauungstrakt. Eingeweidesack und Mantel bilden ebenfalls eine Einheit und werden als Visceropallium bezeichnet. Viele Mollusken können darüber hinaus ihren Kopf und Fuß in die Mantelhöhle zurückziehen und sich auf diese Weise effektiv vor Beutegreifern schützen.

In der Gruppe der Mollusca haben sich ganz unterschiedliche Formen des Nahrungserwerbs durchgesetzt. Die Mehrzahl aller Schnecken ernährt sich von Nahrungspartikeln, die sie mithilfe ihrer aus Chitin bestehenden Zähnchenplatte (Radula) vom Substrat raspeln. Die Radula hat sich im Laufe der Evolution als ein vielseitig einsetzbares Organ erwiesen. Sie kommt bei allen Weichtieren vor und zeigt je nach Ernährungstyp spezifische Anpassungen in ihrer Struktur. So gibt es beispielsweise räuberisch lebende Schneckenarten, deren Radula Anpassungen zum Festhalten der Beute aufweist. Einige Schnecken sind Aasfresser, die mit ihrer Radula die Nahrung zerkleinern können. Die ausschließlich marin lebenden Kopffüßer sind sehr aktive Jäger, die mit ihren Ten-

takeln Beute greifen und diese mit ihrem zusätzlich zur Radula vorhandenen papageienschnabelartig ausgebildeten Kiefer zerbeißen. Demgegenüber filtrieren Muscheln mithilfe der Kiemen ihre Nahrung aus dem Umgebungswasser. In dieser Gruppe sind im Zuge der Evolution der abgesetzte Kopf und auch die nicht mehr benötigte Radula verloren gegangen.

Sinnesorgane sind bei den Weichtieren in großer Zahl und vielfältiger Ausprägung zu finden, beispielsweise auf den tentakelförmigen Körperanhängen. Mollusken besitzen einzelne oder zahlreiche zu Feldern zusammengefasste mechano- und chemosensorische Rezeptoren. Statocysten, die im Fuß liegen und von den Cerebralganglien innerviert werden, entstehen aus Ektoderm-Einstülpungen, die schließlich Bläschen bilden und im Inneren von einem Rezeptorepithel ausgekleidet werden. Die Bläschen sind flüssigkeitsgefüllt und enthalten bei den Gastropoden einen einzelnen oder bei den anderen Molluskengruppen oft mehrere Statolithen. Statolithen sind kleine Körnchen aus Kalk, die der Schwerkraft folgend je nach Ausrichtung des Tieres unterschiedliche Mechanorezeptoren reizen. Mit ihrer Hilfe kann das Tier seine Ausrichtung im Raum wahrnehmen. Augen fehlen zwar bei einigen Molluskengruppen, sind aber bei vielen anderen zu mehr oder weniger komplexen Organen differenziert. Bei Muscheln verteilen sich Lichtsinnesorgane oft regelmäßig entlang des Mantelrandes. Bei Landlungenschnecken sitzen die Augen auf langen beweglichen Augenstielen. Insbesondere die Augen von Kopffüßern sind zu erheblichen Sehleistungen fähig und erreichen mühelos die Abbildungsqualität eines Wirbeltierauges. Als Anpassung an das Leben in der lichtarmen Tiefsee entwickelten sich bei einigen großen Kalmare ungewöhnlich große Augen mit einer außerordentlich hohen Zahl von Fotorezeptorzellen. So weisen die Augen des Riesenkalmars (*Architeuthis dux*) einen Durchmesser von ca. 19 cm auf, die Augen des Koloss-Kalmars *Mesonychoteuthis hamiltoni* einen Durchmesser von bis zu 27 cm. Ein nur bei den wasserlebenden Weichtieren vorkommendes Sinnesorgan ist das ursprünglich paarig angelegte Osphradium. Die Osphradien befinden sich in der Mantelhöhle nahe den Kiemen, bei einigen Arten auch direkt auf den Kiemen aufsitzend, und sie sind mit zahlreichen Chemo- und Mechanorezeptoren ausgestattet. Die Osphradien könnten neben der Nahrungssuche auch eine Rolle bei der Geschlechterfindung spielen und dazu beitragen, dass Eizellen und Spermien im gleichen Zeitfenster freigesetzt werden.

Das Nervensystem der Mollusca leitet sich vom Grundplan des Protostomier-Nervensystems mit einem anterior liegenden, ringförmig angeordneten Gehirn und ventralen Nervensträngen ab. Bei Mollusken treten zwei Paar derartige Längsnervenstränge auf (tetraneurales Nervensystem). Das ventromediale Paar wird als Pedalstränge (oder ventrale Stränge) bezeichnet; sie versorgen die Fußmuskulatur. Das seitliche Nervenpaar, die Pleuroviszeralstränge (oder Seitenstränge), projizieren zum Mantel und zu den Eingeweiden. Querkommissuren verbinden die längs verlaufenden Nervenstrangpaare miteinander und bilden ein leiterartiges Nervensystem aus Marksträngen, das nicht in Ganglien und Leitungsabschnitte (Kommissuren und

Konnektive, bzw. Nerven) gegliedert ist. Ein solch einfaches Grundschema findet sich allerdings nur noch bei den Wurmmollusken (Aplacophora) und bei den Käferschnecken (Polyplacophora), die wir aber beide hier nicht näher behandeln. Das Nervensystem aller übrigen Molluskengruppen ist in einige wenige paarige Ganglien wie Cerebral-, Buccal-, Pleural-, Pedal-, Parietal- und Visceralganglien und verbindende Nerven gegliedert. Innerhalb der Mollusken haben die Cephalopoden ein außerordentlich komplexes Nervensystem entwickelt, welches zu erstaunlichen Sinnesleistungen befähigt. Wie Experimente mit Kraken (*Octopus octopus*, *Octopus vulgaris*) zeigen, sind diese Tiere zu Gedächtnis- und Lernleistungen fähig, die nicht hinter denen einiger Vertebraten zurückstehen. Allein die Zahl der Neuronen eines Octopus ist mit fünf Millionen genauso hoch wie bei Hunden oder Katzen. Interessanterweise befindet sich über die Hälfte aller Neuronen in den Tentakeln.

Fast alle Weichtiere sind ursprünglich getrenntgeschlechtlich (gonochoristisch). Dies trifft auf die überwiegende Zahl der marinen Schnecken, Muscheln und Kopffüßer zu. Demgegenüber sind nahezu alle landbewohnenden Schnecken sowie zahlreiche Süßwasserschnecken und -muscheln konsekutive oder simultane Zwitter. Die Gonaden, Ovarien und Hoden können als getrennte Organe ausgebildet werden oder sie liegen als Zwitterorgan vor, von dem sowohl Eizellen als auch Spermien produziert werden. Eine solche Mischgonade wird als Zwitterdrüse bezeichnet und kommt sonst eher selten bei Tieren vor. Immer liegen die Gonaden in einem separaten Coelomraum, dem Gonocoel. Auf die Fortpflanzung der Weinbergschnecke und der Teichmuschel gehen wir in den jeweiligen Abschnitten genauer ein. Bei der Mehrzahl der meeresbewohnenden Weichtiere tritt eine frei schwimmende, bewimperte Larve, die sogenannte Trochophora-Larve, im Entwicklungszyklus auf, während die süßwasser- und landbewohnenden Schnecken sekundär eine Entwicklung ohne freie Larvenform aufweisen und somit in keiner Lebensphase mehr auf einen aquatischen Lebensraum angewiesen sind. Hier verlassen die Jungtiere im sogenannten Kriechstadium die Eikapseln.

Empfohlene Tiere zur Präparation

Bivalvia: Für die Präparation eignen sich alle europäischen Teich- und Flussmuscheln (*Anodonta* sp., *Unio* sp.), die oft von Fischzuchtbetrieben in Größen von 5–20 cm angeboten werden. Eine gerne genutzte Alternative sind die marinen Miesmuscheln (*Mytilus edulius*), die im Handel oder bei der Biologischen Anstalt Helgoland ganzjährig verfügbar sind. Lebende Muscheln werden durch mindestens zehnstündiges Inkubieren in einer 1 %igen Chloralhydratlösung getötet. Die Schalen bleiben dabei geöffnet. Die Tiere können nun frisch präpariert oder für eine spätere Verwendung in einer 4 %igen Formaldehydlösung fixiert werden.

Gastropoda

Weinbergschnecken sind in Deutschland zunehmend schwierig zu beziehen, da der Versand lebender Tiere nur mit erheblichen Auflagen möglich ist. Viele deutsche Schneckenzüchter lehnen daher einen Lebendversand ganz ab und liefern nur tiefgefrorene Schnecken, die für eine Präparation jedoch ungeeignet sind. Hier ist die Abholung direkt vom Züchter in Erwägung zu ziehen. Um die Tiere in ausgestrecktem Zustand präparieren zu können, werden sie in einer 0,5- bis 1 %igen Hydroxylaminlösung zunächst betäubt. Nach zehn bis 20 Stunden sind die Tiere tot.

6.1 Die Gemeine Teichmuschel (*Anodonta anatina*)

Muscheln sind mit etwa 15.000 Arten die zweitgrößte Weichtiergruppe und ausschließlich kiemenatmende Wasserbewohner. Sie haben sekundär eine sessile oder hemisessile Lebensweise angenommen. Viele Besonderheiten ihrer Körperorganisation stehen daher mit dieser Lebensweise in unmittelbarem Zusammenhang. Sie sind bodenlebend, wobei alle Substrate von Weichböden bis Hartböden besiedelt werden. Der Übergang zu detrivorer oder filtrierender Ernährung ist mit einer weitgehenden Reduktion des Kopfes und des Buccalapparats verbunden. Der Mantel bildet zwei große Lappen, die den Weichkörper völlig umschließen. Die Mantelränder sind ursprünglich frei, können aber auf der Ventralseite fast vollständig miteinander verwachsen sein, sodass nur eine enge Durchtrittsstelle für den Fuß verbleibt. Am Körperhinterende lassen die verwachsenen Mantelränder zusätzlich Öffnungen für die dorsal gelegene Ausström- und die ventral gelegene Einströmöffnung frei. Ausström- und Einströmöffnungen können bei einigen Arten zu schlauchförmigen Gebilden verlängert sein (Siphonen). Dies trifft beispielsweise für die Muscheln zu, die sich tief im Boden eingraben, wie etwa die an unseren Nordseeküsten vorkommende Sandklaffmuschel (*Mya arenaria*), die sich bis zu 30 cm tief im Sand eingräbt und entsprechend lange Siphonen, die zu einem gemeinsamen Organ verwachsen sind, ausbildet. Manche Bohrmuscheln besiedeln sogar Holz oder felsige Substrate, in die sie mithilfe ihrer Schalen und chemischer Substanzen ihre Gänge bohren.

Die in diesem Buch ausführlicher behandelte Gemeine Teichmuschel (*Anodonta anatina*) gehört zur Familie der Fluss- und Teichmuscheln (Unionidae) und war früher wie die Gemeine Teichmuschel (*Anodonta cygnea*) in ganz Europa verbreitet. In den letzten Jahrzehnten ist sie jedoch durch den Verlust von Gewässern und durch eine zeitweilig hohe Gewässerverschmutzung sehr selten geworden und steht, wie alle unsere heimischen Süßwassermuscheln, unter Naturschutz. Daher kommen für einen Zoologiekurs selbstverständlich nur Tiere aus einer zertifizierten Zucht infrage. Die Große Teichmuschel kann in kalten und nährstoffarmen Gewässern ein

Lebensalter von weit über zehn Jahren erreichen. Sie besiedelt gerne saubere Süßwasserseen oder langsam fließende Gewässer und gräbt sich dort etwa zur Hälfte in den schlammig-sandigen Grund ein, sodass nur die Hinterenden über die Bodenoberfläche hinausragen. Dies ist oft an einer entsprechenden Verfärbung der Schale erkennbar. Die Kiemen erzeugen einen Atemwasserstrom, mit dem die Muschel Wasser aus ihrer Umgebung einsaugt, um darin schwebende Nahrungspartikel (Detritus) aus dem Wasser zu filtrieren. Dabei werden die abfiltrierten Partikel vorsortiert und unbrauchbare Partikel in eine Schleimwurst verpackt und direkt als Pseudofaeces ohne Darmpassage über die Ausströmöffnung wieder ausgeschieden. Die Filtrationsleistungen schwanken tagesperiodisch und sind recht hoch; die Maxima liegen pro Individuum beispielsweise bei Miesmuscheln (*Mytilus edulis*) bei bis zu 1,9 Litern pro Stunde, bei Austern bei 15 Litern pro Stunde oder bei Teichmuscheln sogar bei bis zu 40 Litern pro Stunde.

Äußere Merkmale

Die Weichteile der Muschel werden äußerlich von zwei zueinander beweglichen Schalenhälften geschützt, die im Wesentlichen aus Kalk (Calciumcarbonat) aufgebaut sind (Abb. 6.1). Die beiden Schalenhälften sind dorsal über ein zahnloses Schloss (*Anodonta* bedeutet „die Zahnlose") und das verbindende Schlossband (Ligament) Abb. 6.1B, C) vereint. Die beiden Schalenhälften wachsen kontinuierlich mithilfe von Epithelzellen am Mantelrand. Da eine jahres- und bei Meeresbewohnern auch eine gezeitenperiodische Wachstumsaktivität zu beobachten ist, können die Wachstumslinien der Schalen zur Altersbestimmung herangezogen werden. Der älteste Teil eines jeden Gehäuses ist der Wirbel, auch Umbo genannt (Abb. 6.1B). Die Schale einer Muschel ist mehrschichtig aufgebaut. Außen liegt die pigmentierte, farbig erscheinende Schalenhaut (Periostracum), die die darunterliegenden Schichten mechanisch schützt, aber, wenn sie austrocknet, sehr leicht abblättert. Das Periostracum ist bei Muscheln, wie sie am Strand zu finden sind, daher meist nicht mehr vorhanden. Die massive und sehr bruchfeste Prismenschicht (Ostracum) besteht aus Calciumcarbonat, überwiegend in der sehr harten Kristallisationsform Aragonit oder Calcit, sowie verschiedenen organischen Anteilen, die die Festigkeit der Schale stark erhöhen (Abb. 6.1C). Die organische Komponente, die unter anderem aus fibroinartigen Proteinen und verschiedenen Kohlenhydraten, etwa Chitin, besteht, wird als Conchin oder Conchiolin bezeichnet. Diese Komponente macht auch den Hauptteil des Periostracums aus. Die Innenseite der Schalen (Hypostracum) besteht oft aus sehr dünnen aufgelagerten Aragonitlamellen mit geringem Calzitanteil und Conchin. Das Hypostracum mit seiner besonderen chemischen Zusammensetzung, wird auch als Perlmutt oder Perlmutter bezeichnet und zeigt den typischen irisierenden Glanz (Abb. 6.1C). Dieser Glanz kommt durch Interferenzerscheinungen des Lichts an dünnen Schichten zustande (Strukturfarbe!). Besteht das Hypostracum jedoch aus prismatischen Calcitkristallen, fehlt dieser Glanz. Die Bildung von Perlen stellt eine Abwehrreaktion der Muschel nach dem Eindringen kleiner Fremdkörper in das Mantelepithel dar. Dabei umschließen und umwachsen die schalenbildenden Epithelzellen des Mantelrandes den Fremdkörper und bilden einen sogenannten Perlensack. Die Epithelzellen lagern schichtenweise Perlmutt um den Fremdkörper herum, was letztendlich zur Bildung einer Perle führt. In der Perlenzucht wird die Perlenbildung durch absichtliches Einbringen von Fremdkörpern verursacht, eine Prozedur, die nicht alle Individuen in diesen Zuchten überleben. Perlen können übrigens bei allen Muscheln vorkommen; attraktiv sind sie aber nur bei solchen Arten, die eine irisierende und dicke Perlmuttschicht ausbilden.

Anodonta-Präparation: Öffnen der Schale

a) Man beginnt mit dem Entfernen der *linken* Schalenhälfte. Dies erlaubt eine Orientierung der zu präparierenden Muschel in der international üblichen Darstellung mit der anterioren Seite nach links und der dorsalen Körperseite nach oben. Orientieren sie sich an Abb. 6.1.

b) Für die Präparation schneiden wir zunächst mit einem scharfen Messer oder Skalpell am Schalenrand entlang.

c) Die beiden Schalenhälften werden nun mit einem spitzen, dann mit einem stumpfen Gegenstand etwas auseinandergedrückt. Wir erkennen die kurzen, aber äußerst kraftvollen Retraktormuskeln und ihre Insertionsflächen an der Innenseite der Schalenhälften (Abb. 6.2A).

d) Die Muschel wird nun auf die rechte Seite in eine Präparierschale gelegt. Mithilfe von Sonde und Skalpell wird der mit der Schale verbundene Mantel ohne Beschädigungen von der Schaleninnenseite abgetrennt. Nun werden mit dem Skalpell zunächst der große Schließmuskel auf der anterioren Seite sowie weitere kleinere Retraktormuskeln, die in der Nähe liegen, durchtrennt. Am besten wird hierfür die Messerspitze zwischen Schale und Mantel angesetzt. Mit schräg gestellter Klinge werden die Muskeln am Ansatz der Schale durchtrennt. Diese Prozedur wiederholt sich am posterioren Ende. Erst nachdem alle Muskeln durchtrennt sind und keine Strukturen mehr an der Schale haften, wird die Muschel vorsichtig aufgeklappt (Abb. 6.2).

Mantel, Fuß und Eingeweidesack

Für eine genauere Untersuchung der geöffneten Muschel wird die Schalenhälfte mit Leitungswasser angefüllt, sodass alle Organe mit Flüssigkeit bedeckt sind (Abb. 6.2B). Für eine bessere Orientierung ist ein Muschelquerschnitt schematisch in Abb. 6.3 gezeigt. Mithilfe einer Pinzette und einer Sonde lässt sich nun eine erste Untersuchung durchführen. Zunächst werden die durchtrennten Schließmuskeln identifiziert. Sie bieten

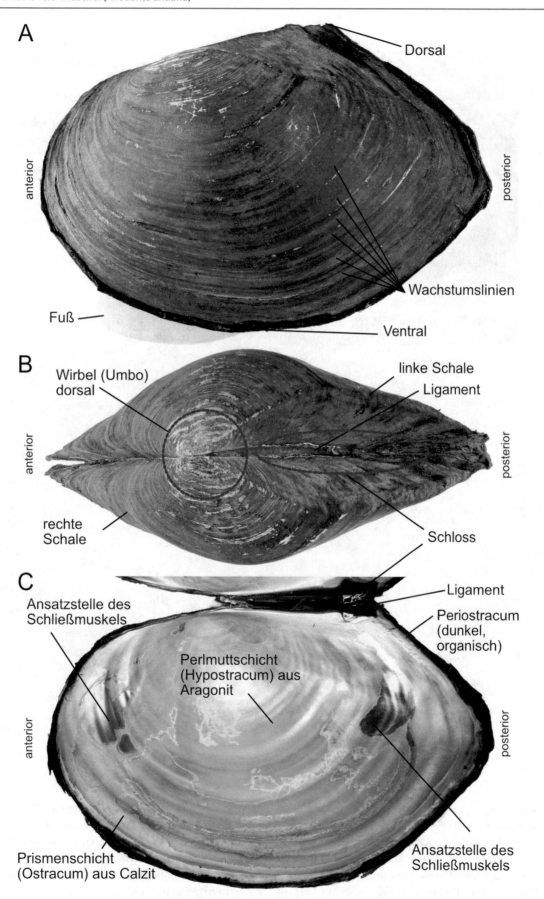

Abb. 6.1 *Anodonta anatina*, Gemeine Teichmuschel. (**A**) Laterale Ansicht. (**B**) Dorsale Ansicht. (**C**) Geöffnete Schale von innen betrachtet

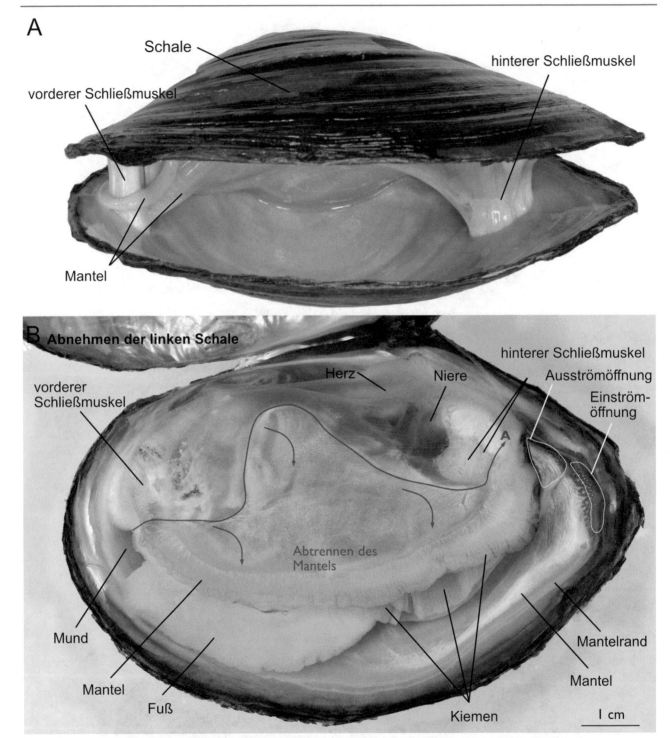

Abb. 6.2 *Anodonta anatina*, Gemeine Teichmuschel. (**A**) Blick ins Innere bei leicht geöffneten Schalenhälften. (**B**) Teichmuschel nach Entfernen der linken Schale

in Kombination mit der sehr harten Schale den wichtigsten Schutz vor Fressfeinden, da sie die beiden Schalenhälften sehr fest zusammenpressen. Zu den natürlichen Feinden in marinen Habitaten gehören unter anderem Seesterne, die mit ihren Armen bis zu 10 kg Zugkraft entwickeln können, aber dennoch gegenüber der Kraft der Retraktormuskeln einer Muschel oft kapitulieren müssen. Allerdings müssen die Muscheln irgendwann die Schalen öffnen, wenn sie dem Erstickungstod entgehen wollen und das ist der Moment, auf den die Seesterne warten. So kommen diese dann doch oft zum Erfolg. Als Fressfeinde der heimischen Teich- und Flussmuscheln werden unter anderem Bisam und Fischotter genannt.

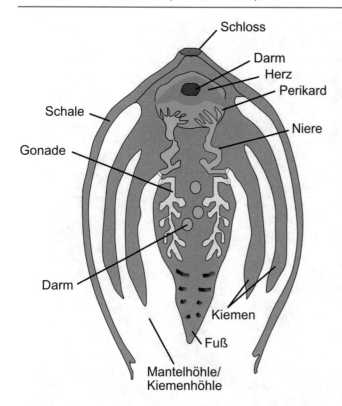

Abb. 6.3 *Anodonta anatina*, Gemeine Teichmuschel. Querschnitt durch eine Teichmuschel, innerer Aufbau, schematisch, nach verschiedenen Autoren

Wir blicken nun auf den von der Schale abgetrennten, zurückgezogenen Mantel (Abb. 6.2 und 6.4). Der Durchtritt des Fußes und die anterior gelegene Mundöffnung sind in der Regel gut zu erkennen. Mithilfe des muskulösen, formvariablen Fußes kann sich die Teichmuschel ins Sediment eingraben oder auf einem geeigneten Untergrund festhalten. Auf der posterioren Seite der geöffneten Muschel ist eine zweigeteilte Öffnung, die untere Einström- und die obere Ausströmöffnung zu erkennen. Die Einströmöffnung wird auch als Atem- oder Ingestionsöffnung bezeichnet, da sie den Eintritt des frischen Atemwassers in die Mantelhöhle erlaubt, in der die Kiemen liegen. Die Eintrittsöffnung ist von feinen, fransenartigen Papillen umgeben, die mit Rezeptorzellen versehen sind und darüber hinaus das Eindringen zu großer Partikel verhindern. Über die Ausstromöffnung, die auch als Egestionsöffnung bezeichnet wird, verlässt das Atemwasser die Muschel wieder.

Kiemen, Mundlappen

Erst wenn der Mantel angehoben und zur Seite gelegt wurde, wird der Blick auf die darunterliegenden Organe freigegeben (Abb. 6.4). Hier fallen die großen Kiemen auf, die frei in der Mantelhöhle liegen. Die rechte und die linke Kieme von *Anodonta* bestehen aus jeweils zwei bewimperten Lamellen, gebildet aus zahlreichen, dicht beieinanderliegenden Fäden, die untereinander über Gewebebrücken fest verbunden sind. Die Kiemen formen so ein weitreichendes Gitterwerk, durch das das Atemwasser zirkuliert. Die Kiemen besitzen drei wichtige Funktionen: Zunächst dienen sie der Filtration von Nahrungspartikeln. Auf den Kiemen sitzen zahlreiche Cilien, die die Wasserströmung und den Partikeltransport bewirken. Zusätzlich produzieren die Kiemen und der Mantel einen Schleim, der sehr kleine Nahrungspartikel bis 1 μm Durchmesser zurückhält und der Mundöffnung zuführt. Die beiden Mundlappen übernehmen die endgültige Trennung der abgefangenen Partikel und den Transport der Nahrung zum Mund (Abb. 6.4B). Zu große Partikel von über 3 μm Durchmesser werden von den zu Cirren zusammengefassten langen Cilien der Kiemen direkt abgefangen und gelangen erst gar nicht bis zur Mundöffnung. Die zweite wichtige Funktion der Kiemen ist der Gasaustausch und damit die Atmung. Durch die Atemöffnung strömt das Wasser in die Mantelhöhle hinein und an den Kiemen vorbei in eine Branchialkammer. Hier münden auch der Enddarm (Anus) und die paarigen Nephridien. Die Exkremente und Exkrete verlassen die Muschel mit dem Atemwasser über die Ausstromöffnung. Bei den Teichmuscheln kommt eine weitere wichtige Funktion der Kiemen hinzu. Die Gonaden leiten ihre Gameten über die paarig angelegten Ei- oder Samenleiter in die Mantelhöhle oder Branchialkammer. Während die Spermien die Muschel mit dem Atemwasser verlassen, verfangen sich die Eizellen im Kiemennetzwerk der Muschel und verbleiben dort eine Zeit lang. Die Eizellen der Teichmuschel werden dort befruchtet und die ersten Schritte der Entwicklung finden dort statt. Dies kann als eine Art der Brutpflege angesehen werden und stellt sicherlich eine Anpassung an den erstaunlichen Lebenszyklus unserer Teichmuscheln dar, der in einem eigenen Abschnitt noch genauer besprochen wird. Bei den meisten Muscheln verlassen Spermien und Eizellen die Mantelhöhle und eine Befruchtung findet im freien Wasser statt.

Anodonta-Präparation: Auftrennen des Mantels
Der Mantel wird mit einer Pinzette leicht angehoben und entlang der Schnittlinie (Abb. 6.2B, rote Linie) geöffnet. Mantel wegklappen und feststecken.

Anodonta-Präparation: Freilegen von Herz und Niere
Die Reste des Mantels, die den Blick auf Herz und Niere verdecken, werden entfernt. In Abb. 6.5A ist eine mögliche Schnittführung durch eine rote Linie markiert.

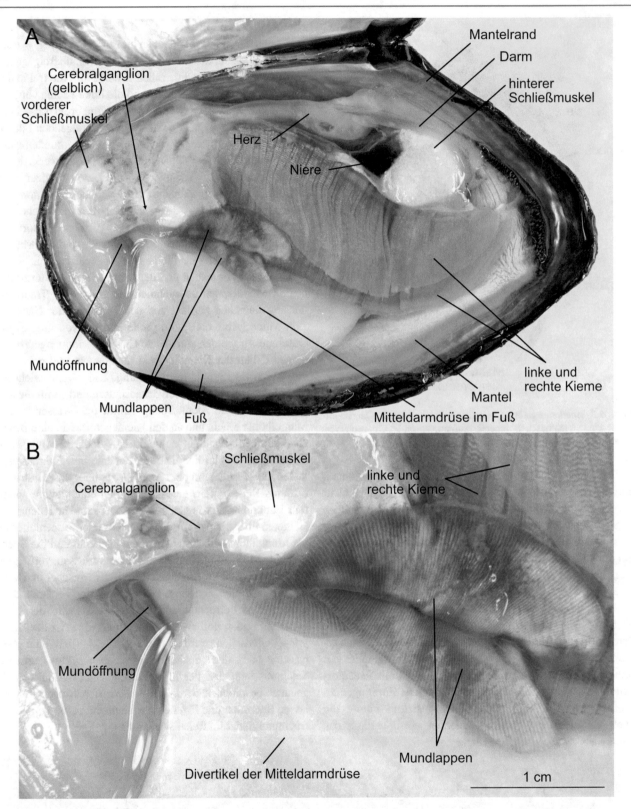

Abb. 6.4 *Anodonta anatina*, Gemeine Teichmuschel. (**A**) Blick ins Innere nach dem Entfernen und Wegklappen des Mantels. Herz, Niere, Kiemen und Fuß sind gut sichtbar. (**B**) Mundlappen und Mundöffnung bei stärkerer Vergrößerung. Das Cerebralganglion ist als gelbliches Organ erkennbar

Blutkreislaufsystem und Herz

Teichmuscheln besitzen ein dorsal gelegenes transparentes dreikammeriges Herz (Abb. 6.5B), das um den Darm liegt. Es besteht aus einer Haupt- und zwei Vorkammern, in die sauerstoffreiches Blut von den linken und rechten Kiemen kommend strömt. Unregelmäßige Kontraktionen, die mit einer Frequenz von einer bis drei Sekunden erfolgen, pressen das Blut aus der Herzkammer in die nach anterior und posterior verlaufenden Arterien und zu den verschiedenen Geweben. Ein Lakunensystem führt später das sauerstoffarme Blut zurück in einen ventral unter dem Herz gelegenen Sinus, von wo es dann über die Nieren zu den Kiemen gelangt. Mit dem Begriff Sinus bezeichnet man hier einen nicht rohrförmigen Hohlraum, der durch Gewebespalten gebildet und von ECM begrenzt wird. In den Kiemen erfolgt die Anreicherung mit Sauerstoff. Danach wird das Blut wieder zur Herzvorkammer transportiert. Der Fuß der Muschel ist sehr gut durchblutet. Die variable Form und die Beweglichkeit des Fußes werden neben der Muskulatur durch die Menge des Blutes im Lakunensystem des Fußes gesteuert. Alle Mollusca nutzen kupferhaltiges blaues Hämocyanin als respiratorisches Protein.

Exkretion

In unmittelbarer Nähe des Herzens, unterhalb der Perikardhöhle, liegen die paarigen Nieren (Abb. 6.4A und 6.5A, B). Sie stellen Metanephridien dar und stehen mit dem Perikard (Herzbeutel, ein Coelomraum) über einen Wimpertrichter in direkter Verbindung. Die Coelomflüssigkeit oder der Primärharn wird durch Ultrafiltration direkt am Herzen über Podocyten gebildet. Die bewimperten Nierengänge (Perikardiodukte, Renoperikardialgänge) leiten den aufgenommenen Primärharn über den Nephridialsack und einen Exkretionskanal (Ureter) zur Mantelhöhle, wo die Exkretionsprodukte mit dem Atem- und Nahrungswasser ausströmen. Auf diesem Weg wird der Primärharn durch Sekretion und Absorption zum definitiven Harn modifiziert. Neben der Exkretion spielen die Nieren vor allem bei *Anodonta* und anderen Süßwassermuscheln bei der Osmoregulation eine große Rolle. Teichmuscheln, wie auch viele andere in Süßwasser lebende Tiere, weisen in ihrem Körperinneren einen höheren osmotischen Wert auf als ihre Umgebung. Sie nehmen daher die in Wasser gelösten Elektrolyte über ihre Kiemen auf und scheiden das überschüssige Wasser wieder über ihre Nieren aus. Durch den osmotischen Gradienten kommt es auch zu einem passiven Wassereinstrom, der über die Nephridien wieder ausgeglichen wird.

Anodonta-Präparation: Entfernen der linken Kiemen und Freilegen der Gonaden

a) Fuß und Eingeweidesack liegen zwischen den beiden Kiemenhöhlen mit den Kiemenästen. Um einen freien Blick auf den Eingeweidesack zu erhalten, werden zunächst die linken Kiemen entfernt (Abb. 6.6A).

b) Mit einer feinen Schere wird, von der Mundöffnung beginnend, der Eingeweidesack geöffnet. Die mögliche Schnittführung ist in Abb. 6.6A und 6.7A eingezeichnet. Die folgende Präparation sollte unter dem Stereomikroskop erfolgen. Die Schneide der Schere wird in den Mund eingeführt. Nun mittig Richtung dorsal über den Magen schneiden. Dabei die Schere etwas tiefer einführen. Der Schnitt folgt dem Verlauf des Magens (leicht nach links geneigt). Vor dem Schnitt sollte die Schere etwas angehoben werden, um eine versehentliche Verletzung anderer Gewebe zu vermeiden. Vorsichtig werden Schritt für Schritt die Mitteldarmdrüsen freigelegt. Mit einer Pinzette und einer mit Wasser gefüllten Spritzflasche können die Mitteldarmdrüsen von umherschwebenden Geweberesten befreit werden. Zwischen den Mitteldarmdrüsen befinden sich mehrere Blindsäcke. Die Schnittführung in 6.6A dient der Freilegung der Gonaden und weiterer Darmschlingen im Eingeweidesack und Fuß. Zur verbesserten Einsicht wird ein Fenster in den Eingeweidesack geschnitten. Danach kann vorsichtig mit Pinzette und gegebenenfalls mit einer Schere weiteres Gewebe entfernt werden, sodass die Gonaden und Darmschlingen gut zu erkennen sind.

Verdauungssystem

Die anteriore Mundöffnung führt in einen engen Darmkanal hinein, der sich dann durch den gesamten Körper zieht. Radula oder Kiefer fehlen gänzlich. Stattdessen bildet der Mund zwei bewimperte Labialpalpen, die auch als Mundlappen bezeichnet werden. Sie führen in die Mantelhöhle hinein und helfen, die von den Kiemen gefilterte Nahrung, beispielsweise Detritus und Algen, vorzusortieren und zur Mundöffnung zu leiten (Abb. 6.6A und 6.7A). Der Mund ist über eine kurze Speiseröhre (Oesophagus) mit einem weitlumigen Magen verbunden. Mit ihm stehen die paarigen Mitteldarmdrüsen in direkter Verbindung (Abb. 6.7B). Der Magen der Muscheln enthält bewimperte

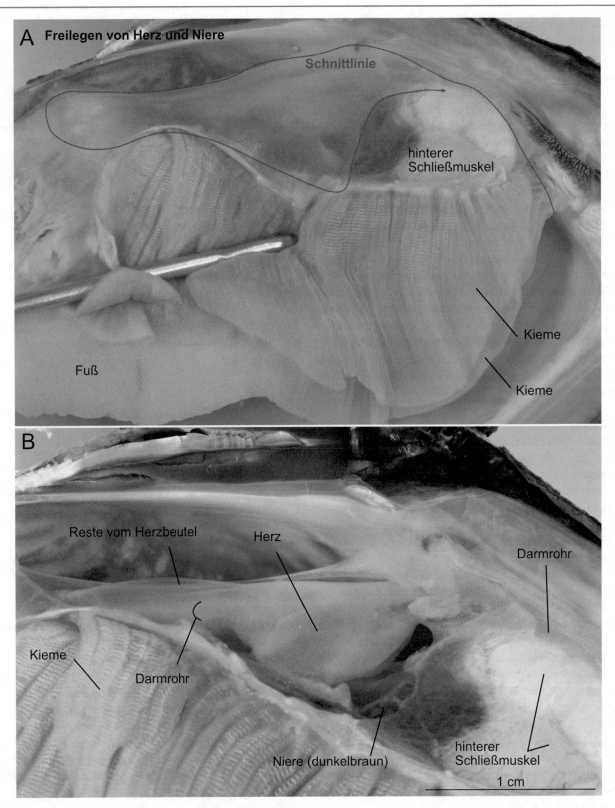

Abb. 6.5 *Anodonta anatina*, Gemeine Teichmuschel. (**A**) Blick auf Niere und Herz *vor* Freilegung. (**B**) Blick auf Niere und Herz *nach* Freilegung

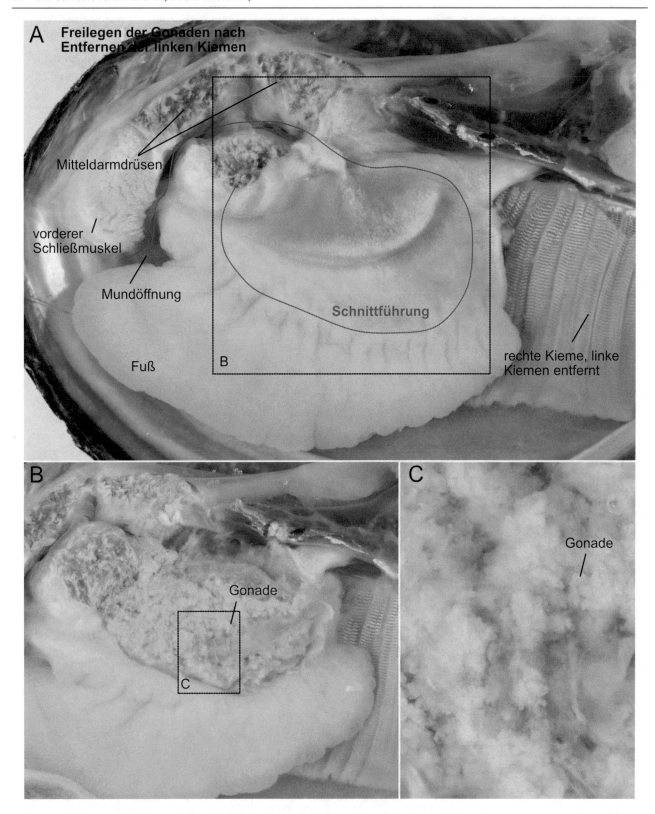

Abb. 6.6 *Anodonta anatina*, Gemeine Teichmuschel. (**A**) Blick auf die anteriore Region mit Mundöffnung, Mitteldarmdrüsen. Die Kiemen wurden bereits entfernt. Reste des Eingeweidesackes und des Fußes bedecken noch die Gonade. (**B**) Gonade nach Entfernen des darüberliegenden Gewebes. (**C**) Gonade bei hoher Vergrößerung

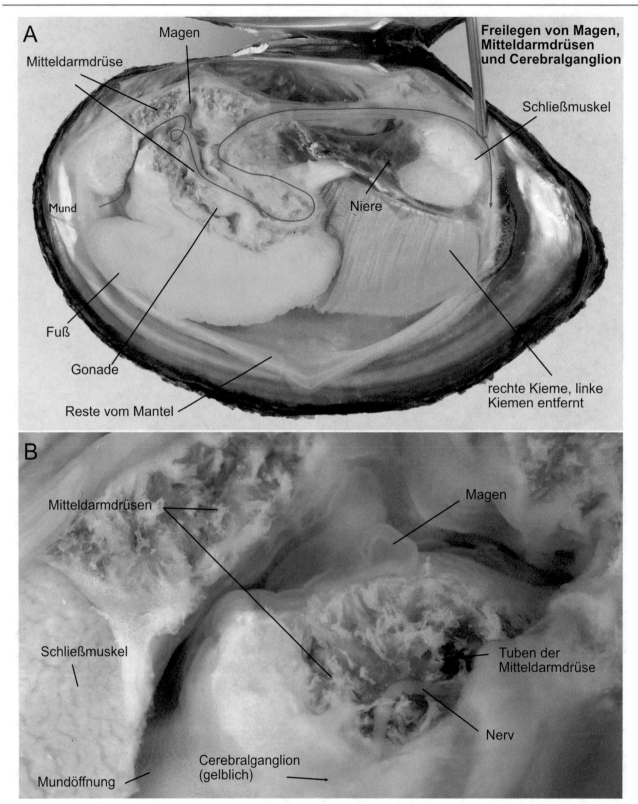

A

Magen

Mitteldarmdrüse

Mund

Fuß

Gonade

Reste vom Mantel

**Freilegen von Magen,
Mitteldarmdrüsen
und Cerebralganglion**

Schließmuskel

Niere

rechte Kieme, linke
Kiemen entfernt

B

Mitteldarmdrüsen

Schließmuskel

Mundöffnung

Magen

Tuben der
Mitteldarmdrüse

Nerv

Cerebralganglion
(gelblich)

Abb. 6.7 *Anodonta anatina*, Gemeine Teichmuschel. (**A**) Tier nach Entfernen des Mantels und der rechten Kiemen, Eingeweidesack geöffnet.
(**B**) Magen, Cerebralganglion und Nerv bei hoher Vergrößerung

Sortierfelder und Septen als Leitschienen, die die aufgenommene Nahrung sortieren und zum Teil in die Divertikel der Mitteldarmdrüse transportieren. Das hintere Ende ist sackförmig und enthält den Kristallstiel, der aus Verdauungsenzymen besteht, durch Cilien ständig gedreht und nach vorne geschoben wird. Dabei löst er sich langsam auf und die Enzyme, in erster Linie Amylasen, vermischen sich intensiv mit der aufgenommenen Nahrung. Die Mitteldarmdrüsen bestehen aus zahlreichen blind endenden epithelialen Tuben, die im Wesentlichen aus basophilen, sekretorischen und aus resorptiven, endocytotisch aktiven Zellen bestehen. Die basophilen Zellen besitzen ein hoch entwickeltes raues endoplasmatisches Reticulum und zahlreiche sekretorische Granula. Sie spielen eine wichtige Rolle bei der Enzymproduktion und -sekretion. Der zweite dominierende Zelltyp in den Mitteldarmdrüsen ist für die Nährstoffaufnahme und die intrazellulären Verdauungsprozesse verantwortlich. Somit besitzt die Mitteldarmdrüse der Muscheln wie auch bei den anderen Weichtieren eine mehrfache Funktion in der Produktion von Verdauungsenzymen, der extrazellulären Verdauung, der Endocytose und bei der Speicherung der gewonnenen Nährstoffe. Die Bezeichnung Drüse ist daher nur teilweise zutreffend; es handelt sich hier um den verdauenden Teil des Darmes. Muscheln verdauen zunächst extrazellulär in den Divertikeln der Mitteldarmdrüse und dann intrazellulär in deren Epithel. In den Mitteldarmdrüsen befinden sich darüber hinaus Kalkzellen, die Calciumcarbonat aufnehmen und speichern. Calciumcarbonat wird für den Aufbau der Muschelschalen benötigt.

Nervensystem und Sinnesorgane

Das Nervensystem der Teichmuschel ist verglichen mit denen der Schnecken und der Kopffüßer relativ einfach gebaut und besteht aus drei großen, paarig angelegten Ganglien, die miteinander über kräftige Nervenstränge in Verbindung stehen. Der einfache Bau des Nervensystems und das Fehlen komplexer Sinnesorgane ist der sessilen Lebensweise geschuldet. Am ehesten wird man bei der Präparation das etwa 1–2 mm große gelb-orange Cerebralganglion entdecken, da es sich in der Nähe des anterioren Schließmuskels und des ersten Darmabschnitts befindet, der vom Mund zum Magen führt (Oesophagus) (Abb. 6.4 und 6.7B). Das zweite Ganglienpaar (Pedalganglion) ist fusioniert und befindet sich im anterioren Abschnitt des Fußes. Das dritte, viscerale Ganglienpaar befindet sich posterior ventral unterhalb des posterioren Abduktormuskels. Es ist wie das Pedalganglion zu einem einzelnen Ganglion fusioniert. Das Nervensystem der Teichmuschel ist im Rahmen eines zoologischen Grundpraktikums

schwer darstellbar, am ehesten wird man, wie erwähnt, das Cerebralganglion entdecken. Neben den Osphradien und den im Fuß liegenden Statocysten fehlen andere makroskopisch sichtbare Sinnesorgane. Chemo- und Mechanorezeptoren und Fotorezeptorzellen sind im Fuß und Mantelrand vorhanden, so können die Tiere Schatten, die über sie hinweggleiten, wahrnehmen.

Fortpflanzungsorgane

Bei einigen der europäischen großen Süßwassermuscheln können weibliche, männliche und hermaphroditische Tiere innerhalb einer Population vorkommen. Bei der Gemeinen Teichmuschel (*Anodonta anatina*) zeigte sich, dass die Populationen von stehenden Gewässern überwiegend aus Hermaphroditen bestehen, während in Flüssen die allermeisten Tiere getrenntgeschlechtlich sind. Dies wird wahrscheinlich von den Umweltbedingungen beeinflusst. Die nahe verwandte Große Teichmuschel (*Anodonta cygnea*) wird in der Literatur jedoch fast immer als zwittrig beschrieben. Dafür spricht auch das Vorkommen einer sogenannten Zwitterdrüse. Spermien und Eizellen werden nicht, wie bei fast allen anderen Hermaphroditen im Tierreich, in getrennten Gonaden, dem Hoden und dem Ovar, produziert. Stattdessen entstehen sowohl Spermien als auch Eizellen in einem gemeinsamen Organ, der sogenannten Zwitterdrüse. Sie liegt bei der Teichmuschel zwischen den Divertikeln der Mitteldarmdrüse eingestreut (Abb. 6.6B, C). In einer Reproduktionssaison reifen in einem einzigen Tier mehr als eine halbe Million Eier heran, die in die Mantelhöhle hinein abgegeben werden. Sie bleiben dort zunächst im Netzwerk der äußeren Kiemen (Abb. 6.8), wo sie dann durch Spermien, die von einem anderen Tier ins freie Wasser entlassen wurden und mit dem Atemwasser einströmen, befruchtet werden. Spezielle Begattungsorgane fehlen vollständig, sie sind bei dieser Art der Befruchtung auch nicht nötig. Bei *Anodonta anatina* und der nahe verwandten Art *Anodonta cygnea* findet die Frühentwicklung im Muttertier zwischen den Kiemen statt. Ein freies, planktonisches Larvenstadium fehlt. Die sich im Kiemennetzwerk entwickelnden Sekundärlarven (Glochidien) werden erst im darauffolgenden Frühjahr aus der Mantelhöhle entlassen. Glochidien leben parasitisch und benötigen daher für ihre weitere Entwicklung einen geeigneten Wirt, in der Regel ist dies der Bitterling, *Rhodeus amarus* (Abb. 6.9A–E). Mithilfe eines bis zu 1,5 cm langen Haltefadens und eines Hakens halten sich die nur 0,2–0,3 mm großen Glochidien an der Haut und in den Kiemen ihres Wirtes fest und ernähren sich dann für mehrere Wochen vom Gewebe ihres Wirtes, ohne diesen dabei gravierend zu schädigen. Da die Glochidien, die zwei Schalenklappen, einen Schließ-

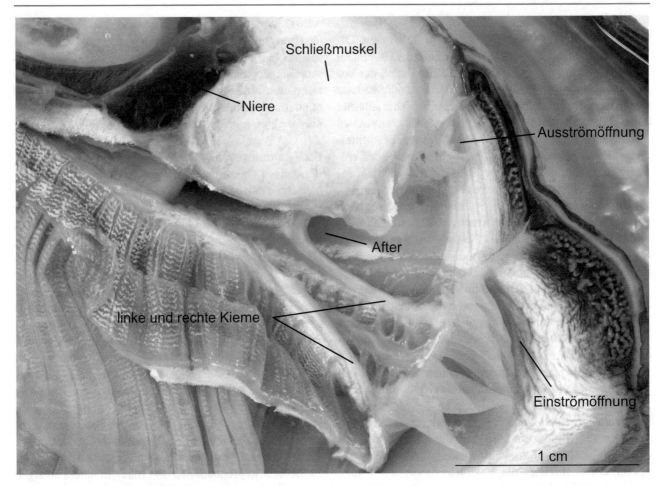

Schließmuskel

Niere

Ausströmöffnung

After

linke und rechte Kieme

Einströmöffnung

1 cm

Abb. 6.8 *Anodonta anatina*, Gemeine Teichmuschel. Blick auf Ein- und Ausströmöffnung, After und die Zugänge zu den rechten und linken Kiemen

muskel und Sinnesorgane besitzen (Abb. 6.9C, D), selbst nicht aktiv schwimmen können, müssen sie mit der Bewegung des Wassers zu ihren Wirten finden. Sie durchlaufen nach zwei bis drei Monaten eine Metamorphose und lösen sich danach vom Wirt ab. Finden die Glochidien keinen passenden Wirt, sterben sie. Die komplizierte Entwicklungsweise umgeht das planktonische Stadium, verhindert ein Verdriften der Brut in ungünstige Gewässer und sorgt dabei gleichzeitig doch für die Besiedlung neuer geeigneter Lebensräume, da die Wirte aktiv schwimmen können. Dieser Entwicklungsgang erklärt auch die hohe Eizahl, denn nur die wenigsten Glochidien werden sich erfolgreich zu einer ausgewachsenen Muschel entwickeln. Auch bei den heimischen Flussmuscheln (*Unio* spec.) ist der Entwicklungsgang ganz ähnlich, aber bei ihnen werden die Larven bereits kurz nach der Befruchtung ins freie Wasser entlassen.

Bitterling und Teichmuschel – ein mutualistisches Zusammenleben

Unsere heimischen Teichmuscheln sind für eine erfolgreiche Reproduktion vollkommen von Fischen abhängig, da sich die Entwicklung der Glochidien in der Haut der Wirte abspielt. Zu den Wirten zählen unter anderem Karpfen, bevorzugt wird aber als Wirtsfisch der Bitterling (*Rhodeus amarus*; Abb. 6.9B). Mit ihm lebt die Große Teichmuschel in einer engen Symbiose, da auch die Bitterlinge sich ohne Teichmuscheln nicht erfolgreich fortpflanzen können. Die weiblichen Bitterlinge bilden in der Paarungszeit einen langen Eilegeapparat (Ovipositor) aus, mit dem sie ihre Eier über den ausführenden Sipho in die Kiemenhöhle der Muschel legen. Männliche Bitterlinge befruchten die Eizellen, indem sie ihr Sperma direkt oberhalb des einführenden Siphos der Muschel abgeben. Somit gelangen die Spermien des Bitterlings über das

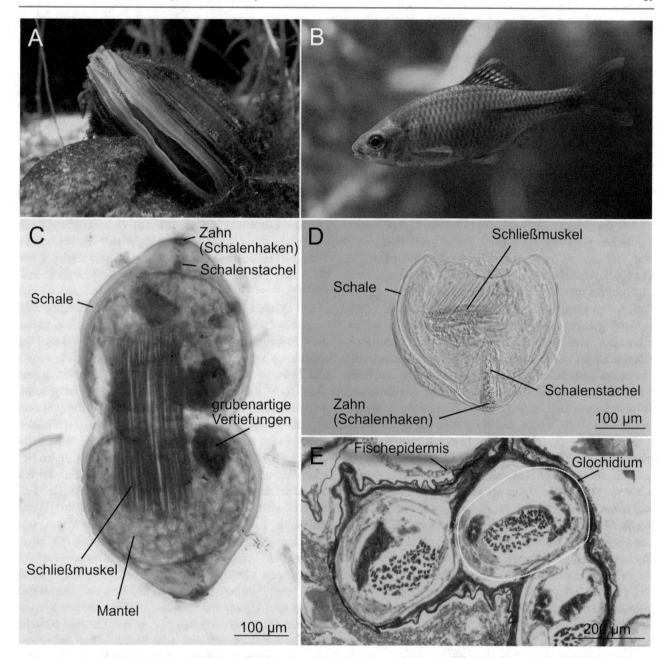

Abb. 6.9 *Anodonta cygnea*, Große Teichmuschel. (**A**) In ihrem Habitat, Tiere werden bis 20 cm groß und über zehn Jahre alt. Die Muschel gräbt sich in den Boden ein. Dabei schauen die Ein- und Ausströmöffnung stets heraus. Sie liegen am oberen Rand der Schalenklappen, hinter der Schlossleiste. Aquazoo Löbbecke Museum Düsseldorf. (**B**) *Rhodeus amarus*, Bitterling. Aquazoo Löbbecke Museum Düsseldorf (**C**) Larve von *Anodonata*, Glochidium, total. Kernechtrotkombinationsfärbung, Präparat von Johannes Lieder, Ludwigsburg. (**D**) Glochidium, total, ungefärbt, Nomarski-Interferenzkontrast. Präparat der Biologischen Sammlung der Universität Osnabrück. (**E**) Glochidien in der Fischhaut. Hämatoxilinfärbung, Präparat von Johannes Lieder, Ludwigsburg

Atemwasser in die Mantelhöhle der Muschel, wo dann die Befruchtung der Eizellen stattfindet. Die Fischlarven, die an eine niedrige Sauerstoffkonzentration angepasst sind, entwickeln sich nun über einen Zeitraum von drei bis sechs Wochen innerhalb der Muschel, bevor sie diese dann mit dem Atemwasser verlassen. Somit haben sie die Frühentwicklung, während derer sie Räubern schutzlos ausgeliefert wären, sicher in der Muschel verbracht.

6.2 Die Weinbergschnecke (*Helix pomatia*) oder Gefleckte Weinbergschnecke (*Helix aspersa*)

Gastropoda, Schnecken, bilden die mit Abstand artenreichste Gruppe der rezenten Mollusken; es sind bereits 100.000 Arten beschrieben worden. Besonders auffällig ist die Asymmetrie ihres Körpers, die sich durch die Torsion des Eingeweidesackes um 180 Grad und dessen Vergrößerung und spiralige Aufrollung erklären lässt. Eine Schale ist primär vorhanden, sie ist aber in mehreren rezenten Gastropodengruppen im Laufe der Evolution verloren gegangen.

Aus der Gruppe der Weichtiere (Mollusca) haben nur die Schnecken (Gastropoda) sowohl alle aquatische als auch eine Vielzahl von terrestrischen Lebensräumen erobert. Bei den landlebenden Gastropoda-Gruppen wurden die Kiemen rückgebildet und das Epithel der Mantelhöhle dient nun als Lunge dem Gasaustausch. Zu den Lungenschnecken (Pulmonata) gehören beispielsweise die bekannten Weinbergschnecken (Helicoidea), die ein Gehäuse zum Schutz des Körpers tragen, und die roten oder schwarzen Wegschnecken (Arionidae), bei denen das Gehäuse bis auf einige vom Mantel überwachsene Kalkkörner, sogenannte Konkremente, vollständig reduziert ist (Abb. 6.10). *Helix pomatia*, die Gemeine Weinbergschnecke, und *Helix aspersa*, die Gefleckte Weinbergschnecke, zählen mit 8–10 cm Körperlänge und einem Schalengehäuse von 4–5 cm Durchmesser zu den größten europäischen Landschnecken. Der Verbreitungsschwerpunkt von *Helix pomatia* umfasst ganz Mitteleuropa und reicht bis nach Osteuropa. *Helix aspersa* ist etwas kleiner als *Helix pomatia* und bevorzugt ein milderes Klima, wie das des gesamten Mittelmeerraumes. Beide Arten werden zu Speisezwecken gezüchtet und können als Gehegeschnecken bis zu 20 Jahre alt werden, erreichen in der freien Natur aber meist nur ein Lebensalter von sechs bis sieben Jahren. Weinbergschnecken sind reine Pflanzenfresser, die ihre Nahrung mithilfe ihrer Radula zerkleinern. Die Radula einer Weinbergschnecke ist mit 20–30.000 nachwachsenden kleinen Chitinzähnchen bestückt. Die Tiere meiden zum Schutz vor Austrocknung bei der Nahrungssuche direktes Sonnenlicht und sind daher vor allem abends aktiv. Bei längeren Kälteoder sehr heißen Trockenperioden ziehen sich die Tiere vollständig in ihr Gehäuse zurück und bilden einen aus Kalk bestehenden Deckel (Epiphragma).

Äußere Merkmale

Die Weinbergschnecke besitzt ein lang gestrecktes, spindelförmiges Cephalopodium (Abb. 6.10). Der von außen nicht sichtbare Eingeweidesack mit den inneren Organen ist vollständig im Gehäuse verborgen und daher gut geschützt. Das spiralig gewundene Gehäuse ist bei Weinbergschnecken und den meisten anderen Gehäuseschnecken immer rechtsdrehend. In welche Richtung sich das Gehäuse der Weinbergschnecke windet, ist genetisch festgelegt. Sehr selten tauchen linksdrehende Schneckenhäuser auf, die Tiere werden als Schneckenkönige bezeichnet. Der später mit seinen Arbeiten an *Drosophila melanogaster* berühmt gewordene Genetiker Alfred Henry Sturtevant, Schüler von Thomas Hunt Morgan, hat bereits in den 1930er-Jahren entdeckt, dass es sich um einen maternalen (matroklinen) Erbgang handelt. Dies bedeutet, der Genotyp der Mutter ist entscheidend, bei zwittrigen Schnecken also desjenigen Tieres, von dem die Eizelle stammt. Die raue Körperoberfläche entsteht durch zahlreiche Rinnen und Furchen. Am Kopf des Tieres finden sich vier bewegliche Tentakel. Das obere längere Tentakelpaar trägt an der Spitze die Augen und das untere, kürzere Tentakelpaar dient ausschließlich als Taster. Ganz vorne liegt die Mundöffnung, die in den radulatragenden Mundraum führt. Am Übergang zwischen Kopf und Fuß befindet sich an der rechten Körperseite die Ausführung der Geschlechtsöffnungen (Gonodukte). Hier werden die Spermien auf den Geschlechtspartner übertragen und befruchtete Eier abgegeben und in ein Nest gelegt (Abb. 6.10A). Die Sohle des Fußes ist ventral abgeflacht, Schleimdrüsen produzieren kontinuierlich ein Sekret, auf dem sich die Schnecken gleitend fortbewegen (Abb. 6.10B). Beobachtet man eine Schnecke beim Kriechen über eine Glasplatte, so lassen sich die Kontraktionswellen im zentralen Bereich des Fußes sehr gut erkennen. Sie spiegeln die Aktivität der enormen Fußmuskulatur wider (Abb. 6.10B). Der Fuß zeichnet sich durch eine große Beweglichkeit und Formvariabilität aus. Das Innere des Schneckenfußes ist von schwammartigem Bindegewebe ausgefüllt, das mit Blutlakunen durchsetzt ist. Das Fußgewebe dient als hochflexibler Schwellkörper, kann so im Zusammenspiel mit den Muskeln seine Form dynamisch verändern und sich auf diese Weise perfekt dem Untergrund anpassen. Auf der rechten Körperseite am Übergang zwischen Körper und Gehäuse befindet sich das Atemloch, das sich beim lebenden Tier rhythmisch öffnet und schließt. Es führt in die Mantelhöhle, ein durch eine Hautduplikatur entstandener Raum zwischen Eingeweidesack und Schale, der bei allen Lungenschnecken (Pulmonata) zu einer Lunge differenziert ist. Im Vergleich zu den aquatischen Formen ist diese Öffnung relativ klein und die Mantelränder sind sehr weit miteinander verwachsen, um den bei der Atmung unvermeidlichen Wasserverlust gering zu halten.

Die Weinbergschnecke hat mit ihrem ins Gehäuse gewundenen Eingeweidesack und der rechtseitig liegenden Mantelhöhle (= Lungenhöhle) die ursprünglich allen Mollusken zugrunde liegende bilaterale Körperform verloren und ist nun

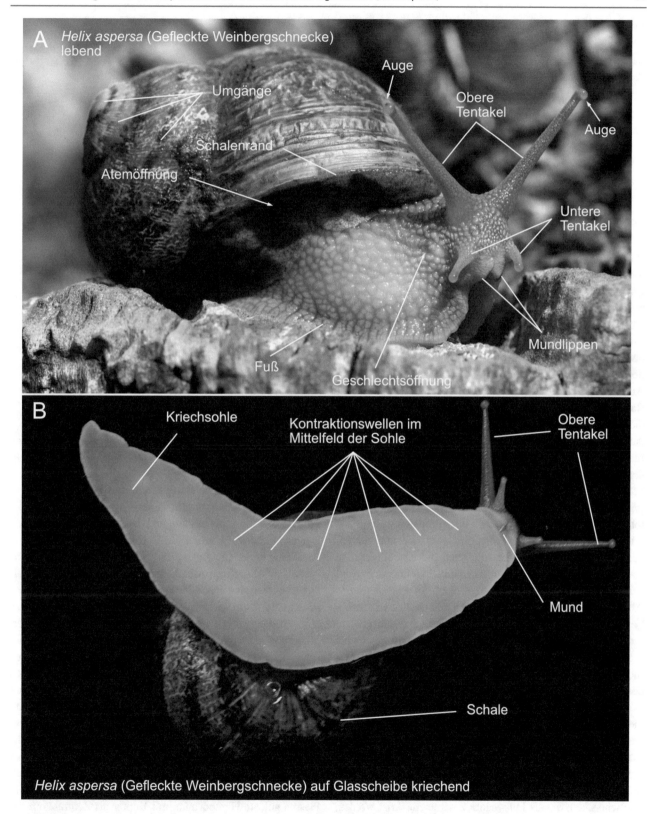

Abb. 6.10 *Helix aspersa*, Gefleckte Weinbergschnecke. (**A**) Lebend mit geöffnetem Atemloch. (**B**) Lebend auf Glasscheibe kriechend, Blick auf den Kriechfuß mit Kontraktionswellen

Abb. 6.11 Hypothese zur phylogenetischen Entstehung der Gastropodenasymmetrie durch Torsion. Nach Hickmann und anderen Autoren, verändert

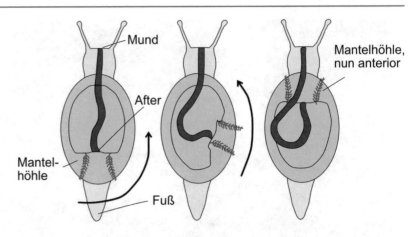

stark asymmetrisch aufgebaut. Dies ist auf die Torsion, der Einrollung und Eindrehung des Eingeweidesackes während der Embryonalentwicklung, zurückzuführen. Die evolutive Entstehung der Gastropoden-Asymmetrie ist schematisch in Abb. 6.11 illustriert. Durch die Torsion verlagert sich die Mantelhöhle mit dem Darmausgang nach anterior und mündet oberhalb des Kopfes. Die ursprünglich linke Niere und das Herz liegen rechtseitig und umgekehrt. Nach Ansicht verschiedener Autoren gewinnt durch die Torsion die Mantelhöhle mehr Raum. Da die Schnecken ihren Kopf und ihren Fuß nun auch in die Mantelhöhle zurückziehen können, sind sie sehr gut vor Prädatoren geschützt. Auch die hinten liegenden Osphradien kommen so in eine günstigere Position in die Nähe des Vorderendes der Tiere. Nachteile dieser Torsion sind aber, dass sich die Nerven, die den Eingeweidesack innervieren (die Pleurovisceralstränge), überkreuzen. Das führt dazu, dass Reize aus der posttorsional rechten Körperhälfte nach links projiziert werden und umgekehrt. Ein weiterer Nachteil ist, dass sich nun der sogenannte Pallialkomplex, der Anus und die Exkretionsporen sowie die Kiemen und Osphradien, unmittelbar über dem Kopf befindet. Da die beiden paarigen Kiemen jeweils lateral das Atemwasser der Mantelhöhle zuführen und median wieder abgeben, würden mit dem Atemwasser auch die Exkremente und Exkrete über den Kopf abgegeben. Diese Situation gibt es bei den rezenten Schnecken nicht. Diejenigen, die noch zwei Kiemen besitzen, haben einen Mantelschlitz, der sich weit hinter dem Kopf nach außen öffnet, sodass die Endprodukte in einiger Entfernung vom Kopf den Körper verlassen. Bei anderen kiementragenden Schnecken ist die nach der Torsion rechts liegende Kieme einschließlich des entsprechenden Atriums und Nephridiums verloren gegangen und der Pallilakomplex nach rechts verlagert, sodass das Atemwasser seitlich links in die Mantelhöhle eintritt und diese rechts wieder verlässt. Bei anderen Schnecken, die als Euthyneura zusammengefasst werden, ist auch die Überkreuzung der Pleurovisceralstränge aufgehoben, entweder durch Rückdrehung des Eingeweidesackes oder bei den Lungenschnecken wie unserer Weinbergschnecke durch Verlagerung der Ganglien in den Kopfbereich.

Helix-Präparation: Öffnen des Gehäuses

Für eine erfolgreiche Präparation ist es notwendig, dass die Tiere in ausgestrecktem Zustand getötet wurden.

a) Zum Herauslösen aus dem Gehäuse hält man das Tier am Fuß fest und dreht es langsam und vollständig aus seinem Gehäuse heraus. Löst sich das Tier nicht ab, so muss das Gehäuse mit einer groben Pinzette nach und nach bis zur letzten Windung entfernt werden, ohne das Tier dabei zu beschädigen.

b) Das Lungendach mit seinen Gefäßen, das Herz und die Niere können nun direkt untersucht werden.

Lungenhöhle, Blutkreislaufsystem und Herz

Nach dem vorsichtigen Entfernen des Gehäuses sind der Mantelrand, die Lungenhöhle und der spiralig aufgewundene Eingeweidesack zu sehen (Abb. 6.12). Um die Größe und Ausdehnung der Lunge zu erfassen, wird beispielsweise eine Metallsonde durch das Atemloch in die Lunge eingeführt. Falls das Lungendach eingefallen ist, bläst man mithilfe einer Pipette Luft ein, um so die Größe und Form des Lungendaches zu erfassen. Bereits mit bloßem Auge oder bei schwacher Vergrößerung sind die zahlreichen Blutgefäße im Gewebe des Lungendaches gut erkennbar (Abb. 6.12A, B). Zum Atmen senkt die lebende Weinbergschnecke bei geöffnetem Atemloch den Boden der Mantelhöhle und erzeugt so einen Unterdruck – sauerstoffreiche Luft strömt ein. Der Gasaustausch findet am Dach der Mantelhöhle statt. Sauerstoff kann dort über die respiratorischen Zellen des Lungenepithels in die Hämolymphe der Venen diffundieren. In die Gegenrichtung diffundiert Kohlendioxid aus der Hämolymphe in die Luft der Mantelhöhle. Als respiratorisches Protein besitzen Schnecken das im Plasma gelöste Hämocyanin, mit Kupfer als Zentralatom der prosthetischen Hämgruppe. Hämocyanin ist nach Hämoglobin der zweithäufigste Sauerstofftransporter im Tierreich und bei Arthropoden und Mollusken weit verbreitet. Darüber hinaus enthält das Blut eine Vielzahl von unterschiedlichen Zellen, die

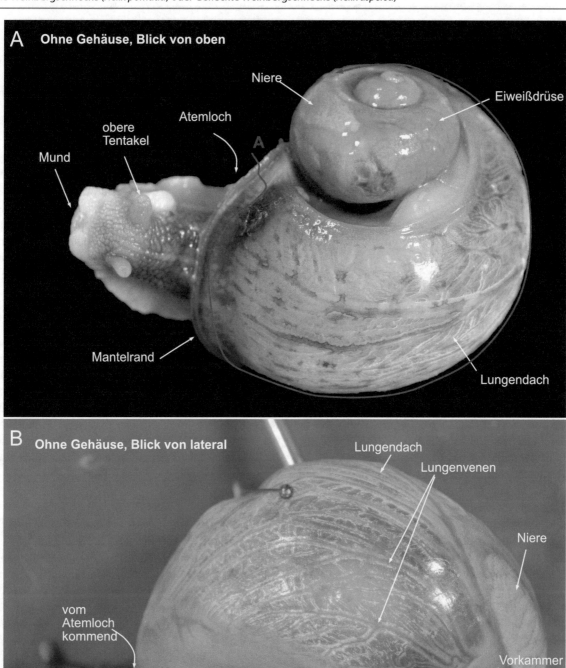

Abb. 6.12 *Helix aspersa*, Gefleckte Weinbergschnecke. (**A**) Nach Entfernen des Gehäuses, dorsale Ansicht. (**B**) Nach Entfernen des Gehäuses, laterale Ansicht, Blick auf das Lungendach

in ihrer Summe als Hämocyten, Blutzellen, bezeichnet werden und beispielsweise für die Immunabwehr verantwortlich sind.Am hinteren Ende des Lungendaches auf der linken Seite liegt das Herz (Abb. 6.12B). Es besteht aus einer Vorkammer (Atrium) und einer Hauptkammer (Ventrikel) mit einem dazwischen liegenden Klappenapparat. Die sauerstoffreiche Hämolymphe wird in der Diastole des Atriums aus den Lungenvenen angesaugt und gelangt von dort in den Ventrikel. In der systolischen Phase des Ventrikels wird dann die Hämolymphe in die abführenden Blutgefäße gepresst. Das Herz liegt in einer flüssigkeitsgefüllten Kammer, dem Perikard (Herzbeutel). Das paarig angelegte Perikard bildet das hintere Paar der beiden Coelomsäcke der Schnecke und steht über den Renoperikardialgang in direkter Verbindung mit dem Nierenlumen (Abb. 6.12A).

Die Vorkammer des Herzens erhält das sauerstoffreiche Blut aus den Lungenvenen der Mantelhöhle und leitet es in den Ventrikel weiter. Von dort gelangt das Blut zunächst in die unpaare vordere und hintere Aorta. Diese verzweigen sich zu kleineren Arterien, die in sogenannte Blutsinusse einmünden. Dies sind unregelmäßig geformte, von ECM begrenzte Hohlräume, die vor allem im bindegewebigen Teil des Körpers liegen, aber auch von den großen Epithelien wie Epidermis und Gastrodermis begrenzt werden. Auf dem Weg zurück zum Herzen passiert das Blut dann die Nephridien und die Lunge. Diese Hohlräume sind alle durch ECM begrenzt wie das Lumen des Herzens und der Aorta. Ein solches Blutgefäßsystem mit umfangreichen Sinussen wird in der Literatur oft fälschlicherweise als „offen" bezeichnet, obwohl Coelom und Buträume getrennt sind. Entscheidendes Kriterium für ein echtes offenes Blutgefäßsystem ist aber die fehlende Trennung von sekundärer Leibeshöhle (Coelom) und Blutkreislauf (den Resten der primären Leibeshöhle), wie man dies beispielsweise bei Insekten findet. Die Weinbergschnecke besitzt also wie alle Weichtiere ein geschlossenes Blutkreislaufsystem. Darüber hinaus ist das Gefäßsystem der Landlungenschnecken sogar weitgehend zu distinkten Gefäßen ausgebildet.

Niere, Zwitterdrüse

Direkt neben dem Herz ist die lang gestreckte schwach gelblich erscheinende Niere zu erkennen (Abb. 6.12B). Sie beginnt wie bei allen Mollusken mit dem Renoperikardialgang, setzt sich über den Nierensack in den Ureter fort, der in die Mantelhöhle führt. Das Lumen wird vom sezernierenden Nephrocytenepithel ausgekleidet (Abb. 6.18). Feine Blutgefäße transportieren die Hämolymphe in die Niere, wo die Primärfiltration zwischen den Nephrocyten des Nierengangepithels in die Nierenhöhle hinein stattfindet. Von dort gelangt das Exkret in den primären Ureter (Harnsäureleiter) und weiter in den sekundären Ureter, der eng am Darm anliegt. Die Exkretionsöffnung des Harnleiters befindet sich

oberhalb des Atemlochs. Die Niere produziert – wie bei den meisten Tieren, deren Lebensbedingungen von Wassermangel gekennzeichnet sind – Harnsäure, die als weißliche Masse ausgeschieden oder bei starkem Wassermangel auch in der Niere gespeichert wird. Eine solche Mangelsituation tritt für die Schnecken in Dürreperioden oder in der Überwinterungsphase ein, die sie in ihrem geschlossenen Gehäuse im Boden eingegraben verbringen. In dieser Zeit wird die Harnsäure in großen Mengen in der Niere gespeichert. In histologischen Schnitten ist dies anhand von zahlreichen Granulae gut sichtbar (Abb. 6.18).

Bevor der Eingeweidesack geöffnet und die inneren Organe genauer untersucht werden, sollte zunächst ein Blick auf das intakte Gewebe geworfen werden (Abb. 6.13A, B). Die weißliche Zwitterdrüse stellt eine sogenannte bipotente Gonade dar, in der zeitgleich die Spermien- und die Eireifung abläuft. Weinbergschnecken sind Simultanzwitter, die sich gegenseitig befruchten können. Die Keimzellen, die in der Zwitterdrüse heranreifen, werden dann über einen gemeinsamen Zwittergang abgeführt (Abb. 6.15, 6.16 und 6.17).

Helix-Präparation: Die letzten Windungen

Mithilfe einer Sonde und eine Pinzette werden die letzten Windungen des Eingeweidesackes entrollt. Dabei werden von außen die Zwitterdrüse, der Zwittergang und die Eiweißdrüse sichtbar.

Helix-Präparation: Öffnen der Mantelhöhle

a) Die Spitze einer Präparierschere wird in das Atemloch eingeführt und der Mantelrand durchtrennt. War die Lunge noch mit Luft gefüllt, so fällt sie jetzt zusammen. Den Schnitt nun nach rechts am Mantelrand entlang bis kurz vor die Nierenspitze führen (Abb. 6.12A, B und 6.13A, rote A-Schnittlinie). Dabei wird die vom Herzen wegführende große Aorta durchtrennt.

b) An der Niere entlang (Abb. 6.13B, gelbe B-Schnittlinie) ist das Gewebe sehr dünnhäutig. Hier wird besser mit zwei feinen Pinzetten gearbeitet, um die innen liegenden Organe nicht zu beschädigen. Spätestens zu diesem Zeitpunkt sollte die Präparierschale mit Wasser gefüllt werden. Dadurch flottieren die Organe auf und das präzise Präparieren wird erleichtert.

c) Mit zwei Pinzetten wird die Mantelhöhle entlang der Windung bis zum Ende der Windungen aufgetrennt. Das Lungendach kann zur Seite gelegt und festgesteckt werden.

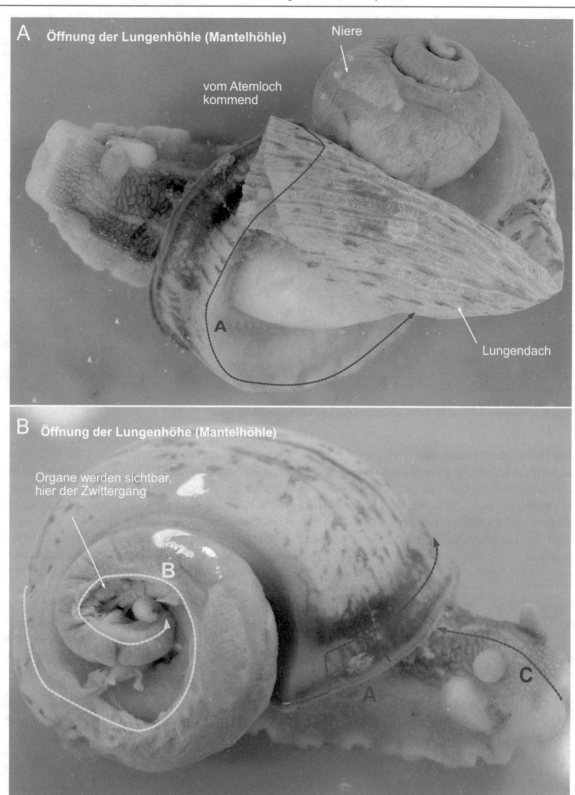

Abb. 6.13 *Helix aspersa*, Gefleckte Weinbergschnecke. (**A**) Öffnung der Lungenhöhle (Mantelhöhle), dorsale Ansicht. (**B**) Öffnung der Lungenhöhle (Mantelhöhle), laterale Ansicht von rechts

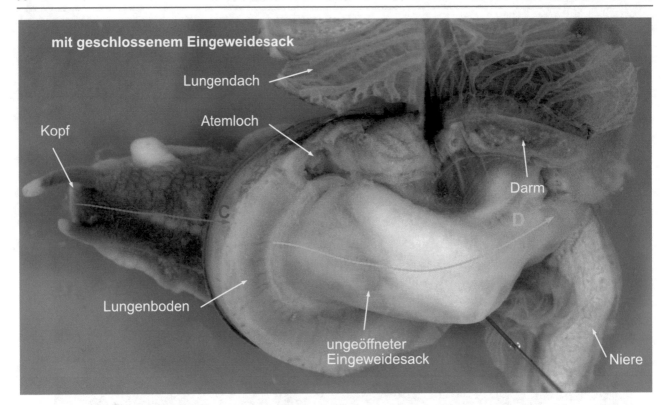

Abb. 6.14 *Helix aspersa*, Gefleckte Weinbergschnecke. Öffnung des Eingeweidesackes

Nach dem Öffnen der Mantelhöhle

Zunächst wird die präparierte Schnecke mit einigen Nadeln am Fuß festgesteckt. Dann lässt sich das Lungendachepithel zur Seite klappen und ebenfalls feststecken (Abb. 6.14). Die Lage von Herz und Niere sowie der herzzuführenden venösen Gefäße des Lungendaches lassen sich jetzt nochmals nachvollziehen.

Verdauungstrakt

Das Verdauungssystem beginnt mit dem Mund und dem sich anschließenden chitinösen Kiefer. Dort befindet sich ventral die Raspelzunge (Radula), mit der die pflanzliche Nahrung zerkleinert wird. Die Radula liegt auf dem muskulösen Radulapolster und arbeitet wie ein Förderband. Sie repräsentiert gewissermaßen den Unterkiefer und kann durch einen ringförmigen Schnitt freigelegt und mikroskopiert werden

Helix-Präparation: Öffnen des Eingeweidesackes

a) Bei sorgsamer Präparation bleibt der Eingeweidesack unbeschädigt (Abb. 6.14). Um ihn zu öffnen, setzt man zunächst die Schneide der Schere in den Mund der Schnecke und schneidet dorsal median zwischen den Augententakeln bis zum Mantelrand (Abb. 6.13B und 6.14, blaue C-Schnittlinie). Der Mantelrand wird durchtrennt. Die Schere muss stetig flach gehalten werden, um keine inneren Organe zu beschädigen.

b) Der Schnitt wird median über den Eingeweidesack fortgesetzt (Abb. 6.14, grüne D-Schnittlinie). Die Körperseiten werden mit Nadeln festgesteckt.

c) Nun können alle inneren Organe durch vorsichtiges Zupfen, Ziehen und Schieben mit Pinzette und Sonde aus dem spiralig gewundenen Eingeweidesack befreit werden. Es sollte stets sehr vorsichtig unter Wasser gearbeitet werden, um jede Beschädigung von Organen zu vermeiden. Die Organsysteme werden in der Präparierschale ausgespannt (Abb. 6.15 und 6.16). Besondere Aufmerksamkeit muss den tubulären Verbindungen zwischen den Organen gewidmet werden.

d) Als Nächstes die Geschlechtsorgane freilegen und feststecken.

e) Dann den Verdauungstrakt freilegen und mit Nadeln fixieren.

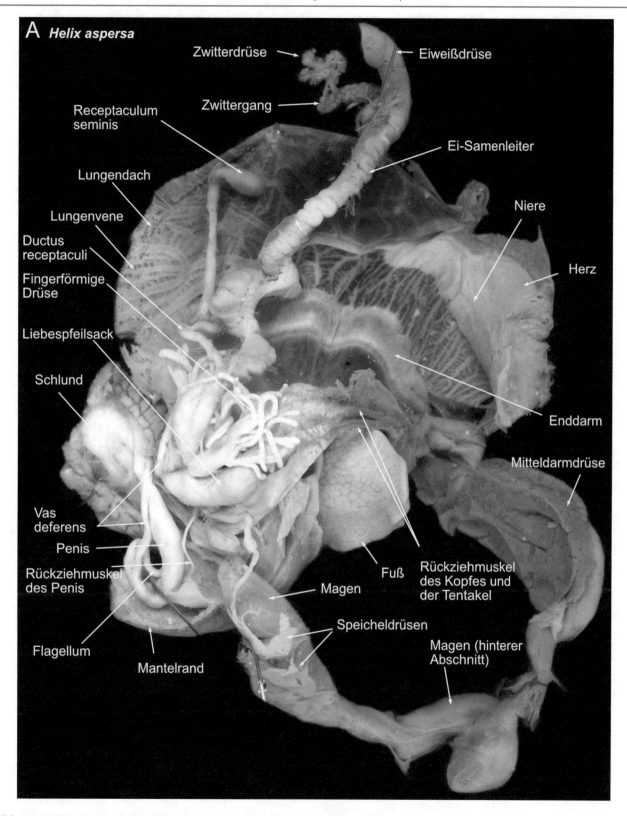

Abb. 6.15 *Helix aspersa*, Gefleckte Weinbergschnecke. Präparierte und ausgelegte Organe

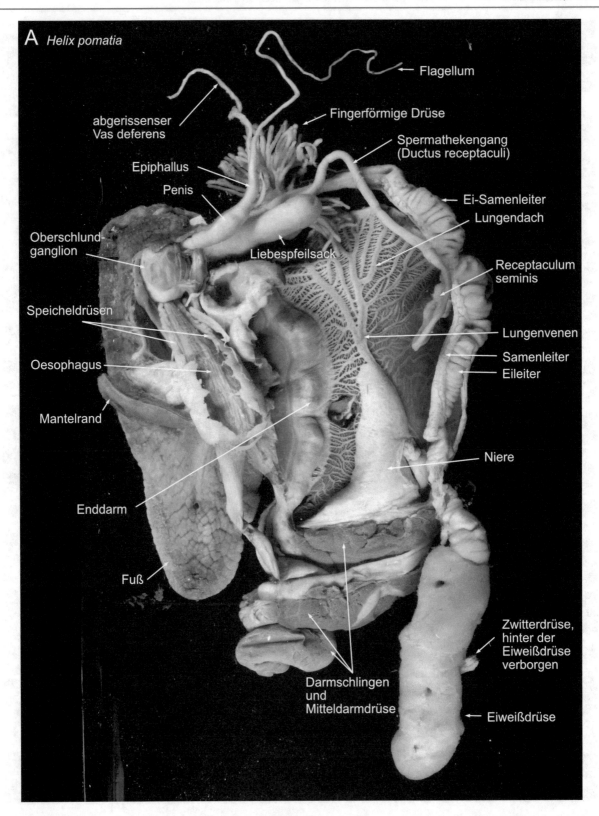

Abb. 6.16 *Helix pomatia*, Gemeine Weinbergschnecke. Präparierte und ausgelegte Organe. Nasspräparat aus der Biologischen Sammlung der Universität Osnabrück

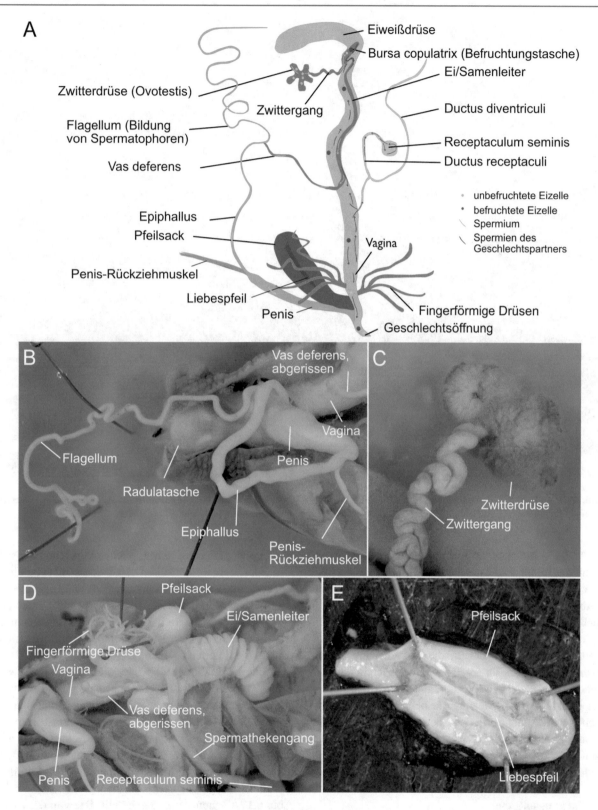

Abb. 6.17 *Helix aspersa*, Gefleckte Weinbergschnecke. (**A**) Schematische Darstellung aller zum Geschlechtssystem gehörenden Organe, nach verschiedenen Autoren. (**B**) Penis, Flagellum. (**C**) Zwitterdrüse und Zwittergang. (**D**) Ei-/Samenleiter, Pfeilsack, fingerförmige Drüse. (**E**) Liebespfeil

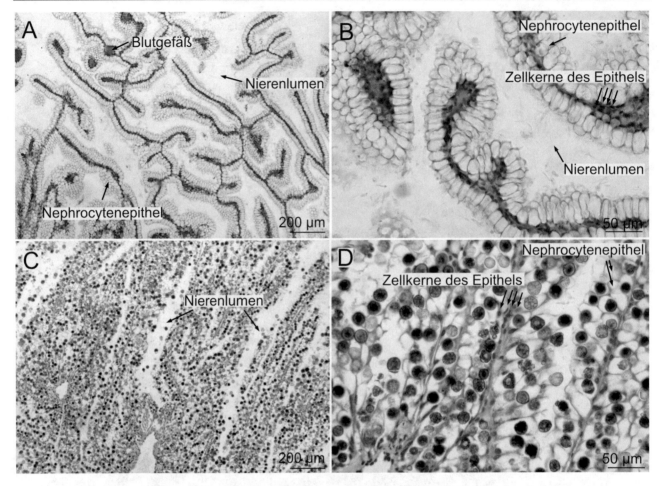

Abb. 6.18 *Helix pomatia*, Gemeine Weinbergschnecke. Histologie. (**A**) Querschnitt durch eine Sommerniere. (**B**) Ausschnitt. (**C**) Querschnitt durch eine Winterniere. (**D**) Ausschnitt. Präparate der Zoologischen Lehrsammlung, Philipps-Universität Marburg

(Abb. 6.19). Vorne nutzt sich die Radula regelmäßig ab und wird hinten in der Radulatasche ständig neu gebildet. Wie bei einem Hai werden gewissermaßen die Zähne dem Grad der Abnutzung entsprechend kontinuierlich ersetzt. Daran schließen sich der Kropf und der eigentliche Magen an. In den Kropf münden die Ausführgänge der paarigen Speicheldrüsen. Sie produzieren die für die Vorverdauung nötigen Enzyme. Der Nahrungsbrei gelangt vom Magen in den Mittel- und anschließend in den Enddarm. Die Mitteldarmdrüse, deren Funktion bereits ausführlich bei den Muscheln besprochen wurde, mündet in den Enddarm und sorgt für Verdauung und Resorption der Nährstoffe. Nahrungsreste gelangen über den Enddarm zum Anus, der neben dem Atemloch liegt.

Fortpflanzungsorgane

Wie bereits erwähnt, sind Weinbergschnecken simultane Zwitter, die sich nach einer mehreren Stunden dauernden Kopulation gegenseitig begatten. Dabei wird der Penis ausgestülpt und in die Vagina des Geschlechtspartners eingeführt. Weinbergschnecken übertragen eine Spermato-

phore, eine gallertartige Masse mit zahlreichen Spermien. Die Spermien werden über den Ductus receptaculi zum Receptaculum seminis (Samentasche) weitergegeben und dort aufbewahrt, bevor sie später aktiv die Samentasche verlassen, den Zwittergang (Ei-/Samenleiter) hinaufwandern und in der Bursa copulatrix (Befruchtungstasche) die Eizellen befruchten (Abb. 6.15, 6.16 und 6.17). Die Spermatophore enthält Spermien, die in der Zwitterdrüse (Ovotestis) im Zuge der Spermatogenese entstanden sind und zunächst über den Zwittergang, dann über den Samenleiter und schließlich zum Flagellum transportiert werden. Das Flagellum produziert ein Sekret, das im Epiphallus und Penis die Spermien in einer Spermatophore einschließt. Die komplizierten anatomischen Details des Geschlechtsapparats der Weinbergschnecke sind in Abb. 6.17A schematisch dargestellt. Die von der Zwitterdrüse im Zuge der Oogenese gebildeten Eizellen werden nach der Befruchtung in der Bursa copulatrix von der Eiweißdrüse mit Nährmaterial versorgt und erhalten später auf der Wanderung durch den Eileiter eine dünne Kalkschale. Die Fortpflanzungsorgane lassen sich in der

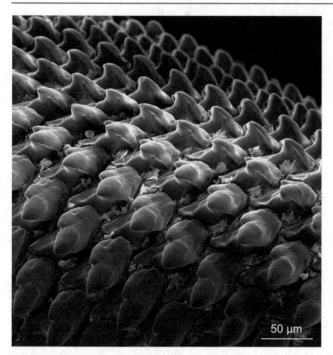

Abb. 6.19 *Helix aspersa*, Gefleckte Weinbergschnecke. Raster-elektronenmikroskopische Aufnahme einer Radula. Aufnahme von Ekaterini Psathaki, Universität Osnabrück

Präparation gut freilegen (Abb. 6.15 und 6.16). Vier bis sechs Wochen nach der Paarung werden 50 bis 60 der etwa 5 mm großen Eier in ein Erdloch gegeben, die

Entwicklung ist direkt und nach etwa zwei Wochen schlüpfen dort die Jungschnecken.

Der Liebespfeil

Bei der Präkopulation machen Weinbergschnecken in der Regel Gebrauch von ihrem Liebespfeil. Dabei handelt es sich um einen aus Kalk bestehenden, bis zu 1 cm langen scharfkantigen zugespitzten Pfeil, der auch bei anderen Helicidae vorkommt (Abb. 6.17E). Er wird in einen sehr muskulösen Liebespfeilsack hinein abgeschieden und zusammen mit pheromonhaltigen Sekreten, die von den fingerförmigen Drüsen produziert werden, während der Kopulation in die Muskulatur des Fußes des Partnertieres gepresst. Die genaue Bedeutung der mechanischen Stimulation und der Übertragung der Pheromone ist noch nicht vollständig aufgeklärt. Die Pheromone sollen einen Abbau bereits vorhandener Spermien aus vorherigen Begattungen einleiten. Neuere Untersuchungen zeigen jedoch, dass die Sekrete der fingerförmigen Drüse den Abbau der übertragenen Spermien verhindern.

Nervensystem und Sinnesorgane

Vom Nervensystem lassen sich im Rahmen eines kompakten zoologischen Grundpraktikums nur die beiden bilateral angelegten Cerebralganglien darstellen, die dem Oesophagus ringförmig aufgelagert sind. Von hier ziehen Nervenstränge zu den Augen und den Tast-Tentakeln, sowie zu den Ganglien des Rumpfes.

Nematoda (Fadenwürmer, Rundwürmer)

▶ **Nematoden sind bilateralsymmetrische, unsegmentierte Tiere ohne Coelom. Sie haben alle erdenklichen Lebensräume besiedelt, unter anderem die Tiefsee, die Böden aller aquatischen Biotope, den Erdboden und, als Parasiten, das Gewebe von Tieren und Pflanzen. Manche Forscher gehen davon aus, dass es bis zu einer Million Nematodenarten geben könnte. Taxonomisch erfasst sind bislang allerdings erst rund 80.000 Spezies, deshalb gelten Nematoden, wenn auch nicht als die artenreichste Gruppe, so doch als individuenreichste Metazoen-Gruppe.**

In manchen Wiesenböden hat man beispielsweise bis zu 20 Millionen Nematoden-Individuen pro Quadratmeter gezählt. Die Mehrzahl dieser meist kleinen und oft nur unter dem Mikroskop sichtbaren Nematoden ernährt sich von organischen Resten (saprobiontisch) oder von Mikroorganismen, beispielsweise von Bakterien. Nur einige wenige frei lebende Arten sind räuberisch, Parasiten hingegen sind häufig. Durch die bevorzugte Lebensweise können fast alle Arten Sauerstoffmangel gut ertragen. Manche Arten kommen sogar in nahezu anoxischen, also sauerstofffreien, marinen Sedimenten vor. Diese Eigenschaft erklärt wohl auch, warum der Übergang zur darmparasitischen Lebensweise relativ einfach war und wahrscheinlich mehrfach unabhängig in der Evolution erfolgt ist, denn das Darmlumen ist ebenfalls anoxisch. Mehrere parasitische Nematodenarten können auch den Menschen besiedeln und man schätzt, dass etwa 90 % aller Menschen einmal in ihrem Leben von parasitischen Nematoden befallen werden. Die größeren Nematodenarten sind ausnahmslos an ein rein parasitisches Leben angepasst. So leben die 30–40 cm langen Spulwürmer *Ascaris suum* (Schweinespulwurm) und *Ascaris lumbricoides* (Menschenspulwurm) unter anaeroben Bedingungen im Dünndarm großer Wirbeltiere, unter anderem von Schweinen, Rindern, Schafen und Menschen. Sie ernähren sich dort ausschließlich vom Inhalt des Darmes. Mit bis zu 9 m Körperlänge und 2,5 cm Durchmesser sind die Weibchen

von *Placentonema gigantissima* die größten bekannten Vertreter unter den Nematoden. *Placentonema* ist ein extremer Lebensraumspezialist, der ausschließlich in der Placenta von Pottwalen zu finden ist. Über die Fortpflanzung der Tiere weiß man sehr wenig. Es wird vermutet, dass die Jugendstadien von *Placentonema* bereits die ungeborenen Walkälber infizieren und so in den nächsten Wirt gelangen.

Nematoda (Fadenwürmer) sind eine wichtige Teilgruppe aus einem diversen Taxon, wegen des ringförmigen Gehirns Cycloneuralia genannt, und bilden mit den Arthropoda (Gliedertiere) die beiden Hauptgruppen des Taxons Ecdysozoa. Ihnen ist gemeinsam, dass sie eine von der Epidermis gebildete, feste Cuticula besitzen, die beim Wachstum regelmäßig gehäutet wird. Daher nennen wir diese Tiergruppe auch Ecdysozoa oder Häutungstiere. Während bei Arthropoden die Cuticula im Wesentlichen aus Chitin aufgebaut ist, besteht sie bei Nematoden dagegen hauptsächlich aus Collagenen. Neben diesen beiden Hauptkomponenten sind zahlreiche Proteine und Lipide in die Cuticula eingelagert, die die physikalischen Eigenschaften der Außenhülle des Tieres mitbestimmen. Aufgrund der enormen Vielfalt der von ihnen besiedelten Habitate ist es daher zu einer Anpassung der Cuticula an die Bedingungen der jeweiligen Lebensräume gekommen. Die vorteilhafte feste Cuticula der Arthropoden und der Nematoden bringt es jedoch mit sich, dass kontinuierliches Wachstum gar nicht (Arthropoden) oder nur eingeschränkt (Nematoden) möglich ist. Das Wachstum dieser Tiere wird daher im Verlaufe ihrer Individualentwicklung immer von Häutungen (Ecdysis) begleitet. Das heißt, die Tiere bilden für jede weitere Wachstumsstufe zunächst ein neue Cuticula aus und streifen dann ihre alte ab. Dies ist besonders gut bei Crustaceen, beispielsweise Flusskrebsen oder Hummern, zu sehen, die ein Leben lang durch kontinuierliche Häutungen wachsen. Bei den meisten Nematoden finden die Häutungen allerdings nur noch während der Entwicklung der Jugendstadien statt und sind in späteren Lebensphasen verloren gegangen. So durchläuft der Schweinespulwurm (*Ascaris suum*) wie alle Nematoden vier

A. Paululat, G. Purschke, *Metazoa – Morphologie und Evolution der vielzelligen Tiere*, https://doi.org/10.1007/978-3-662-66184-0_7

Jugendstadien, wächst danach aber ohne weitere Häutungen im Dünndarm des Wirtstieres auf bis zu 30 oder 40 cm Länge heran (Abb. 7.1). Das Fehlen von Chitin und der entsprechenden Proteine (Arthropodin) in der Cuticula der Nematoden mag die Ursache sein, dass die Tiere nach ihrer letzten Häutung noch deutlich an Größe zunehmen können. Die Bildung der evolutiv so außergewöhnlich erfolgreichen Cuticula bringt eine weitere Besonderheit mit sich. So besitzen Nematoden und Arthropoden keine motorischen Cilien in der Epidermis. Auch die Spermien der Nematoden sind flagellenlos und bewegen sich amöboid fort. Die einzigen Zellen mit allerdings unbeweglichen Cilien bei Nematoden sind die Rezeptorzellen der Sensillen.

Empfohlenes Material
- **Materialbeschaffung:** Die Tierärztinnen und Tierärzte der lokalen Schweine-Schlachthöfe sind oft gerne bereit, Spülwürmer für Studentenkurse beiseitezulegen. Die Tiere werden nach ihrer „Bergung" aus dem Dünndarm des Schweines in 4 % Formaldehyd fixiert und in Ethanol aufbewahrt. Die durch die Lagerung eingetretene Verhärtung kann durch eintägiges Wässern vor Präparationsbeginn – oder besser noch durch Kochen in Wasser – gemildert werden.
- **Sektion eines Spulwurms:** Zur Sektion wird der Spulwurm in einer mit Wasser gefüllten Wachsschale am Vorder- und Hinterende mit Nadeln festgesteckt. Falls die Tiere bereits beim Entnehmen aus dem Dünndarm des Schweines oder während der Fixierung aufgeplatzt sind, sollte man an diesen Stellen mit dem Aufschneiden beginnen. Sonst öffnet man vorsichtig, anterior oder posterior beginnend, den Körper und arbeitet sich mit einer Schere bei flachem Schnitt langsam in Längsrichtung voran. Im Bereich der Vulva und des Afters muss man besonders sorgfältig vorgehen, um die Ausführgänge der Uteri, des Samenleiters und des Darmes nicht zu beschädigen. Während der Sektion in der Wachsschale steckt man die aufgeklappten Körperseiten kontinuierlich mit Nadeln beidseitig fest (Abb. 7.2 und 7.3).
- **Histologische Schnitte:** Schnitte aus verschiedenen Körperregionen werden ergänzend eingesetzt.

Äußere Untersuchung von Ascaris suum

Wie alle Nematoden besitzt auch *Ascaris suum* einen fadenförmig-länglichen Körperbau mit einem drehrunden Körperquerschnitt (Abb. 7.1A). Das Vorderende ist durch drei Lippen gekennzeichnet, die die Mundöffnung umschließen (Abb. 7.1B). Die Männchen sind insgesamt dünner und kleiner als die Weibchen und ihr Körper läuft nach hinten hakenförmig

aus (Abb. 7.1C und 7.2). Bei weiblichen Tieren findet sich etwa zu Beginn des zweiten Körperdrittels eine leichte ringförmige Einschnürung des Körpers mit der ventralen, nach außen mündenden Öffnung der Vulva (Abb. 7.1D und 7.3). Beim Abtasten des Körpers lassen sich die Seitenleisten des Tieres erfühlen. Bei der Betrachtung von Schnittpräparaten wird deutlich, dass diese Seitenleisten muskelfrei sind und jeweils einen Exkretionskanal beherbergen (Abb. 7.4–7.8). Entlang der anterior-posterioren Körperachse verläuft ventral und dorsal jeweils eine weitere Epidermisleiste; die als Erhebungen zu ertasten sind. Durch diese dorsalen und ventralen Epidermisleisten verläuft jeweils ein einzelner Nervenstrang.

Der Hautmuskelschlauch der Nematoden besteht aus Cuticula, Epidermis und Längsmuskulatur, an die sich die flüssigkeitsgefüllte Körperhöhle anschließt. Die Körperhöhle steht unter einem hohen Innendruck. Dies ermöglicht im Zusammenspiel mit der festen Cuticula eine drehrunde stabile Körperform, die Leibeshöhle bildet also ein einheitliches, schlauchförmiges Hydroskelett, gegen das die Muskulatur arbeitet. Da eine Ringmuskulatur fehlt, können Nematoden ihren Körperquerschnitt nur sehr eingeschränkt verändern, denn Flüssigkeiten sind nicht komprimierbar, was auch für das Hydroskelett gilt. Die Muskelzellen der dorsalen Seite werden vom dorsalen, die Muskelzellen der ventralen Seite vom ventralen Nervenstrang innerviert – so ist die Muskulatur entsprechend in zwei funktionelle Gruppen aufgeteilt, die sich bei der Fortbewegung alternierend kontrahieren. Im antagonistischen Wechselspiel dieser beiden funktionellen Muskelzellgruppen entsteht die typische schlängelnde Fortbewegung der Nematoden, die tatsächlich an die ganz ähnlich erfolgende Fortbewegung der Schlangen erinnert (jedoch mit um 90 Grad versetzten Biegeachsen). Da es eine ventrale und eine dorsale Muskelgruppe gibt, fällt dadurch der Körper auf eine Seite und drückt sich am Substrat ab, wodurch das Tier eine Vorwärtsbewegung erzielt. Falsch ist die leider in vielen Lehrbüchern zu findende Vorstellung, die Antagonisten der Muskulatur seien der Körperbinnendruck oder die Cuticula. Wenn man lebende Nematoden in einer Petrischale ohne Substrat beobachtet, wirkt das ziemlich unbeholfen, da die Tiere keine Widerlager finden; in Böden oder im Darm bewegen sich Nematoden dagegen außerordentlich geschickt und effektiv. Die inneren Organe liegen frei in der Körperhöhle und können mithilfe von Sonde und Pinzette ausgebreitet werden (Abb. 7.2 und 7.3).

Das Pseudocoel – die flüssigkeitsgefüllte Körperhöhle der Nematoden

Während bei den kleinen Nematodenarten meist kein freier Raum zwischen Muskulatur und Gastrodermis erkennbar ist, besitzt *Ascaris* wie alle größeren Nematoden eine Leibeshöhle, die als Pseudocoel, als „Scheincoelom", bezeichnet wird. Wie unterscheidet sich nun ein „echtes" Coelom von einem Pseudocoel? Die sekundäre Leibeshöhle, das Coelom,

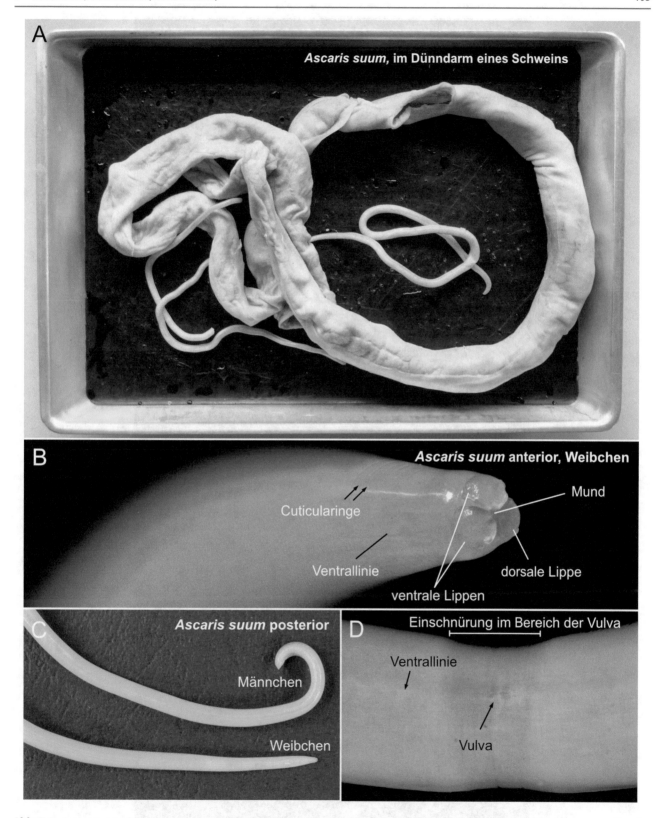

Abb. 7.1 *Ascaris suum*, Schweinespulwurm. (**A**) Dünndarm eines Schweines mit starkem Spulwurmbefall. (**B**) Drei Mundlippen umstellen die zentrale Mundöffnung. (**C**) Männliche Tiere sind am spiralig gebogenen Körperende zu erkennen. (**D**) Nahaufnahme der weiblichen Geschlechtsöffnung

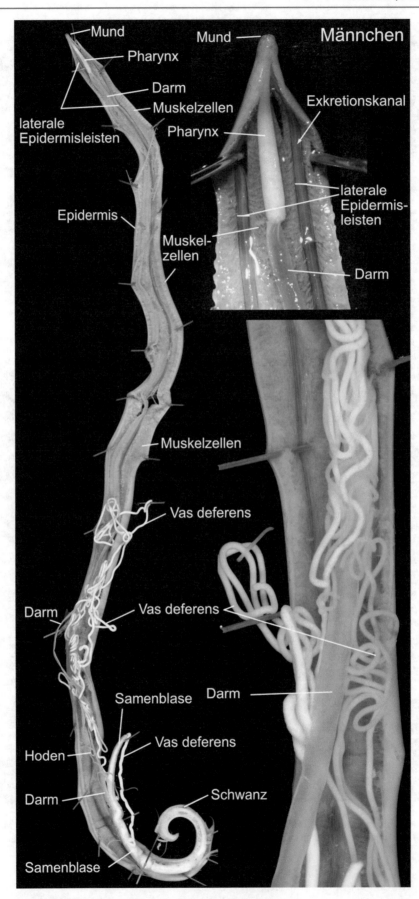

Abb. 7.2 *Ascaris suum*, Schweinespulwurm. Die Abbildung zeigt ein präpariertes männliches Tier mit seinen inneren Organen

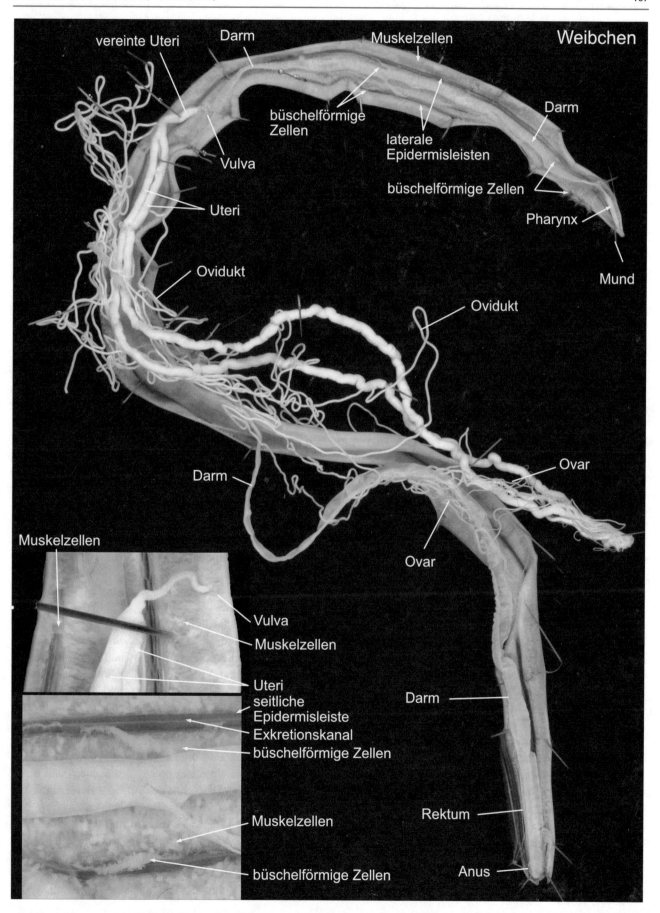

Abb. 7.3 *Ascaris suum*, Schweinespulwurm. Die Abbildung zeigt ein präpariertes weibliches Tier. Bei den hier präparierten Tieren handelt es sich um ältere, mit Formaldehyd fixierte Tiere

entsteht bei allen Metazoa im Zuge der Embryonalentwicklung entweder durch Abfaltung aus dem dorsalen Urdarmdach (bei Deuterostomia) oder durch Einwanderung von Zellen aus der Urmundregion in die primäre Leibeshöhle und eine darauffolgende Aufspaltung des Mesoderms (bei Spiralia). Es wird also ein weiterer Körperhohlraum gebildet. Aus dem Mesoderm gehen in der Ontogenese primär vor allem die Muskulatur, aber unter anderem auch Teile des Kreislaufsystems und bei Wirbeltieren das knöcherne Skelett hervor. Das Coelom ist ein von mesodermalen Epithelien begrenzter Hohlraum im Körper und damit immer auf allen Seiten von mesodermalem Gewebe ausgekleidet, entweder plattenförmigen Epithelzellen, dem Coelothel, oder Epithelmuskelzellen. Dadurch besitzen alle coelomaten Metazoa zwei getrennte flüssigkeitsgefüllte Kompartimente, die primäre und die sekundäre Leibeshöhle, deren stoffliche Zusammensetzung durch den epithelialen Charakter jeweils getrennt von den Organismen reguliert werden kann. Verbleibende Hohlräume der primären Leibeshöhle werden zu den Hohlräumen der Blutgefäße. Die flüssigkeitsgefüllte Körperhöhle der Nematoden erfüllt diese Kriterien nicht, denn sie wird nicht von einem Epithel umschlossen. Sie entspricht der primären Leibeshöhle, die vor allem bei den großen Arten nicht durch Muskulatur zusammengedrängt wird. Bei ihnen ist nur die Epidermis zwischen den vier Epidermisleisten von Längsmuskulatur bedeckt, während der frei in der Körperhöhle verlaufende Darm mit seinen Darmepithelzellen nur von einer extrazellulären Matrix (ECM) gegenüber der Leibeshöhle begrenzt ist (Abb. 7.3, 7.4 und 7.5). Zirkuläre und longitudinale Muskulatur, wie sie üblicherweise der Darmwand aufgelagert ist, fehlt den Nematoden (Abb. 7.4 und 7.7). Auch die Muskulatur ist nicht epithelial organisiert, sodass die Leibeshöhle der Nematoden allseits nur von ECM begrenzt ist. Nematoden besitzen daher kein echtes Coelom. Man spricht stattdessen von einem Pseudocoel, das sich direkt aus der primären Leibeshöhle ableitet.

Längsmuskelzellen, Nervensystem und Sinnesorgane

Die bereits im Stereomikroskop gut zu erkennenden, großen, transluzent erscheinenden Längsmuskelzellen, die der Epidermisinnenseite aufliegen, stellen im Tierreich eine Besonderheit dar. Jede Muskelzelle besitzt nämlich neben einem kontraktilen Fortsatz, der an der Epidermis verankert ist und Myofibrillen enthält (Abb. 7.5A, B), einen weiteren Zellausläufer, der entweder zum ventralen oder zum dorsalen Nervenstrang (Markstrang) Kontakt aufnimmt. Üblicherweise ziehen sonst die Axone der Motoneuronen zu den Muskelzellen, um dort neuromuskuläre Verbindungen zu etablieren. Der ventrale und der dorsale Nervenstrang des Nervensystems sind in histologischen Präparaten besonders gut zu erkennen. Nur der ventrale Nervenstrang entspringt dem sich ringförmig um den Pharynx schmiegenden Cerebralganglion oder Gehirn; der dorsale Nervenstrang wird von ringförmig nach dorsal ziehenden Neuriten (Nervenzellfortsätzen) des ventralen Stranges gebildet. Beide Stränge ziehen jeweils in den Epidermisleisten von anterior bis ganz nach posterior. Weitere „gehirnähnliche" Strukturen oder Ganglien sind nicht vorhanden; Somata der Neuronen finden sich aber über den ventralen (nicht aber den dorsalen) Nervenstrang verteilt, bilden also einen sogenannten Markstrang (Abb. 7.5B). Während der ventrale Strang sowohl sensorische als auch motorische Fasern enthält, ist der dorsale rein motorisch, koordiniert also im Wesentlichen die Bewegung der dorsalen Muskulatur. Das gesamte Nervensystem liegt somit vollständig innerhalb der Epidermis, es ist ein intraepitheliales Nervensystem. Nematoden besitzen verschiedene Sinnesorgane. Erwähnt werden sollen die am Mund liegenden Papillen und Sensillen, mit denen Nematoden mechanische und chemische Reize wahrnehmen. Lateral finden sich sogenannte Amphiden oder Seitenorgane, Chemorezeptoren, die sich in grubenförmigen Vertiefungen der Epidermis befinden. Lichtsinnesorgane sind nur bei sehr wenigen frei lebenden aquatischen Nematoden bekannt. Sie befinden sich als paarige Ocelli hinter den Amphiden und oberhalb des Pharynx oder Mundhöhle. Einige Nematoden besitzen darüber hinaus Streckungsrezeptoren, sogenannte propriorezeptive Zellen, die in den lateralen Epidermisleisten zu finden sind. Sie dienen der Wahrnehmung der Körperkrümmung und damit der Lokomotion. Insgesamt haben Nematoden unabhängig von ihrer Körpergröße nur wenige Hundert Nervenzellen; die rund 300 Nervenzellen werden in streng festgelegter Weise in der Embryonal- und Postembryonalentwicklung gebildet. Nur wenige Metazoa besitzen so einfach strukturierte Nervensysteme, sodass das Nervensystem von Nematoden in seiner Struktur und Funktion recht genau analysiert werden konnte.

Verdauungssystem

Der einfach gestaltete lineare Verdauungstrakt ist in Mundhöhle, einen muskulösen Pharynx, einen sehr langen Mitteldarm und einen kurzen Enddarmabschnitt (Rektum) unterteilt (Abb. 7.2 und 7.3). Je nach Ernährungsweise ist die Mundhöhle entsprechend angepasst und kann mit zahnartigen Hartstrukturen unterschiedlichster Formen ausgestattet sein. Der Pharynx ist ein einschichtiges Rohr aus Epithelmuskelzellen mit dreieckigem Lumen. Die Myofilamente sind radiär angeordnet. Ihre Kontraktion verursacht dementsprechend eine Erweiterung des Lumens und damit eine Saugwirkung. Die Zellen des Mitteldarmes sind mit Mikrovilli ausgestattet, die der Oberflächenvergrößerung dienen (Abb. 7.5C). Da dem Mitteldarm eine aufsitzende viscerale Muskulatur vollkommen fehlt – er liegt ohne eine mesodermale Umkleidung in der unter Druck stehenden Körperhöhle –, kann der Darminhalt auch nicht durch peristaltische Muskelkontraktionen voranbewegt werden. Wahr-

Ascaris suum Weibchen

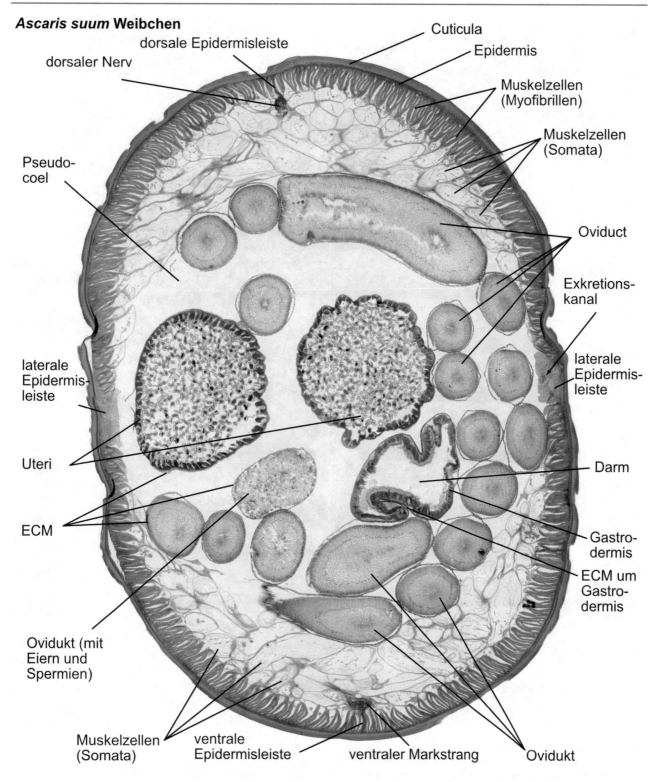

Abb. 7.4 *Ascaris suum*, Schweinespulwurm. Querschnitt eines weiblichen Tieres, mittlere Körperregion, Hämatoxylin-/Azanfärbung. Präparat der Biologischen Sammlung der Universität Osnabrück

scheinlich sind die wechselnden lokalen Druckverhältnisse in der Körperhöhle, die durch die schlängelnde Fortbewegung der Nematoden verursacht wird, für den Transport des Darminhalts bedeutsam. Warum wird nun aber durch den hohen Binnendruck nicht der Darm zusammengedrückt und entleert? Der Grund ist relativ einfach: Am Ende des Pharynx und am Ende des Mitteldarms befindet sich jeweils ein Klappenventil, das unter muskulöser Kontrolle steht. Der

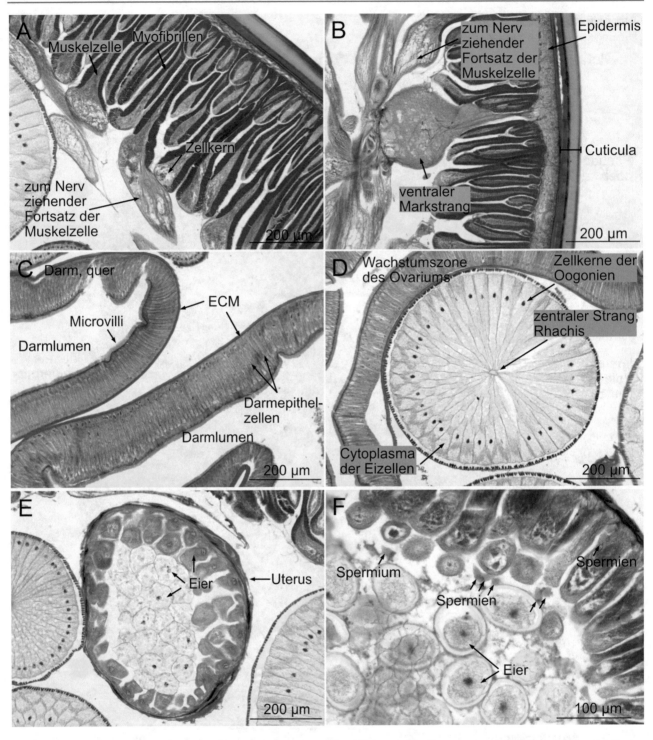

Abb. 7.5 *Ascaris suum*, Schweinespulwurm. Querschnitt eines weiblichen Tieres, mittlere Körperregion. (**A**) Cuticula, Epidermis, Muskulatur mit myoneuralen Synapsen, Fortsätze der Muskelzellen, die zum dorsalen oder ventralen Markstrank projizieren. (**B**) Ventraler Markstrang. (**C**) Darm mit direkter ECM-Bedeckung und mikrovillibesetzten Darmzellen. (**D**) Wachstumszone des Ovariums mit unreifen Eiern. (**E**) Querschnitt durch einen frühen Uterusabschnitt mit Eizellen. (**F**) Uterusquerschnitt mit vorgedrungenen Spermien. Präparate der Zoologischen Lehrsammlung, Philipps-Universität Marburg

After befindet sich kurz vor dem Hinterende des Spulwurms. Bei der Entleerung des Darmes öffnen spezielle Muskeln das hintere Klappenventil und die gesamte Körpermuskulatur kontrahiert sich gleichzeitig; die Spulwürmer können dann ihren Darminhalt viele Zentimeter weit spritzen. Bei männlichen Tieren endet hier auch der Samenleiter. Ein gemeinsamer Ausführgang von Darm und Fortpflanzungsorganen wird als Kloake bezeichnet. *Ascaris* ernährt sich von leicht zugänglichen Nährstoffen, die sich direkt im Dünndarm seiner Wirte finden.

Osmoregulation, Exkretion und Gasaustausch

Nematoden besitzen ein einzigartiges Osmoregulationsorgan. Es besteht bei den frei lebenden Nematoden aus ein oder zwei Ventraldrüsen, die nur von einer oder wenigen Zellen, den Renette-Zellen, gebildet werden und entweder in den Pharynx oder in der Regel nach außen münden. Die meisten Nematoden können Ammoniak als Ammoniumionen ausscheiden (Ammoniotelie), ähnlich wie dies auch von einigen Krebsen, Larven von Amphibien, Knochenfischen und weiteren aquatischen Tieren bekannt ist. Stickstoffverbindungen werden zunächst über die Darmwand ins Darmlumen abgegeben und gelangen so ins Außenmilieu. Die Renette-Zellen vieler Nematoden dienen daher weniger der „Entgiftung", als vielmehr der Osmoregulation. Bei *Ascaris* fehlen allerdings die erwähnten Renette-Zellen; stattdessen bildet eine einzelne Zelle ein H-förmiges Röhrensystem, welches in die lateralen Epidermisleisten hineinprojiziert. Anterior, kurz hinter dem Mund, sind die beiden lateralen Kanäle dieses Röhrensystems miteinander verbunden. Daher erinnert die Anatomie des Organs von oben betrachtet an den Buchstaben H und wird aus diesem Grund auch als H-Organ bezeichnet. Von dieser Querverbindung führt ein Exkretionskanal nach ventral zur Ausführpore. Das H-Organ dient nach heutigem Kenntnisstand ebenfalls der Osmoregulation. Anschnitte des H-Organs sind in histologischen Querschnitten als einzelne Kanäle in den beiden Seitenleisten zu erkennen (Abb. 7.8B).

Nematoden besitzen keine Organe für den Gasaustausch. Die Sauerstoffaufnahme und Kohlendioxidabgabe erfolgen bei den Jugendstadien von *Ascaris* direkt über die gesamte Körperoberfläche. Die adulten Spulwürmer leben dagegen anaerob im Dünndarm ihres Wirtes. Ein Blutgefäßsystem und ein Herz fehlen den Nematoden. Hämoglobin als respiratorisches Protein wurde direkt in der Körperhöhlenflüssigkeit nachgewiesen. Dies legt nahe, dass der Transport von Sauerstoff von der Pseudocoelflüssigkeit übernommen wird.

Fortpflanzungsorgane

Wie die allermeisten Nematoden sind auch *Ascaris suum* und *Ascaris lumbricoides* getrenntgeschlechtlich (gonochoristisch). Daher präpariert und demonstriert man in einem zoologischen Praktikum beide Geschlechter (Abb. 7.2 und 7.3).

Das weibliche Fortpflanzungssystem ist paarig angelegt. Wenn die im Praktikum eingesetzten Tiere nicht zu sehr gehärtet sind, lassen sich die in zahlreichen Schleifen und Windungen durch das gesamte Tier ziehenden paarigen weiblichen Geschlechtsorgane in der Präparierschale auslegen. Die „Schläuche" beginnen jeweils mit einem fadenförmigen, sehr dünnen Terminalabschnitt, dem Ovar. In der Wand der Ovarien finden die Meiose und die Produktion der Eizellen (Oogenese) statt (Abb. 7.4 und 7.5D). Die reifen Eizellen werden im Zuge der Oogenese immer weiter zum Zentralkanal der Ovarien (Rhachis) geschoben und darin entlassen.

Die Eizellen gelangen sodann von den Ovarien in die Eileiter (Ovidukte) und von dort in die Uteri (Abb. 7.5E, F und 7.6A, B). Eileiter und Uteri füllen die Körperhöhle der Tiere fast vollständig aus. Die beiden Uteri vereinen sich in einem nur sehr kurzen gemeinsamen Abschnitt (Vagina), der bei der Präparation unbedingt zur Orientierung aufgesucht werden sollte (Abb. 7.1). Die Befruchtung der Eizellen findet in den Uteri statt, die flagellenlosen Spermien werden bei der Begattung übertragen und bewegen sich amöboid im Uterus fort (Abb. 7.5F). Dort finden auch die Fertilisation der Eizellen und die erste Eientwicklung statt (Abb. 7.6). Ein einzelnes *Ascaris*-Weibchen produziert während der aktiven Fortpflanzungsphase insgesamt etwa 60 Millionen Eier, täglich bis zu 200.000. Die befruchteten Eier werden von einer dickwandigen, schützenden Schale umschlossen und gelangen mit den Fäzes des Wirtes ins Freie. Daher sind bei geschlechtsreifen Tieren die Uteri immer mit zahllosen Eiern angefüllt, was in histologischen Präparaten gut zu sehen ist. Einige Eier lassen sich auch direkt aus den vaginanahen Abschnitten der Uteri entnehmen und mikroskopieren.

Das männliche Fortpflanzungssystem besteht aus einem einzelnen, unpaar angelegten, fadenförmigen Hoden. In dessen Endabschnitt liegt das Germarium, in dem die Spermatogonien mitotisch gebildet werden. Diese durchlaufen die Meiose und als haploide Spermatiden reifen sie in der mittleren Wachstumszone heran. Nach Durchlaufen der Reifungszone treten sie als Spermien in den Samenleiter ein (Abb. 7.7 und 7.8A). Der Samenleiter zieht sich in langen Schleifen durch die gesamte Körperhöhle hindurch und mündet posterior in einen muskulären Ejakulationstubus. Von hier aus gelangen die Spermien in die Kloake. Als Begattungsorgane dienen zwei sogenannte Spicula, cuticuläre Haken, die bei der Übertragung der Spermien in die weibliche Geschlechtsöffnung hilfreich sind, indem mit ihnen die Vaginalöffnung erweitert wird. Frei lebende Nematoden produzieren sowohl im weiblichen als auch im männlichen Geschlecht dagegen stets nur wenige Keimzellen. Die Eigröße ist aber unabhängig von der Körpergröße und bei allen Nematoden annähernd gleich und beträgt meist nur 50–100μm × 20–50μm. Da die Wahrscheinlichkeit, dass die Eier der Parasiten wieder einen günstigen Lebensraum erreichen, relativ gering ist, müssen Parasiten sehr viel mehr Eier produzieren als ihre frei lebenden Vorfahren. Dies erklärt auch, warum die Parasiten meist deutlich größer sind.

Ascaris lumbricoides und *Ascaris suum*. Entsteht gerade eine neue Art?

Der Schweinespulwurm (*Ascaris suum*) und der Menschenspulwurm (*Ascaris lumbricoides*) sind anatomisch und histologisch nicht zu unterscheiden und noch miteinander fortpflanzungsfähig. *Ascaris lumbricoides* wurde erstmals 1758 durch den schwedischen Naturforscher Carl von Linné beschrieben. 24 Jahre später entdeckte und beschrieb der deutsche Pastor und Zoologe Johann August Ephraim

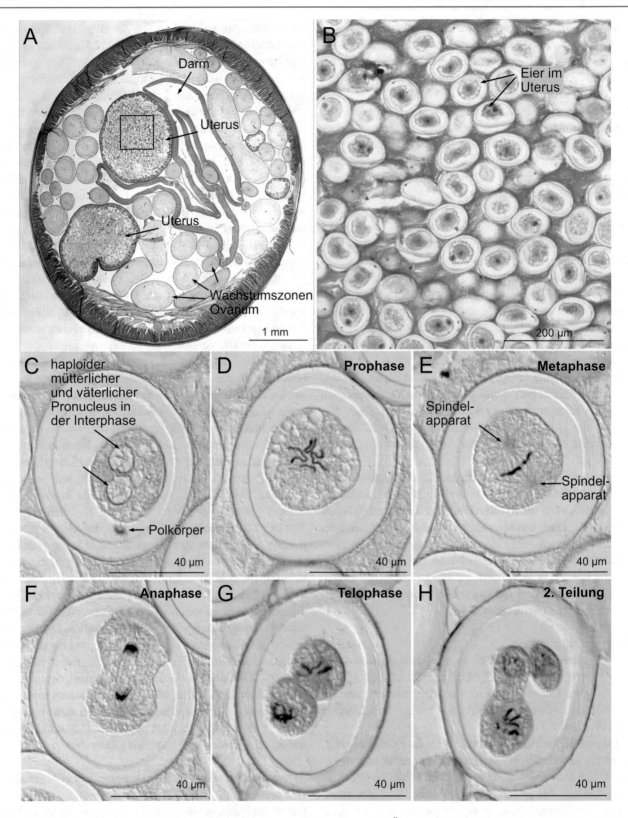

Abb. 7.6 *Ascaris suum*, Schweinespulwurm. Querschnitt eines weiblichen Tieres. (**A**) Übersicht. (**B**) Uterus mit Eiern. (**C–H**) Verschiedene Stadien der Meiose in längs geschnittenen Uteri. (**A, B**) Präparat der Zoologischen Lehrsammlung, Philipps-Universität Marburg. (**C–H**) Präparate der Biologischen Sammlung der Universität Osnabrück

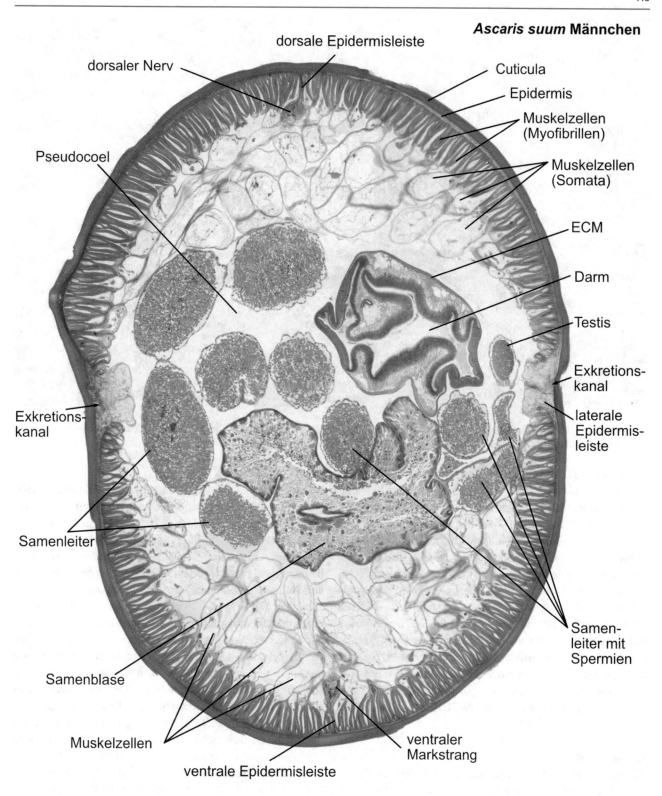

Ascaris suum Männchen

dorsale Epidermisleiste

dorsaler Nerv

Cuticula

Epidermis

Muskelzellen (Myofibrillen)

Pseudocoel

Muskelzellen (Somata)

ECM

Darm

Testis

Exkretions-kanal

Exkretions-kanal

laterale Epidermisleiste

Samenleiter

Samen-leiter mit Spermien

Samenblase

Muskelzellen

ventraler Markstrang

ventrale Epidermisleiste

Abb. 7.7 *Ascaris suum*, Schweinespulwurm. Querschnitt eines männlichen Tieres, mittlere Körperregion, Hämatoxylin-/Azanfärbung. Präparat der Biologischen Sammlung der Universität Osnabrück

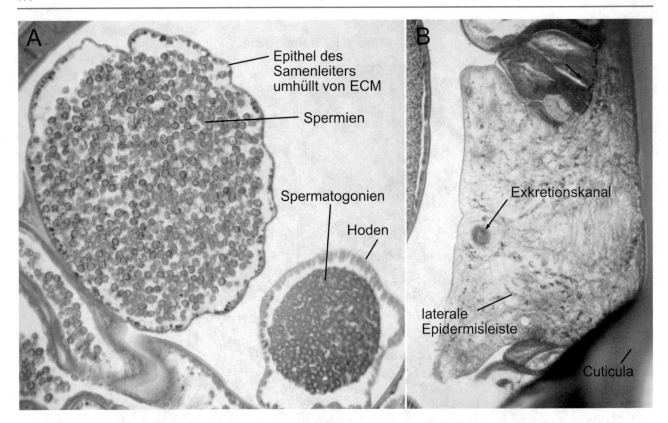

Abb. 7.8 *Ascaris suum*, Schweinespulwurm, Histologie. (**A**) Querschnitt des Samenleiters mit Spermien und des Hodens mit Spermatogonien. (**B**) Laterale Epidermisleiste mit Exkretionskanal. Präparat der Biologischen Sammlung der Universität Osnabrück

Goeze *Ascaris suum*. Wie sind beide Arten miteinander verwandt? Es könnte sich um zwei gültige Arten handeln, die auf einen nur ihnen gemeinsamen Vorfahren zurückgehen, bei dem es zur Zeit der Domestizierung der Schweine zu einem Speziationsereignis kam; es wären also Schwesterarten. Oder *Ascaris lumbricoides* und *Ascaris suum* sind ein und dieselbe Art. Um diese Frage zu klären, wurden Spulwürmer aus Schweinepopulationen und Spulwürmer von infizierten Patienten gesammelt und deren DNA auf Sequenzähnlichkeiten hin analysiert. Dabei stellte sich heraus, dass die genomischen Sequenzen von Ascariden aus Schweinen und Menschen so ähnlich sind, dass die Autoren der Studie von einer Art ausgehen. Sollten sich diese Befunde bestätigen, so gilt der Name der Erstbeschreibung, *Ascaris lumbricoides*, und *Ascaris suum* ist ein sogenanntes Junior-Synonym.

Helminthiasis

Als Helminthiasis bezeichnet man alle Erkrankungen, die durch parasitische Würmer verursacht werden. Der Name leitet sich vom altgriechischen Wort für Wurm, *hélminthos*, ab und wurde in früheren Jahrhunderten in Zoologie und Medizin als Sammelbegriff für parasitische Würmer (Eingeweidewürmer) eingeführt (Helminthes). Einige wenige der durch parasitische Nematoden ausgelösten klinisch relevanten Erkrankungen sollen im Folgenden vorgestellt werden.

Ascariasis

Nach Schätzung der Weltgesundheitsorganisation (WHO) sind derzeit etwa eine Milliarde Menschen mit *Ascaris* infiziert. Die durch eine Infektion hervorgerufene Erkrankung, die Ascariasis, kommt vornehmlich in den feuchtwarmen, tropischen Regionen und unter schlechten Hygienebedingungen vor. Die infektiösen Eier werden immer oral aufgenommen. Kontaminiertes Trinkwasser ist eine der Hauptursachen für die Übertragung der Ascariasis. Hohe Hygienestandards sind daher eine wesentliche Maßnahme zur Unterbrechung der Infektionswege dieser parasitischen Nematoden. Die adulten Würmer besiedeln den Dünndarm der Wirte und können dort je nach Befallsstärke zu unterschiedlichen Magen- und Darmbeschwerden führen, unter anderem zu Übelkeit, Erbrechen und Durchfall. Oft treten bereits kurz nach der Erstinfektion gesundheitliche Beeinträchtigungen auf. Schwerwiegende Komplikationen sind bei Erwachsenen eher selten, bei Kindern kann es jedoch zu einem Darmverschluss (Illeus) kommen. Bei sehr starkem Befall wandert *Ascaris* gelegentlich in die Gallengänge ein und verstopft diese. Nach Einschätzung der WHO kommt es in etwa 1 % der Fälle zum Tod des Erkrankten.

Geschlechtsreife Weibchen produzieren im Darm der Wirte täglich Unmengen an befruchteten Eiern, die mit dem Stuhl in die freie Umgebung gelangen (Abb. 7.9). Dort entwickelt sich zunächst die L1-Larve. Noch innerhalb der dickwandigen Eischale findet die erste Häutung und damit

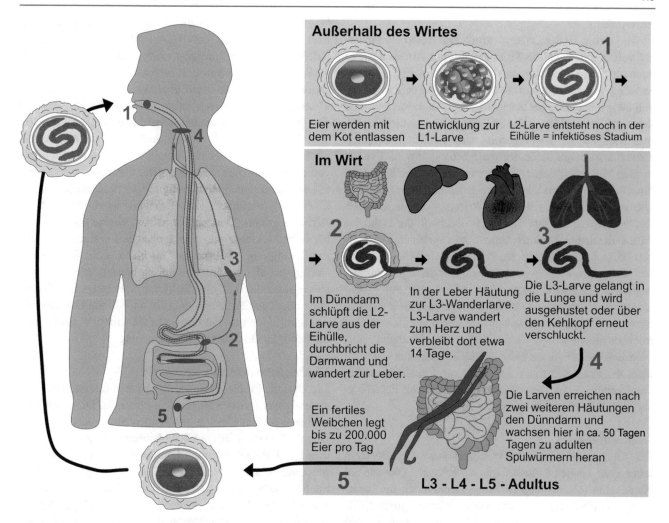

Abb. 7.9 Schema des Lebenszyklus des Menschenspulwurms (*Ascaris lumbricoides*). Nach verschiedenen Autoren

die Bildung der L2-Larve statt. Wie schnell die beschriebene sauerstoffabhängige Entwicklung verläuft, hängt ganz wesentlich von der Umgebungstemperatur und anderen Parametern ab. Sie kann zwischen acht und 50 Tage dauern. Die Eier mit den L2-Larven gelten als hochinfektiös und stellen den entscheidenden Schritt der Übertragung dar. Der Mensch infiziert sich durch Verschlucken der L2-Wurmeier, die bis in den Darm gelangen, beispielsweise, wenn verschmutztes Wasser getrunken wird. Im Dünndarm drängen die Larven aus der Eischale, durchdringen die Darmwand, wandern in die Blutgefäße und gelangen über die Pfortader in die Leber. In der Leber findet eine weitere Häutung statt und die etwa 2 mm große L3-Larve, auch Wanderlarve genannt, schlüpft.

Die L3-Larven bewegen sich aktiv und erreichen nach Durchwandern des Herzens die Lunge, wo sie etwa für zwei Wochen verweilen. Danach wandern sie in den Rachenraum ein und werden entweder ausgehustet oder ein weiteres Mal verschluckt. Wenn Letzteres geschieht, gelangen die Würmer erneut über die Speiseröhre in den Dünndarm, wo sie nach etwa zwei Monaten und zwei weiteren Häutungen

geschlechtsreif werden. Aufgrund der Wanderbewegungen der Larven kommt es bei einer akuten Infektion mit *Ascaris* oft auch zu Beschwerden der Atemwege. Etwa eine Woche nach der Erstinfektion mit Spulwurmeiern treten bei Kindern oft Husten, Auswurf und Fieber, in schweren Fällen auch Luftnot auf, da die frühen Jugendstadien des Spulwurms die Lunge passieren. Ascariasis gilt auch als die häufigste Ursache für das Löffler-Syndrom, eine allergische Entzündung von Herz, Lunge, Augen, Haut und Gastrointestinaltrakt.

Die Jugendstadien von Nematoden und Spulwürmern werden in der Literatur gemeinhin immer als Larven bezeichnet. Dies ist, wenn man der in der Zoologie gebräuchlichen Definition von Larve folgt, falsch. Echte Larven sind im engeren zoologischen Sinne solche Jugendstadien, die sich in zahlreichen anatomischen Merkmalen und in der Lebensweise vom adulten Tier unterscheiden. Beispielsweise besitzen die Larven von Dipteren keine Flügel und keine Augen, beide Strukturen entwickeln sich erst während der Metamorphose. Auch fehlen die Geschlechtsorgane noch. Bei Nematoden ist der Begriff Larve also eigentlich nicht korrekt, wird aber hier aus rein traditionellen Gründen beibehalten.

Enterobiasis

In Westeuropa ist der „Madenwurm", *Enterobius vermicularis*, volkstümlich auch als Pfriemenschwanz, Aftermade oder auch als „Kindergartenwurm" bekannt, der häufigste, medizinisch relevante Parasit des Menschen. Genaue Zahlen liegen zwar nicht vor, aber Schätzungen gehen davon aus, dass jedes zweite bis drittes Kind in Deutschland zumindest einmal während der Kindergarten- oder Schulzeit aufgrund einer Infektion mit Madenwürmern behandelt wird. Die nur wenige Millimeter langen Madenwürmer leben im Dickdarm ihrer Wirte und verursachen dort gelegentlich Entzündungen. Die geschlechtsreifen Weibchen kriechen nachts aus dem Rectum heraus, um ihre Eier in Hautfalten in der Nähe des Afters abzulegen. Dadurch verursachen sie einen sehr starken Juckreiz, der zu heftigem Kratzen verleitet. Meist bleiben Eier an den Fingern oder unter den Fingernägeln zurück, werden anschließend wieder zum Mund oder auf andere Gegenstände übertragen und können zur Infektion weiterer Personen führen. Oft verbleiben auch Eier in der Bettwäsche, trocknen dort ein und werden später als „Staubeier" aufgewirbelt und möglicherweise wieder inhaliert. Dies führt zu einer erneuten Selbstinfektion oder zur Infektion anderer Familienmitglieder. Die Krankheit selbst wird als Enterobiasis (auch Oxyuriasis) bezeichnet.

Onchozerkose

Die Onchozerkose (auch Onchozerkiasis) ist allgemein unter dem Namen „Flussblindheit" bekannt. Die adulten Nematoden (*Onchocerca volvulus*) siedeln sich im Unterhautgewebe an und verursachen dort sichtbare große Knötchen (Diagnostik). In jedem Knötchen leben zwei bis drei der bis zu 50 cm langen Weibchen. Die viel kleineren Männchen, die bis zu 4 cm lang werden können, wandern in die Knötchen ein und verpaaren sich mit den Weibchen. Diese legen dann täglich bis zu 2000 Eier, in denen sich die infektiösen Jugendstadien entwickeln. Als Überträger dienen Kriebelmücken (engl. *black flies*) der Familie Simulidae (*Simulium* spec.), die beim Blutsaugen Jugendstadien von *Onchocerca* aufnehmen und übertragen können. Wird ein Mensch mit *Onchocerca* infiziert, verteilen sich diese mit dem Blutstrom im gesamten Körper. Eventuell erreichen einige Jugendstadien die Augen und besiedeln die Augenhöhle, die Retina oder den Sehnerv. Sterben die Tiere ab, verursachen sie eine Vernarbung des Gewebes, was bei Befall des Auges zur Beeinträchtigung der Sehkraft bis hin zur Erblindung führen kann. Die Krankheit ist vornehmlich auf Afrika begrenzt. Dort sind schätzungsweise 40 Millionen Menschen erkrankt und zum großen Teil erblindet. Für die Entdeckung von „Ivermectin" als höchst effektivem Wirkstoff gegen alle bekannten klinisch bedeutsamen Nematoden (Antiparasitika) ging 2015 der Nobelpreis für Physiologie oder Medizin unter anderem an William C. Campbell und Satoshi Omura. Ivermectin ist ein wichtiger Bestandteil der heutigen Onchozerkose-Behandlung.

Elephantiasis (Elefantenkrankheit)

Die Ursache für diese Erkrankung ist eine Infektion mit *Wuchereria malayi* oder *Wuchereria bancrofti*. Diese wie *Onchocerca* zu den Filarien gehörenden Nematoden gelangen durch Mückenstiche ins lymphatische System und verursachen Entzündungen mit Lymphstau. Bei den Filarioidea muss kein einziges Stadium des Entwicklungszyklus mehr ins Freie oder in den Darmkanal des Endwirtes gelangen, sondern alle Stadien befinden sich im Körperinneren; Hygienemaßnahmen schützen dementsprechend nicht vor einem Befall. Patienten in fortgeschrittenem Stadium leiden unter einer extremen Ansammlung von Lymphflüssigkeit im Gewebe (Abb. 7.10). Dies führt im Endstadium dann zu

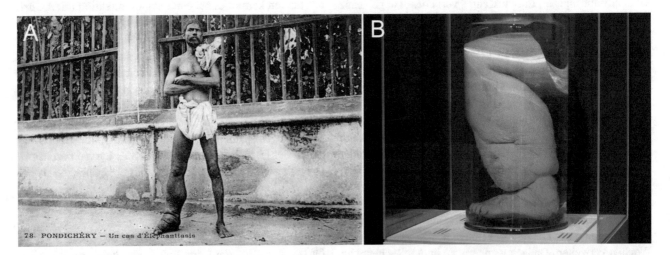

Abb. 7.10 Parasitäre Nematoden und Krankheitsbilder. (**A**) Postkarte aus Pondichéry, bis 1954 Hauptstadt von Französisch-Indien. Gezeigt wird ein Mann mit Elephantiasis im rechten Bein, verursacht durch eine Filarien-Infektion mit *Wuchereria malayi* oder mit *Wuchereria bancrofti*. (**B**) Elephantiasis, Alkoholpräparat eines menschlichen Beins. National Museum of Health and Medicine, Silver Spring, Maryland, USA.

Abb. 7.11   Parasitäre Nematoden. (**A**) *Trichinella spiralis*, Männchen und Weibchen, Totalpräparat. Präparat der Biologischen Sammlung der Universität Osnabrück. (**B**) *Trichinella spiralis*, Kapsellarven in Muskelgewebe, histologischer Schnitt, gefärbt. Präparat von Johannes Lieder, Ludwigsburg

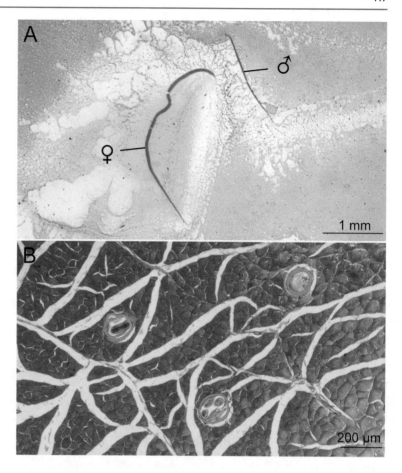

einem Anschwellen des Gewebes (Ödem) bis auf ein Vielfaches der ursprünglichen Größe. Häufig betroffen sind Arme und Beine, bei Frauen die Brust und bei Männern das Scrotum. Eine echte Heilung gibt es bislang nicht. Weltweit sind etwa 120 Millionen Menschen in über 70 Ländern betroffen.

Trichinellosis

Der Lebenszyklus von *Trichinella spiralis* wurde von dem deutschen Pathologen Rudolf Virchow aufgeklärt. Die erwachsenen Nematoden besiedeln den Darm von carnivoren oder omnivoren Wirten. Hierzu zählen unter anderem der Mensch, Affen, Schweine und Bären. Die bis zu 4 mm großen Weibchen produzieren täglich 1000 bis 2000 Eier, aus denen Larven schlüpfen. Die Larven dringen in die Darmwand ein und gelangen über die Blutgefäße in die Herz- und Bewegungsmuskulatur, wo sie dann in Muskelzellen ein-

wandern und sich einkapseln (Muskeltrichine; Abb. 7.11). Die im Muskelgewebe verteilten Larven verursachen oft Fieber sowie Ödeme im Gesicht als Folge einer Entzündung der Muskulatur. Ist die Herzmuskulatur stark betroffen, kommt es auch dort zu Entzündungsreaktionen, die zum Tod führen können. Die eingekapselten Larven sind hochinfektiös und werden durch Verzehr von rohem oder unzureichend gegartem Fleisch auf den nächsten Wirt übertragen. Dort entwickeln sie sich im Darm über das zweite, dritte und vierte Larvenstadium bis zum Adultus weiter. Bei der Trichine wird so jeder Endwirt auch zum Zwischenwirt der nächsten Generation. Adulte Trichinen verursachen beim Menschen meist Bauchschmerzen und Durchfall, oft begleitet von Schwindel. In Deutschland ist das Auftreten von Trichinen meldepflichtig. Bei Schlachtungen muss das Fleisch immer auf Trichinenbefall hin kontrolliert werden (Trichinenbeschau).

Arthropoda (Gliederfüßer)

▶ **Die Arthropda oder Gliederfüßer bilden mit über einer Million beschriebenen Arten die bei weitem artenreichste Gruppe der Metazoen; sie machen ungefähr zwei Drittel bis drei Viertel aller Tierarten aus. Arthropoden kommen in allen Lebensräumen der Erde vor; die größte Artenzahl erreichen sie aber an Land. Sie sind durch einen segmentierten (aus einzelnen Abschnitten zusammengesetzten) Körper, gegliederte Extremitäten sowie ein Exoskelett in Form einer Chitincuticula gekennzeichnet.**

Die Verwandtschaftsverhältnisse innerhalb der Gliedertiere werden nach wie vor kontrovers diskutiert. Jüngere Studien beziehen neben anatomischen Merkmalen auch molekulare Daten, den Feinbau der Nervensysteme und andere Merkmale in die Überlegungen ein. Danach gliedern sich die Arthropoden in drei große monophyletische Gruppen:

- Chelicerata (Kieferklauenträger, Spinnentiere)
- Myriapoda (Tausendfüßer)
- Tetraconata (auch Pancrustacea genannt)

Hierbei sind die Chelicerata eine Schwestergruppe der Myriapoda und Tetraconata, die auch als Mandibulata zusammengefasst werden. Die Tetraconata umfassen die Krebstiere (Crustacea) und die Sechsfüßer (Hexapoda, mehrheitlich Insekten). Wie bei allen Metazoa liegt auch bei den Arthropoden der Ursprung im Meer; von hier aus ist es wiederholt zum Einwandern in das Süßwasser und zur Eroberung des Landes gekommen, jeweils einhergehend mit entsprechenden Umgestaltungen ihres Körpers und ihrer Physiologie. Von diesen drei Großgruppen besprechen wir hier zwei Vertreter der Tetraconata, ein Insekt und einen Krebs.

Die von der Epidermis sezernierte Cuticula der Arthropoden ist sklerotisiert und verhärtet. Sie erhält dadurch den Charakter eines Exoskeletts. Harte Platten werden durch nicht verhärtete Cuticulabereiche gelenkig miteinander verbunden, sodass die Beweglichkeit des Körpers gewährleistet ist. Arthropoden besitzen einen aus Segmenten aufgebauten Körper. Ob diese Segmente primär alle gleichartig waren oder bereits bei der Stammart in mehr oder wenige große Funktionseinheiten (Tagmata) aufgeteilt waren, ist nicht abschließend geklärt. Eine besondere Eigenschaft in diesem Zusammenhang ist bei allen Arthropoden die Bildung eines Kopfes, bei dem Rumpfsegmente an einen vorderen Abschnitt angeschlossen wurden. Diesen Vorgang bezeichnet man als Cephalisation. In den Kopf der Myriapoda und Tetraconata werden fünf extremitätentragende Segmente einbezogen, die die ersten und zweiten Antennen, die Mandibel sowie ersten und zweiten Maxillen tragen. Allerdings zeigen nur die Krebse alle fünf Kopfextremitäten, bei den Tausendfüßern und Insekten fehlen jeweils die zweiten Antennen. Ursprünglich trägt jedes Körpersegment ein Paar Gliederextremitäten, die aus einzelnen, gelenkig miteinander verbundenen röhrenförmigen Abschnitten bestehen und so eine große Beweglichkeit gewährleisten. Die einzelnen Glieder werden durch ein antagonistisches Muskelsystem aus Beugern und Streckern bewegt. Letztere können fehlen, dann erfolgt die Streckung passiv durch Erhöhung des Hämolymphdrucks; man spricht dann von Turgorextremitäten, wie sie bei manchen Krebsen, beispielsweise bei den bekannten Daphnien, anzutreffen sind. Sehr wahrscheinlich waren die Extremitäten ursprünglich multifunktionell und dienten neben der Fortbewegung auch der Atmung und Nahrungsaufnahme. Im Laufe der Evolution und der damit einhergehenden Spezialisierung einzelner Körperabschnitte, der Tagmatabildung, ist es dann vermutlich auch zu einer Spezialisierung der Extremitäten auf nur eine Funktion gekommen. Darüber hinaus dienen Arthropoden-Extremitäten auch der Sensorik oder der Fortpflanzung.

Das Nervensystem der Arthropoden ist ein ventral gelegenes, sogenanntes Strickleiternervensystem, bei dem pro Segment zwei paarig angeordnete Ganglien durch längs verlaufende Konnektive und quer verlaufende Kommissuren verbunden sind. Hinzu kommt meist noch ein medianer Längsnerv. Im Zuge der Cephalisation werden die Ganglien der vordersten Segmente zu einem Komplexgehirn zusammen-

A. Paululat, G. Purschke, *Metazoa – Morphologie und Evolution der vielzelligen Tiere*, https://doi.org/10.1007/978-3-662-66184-0_8

gefasst; auch die Ganglien der darauffolgenden Segmente verschmelzen zum zusammengesetzten Unterschlundganglion. Im Gehirn bilden die sogenannten Pilzkörper wichtige Assoziationszentren. Je nach betrachteter Gruppe können weitere Ganglien verschmelzen, sodass die Strickleiternatur nicht immer erkennbar ist. Komplex- oder Facettenaugen sind ein weiteres Charakteristikum der Arthropoden. Unter Komplexaugen versteht man Augen, die aus einer Vielzahl von kleinen Einzelaugen, den Ommatidien, zusammengesetzt sind. Deren Zahl ist außerordentlich variabel und kann bei Libellen bis zu 30.000 betragen. Bei Cheliceraten und Tausendfüßern sind die Komplexaugen zu Gruppen modifizierter Ommatidien aufgelöst und damit als solche nicht mehr erkennbar. Neben den paarigen Komplexaugen kommen weitere Augen vor, die Medianaugen, von denen primär vier vorhanden sind. Andere Sinnesorgane sind die über den ganzen Körper verteilten Sensillen, die häufig in cuticulären Borstenstrukturen enden. Diese sind unter anderem chemo- oder mechanosensorisch.

Die Leibeshöhle der Arthropoden ist ein sogenanntes Mixocoel, auch Hämocoel genannt, bei dem die primäre und die zunächst angelegte sekundäre Leibeshöhle miteinander vereinigt sind. Dadurch sind auch Blut und Coelomflüssigkeit zu einer einheitlichen Körperflüssigkeit geworden, die nun als Hämolymphe bezeichnet wird. Das Kreislaufsystem der Arthropoden ist dementsprechend ein offenes System. Wichtigstes Element ist das dorsal gelegene schlauchförmige Herz, von dem primär ein Arteriensystem ausgeht, das bei ursprünglichen Gliederfüßern recht umfangreich sein kann. Bei vielen Arthropoden wird das Herz auf die Körperregionen konzentriert, in denen auch die Respirationsorgane liegen. Die Hämolymphe transportiert Sauerstoff und Kohlendioxid zu den verschiedenen Organen und von diesen zu den primären Atemorganen, die bei kleineren aquatischen Taxa sogar ganz fehlen können. Bei manchen terrestrischen Arthropoden kommt es zu einer Entkoppelung von Respirations- und Atmungssystem, dies ist vor allem bei den Röhrentracheen der Insekten, bei den meisten Myriapoden und einigen Arachnidengruppen der Fall. Bei diesen versorgen die Tracheen die Organe direkt mit Sauerstoff. Die Kiemenorgane der wasserlebenden Arthropoden dienen neben dem Gasaustausch auch der Osmoregulation und der Exkretion.

Die ursprünglichen Exkretionsorgane der Arthropoden sind Nephridien, die sich von Metanephridien ableiten lassen. Sie beginnen mit einem kleinen Coelomraum, Sacculus genannt, an den sich das eigentliche Nephridium anschließt. Auffällig ist, dass sich die Nephridien, die ursprünglich im Grundbauplan in jedem Segment angelegt werden, bei rezenten Arthropoden immer in nur wenigen Segmenten befinden, bei den Krebsen sind es maximal zwei Paar in den Segmenten der zweiten Antennen oder zweiten Maxillen. Sie werden dort auch als Antennen- bzw. Maxillardrüse bezeichnet. In der Regel ist bei den meisten Krebsen aber nur ein Paar vorhanden. Im Zuge der Eroberung des Landes ist es wohl ebenfalls mehrfach konvergent zur Ausbildung alternativer Exkretionsorgane, den Malpighischen-Schläuchen, gekommen. Hierbei handelt es sich um blind endende Röhren, die an der Grenze Mitteldarm-Enddarm vom Darmtrakt ausgehen und ihre Produkte über den Darm abgeben. Sie haben den entscheidenden Vorteil, dass auf diese Weise die Exkretion mit wesentlich geringerer Wasserabgabe gekoppelt ist.

Arthropoden sind meistens getrenntgeschlechtlich; Zwitter oder parthenogenetische Formen bilden relativ seltene Ausnahmen. Die paarigen Gonaden sind mesodermaler Herkunft und die Gameten werden über mehr oder weniger komplexe mesodermale Ausleitungsgänge, die mit einem kurzen ektodermalen Anteil enden, nach außen geleitet. Es wird vermutet, dass die Arthropoden ursprünglich ihre Gameten ins freie Wasser entlassen haben und die vielfältigen Fortpflanzungsmodi vor allem eine Folge der Eroberung des Landes sind – einhergehend mit einer Spermaübertragung auf die Weibchen und einem Verlust eines für die Artausbreitung wichtigen Larvenstadiums, wie es beispielsweise bei den Krebsen noch auftritt. Nach der Embryonalentwicklung schlüpft entweder eine Larve mit wenigen Segmenten wie die Nauplius-Larve der Krebse, die nur drei Segmente besitzt, oder Jugendstadien mit unvollständiger Segmentzahl oder mit der Segmentzahl der adulten Tiere. Der Begriff „Larve" ist im zoologischen Sinne nur für diejenigen Jugendstadien vorgesehen, die sich in prominenten morphologisch-anatomischen Merkmalen und auch in ihrer Lebensweise vom ausgewachsenen Tier unterscheiden. Beispielsweise besitzen die Larven von Dipteren keine Flügel und keine Augen, beide Strukturen entwickeln sich erst während der Metamorphose. Auch fehlen die Geschlechtsorgane noch.

8.1 Der Europäische Flusskrebs (*Astacus astacus*, Crustacea)

Krebse (Crustacea) sind eine vielgestaltige Tiergruppe überwiegend aquatisch lebender Arten und spielen in marinen Nahrungsketten eine herausragende Rolle. Sie haben einen nur ihnen gemeinsamen Vorfahren mit den Insekten und werden deshalb mit diesen als Pancrustacea oder, aufgrund des ähnlichen Aufbaus der Facettenaugen, als Tetraconata zusammengefasst.

Die überwiegende Mehrheit der über 50.000 bekannten Crustacea-Arten lebt in marinen Lebensräumen, sei es als Bestandteil des Planktons im freien Wasser oder als benthische Organismen auf oder im Meeresboden. Andere Crustaceen besiedeln stehende oder fließende Süßwasserhabitate, so wie der einheimische Europäische Flusskrebs (*Astacus astacus*), der in diesem Abschnitt vorgestellt wird (Abb. 8.1A). Nur wenige Crustaceen haben terrestrische Lebensräume erobert und sind auch für die Fortpflanzung nicht mehr auf aquatische Biotope angewiesen, beispielsweise Kellerasseln (*Porcellio scaber*). Die Größe von Crustaceen reicht von mikroskopisch kleinen planktonischen Formen wie den artenreichen Ruderfußkrebsen (Copepoda), die nur etwa 0,2–2 mm groß werden, bis hin zur Japanischen Riesenkrabbe (*Macrocheira kaempferi*, Decapoda), die ausgestreckt von Beinspitze zu Beinspitze bis zu 3,7 m messen kann. Krebse spielen eine überragende Rolle in den Nahrungsnetzen des Meeres. Wichtiger noch sind die zahlreichen kleinen Vertreter der bereits erwähnten marinen Copepoda, die als Primärkonsumenten des Phytoplanktons die zweite Ebene vieler Nahrungsnetze bilden und selbst vor allem vielen kleineren Fischen als Nahrung dienen. So kommt der Antarktische Krill (*Euphausia superba*) in riesigen Schwärmen im Meer vor und stellt unter anderem für Bartenwale die Hauptnahrungsgrundlage dar. Ein erwachsener Blauwal filtriert bis zu 4000 kg Krill pro Tag aus dem Ozean. Die weltweite Biomasse von Krill wird auf über 500 Milliarden Tonnen geschätzt und übertrifft die des Menschen um mehr als das Doppelte. Auch der Mensch schätzt Krebse als Nahrungsquelle. Der Helgoländer Knieper (Scheren des Taschenkrebses, *Cancer pagurus*), der Europäische Hummer (*Homarus gammarus*, Abb. 8.1B), die Nordseegarnele (*Crangon crangon*) oder verwandte Arten (Gambas) gelten als Delikatessen.

Der Begriff Krebs ist in verschiedenen Formen im allgemeinen Sprachgebrauch enthalten. Jemand ist nach einem langen Sonnenbad „krebsrot" (wie ein gekochter Hummer). „Herumkrebsen" bedeutet im übertragenen Sinne, am Existenzlimit leben. Krebse wandern während der Nahrungssuche langsam in ihrem Habitat umher, so wie sich Tumorzellen im Körper auszubreiten vermögen. Daher heißt diese gefährliche Erkrankung im Volksmund „Krebs". Auf die sehr große Vielfalt innerhalb der Crustacea können wir hier jedoch nicht eingehen. Vor allem die Gliederung ihres Körpers, die Zahl der Segmente und die dazugehörigen Extremitäten sind bei den verschiedenen Gruppen recht unterschiedlich. Stattdessen werden beispielhaft die Decapoda, die Zehnfußkrebse, vorgestellt. Zu ihnen zählen auch die weitaus meisten der außerhalb der Zoologie als Krebse bekannten Arten. Es gibt über 15.000 marine und im Süßwasser lebende Arten, unter anderem die bereits erwähnten Hummer, Garnelen, Krill, Langusten, die Japanische Riesenkrabbe und Taschenkrebse. Auch der im Süßwasser lebende heimische Edel- oder Flusskrebs (*Astacus astacus*) gehört zu dieser Gruppe.

Paarung und Fortpflanzung des Europäischen Flusskrebses, *Astacus astacus*

Der Europäische Flusskrebs (*Astacus astacus*, syn. *Astacus fluviatilis*) besiedelte früher zahlreiche Flüsse in ganz Mitteleuropa. Sein Bestand ist mittlerweile durch Lebensraumverlust, Pilzerkrankungen (Krebspest) und durch die Konkurrenz mit teils eingeführten außereuropäischen, resistenten und daher erfolgreicheren Arten, beispielsweise dem Amerikanischen Flusskrebs (*Orconectus limosus*), stark gefährdet.

Die Krebse verbringen den Tag in einer selbst gegrabenen Wohnhöhle im flacheren Uferbereich von Bächen, Flüssen, Teichen und Seen. Schlupflöcher und dichtes Wurzelwerk bieten ihnen hinreichend Schutz für den nächtlichen Beutegang, auf dem sie nach Muscheln, Schnecken, Würmern und Insektenlarven suchen. Die bis zu 1 m lange Wohnhöhle wird immer nur von einem einzelnen Tier bewohnt. Flusskrebse werden im zweiten oder dritten Lebensjahr geschlechtsreif. Im frühen Herbst nehmen dann die Gonaden deutlich an Größe zu. Die Männchen wandern auf der Suche nach Weibchen umher und drehen alle Artgenossen, deren Weg sie kreuzen, auf den Rücken. Handelt es sich um ein weibliches Tier, kommt es zur Begattung, bei der eine Spermatophore übertragen wird. Die Begattungsextremitäten des Männchens (gebildet aus den ersten beiden Pleopodenpaaren) formen dabei die aus den Geschlechtsöffnungen austretende Samenflüssigkeit zu 1 cm langen Spermatophoren, die zwischen die Beinpaare des Weibchens geheftet werden. Die Befruchtung der Eier findet dann erst im späten Herbst statt, bis zu zwei Monate nach der Begattung. Die befruchteten Eier verbleiben den gesamten Winter über bei der Mutter. Sie sind von Schleim umhüllt und kleben so schnurartig an den Pleopoden des Weibchens fest. Erst im Frühjahr werden die weit entwickelten und bestens an das Bodenleben angepassten Jungkrebse entlassen. So wie beim Europäischen Flusskrebs fehlt bei vielen Süßwasserkrebsen ein frei schwimmendes Larvenstadium völlig und das hat einen einfachen Grund. Während einer frei schwimmenden planktonischen Phase würden die Larven flussabwärts oder gar bis ins Meer verdriftet und sie müssten nach ihrer Metamorphose wieder weit die Flusssysteme hinauflaufen, um die Biotope der Eltern zu erreichen. Dies ist bei den meisten marinen Krebsen anders. Sie besitzen einen biphasischen Lebenszyklus aus einer planktonischen Larve, der Nauplius-Larve, die essenziell für die Verbreitung der Art ist, und einem Adultus, der bei vielen Formen bodenlebend ist.

Empfohlenes Material

Flusskrebse werden heute für den gastronomischen Bedarf gezüchtet und können von Zuchtbetrieben oder Fischfarmen, die oft auch Muscheln und Krebse anbieten, bezogen werden. Andere nah verwandte Arten wie der Amerikanische Flusskrebs (*Orconectes limosus*) eignen sich ebenso für die Präparation. Als Alternative bieten sich Strandkrabben (*Carcinus maenas*) an. Sie sind unter anderem bei der Biologischen Anstalt Helgoland des Alfred-Wegener-Instituts (AWI) erhältlich. Durch den anderen, „krabbenartigen" Habitus und eine andere Fortbewegung ist bei ihnen das Pleon weitgehend reduziert und ventral unter den Cephalothorax geschlagen.

Der grundlegende Körperbau der Flusskrebse

Flusskrebse besitzen einen typischen zweiteiligen Körperbau aus Chephalothorax und Pleon (Abb. 8.2). Der Chephalothorax ist durch die Verschmelzung von Kopf und den ersten acht Thoraxsegmenten entstanden. Äußerlich sichtbar ist dieser Körperabschnitt durch den Carapax, eine durch Auffaltung der Epidermis entstandene Rückenbedeckung, die einerseits den Körper selbst schützt und andererseits einen sicheren Raum für die Kiemen schafft. Nach posterior schließt sich das Pleon (Hinterleib) an, das aus den übrigen sechs Thoraxsegmenten und dem Telson besteht. Das Telson ist ein nicht-segmentaler Körperabschnitt, der bei vielen Krebsen zwei sensorische Anhänge tragen kann, die aber keine Extremitäten sind. Die Rückenteile des Panzers werden als Tergite, die Bauchteile des Panzers als Sternite bezeichnet. Die Hinterleibstergite laufen seitlich in dünne Platten aus, die als Pleurite bezeichnet werden. Bei den Decapoda trägt der Cephalothorax die Sinnesorgane (Abb. 8.3 und 8.4) und die wichtigsten inneren Organe sowie die zu Scheren umgebildeten Gliedmaßen (Abb. 8.5A) und die Laufbeine, während das muskulöse Pleon primär der Fortbewegung durch Schwimmen dient (Abb. 8.2 und 8.6). Bei den Garnelen und Hummerartigen kann dieses bauchseits blitzschnell nach vorn geschlagen werden und ist somit eine beeindruckende Fluchteinrichtung, mit der sich die Tiere sehr schnell aus potenzieller Gefahr in Sicherheit bringen können (Abb. 8.5B,C).

Die vielen Funktionen der Extremitäten

Jedes Körpersegment besitzt ein Paar Extremitäten, das nach dem Prinzip des Spaltfußes aufgebaut ist (Abb. 8.6). Alle Extremitäten, mit Ausnahme der Antennen, sind primär multifunktional und bestehen aus drei Abschnitten: Ein basaler Protopodit trägt jeweils einen größeren Außenast (Exopodit) und einen größeren Innenast (Endopodit). Der beim Flusskrebs zweigeteilte Protopodit kann weitere Anhänge tragen, die als Exite und Endite bezeichnet werden. Jedem dieser Abschnitte wird im Grundmuster eine bestimmte Funktion zugewiesen: Nahrungsaufnahme und -transport, Atmung und Fortbewegung. Zum evolutiven Erfolg der Tiergruppe hat sicherlich die enorme Vielfalt der anatomischen und funktionellen Anpassungen dieser Extremitäten beigetragen. So sind die Körperanhänge des Kopfes zu Antennen umgewandelt, die Sinnesorgane tragen, oder dienen der Nahrungszerkleinerung und Nahrungsaufnahme (Mundwerkzeuge). Betrachtet man den Flusskrebs von der Bauchseite (Abb. 8.2B), lassen sich mithilfe einer Sonde alle Gliedmaßen leicht hin und her bewegen und ansprechen. Am Ende eines Kurstages lohnt es sich, sie vorsichtig vom Körper abzutrennen und auf einem Blatt Papier in der richtigen Reihenfolge zu arrangieren (Abb. 8.6). Die funktionelle Vielgestaltigkeit der Körperanhänge lässt sich so sehr gut nachvollziehen.

Bei der genauen Untersuchung der Kopfextremitäten sind die kleineren, aus drei Stammgliedern bestehenden 1. Antennen (Antennulae) zu erkennen. Sie tragen an den beiden Geißeln Sinnesborsten mit Chemorezeptoren (Abb. 8.3 und 8.4). Die Gleichgewichtsorgane (Statocysten) liegen im ersten Stammabschnitt der 1. Antenne. Die großen 2. Antennen (Antennae) bilden den nächsten paarigen Körperanhang. Sie dienen dem Tier als Tastorgane (Abb. 8.3 und 8.4A). Am Coxopoditen, dem körpernahen Abschnitt des ersten zweigeteilten Stammglieds (Protopodit), finden wir den Ausführgang des Antennennephridiums, auch als grüne Drüse bezeichnet. Um die Lage des Ausführgangs zu entdecken, wird das Stammglied unter dem Stereomikroskop nach einer gelben Erhebung abgesucht. In deren Mitte befindet sich die Ausführpore, die aber zumeist nicht direkt sichtbar ist (Abb. 8.4B). Der Außenast der zweiten Antenne ist schuppenförmig und beweglich (Scaphocerit). Er dient beim Schwimmen als wichtiges Steuerorgan.

Die drei folgenden Extremitätenpaare sind die zu Mundwerkzeugen umgestalteten Mandibeln und die 1. und 2. Maxillen (Abb. 8.4B und 8.6). Die ersten Maxillen werden bei Crustaceen auch Maxillulae genannt und die zweiten Maxillae. Die Mandibeln und ersten Maxillen dienen im Wesentlichen der Nahrungszerkleinerung. Die zweite Maxille weist eine weitere Besonderheit auf: Der Exopodit ist löffelförmig und ist im lebenden Tier in permanenter Bewegung. Dieser als Scaphognathit bezeichnete Außenast dient der Erzeugung eines kontinuierlichen Atemwasserstroms in der zwischen Körperwand und Carapax liegenden Kiemenhöhle. Die empfindlichen Kiemen sind durch den Carapax zwar gut vor Beschädigung geschützt, müssen aber durch die Pumpaktivität des Scaphognathiten ventiliert werden. Dabei tritt das Atemwasser an den Extremitätenbasen und von hinten in diese Höhle ein und nach vorne wieder aus. Die zwei Antennenpaare und die drei Paar Mundwerkzeuge markieren insgesamt fünf Kopfsegmente.

Abb. 8.1 Typische Decapoda. (A) *Astacus astacus*, Europäischer Flusskrebs, lebend. (B) *Homarus gammarus*, Europäischer Hummer. Die Entwicklung von einer frei schwimmenden Larve (unten rechts) bis hin zum ausgewachsene Tier verläuft über viele Jahre und zahlreiche Häutungen. Schaukasten im Museum Helgoland

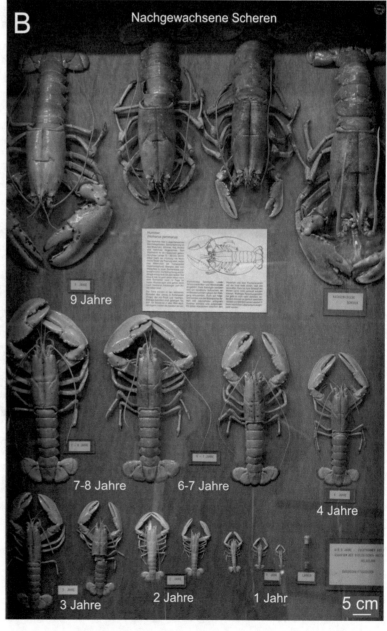

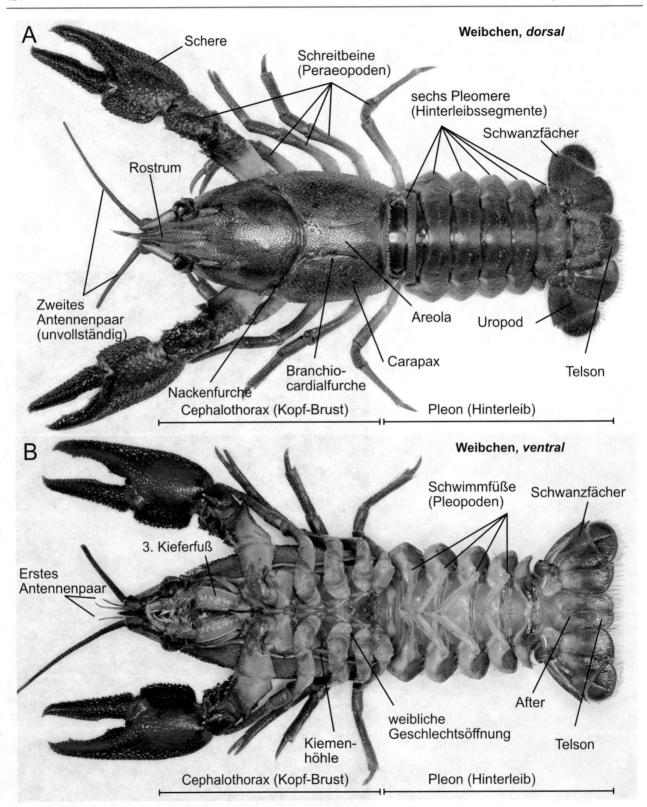

Abb. 8.2 *Astacus astacus*, Flusskrebs. Adultes Weibchen in dorsaler (A) und ventraler (B) Ansicht

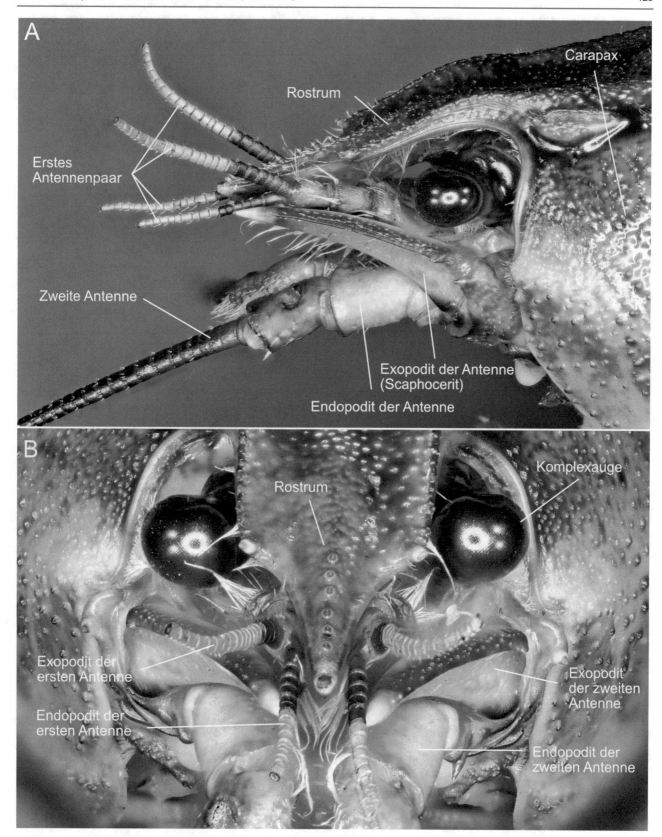

Abb. 8.3 *Astacus astacus*, Flusskrebs. (A) Lateralansicht und (B) Frontalansicht des Kopfes

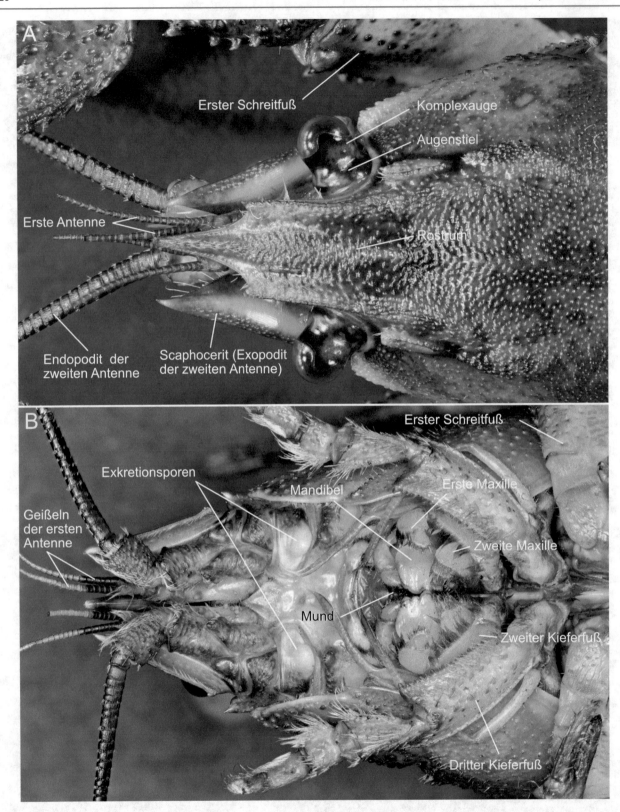

Abb. 8.4 *Astacus astacus*, Flusskrebs. (A) Dorsalansicht und (B) Ventralansicht des Kopfes

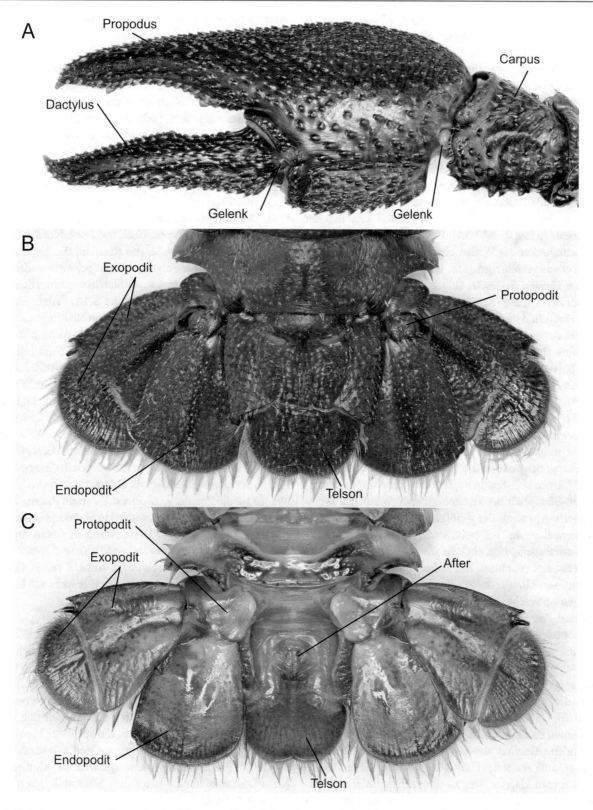

Abb. 8.5 *Astacus astacus*, Flusskrebs, Weibchen. (A) Große Schere des ersten Schreitfußes (Praeopod). (B) Schwanzfächer in dorsaler und (C) ventraler Ansicht

Nun folgen acht Paar Rumpfanhänge, wobei die ersten drei Paare noch der Nahrungsaufnahme und -verarbeitung dienen (Abb. 8.2B und 8.6). Es handelt sich um die ersten, zweiten und dritten Maxillipeden (Kieferfüße). Auch diese sind als Spaltbeine mit Exo- und Endopodit ausgebildet. Der zweite und der dritte Kieferfuß tragen jeweils Kiemen, die in die vom Carapax gebildete Kiemenhöhle hineinragen. Von den weiteren fünf Rumpfextremitäten, die als Schreitbeine (Peraeopoden) dienen, tragen vier ebenfalls Kiemen. Ihnen fehlt ein Exopodit. Die ersten drei Paare tragen am Ende jeweils eine Schere. Besonders markant ist das erste dieser fünf Gliedmaßenpaare, da es als großes Scherenpaar ausgebildet ist und vorwiegend zum Greifen und Zerteilen der Beute dient (Abb. 8.2 und 8.5A). Bei Revierkämpfen werden diese Extremitäten als Waffen eingesetzt. Die beiden Scheren sind etwas verschieden groß. Die schlankere wird bevorzugt zum Greifen eingesetzt (Pinzettenschere) und die größere zum Zerkleinern (Knackschere).

Am Pleon finden sich sechs Extremitätenpaare (Pleopoden), von denen die ersten fünf als zweiästige rudimentäre Schwimmbeine ausgebildet sind (Abb. 8.2B und 8.6). Sie spielen bei der Fortbewegung von *Astacus* keine Rolle mehr. Die ersten beiden Paare sind bei den Männchen zu besonderen Begattungshilfsorganen (Petasma) umgestaltet (Abb. 8.6 und 8.7). Der Samen tritt aus der männlichen Geschlechtsöffnung am fünften Schreitfuß aus und somit in günstiger Reichweite der röhrenförmigen Endopoditen des ersten Pleopodenpaares (Abb. 8.7). Sie nehmen das Sperma auf und formen eine Spermatophore, die dann mit dem stiftförmigen Endopodit des zweiten Pleopoden auf das Weibchen übertragen wird. Bei weiblichen Tieren fehlt das erste Pleopodenpaar, sie besitzen somit nur vier rudimentäre Schwimmbeinpaare, ein sehr sicheres Merkmal, um das Geschlecht zu bestimmen. Männchen und Weibchen lassen sich darüber hinaus durch die Lage der Geschlechtsöffnungen unterscheiden: bei ♀♀ liegen diese an der Basis des dritten Peraeopoden, bei ♂♂ am fünften Peraeopoden. Die Pleopoden dienen dem Weibchen zum Halten der Eizellen, die so geschützt sind, perfekt „belüftet" und mit frischem Atemwasser versorgt werden. Das letzte Segment des Pleons trägt die nach hinten gerichteten abgeflachten Uropoden, die mit dem Telson den Schwanzfächer bilden (Abb. 8.5B, C). Durch Einklappen des Pleons auf die Bauchseite werden darüber hinaus die sich entwickelnden Larven vor Feinden geschützt. Bei gerader Körperhaltung kann die mächtige Muskulatur des Pleons den Schwanzfächer bauchseits nach vorn klappen, was zu einer sehr schnellen Rückwärtsbewegung führt. Der Schwanzfächer ist also ursprünglich eine Fluchteinrichtung.

Wenn Krebse wachsen, müssen sie ihren Panzer immer neu bilden

Der Flusskrebs besitzt – wie alle Arthropoden – ein hartes Exoskelett, das bei Krebsen umgangssprachlich auch einfach als Panzer oder Schale bezeichnet wird. Dieses Exoskelett besteht aus einer mehrschichtigen Cuticula, die im Wesentlichen aus Chitin und gegerbten (sklerotisierten) Proteinen aufgebaut ist, in die Kalk eingelagert wird. Die einzelnen segmentalen Abschnitte des Exoskeletts sind über dünnhäutige Abschnitte beweglich miteinander verbunden (siehe Abb. 8.2A und 8.9A). Im vorderen Bereich des Krebses finden wir zusätzlich einen Rückenpanzer, den Carapax, der auch die Seiten umfasst. Der Carapax schützt wie ein Schild die außerhalb des Körpers liegenden Kiemen. Nach anterior bildet der Carapax eine hervorstehende Spitze, das Rostrum, das zu den Seiten hin die beiden Augen schützt und frei schwimmenden Krebsen, beispielsweise Garnelen, zur Stabilisierung der Schwimmbewegung dient (Abb. 8.2, 8.3 und 8.4A). Tiere mit einem festen und starren Außenskelett können allerdings nicht ohne Weiteres wachsen. Daher ist wie bei allen Arthropoden auch bei Krebsen Wachstum zwangsläufig immer mit Häutungen verbunden. Flusskrebse, die ein Alter von bis zu 20 Jahren erreichen, häuten sich etwa ein- bis zweimal pro Jahr. Ein großer Europäischer Hummer, der bis zu 50 Jahre alt und bis zu 60 cm groß werden kann, hat dann sicherlich schon einige Dutzend Häutungen durchlaufen (Abb. 8.1B). Während der Häutungen sind Krebse ungeschützt, da ihnen der harte Panzer für mehrere Tage fehlt. Flusskrebse werden in dieser etwa eine Woche andauernden Phase als Butterkrebse bezeichnet und bleiben für die Zeit des Aushärtens des neuen Panzers in ihren Verstecken. Vor einiger Zeit wurde ein besonders großer Amerikanischer Hummer von Tierschützern in einem Aquarium eines New Yorker Restaurants entdeckt und später an der Atlantikküste in Maine freigesetzt. Anhand seines Gewichts von etwa 9 kg wurde das Alter dieses Hummers auf 140 Jahre geschätzt.

Krebse besitzen Facettenaugen

Beim Flusskrebs fallen die zwei auf Stielen sitzenden Augen links und rechts vom Rostrum auf (Abb. 8.3A, B und 8.4A). Sie können mithilfe der muskulären Augenstiele unabhängig voneinander bewegt und bei Gefahr in dafür vorgesehene Ausbuchtungen eingezogen werden. Es handelt sich wie bei den Insekten um Komplexaugen, die aus einer Vielzahl von Einzelaugen (Ommatidien) aufgebaut sind. Die für die Zehnfußkrebse (Decapoda) typische quadratische Cornea eines jeden Ommatidiums ist unter dem Stereomikroskop gut zu beobachten (Abb. 8.8), sie ist bei den anderen Krebsgruppen sowie den Insekten sechseckig. Davon abgesehen stimmt der

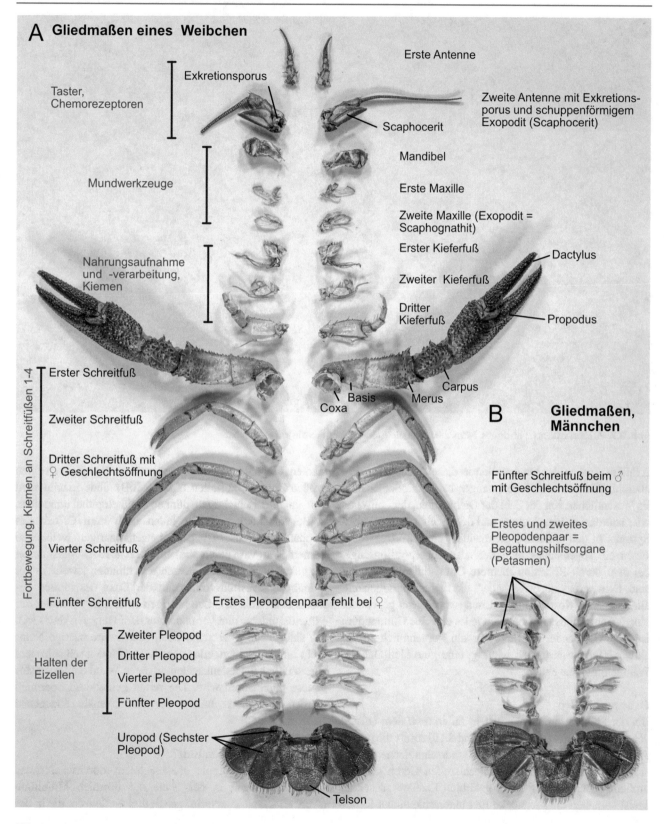

A Gliedmaßen eines Weibchen

Taster, Chemorezeptoren

Exkretionsporus

Erste Antenne

Zweite Antenne mit Exkretionsporus und schuppenförmigem Exopodit (Scaphocerit)

Scaphocerit

Mundwerkzeuge

Mandibel

Erste Maxille

Zweite Maxille (Exopodit = Scaphognathit)

Nahrungsaufnahme und -verarbeitung, Kiemen

Erster Kieferfuß

Dactylus

Zweiter Kieferfuß

Dritter Kieferfuß

Propodus

Fortbewegung, Kiemen an Schreitfüßen 1-4

Erster Schreitfuß

Carpus

Basis

Merus

Coxa

B Gliedmaßen, Männchen

Zweiter Schreitfuß

Dritter Schreitfuß mit ♀ Geschlechtsöffnung

Fünfter Schreitfuß beim ♂ mit Geschlechtsöffnung

Erstes und zweites Pleopodenpaar = Begattungshilfsorgane (Petasmen)

Vierter Schreitfuß

Fünfter Schreitfuß

Erstes Pleopodenpaar fehlt bei ♀

Halten der Eizellen

Zweiter Pleopod

Dritter Pleopod

Vierter Pleopod

Fünfter Pleopod

Uropod (Sechster Pleopod)

Telson

Abb. 8.6 *Astacus astacus*, Flusskrebs. Präparierte Gliedmaßen eines weiblichen (A) und eines männlichen (B) Tieres

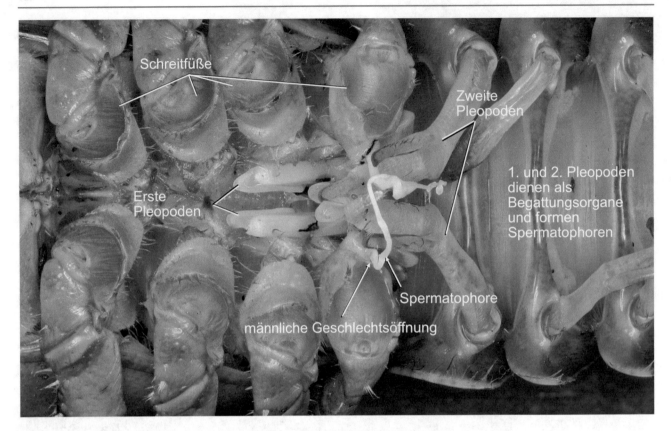

Abb. 8.7 *Astacus astacus*, Flusskrebs. Männchen, ventrale Ansicht, Spermienaustritt ist sichtbar

zelluläre Aufbau der Ommatidien in diesen Gruppen völlig überein. Wie bei allen Facettenaugen hängt die Sehleistung im Wesentlichen von der Zahl der Ommatidien, der optischen oder neuronalen Verschaltung und der Qualität des optischen Systems in den einzelnen Ommatidien ab. Flusskrebse besitzen ein sogenanntes reflektierendes Superpositionsauge, bei dem durch Reflexion mehrere Ommatidien verschaltet sind. Dies verbessert insbesondere die Lichtempfindlichkeit, allerdings auf Kosten des Auflösungsvermögens gegenüber einem Appositionsauge, bei dem jedes einzelne Ommatidium isoliert voneinander arbeitet. Für ein vornehmlich nachtaktives Tier ist es jedoch wichtig, eine gute Hell-Dunkel-Wahrnehmung zu haben.

Ovar und Hoden

Bei der Präparation des Weibchens fallen nach dem Öffnen des Cephalothorax (Abb. 8.9C, D und 8.10) sofort die paarig angelegten, im hinteren Abschnitt verschmolzenen Eierstöcke (Ovarien) auf. Bei geschlechtsreifen Tieren sind die großen, dotterreichen, violett gefärbten Eizellen zu sehen. Meist enthalten die Eierstöcke Eier unterschiedlicher Reife-

stadien: Oogonien und reifende Oocyten, die oft durch einen großen Zellkern auffallen (Abb. 8.10B). Jede Eizelle wird von einem einschichtigen, dünnen Follikelepithel umkleidet.

Bei männlichen Tieren fallen nach dem Öffnen des Cephalothorax als Erstes die langen paarigen weißlichen Samenleiter (Vasa deferentia) auf (Abb. 8.13A). Meist liegen sie geknäult hinter dem Herzen und münden jeweils in der männlichen Ausführöffnung auf der Coxa des fünften Peraeopoden (Abb. 8.7) Die paarigen Hoden liegen hinter der Mitteldarmdrüse und vor und unter dem Herzen (Abb. 13A). Sie sind teilweise verschmolzen, sodass ihre paarige Natur nicht immer leicht zu erkennen ist. Der Hoden selbst besteht aus zahlreichen Hodenkanälen, in deren Wand die Spermatogenese durchlaufen wird. Die reifen geißellosen Spermien werden später ins Innere der Hodenkanäle abgegeben (Abb. 8.13B, C).

Besitzen Arthropoden Blut?

Das Herz erscheint als opakes, leicht durchscheinendes weißliches Organ in der Nähe der dorsalen Mittellinie (Abb. 8.9C). Nach anterior gehen drei Gefäße ab, die in der

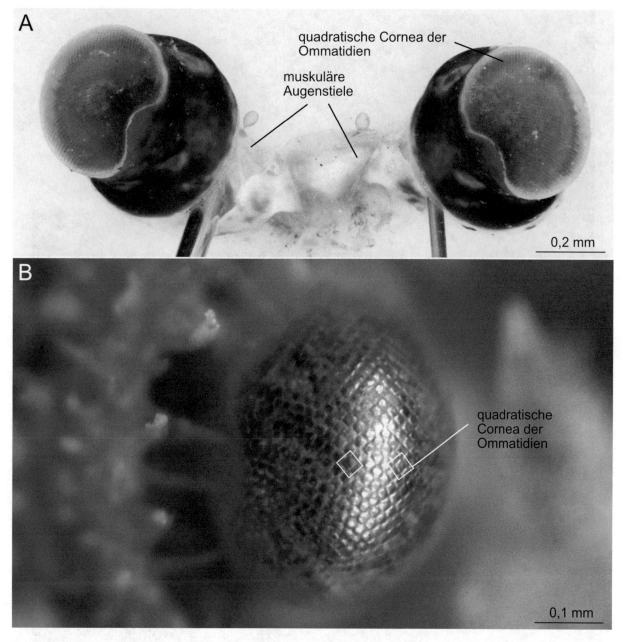

Abb. 8.8   Augen. (A) *Astacus astacus*, Flusskrebs. Präparierte Augen mit Augenstielen. (B) Auge von *Porcellana platycheles*, Porzellankrebs, lebend, Roscoff. Zur Verdeutlichung des quadratischen Querschnitts sind zwei Ommatidien markiert

Regel ohne Färbung nur schwer zu erkennen sind. Sie versorgen die Augen und das Gehirn (Aorta anterior), die Antennen, den Magen sowie die Exkretionsorgane (Aortae laterales) mit Blut. Nach hinten, oberhalb oder seitlich am Darm entlang verläuft die Hinterleibsarterie (Aorta posterior), die die dort liegenden Gewebe versorgt. *Astacus* besitzt wie alle Arthropoden ein offenes Blutkreislaufsystem. Das sauerstoffarme Blut sammelt sich, nachdem es vom Herzen zu den

Organen und den Geweben transportiert wurde, in einem offenen, ventralen Blutsinus, von wo es zu den Kiemen strömt. Dort findet der Gasaustausch statt und das Blut wird an den Kiemen mit Sauerstoff angereichert. Es enthält als respiratorisches Protein Hämocyanin.

Die Kiemen fallen bei der Präparation nach Entfernen der Seitenpanzer als zarte, weißliche Gebilde auf. Sie befinden sich in der vom Carapax umschlossenen, geschützten Kiemen-

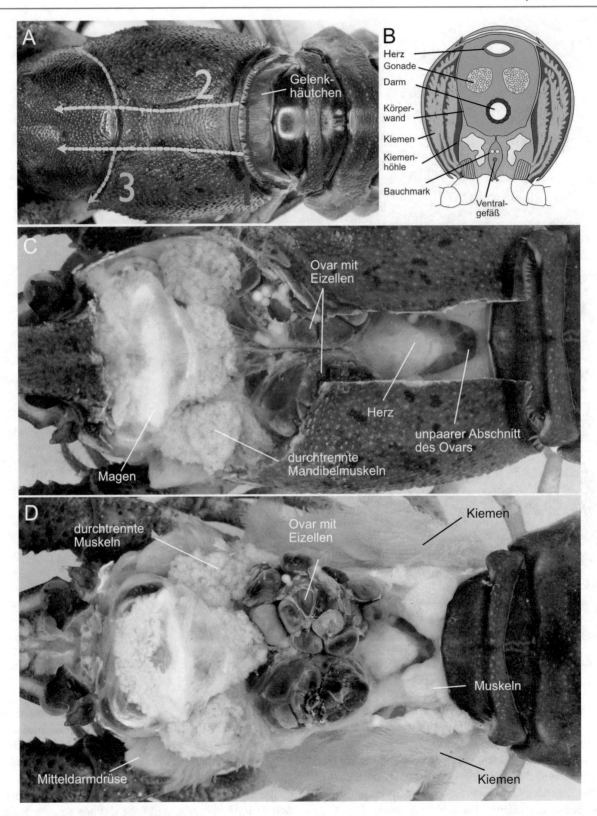

Abb. 8.9 (*Astacus astacus*, Flusskrebs. Öffnen des Krebspanzers. (A) Die ersten drei Schnitte im Cephalothoraxbereich. (B) Schematische Darstellung der Lage der inneren Organe. Nach verschiedenen Autoren. (C) Geöffneter Cephalothorax mit Blick auf Magen, Gonaden und Scheren-
muskeln. (D) Nach Entfernen des Carapax werden die Kiemen sichtbar

Präparation der inneren Organe

a) **Öffnen des Panzers:** Der Flusskrebs wird von dorsal präpariert. Die einzelnen Schritte sind in Abb. 8.9 gezeigt. Begonnen wird mit dem Durchtrennen des weichen Gelenkhäutchens, welches den Carapax mit dem Pleon verbindet (Abb. 8.9A, Schnitt 1, rote Linie). Als Nächstes wird mit einer kräftigen Schere ein rechteckiges Fenster vom hinteren Rand des Carapax über die Kopffurche hinweg bis nahe den Augen freigelegt (Abb. 8.9A, Schnitt 2, gelbe Linie). Beim Abheben des Panzers trennt man am besten mit einer Sonde oder einem Skalpell kontinuierlich Gewebe ab, um die Organe nicht zu beschädigen. Abschließend wird vorne und entlang der Kopffurche von dorsal nach ventral geschnitten, um dann beidseitig jeweils ein größeres Stück vom Carapax unter Zuhilfenahme einer Sonde oder eines Skalpells abzutrennen (Abb. 8.9A, Schnitt 3, grüne Linie). Dadurch wird ein erster Blick auf die inneren Organe freigegeben.

b) **Innere Organe:** Wurde ein Weibchen präpariert, fallen als Erstes das mit reifen, violetten Eizellen angefüllte Ovar, das weißlich transparente Herz und der große weiß-blaue Magen auf (Abb. 8.9C). Die paarigen Anteile des Ovars und ein gemeinsamer Abschnitt geben dem Ovar ein dreieckiges Aussehen. Dies ist offenkundig, wenn das Ovar entnommen und im Stereomikroskop betrachtet wird (Abb. 8.10). Bei der weiteren Präparation wird mithilfe kräftiger Pinzetten und einer Schere zunächst der restliche Carapax entfernt (Abb. 8.6D). Dadurch werden die frei liegenden Kiemen beiderseits des Tieres sichtbar (Abb. 8.9D). Der Magen wird separat präpariert (Abb. 8.11) und geöffnet, um so die ektodermalen Cuticulazähnchen, die der Zerkleinerung der Nahrung dienen, sichtbar zu machen (Abb. 8.12). Unterhalb des Magens erkennen wir die Mitteldarmdrüsen, die zum Verdauungssystem gehören (Abb. 8.11B,C). Als Nächstes lässt sich durch zwei Schnitte der dorsale Bereich des Pleonpanzers entfernen. Dadurch wird die kräftige Muskulatur des Pleons sichtbar (Abb. 8.11A) und der dorsal mittig verlaufende Enddarm tritt in Erscheinung. Um einen freien Blick auf das metamer aufgebaute Nervensystem zu erhalten, werden alle inneren Gewebe vorsichtig entfernt (Abb. 8.13).

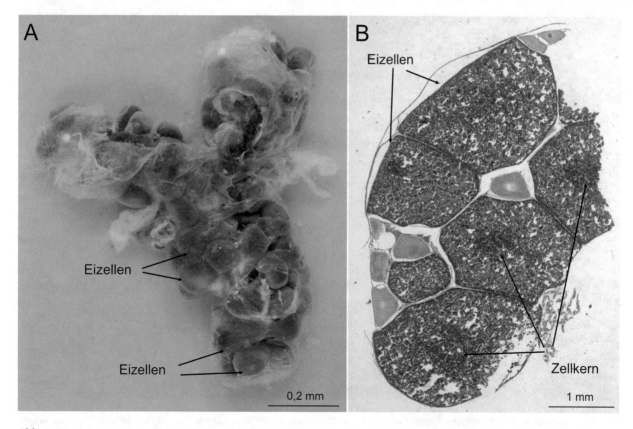

Abb. 8.10   *Astacus astacus*, Flusskrebs. (A) Freigelegtes Ovar mit sichtbaren Eizellen. (B) Schnitt, Ovar, quer. Präparat von Johannes Lieder, Ludwigsburg

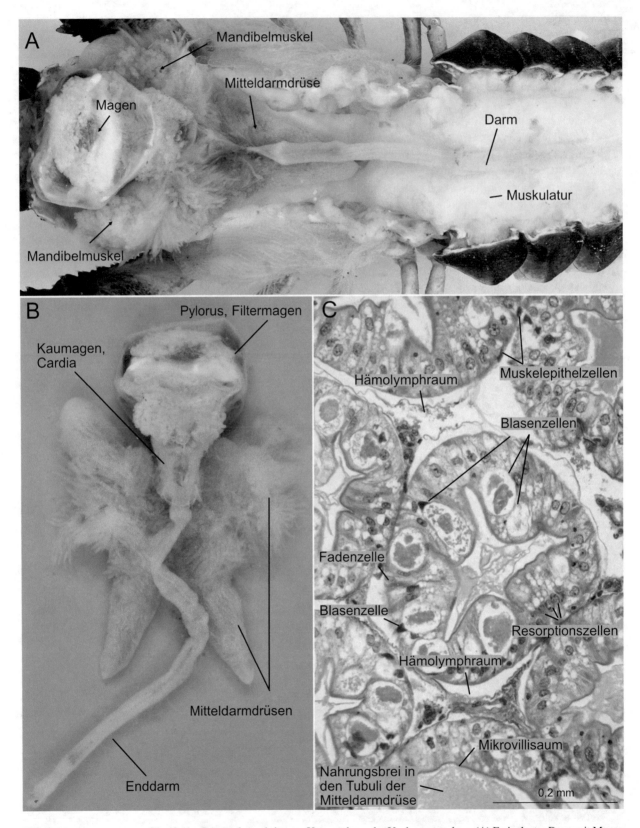

Abb. 8.11 *Astacus astacus*, Flusskrebs. Präparationsschritte zur Untersuchung des Verdauungstraktes. (A) Freigelegter Darm mit Magen und Mitteldarmdrüse. (B) Isolierter Magen. (C) Querschnitt durch die Mitteldarmdrüse. Präparat der Zoologischen Lehrsammlung, Philipps-Universität Marburg

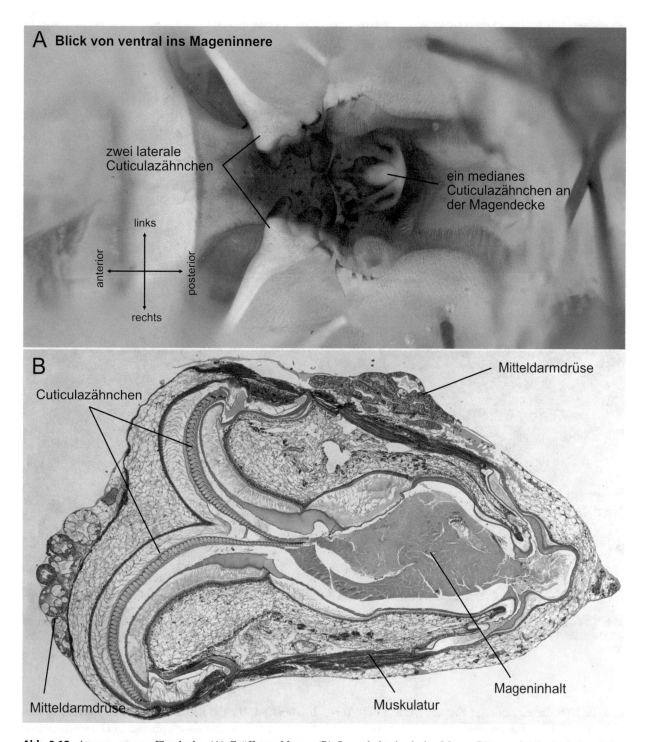

Abb. 8.12 *Astacus astacus*, Flusskrebs. (A) Geöffneter Magen. (B) Querschnitt durch den Magen. Präparat der Zoologischen Lehrsammlung, Philipps-Universität Marburg

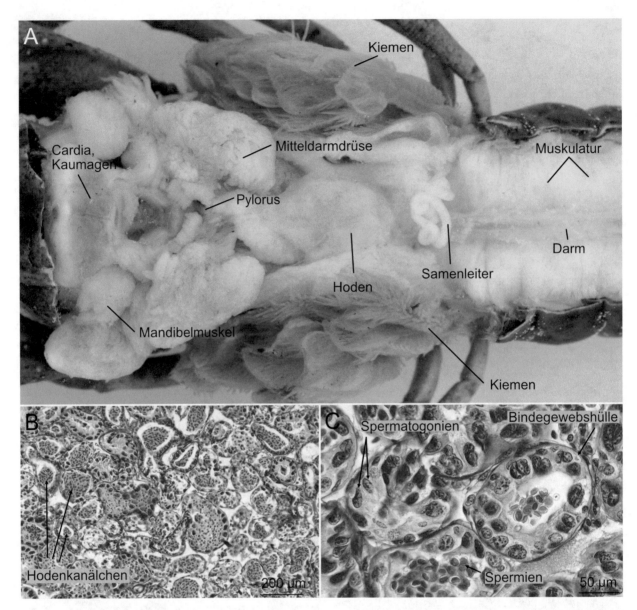

Abb. 8.13 *Astacus astacus*, Flusskrebs. (A) Männchen, Hoden und Samenleiter. (B) Schnitt, Hoden mit Hodenkanälchen, Übersicht und (C) Detailansicht einiger Hodenkanälchen mit Spermatogonien und Spermien. Präparat von Johannes Lieder, Ludwigsburg

höhle außerhalb des eigentlichen Körpers (Abb. 8.9D). Insgesamt sind 18 Kiemenpaare vorhanden; sie sitzen an den zweiten und dritten Maxillipeden sowie an den folgenden vier Peraeopodenpaaren. Die Kiemen entspringen entweder am Rumpf (Pleurobranchien), auf der Coxa (Podobranchien) oder an der Gelenkhaut zwischen Coxa und Rumpf (Arthrobranchien). Werden die Kieferfüße mit einer Pinzette vorsichtig hin und her bewegt, so bewegen sich die Kiemen mit. Dies liegt daran, dass die Kiemen direkt mit den Beinen ver-

bunden sind. Um die Kiemen genauer zu betrachten, werden sie mit einer Pinzette abgezupft und in einen Wassertropfen auf einen Objektträger gelegt (Abb. 8.15). Zur Oberflächenvergrößerung und damit zu einem verbesserten Gasaustausch bestehen die federartigen Kiemen aus jeweils einem zentralen Schaft, von dem zahlreiche stiftförmige Anhänge ausgehen.

Besitzen Arthropoden Blut? Der Begriff Blut wird oft nur bei Tieren mit einem geschlossenen Herz-Blutkreislauf-System verwendet. Das Coelom (sekundäre Leibeshöhle) und das Blutgefäßsystem bilden dann voneinander vollständig getrennte Hohlräume und Flüssigkeitssysteme. Das Blut enthält neben respiratorischen Proteinen, bei Wirbeltieren in Erythrocyten, zahlreiche andere Bestandteile, unter anderem Zellen des Immunsystems, Kohlenhydrate, Proteine (Enzyme), gelöste Gase, Hormone, Vitamine und Stoffwechselmetabolite. Bei Arthropoden sind die primäre und sekundäre Leibeshöhle (Coelom) während der Embryonalentwicklung miteinander verschmolzen und bilden ein sogenanntes Mixocoel. Coelomräume sind bis auf wenige Reste verschwunden und das Blut ist mit der Coelomflüssigkeit zur Hämolymphe vereint. Die Hämolymphe dient unter anderem der Speicherung und dem Transport von Lipiden, Collagenen, Signalmolekülen, Hormonen, Stoffwechselmetaboliten und auch der Verteilung respiratorischer Proteine und übernimmt somit Aufgaben, die bei Tieren mit einem geschlossenen Blutkreislaufsystem von zwei separaten Flüssigkeitssystemen erfüllt werden. Das offene Kreislaufsystem der Insekten und Krebse ist immer ein Niederdrucksystem, bei dem die Zirkulation der Flüssigkeit im Vergleich zu einem geschlossenen Gefäßsystem deutlich langsamer vonstatten geht . Wenn die entwicklungsgeschichtliche Natur der Körperflüssigkeit bei Arthropoden verdeutlicht werden soll, ist der Begriff Hämolymphe zu verwenden. Steht der physiologische Aspekt im Vordergrund, ist der allgemeine Begriff Blut durchaus auch bei Krebsen angebracht, es transportiert wie das Wirbeltierblut die respiratorischen Proteine.

Verdauungstrakt

Der Flusskrebs ernährt sich überwiegend von Muscheln, Schnecken, Insektenlarven, Würmern und kleinen Krebsen aller Art. Jungkrebse nehmen auch gerne pflanzliche Nahrung zu sich. Die Nahrung wird durch die Maxillipeden, die dem Halten, Zerkleinern und Kauen dienen, dem Mund zugeführt (Abb. 8.3B und 8.4B). Die Präparation des Verdauungstraktes erfolgt in einer Präparierschale unter Wasser (Abb. 8.11 und 8.12). Zunächst wird der Enddarm im hinteren Bereich durchtrennt. Dann wird mithilfe einer Sonde oder eines Skalpells der Magen vorsichtig angehoben und vom umgebenden Gewebe gelöst. Das geht am besten, wenn das Tier auf der Seite liegt und der Magen nach oben geschoben wird. Anterior sollte nun der Oesophagus zu erkennen sein. Er wird mit einer Schere vom Magen getrennt. Mithilfe von Sonden wird nun der Magen mit den anhängenden Mitteldarmdrüsen vorsichtig aus dem Tier herausgelöst. Der Verdauungstrakt lässt sich mit Nadeln in seiner natürlichen Lage feststecken.

Über den Oesophagus gelangt die Nahrung in den zweiteiligen Magen, der aus der Cardia (Kaumagen) und dem Pylorus (Filtermagen) besteht (Abb. 8.11B. Am Übergang vom Pylorus zum Enddarm, der sich als dünnes Rohr der Muskulatur aufliegend bis zur Afteröffnung erstreckt, befindet sich der kurze entodermale Mitteldarm mit den Einmündungen der Mitteldarmdrüsen. Dies sind keine Drüsen im strengen Sinne. Sie stellen verzweigte Mitteldarmdivertikel dar. Der Filtermagen verhindert, dass größere, unverdauliche Partikel in die Mitteldarmdrüse gelangen. Im histologischen Schnitt der Mitteldarmdrüse sind mehrere Zelltypen zu erkennen. Große bauchige Blasenzellen mit Mikrovillisaum enthalten acidophile Sekretvakuolen, Fadenzellen und Resorptionszellen, die Lipide und Glykogen speichern (Abb. 8.11C). Eine Besonderheit stellt der zweiteilige Magen dar. Er besteht aus dem Kaumagen (Cardia) und dem Filtermagen (Pylorus). Die Verdauung der Nahrung setzt im Kaumagen ein, wohin die Verdauungssekrete der Mitteldarmdrüsen durch die Aktivität der Muskulatur gesogen werden. Dabei unterstützen „Magenzähnchen" die Zerkleinerung der Nahrungsbrocken. Diese Magenzähnchen bestehen aus drei gezähnten Cuticulaleisten (Abb. 8.12). Zwei befinden sich lateral (eines links und eines rechts) und eins median an der Magendecke. Damit die Zähnchen unter dem Stereomikroskop gut erkennbar sind, wird der Magen auf die dorsale Seite gelegt und von Resten des Oesophagus befreit. Die dadurch im Kaumagen freigelegte Öffnung wird vorsichtig erweitert und für weitere Schnitte genutzt, bis man gut in das Mageninnere hineinsehen und die Magenzähne erkennen kann (Abb. 8.12A). Am Ende des Verdauungsprozesses wird der Nahrungsbrei durch das Borstengitter im Pylorusmagen in die Gänge der Mitteldarmdrüse gepresst. Der Pylorus besitzt ventral und medial eine Auffaltung, die zwei durch Filtrationsborsten abgetrennte Rinnen bildet und in die Mitteldarmdrüsen führen. Größere Partikel werden so direkt in den Enddarm hineinbefördert und ausgeschieden. Der kurze Mitteldarm mit den Mitteldarmdrüsen ist übrigens der einzige entodermale Anteil des Verdauungstraktes, alle anderen Darmabschnitte sind ektodermal, sichtbar unter anderem durch die Chitinzähnchen im Kaumagen. Sie erneuern sich daher auch bei jeder Häutung.

Muskulatur

Der gesamte Hinterleib ist mit weißlicher Muskulatur angefüllt. Sie ermöglicht dem Flusskrebs sehr schnelle Schlagbewegungen mit dem Hinterleib und dem Fächerschwanz, sodass das Tier im Wasser rückwärts schwimmen oder sich bei einer Fluchtreaktion blitzschnell in die Wohnröhre zurückziehen kann. Bestimmte Schlagbewegungen der Peraeopoden von Krebsen gehören zu den schnellsten Muskelreaktionen, die aus dem Tierreich bekannt sind. Das Einrollen des Hinterleibs spielt darüber hinaus eine wichtige Rolle bei der Brutpflege der Weibchen und bei der Kopulation. Besonders kräftig sind auch die Muskeln, die für die

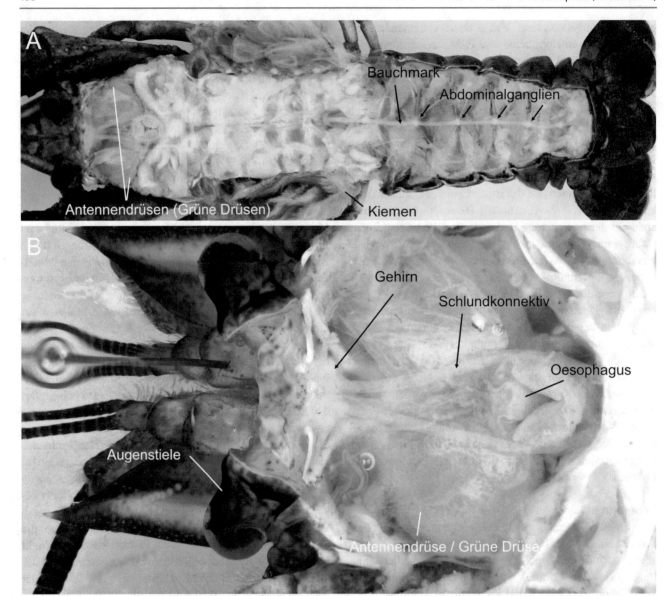

Abb. 8.14 *Astacus astacus*, Flusskrebs. Präparationsschritte zur Untersuchung des Nervensystems und der Antennendrüsen (= grüne Drüsen). (A) vollständiges Tier, von dorsal geöffnet, Bauchmark und Abdominalganglien sind sichtbar. (B) Freigelegtes Gehirn mit Schlundkonnektiven. Antennendrüsen sind unterhalb der Schlundkonnektive sichtbar

Kaubewegungen der Mandibeln verantwortlich sind (Abb. 8.9B, C). Der histologische Aufbau und die Myogenese der Krebsmuskulatur ähneln der Muskelentwicklung bei Insekten. Wie bei vielen Organismen mit einem Hartskelett ist die Muskulatur der Krebse quer gestreift. Eine weitere wichtige Eigenschaft, die sich Crustaceen, Insekten und Wirbeltiere teilen, ist der syncytiale Aufbau der Muskelzellen. Dabei entstehen die sehr großen Muskelzellen durch Fusion von Myoblasten.

Osmoregulation und Exkretion
Gegen Ende der Flusskrebspräparation wird man sich dem Exkretions- und Nervensystem zuwenden. Hinter den Augen fallen, nachdem man den Magen und die Mitteldarmdrüsen entfernt hat, zwei größere grünliche, paarige Organe auf, die sogenannten Antennendrüsen oder Grünen Drüsen (Abb. 8.14). Dabei handelt es sich um modifizierte Metanephridien. Sie bestehen jeweils aus einem coelomatischen Endsäckchen (Sacculus), das in einen grünlich erscheinenden,

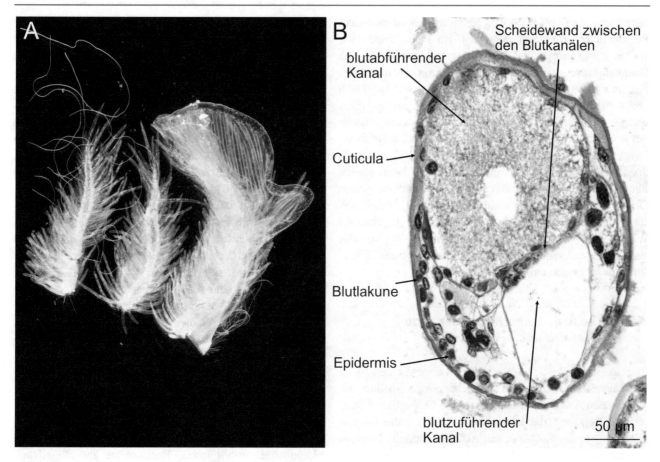

Abb. 8.15 *Astacus astacus*, Flusskrebs. (**A**) Freipräparierte Kiemen. (**B**) Querschnitt durch einen Kiemenast mit zu- und abführendem Gefäß. Azanfärbung, Präparat von Johannes Lieder, Ludwigsburg

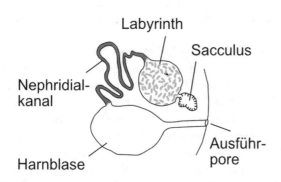

Abb. 8.16 Schematische Darstellung der Antennendrüse, nach verschiedenen Autoren

englumigen, langen geknäuelten Nephridialkanal übergeht. In diesem Labyrinthsystem finden unter anderem die Resorption von Ionen und die Sekretion hochmolekularer Exkretstoffe statt (Abb. 8.16). Von dort zieht sich ein längerer Nephridialkanal zur Basis der zweiten Antenne, dort findet

sich die Austrittöffnung (Abb. 8.5B). Kurz zuvor erweitert sich der Exkretionskanal noch zu einer Harnblase. Vom Herz führt ein Ast der nach lateral projizierenden Gefäße (Aorta laterales) direkt zum Sacculus und transportiert Hämolymphe zur Antennendrüse. Die Antennendrüsen sind beim Flusskrebs verhältnismäßig groß, größer als bei den meeresbewohnenden Verwandten, da Flusskrebse in einem hypotonischen Medium leben und so ständig durch Osmose passiv Wasser aufnehmen, das über die Nephridien wieder abgegeben werden muss. Dieses Problem haben die zum Medium isoosmotischen Meeresbewohner nicht. Giftige Stickstoffverbindungen (Ammoniak) werden zusätzlich über die Kiemen an das Außenwasser abgegeben.

Nervensystem

Um das Nervensystem freizulegen, müssen alle inneren Organe und die Muskulatur im Pleon mit einer gröberen Pinzette entfernt werden (Abb. 8.14). Dabei beginnt man mit der Präparation posterior und arbeitet sich bis zu den Augen nach vorne vor (Abb. 8.13). Das Nervensystem ist nach dem Prinzip einer Strickleiter aufgebaut. Im Pleon finden wir ventral mittig gelegen das Bauchmark mit insgesamt sechs Ganglienpaaren, die den jeweiligen Segmenten und ihren Extremitäten zugeordnet werden können (Abb. 8.13A). Nach anterior kann das Bauchmark bis zum Unterschlundganglion verfolgt werden. Die fünf thorakalen Ganglienpaare projizieren jeweils zu den Schreitfüßen, während das Unterschlundganglion den Segmenten der Mandibel bis zum dritten Maxillipeden zugeordnet werden kann. Vom Unterschlundganglion führen die paarigen Schlundkonnektive bogenförmig zum Oberschlundganglion oder Gehirn (Abb. 8.13B). Das Oberschlundganglion liegt zwischen den Basen der Augenstiele. Wie bei allen Arthropoden ist das Gehirn mehrteilig, von hier gehen unter anderem die Nerven zu den beiden Antennen und den Komplexaugen aus.

8.2   Die Argentinische Waldschabe (*Blaptica dubia*, Hexapoda)

Insekten leben in allen terrestrischen Lebensräumen sowie im Süßwasser und stellen mit über einer Million beschriebenen Arten die artenreichste und ökologisch erfolgreichste Tiergruppe dar. Durch ihre charakteristische Körpergliederung in Kopf, Thorax und Abdomen und die konstant drei Laufbeinpaare sind sie unschwer zu erkennen und von anderen Arthropoden zu unterscheiden.

Insekten besitzen eine Reihe von charakteristischen morphologischen Merkmalen (Autapomorphien). Das vielleicht wichtigste Schlüsselmerkmal ist der dreiteilige segmentale Körperbau. Die drei Körperregionen, Tagmata genannt, sind der Kopf (Caput), die Brust (Thorax) und der Hinterleib (Abdomen). Diese drei Körperabschnitte werden im Grundbauplan aus sechs, drei und elf Segmenten gebildet und sind jeweils auf bestimmte Funktionen spezialisiert. Der Kopf trägt die wichtigsten Sinnesorgane, das Gehirn und die Organe zur Nahrungsaufnahme. Der Thorax dient vor allem der Fortbewegung und bringt die Beine und Flügel hervor. Das Abdomen trägt die vegetativen und generativen Organe. Der ursprünglich aus insgesamt 20 Segmenten aufgebaute Körper wird anterior durch ein Acron und posterior durch ein Telson vervollständigt. Diese beiden Abschnitte werden nicht als Segmente gezählt, da ihnen der sich wiederholende innere Aufbau fehlt. Das Telson trägt bei Insekten den After.

Der feinere Körperbau von Insekten unterliegt generell einer enormen Variationsbreite, oft einhergehend mit einer Verschmelzung oder Reduktion von Körpersegmenten und mit faszinierenden anatomischen Anpassungen, die den Insekten eine Besiedlung ganz unterschiedlicher Lebensräume in nahezu allen klimatischen Zonen ermöglichten. Um den grundlegenden Bauplan von Insekten kennenzulernen, werden in zoologischen Grundpraktika oft Schaben (Blattodea) präpariert, da sie viele ursprüngliche Merkmale aufweisen und darüber hinaus auch ganzjährig im Tierhandel erhältlich

sind. Diese Tiere ermöglichen einen guten ersten Einblick in den Körperbau eines Insekts. Die überwiegende Mehrzahl der etwa 5000 bekannten Schabenarten besiedelt tropische oder subtropische Ökosysteme. Einige wenige Arten kommen jedoch auch im europäischen Mittelmeerraum vor. So ist die etwa 1,5 cm große Deutsche Schabe (*Blattella germanica*), umgangssprachlich auch Kakerlake genannt, in weiten Teilen Mitteleuropas heimisch und besiedelt vorzugsweise feuchtwarme Lebensräume mit guter Nahrungsversorgung, beispielsweise Großküchen, Krankenhäuser und ähnliche Gebäude.

Alle Insekten, die in etwa 30 höhere Taxa aufgeteilt werden, gehen nach heutigem Wissenstand auf eine einzelne Ausgangsform zurück. Sie sind daher monophyletisch. Die bekannten Silberfischchen (Zygentoma) besitzen keine Flügel, sind aber trotzdem Insekten. Auch die Felsenspringer (Archaeognatha) sind flügellos. Flügel sind offensichtlich erst später in der Evolution aufgetreten, innerhalb der übrigen, als Pterygota zusammengefassten, geflügelten Insekten, zu denen auch die Schaben gehören und eine eigene Ordnung einnehmen. Diese besitzen dann immer je ein Flügelpaar am zweiten und dritten Brustsegment. In der Gruppe der Zweiflügler (Diptera) ist jedoch das zweite Flügelpaar reduziert und es werden stattdessen sogenannte Schwingkölbchen (Halteren) gebildet, die als Mechanosensoren Rotationsbewegungen wahrnehmen und den Dipteren akrobatische Flugmanöver ermöglichen. Funktionelle Zweiflügeligkeit gibt es aber auch bei den Hautflüglern (Hymenoptera), zu denen unter anderem die Bienen und Wespen gehören. Neben den oben erwähnten primär flügellosen Insekten soll der Vollständigkeit halber erwähnt werden, dass es auch sekundär ungeflügelte Insekten gibt, zum Beispiel die Flöhe.

Äußere Untersuchung von Blaptica dubia

Männliche und weibliche Tiere sind bei der der Argentinischen Waldschabe (*Blaptica dubia*) sehr leicht zu unterscheiden (Abb. 8.17). Die Männchen besitzen zwei große und stark chitinisierte, sklerotisierte Deckflügel (Tegmina), welche das gesamte Abdomen und die darunterliegenden Flugflügel vollständig bedecken, während die stark verkürzten Tegmina der Weibchen das Abdomen nicht verdecken (Abb. 8.17 und 8.18). Die drei großen Körperabschnitte lassen sich bei Schaben beiderlei Geschlechts sehr gut erkennen. Der Kopf ist mit Antennen und Mundwerkzeugen ausgestattet (Abb. 8.19). Die Kopfsegmente sind als solche nicht mehr sichtbar und erschließen sich eher über die Anordnung der Antennen und Mundwerkzeuge. Nach posterior folgt der flügel- und beintragende Thorax mit drei deutlich erkennbaren Segmenten. Diese thorakalen Segmente werden als Pro-, Meso- und Metathorax bezeichnet. Danach schließt sich das aus ursprünglich elf Segmenten bestehende Abdomen an. Bei *Blaptica dubia* sind durch Reduktionen, Verschmelzungen und durch Ineinanderschieben von Segmenten in der Regel aber nur sieben bis acht Segmente gut zu erkennen. Ebenfalls in beiden Geschlechtern finden wir paarige mechano-

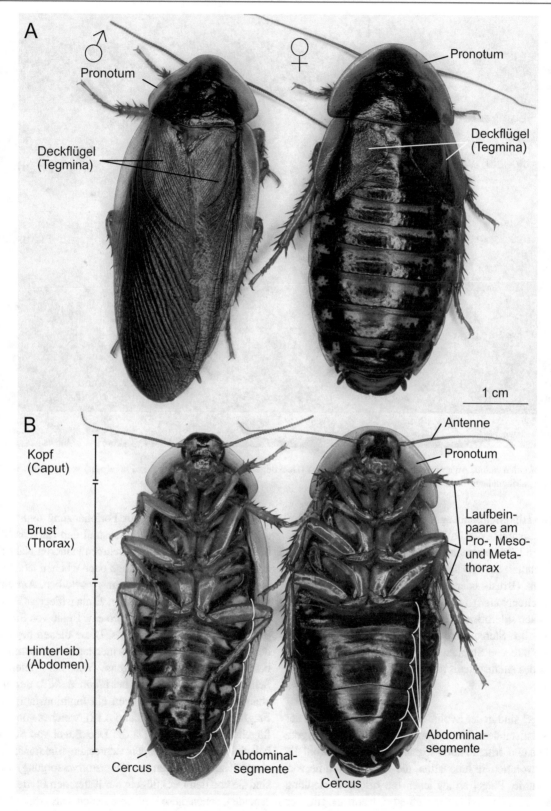

Abb. 8.17 *Blaptica dubia*, Argentinische Waldschabe. Adultes Weibchen (rechts) und adultes Männchen (links). (**A**) dorsale Ansicht. (**B**) ventrale Ansicht

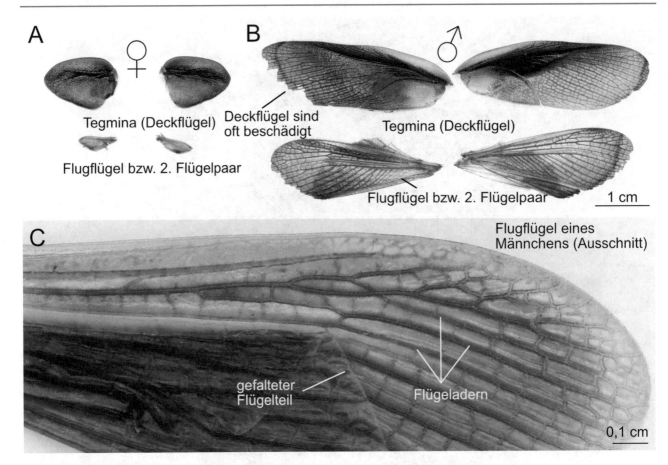

Abb. 8.18 *Blaptica dubia*, Argentinische Waldschabe. Tegmina (Deckflügel) und Flugflügel (zweites Flügelpaar) von weiblichen (B) Tieren. Flugflügel eines Männchens im Ausschnitt (C)

sensorische Hinterleibsanhänge, Cerci genannt, die dem Er-tasten der Umgebung dienen (Abb. 8.17). Die inneren Organe der einzelnen Körpersegmente sind nach außen durch Chitin-platten geschützt: ein dorsales Tergit (Rückenplatte), ein ven-trales Sternit (Brust- oder Bauchplatte) und zwei laterale Pleurite (Seitenplatten) (Abb. 8.17 und 8.20). Diese sind durch schwach sklerotisierte Bereiche beweglich miteinander verbunden. Im Stereomikroskop lassen sich lateral an-geordnete Paare von Stigmen erkennen. Stigmen bilden die Öffnungen des Atemsystems nach außen.

Flügel
Insektenflügel sind in der Evolution durch Ausstülpungen der Epidermis entstanden. Sie entspringen bei allen Pterygota dem zweiten und dritten Thoraxsegment. Flügel sind wohl die wichtigste evolutionäre Innovation, die von Insekten hervor-gebracht wurde. Flügel ermöglichen die rasche Besiedlung neuer Habitate und sind äußerst effektiv, wenn es gilt, vor einem möglichen Räuber zu fliehen. Nur so ist es zu erklären, dass mehr als 99 % aller Insektenarten zu den Pterygota ge-hören. Bei den geflügelten Insekten kommt es übrigens zu einer oft sehr deutlichen funktionellen Aufteilung zwischen Jugend- und Larvalstadien einerseits und den Adultstadien oder Imagines andererseits: Die flugfähigen adulten Stadien

tragen oft ausschließlich zur Fortpflanzung und Verbreitung der Art bei, während das Wachstum den Larvenstadien vor-behalten ist. Viele Imagines nehmen keinerlei Nahrung mehr auf, da sie oft nur wenige Tage oder Wochen leben und kurz nach einer erfolgreichen Paarung versterben. Am eindrucks-vollsten belegt ist dies bei den Eintagsfliegen (Ephemerop-tera). Viele Insektenflügel tragen eine Reihe von Sinneszellen, oft am Vorderrand des Flügels. Diese dienen beispielsweise der Wahrnehmung des Luftwiderstands und somit der Ver-besserung des Flugvermögens. Wie bei vielen anderen Schabenarten auch, können bei *Blaptica dubia* nur die Männ-chen fliegen. Nur sie besitzen ein funktionsfähiges zweites Flugflügelpaar (Abb. 8.17 und 8.18), welches von den Deck-flügeln geschützt wird. Da die Deckflügel von Schaben und beispielsweise von Gespenstschrecken funktionsfähige Tra-cheen (Kanäle, Röhren zur Sauerstoffversorgung) aufweisen, sind sie von den Deckflügeln der Käfer, den Elytren, zu unter-scheiden, denen diese Elemente fehlen. Das zweite Flügelpaar der Weibchen von *Blaptica dubia* ist stark reduziert und er-laubt keinen aktiven Flug.

Laufbeine
Die drei Beinpaare der Schaben sind als typische Laufbeine ausgebildet (Abb. 8.17 und 8.20). Sie bestehen aus den

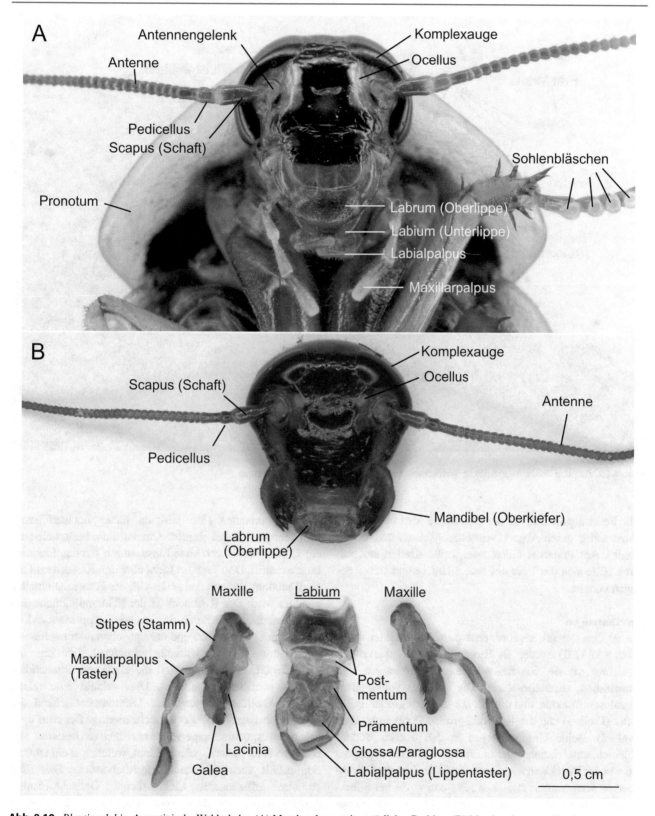

Abb. 8.19 *Blaptica dubia*, Argentinische Waldschabe. (A) Mundwerkzeuge in natürlicher Position. (B) Mundwerkzeuge präpariert

einzelnen Gliedern Coxa, Trochanter, Femur, Tibia und dem fünfteiligen Tarsus mit Praetarsus und Krallen. An den Tarsusgliedern befinden sich die weißlich erscheinenden Sohlenbläschen (Abb. 8.20). Sie ermöglichen einen engen Kontakt des Fußes mit dem Untergrund, sodass Van-der-Waals- und Kapillarkräfte wirken können. Diese erlauben vielen Insekten das Laufen auf sehr glatten und senkrechten Flächen. Der für den Aufbau von Kapillarkräften erforder-

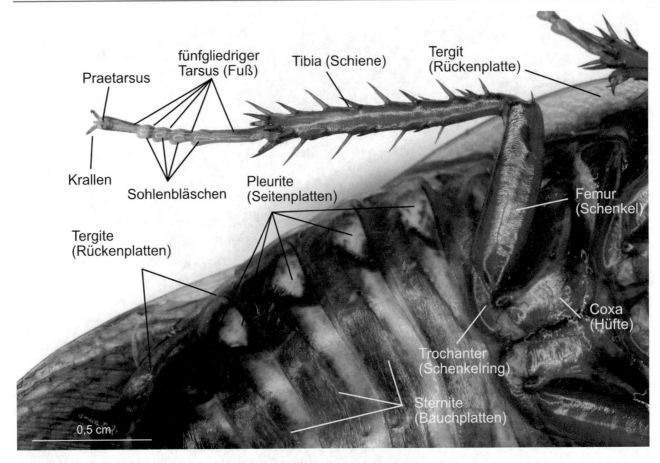

Abb. 8.20 *Blaptica dubia*, Argentinische Waldschabe. Laufbein und segmentaler Körperbau

liche Feuchtigkeitsfilm auf der Oberfläche wird von den Insekten selbst durch Abgabe von Flüssigkeit an den Tarsen
erzeugt. Am Prätarsus fallen zwei große Krallen auf, mit
deren Hilfe sich die Tiere auf rauem Untergrund sicher bewegen können.

Facettenaugen

Die großen, lateral angeordneten paarigen Insektenaugen
(Abb. 8.19A, B) werden als Facetten- oder Komplexaugen
bezeichnet, da sie sich aus zahlreichen Einzelaugen, den
Ommatidien, zusammensetzen. Die einzigen vollkommen
augenlosen Insekten sind die nur 0,8–1,3 mm großen Bein-
tastler (Protura) und die 4–12 mm großen Doppelschwänze
(Diplura). Beide Gruppen leben in den oberen Boden-
schichten, unter Steinen oder in Erdlücken, also in Biotopen,
in die in der Regel kein Licht vordringt. Die Zahl der Ommatidien je Auge variiert zwischen zehn und zwölf bei Silberfischchen, 600 und 1000 bei Fliegen und bis zu 30.000 bei
Libellen und ist eng mit der Lebensweise verbunden. Libellen sind beispielsweise tagaktive Jäger, die andere Insekten

im Flug erbeuten. Sie besitzen daher hochauflösende
Facettenaugen. Jedes einzelne Ommatidium besitzt eine aus
der Chitincuticula gebildete Linse, durch die das Licht ins
Innere eintritt. Dort fällt das Licht über den Kristallkegel auf
ein Rhabdom, das von den Mikrovilli der Fotorezeptorzellen
gebildet wird. Das Rhabdom ist der lichtempfindliche Teil
der Ommatidien. Die Sehleistungen von Komplexaugen kor-
relieren mit dem Aufbau und der optischen oder neuronalen
Verschaltung der Ommatidien. Beim Appositionsauge der
meist tagaktiven Insekten sind die einzelnen Ommatidien
optisch voneinander getrennt. Dies erlaubt eine relativ
scharfe Abbildungsleistung, die Lichtempfindlichkeit des
Appositionsauges ist dagegen recht niedrig. Bei dem optischen Superpositionsauge vieler nachtaktiver Insekten, wie
dem von Nachtfaltern, gelangt Licht, welches in ein Ommatidium fällt, auch auf benachbarte Rhabdomere. Dies führt
zu einer effizienteren Lichtausbeute. Optische Super-
positionsaugen sind daher sehr lichtempfindlich bei einer
verminderten räumlichen Auflösung. Bei neuronalen Super-
positionsaugen schnell fliegender Insekten, beispielsweise

von Fliegen, sind die Rhabdomere mehrerer Ommatidien neuronal verschaltet. Dieser Augentyp zeichnet sich durch ein sehr hohes zeitliches Auflösungsvermögen und relative scharfe räumliche Abbildungsleistungen aus. So kann eine Stubenfliege (*Musca domestica*) etwa 300 Bilder pro Sekunde auflösen, rund zehnmal mehr als ein Mensch.

Neben den großen Facettenaugen verfügen Insekten noch über weitere wichtige Lichtsinnesorgane, die Medianaugen (Ocelli). Ihre Zahl wurde im Laufe der Evolution von ursprünglich vier auf drei bei Insekten reduziert. Sie ermöglichen Richtungssehen und Lichtwahrnehmung und gehören ebenfalls zum Grundmuster aller Arthropoden. *Blaptica dubia* besitzt sogar nur zwei Ocelli, die frontal neben der Antennenbasis unter weißlichen Strukturen, sogenannten Fenstern, liegen (Abb. 8.19). Eine neuronale Verknüpfung der Sinneszellen und das Vorkommen von lichtabschirmenden Zellen, die Farbpigmente enthalten, verleihen den Medianaugen die Fähigkeit des Richtungssehens. Für die mit *Blaptica dubia* nah verwandte Amerikanische Großschabe (*Periplaneta americana*) wurde kürzlich gezeigt, dass die Ocelli an den optomotorischen Leistungen der Schabe beteiligt sind, insbesondere in der Dämmerung. In vielen Fällen ist die genaue Funktion der Ocelli noch unklar. Bei Libellen wird beispielsweise vermutet, dass die Medianaugen der Wahrnehmung des Horizonts dienen und so zur Kontrolle der Flugbewegungen und waagerechten Fluglage beitragen.

Antennen

Die dem zweiten Kopfsegment entspringenden Antennen der Schaben entsprechen den ersten Antennen der Krebse und zeichnen sich durch den Besitz überaus zahlreicher Sensillen aus, die vornehmlich der Geruchswahrnehmung dienen und zahlreiche Chemorezeptoren beherbergen (Abb. 8.19A, B). Demgegenüber sind die Gliederantennen der Springschwänze (Collembola) und Doppelschwänze (Diplura) in allen Gliedern außer dem Endglied muskulös, wodurch jedes Glied der Antenne einzeln bewegt werden kann. Die für die Bewegung der Antennen verantwortliche Muskulatur befindet sich ausschließlich im Schaft der Antenne, nicht jedoch in den folgenden distalen Gliedern. Antennen dieses Bautyps werden als Geißelantennen bezeichnet. Die Insekten mit äußeren Mundwerkzeugen (Ectognatha) besitzen immer Geißelantennen. Der Schaft (Scapus) der Geißelantenne verbindet die Antenne mit dem Kopf. Die Muskeln im Schaft erlauben über ein Gelenk die Bewegung der Antennen. Das zweite Antennenglied (Wendeglied, Pedicellus) enthält das Johnstonsche-Organ, ein sogenanntes Scolo-

pidalorgan (Chordotonalorgan), dessen Sensillen Bewegungen der sich anschließenden Antennengeißel relativ zum Pedicellus wahrnehmen. Dieses Organ ist außerordentlich empfindlich und registriert Vibrationen, wie beispielsweise Schall, Druckänderungen und durch Bewegung verursachte Luftströmungen. Es ermöglicht den Schaben eine sehr frühzeitige Fluchtreaktion, etwa, wenn ein Mensch den Raum betritt. An das Wendeglied schließt sich die eigentliche Antenne an. Bei *Blaptica dubia* setzt sie sich aus vielen Dutzend Einzelgliedern zusammen, die in ihrer Gesamtheit mehr als 250.000 chemosensorische Sensillen tragen. Das bei Krebsen vorhandene zweite Antennenpaar fehlt den Insekten, sodass das dritte Kopfsegment extremitätenlos ist. Gleichgewichtsorgane, Statocysten, kommen bei *Blaptica dubia* nicht vor.

Mundwerkzeuge

Am Kopf fallen neben den großen Komplexaugen die spezialisierten Mundwerkzeuge auf (Abb. 8.19). Sie sind den Kopfsegmenten zuzuordnen. Typischerweise bestehen sie aus den jeweils paarig ausgebildeten Mandibeln (Oberkiefer), den ersten Maxillen (Unterkiefer) und dem Labium (Unterlippe), das den basal verschmolzenen zweiten Maxillen entspricht. Ein unpaares Labrum (Oberlippe) bedeckt frontal die Mundwerkzeuge. Insekten haben im Zuge der Evolution und Anpassung an unterschiedlichste Nahrungsquellen eine Vielzahl von hoch spezialisierten Mundwerkzeugen hervorgebracht. Sie gehen während der Entwicklung aus homologen Anlagen dieser drei Extremitätenpaare hervor. So erlauben die unterschiedlich differenzierten Mundwerkzeuge je nach Insektenart beispielsweise eine kauend-beißende (Heuschrecken), eine leckend-saugende (Bienen), eine saugende (Schmetterlinge, Fliegen, Saugrüssel) oder eine stechend-saugende (Stechmückenweibchen, Wanzen) Ernährungsweise. Eine sommerliche Exkursion in ein Feuchtbiotop lässt die Variation der Insektenmundwerkzeuge am eigenen Leibe erfahren. Dann werden die Besucher von Wadenstechern (Fliegen), Bremsen (Fliegen) oder Mücken gestochen und gesaugt oder von Warzenbeißern (Heuschrecken) gebissen.

Entwicklung

Bei Insekten folgt die individuelle Entwicklung eines Tieres nach zwei unterschiedlichen Grundmustern. Bei den sogenannten hemimetabolen Insekten wie den Schaben verläuft die Entwicklung immer graduell. Mit jeder Häutung werden die Jugendstadien, Nymphen genannt, dem erwachsenen Tier immer ähnlicher. Erst im Zuge der letz-

erwachsenes Weibchen

Nymphen

1 cm

Abb. 8.21 *Blaptica dubia*, Argentinische Waldschabe. Entwicklungsstadien, Nymphen

ten Häutung zum adulten Tier, der Imago, entstehen die zum Fliegen befähigenden Flügel (Abb. 8.21). Oft ähnelt auch die Lebensweise der Nymphen denen der Imagines stark, wie das bei Schaben der Fall ist. Insekten mit einer holometabolen Entwicklung, wie Käfer, Schmetterlinge oder Fliegen, durchlaufen immer mehrere echte Larvenstadien, bevor während der Puppenruhe eine komplette und vollständige Umwandlung zur Imago vollzogen wird. Diese Umwandlung wird als Metamorphose bezeichnet. Den Begriff Larve nutzt man im engeren Sinne nur für die Jugendstadien von holometabolen Insekten, um deutlich zu machen, dass sich diese Jugendstadien anatomisch und in ihrer Lebensweise von den Imagines stark unterscheiden. So besitzen beispielsweise adulte holometabole Insekten Facettenaugen, die den Larven immer fehlen. Die Larven holometaboler Insekten besiedeln in der Regel auch andere Lebensräume und zeigen andere Nahrungspräferenzen als die erwachsenen Tiere. Für die Larven holometaboler Insekten werden oft nach der jeweiligen Morphologie ganz eigenständige Begriffe verwendet. So heißen die Larven der Schmetterlinge Raupen (da sie echte Beine tragen), die der Käfer Engerlinge (echte Beine und Kopf) und die der Fliegen, Bienen und Ameisen Maden (da sie beinlos sind). Der holometabole Entwicklungszyklus ist offensichtlich der ökologisch erfolgreichere, gehören doch die weitaus meisten Arten zu den holometabolen In-

sekten, die übrigens auf einen nur ihnen gemeinsamen Vorfahren zurückgehen.

Die Entwicklung der Schaben beginnt mit der inneren Befruchtung der Eizellen. Über Spermatophoren, kleine Samenpakete, werden die Spermien vom Männchen auf das Weibchen übertragen. Die Spermien werden im Receptaculum seminis des weiblichen Tieres aufbewahrt und für die Fertilisation verwendet. Die befruchteten Eier liegen bei Schaben immer in einer Oothek (Eikammer) (Abb. 8.22), die bei einigen Arten bis zum Ausschlüpfen der Jungtiere im Körper verbleibt. Die Weibchen von *Blaptica dubia* tragen so ihre Oothek drei bis vier Wochen mit sich umher, bevor sie dann zum Schlupf der Jungtiere an eine geschützte Stelle abgelegt wird. Andere Arten, beispielsweise *Blatta orientalis*, legen die Oothek bereits nach einem Tag ab. Die Embryonalentwicklung dauert dann je nach Temperatur etwa 30 Tage und endet mit dem Schlupf der Jungtiere. Die weitere Entwicklung ist durch zahlreiche Häutungen gekennzeichnet. Bei einigen Schabenarten wurden bis zu 13 Nymphenstadien nachgewiesen, für *Blaptica dubia* sind zumeist sieben Nymphenstadien beschrieben. Bei vielen Arten ist die Zahl der Nymphenstadien variabel und hängt von den Nahrungsbedingungen und Umgebungstemperaturen ab. Neben einer zweigeschlechtlichen sexuellen Fortpflanzung, wie sie für *Blaptica dubia* gilt, kommt bei einigen Schabenarten auch eine parthenogenetische Fortpflanzung vor.

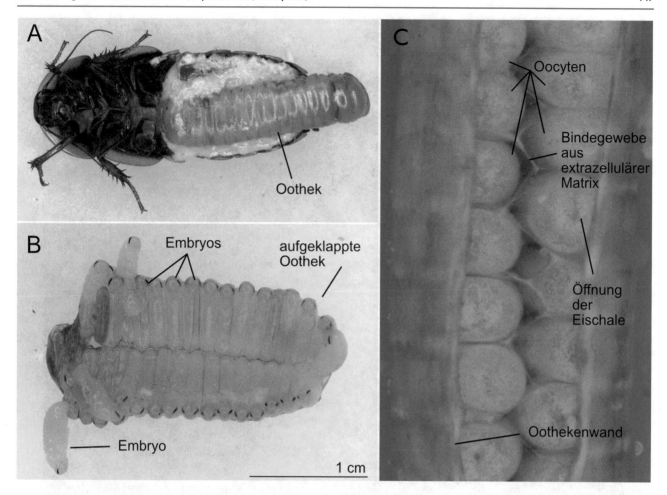

Abb. 8.22 *Blaptica dubia*, Argentinische Waldschabe. (**A–C**) Freigelegte Oothek

Insektengruppen mit hemimetaboler Entwicklung

Eintagsfliegen (Ephemeroptera), Libellen (Odonata), Schaben (Blattodea), Fangschrecken (Mantodea), Termiten (Isoptera), Steinfliegen (Plecoptera), Tarsenspinner (Embioptera), Heuschrecken (Orthoptera), Gespenstschrecken (Phasmatodea), Gladiatoren (Mantophasmatodea), Stausläuse (Psocoptera), Tierläuse (Phthiraptera), Schnabelkerfe (Hemiptera) und Fransenflügler oder Thripse (Thysanoptera).

Insektengruppen mit holometaboler Entwicklung

Hautflügler (Hymenoptera), Netzflügler (Neuropteroida), Käfer (Coleoptera), Fächerflügler (Strepsiptera), Köcherfliegen (Trichoptera), Schmetterlinge (Lepidoptera), Schnabelfliegen (Mecoptera), Zweiflügler (Diptera) und Flöhe (Siphonaptera).

Innere Anatomie und Organe

Präparation des Abdomens und Thorax von *Blaptica dubia*

a) Die Schabe kann von dorsal oder von ventral präpariert werden (Abb. 8.23, 8.24, 8.25, 8.26 und 8.27), für die Darstellung des Nervensystems ist jedoch die dorsale Präparation vorzuziehen, für die bestmögliche Präparation des Herzens ist die Präparation von ventral besser geeignet. Die Schabe wird zunächst mit Daumen und Zeigefinger gehalten. Mit einer feinen Schere wird dann, vom Rectum oder von der Genitaltasche ausgehend, seitwärts entlang der Seitenkante bis zum Kopf geschnitten.

b) Jetzt steckt man das Tier mit der Bauchseite nach unten in einer Präparierschale fest und bedeckt es mit Leitungswasser. Alle weiteren Präparationsschritte erfolgen nun bei schwacher Vergrößerung unter dem Stereomikroskop.

c) Die Rückenplatte kann ganz vorsichtig mit einer Pinzette angehoben und mithilfe eines Skalpells

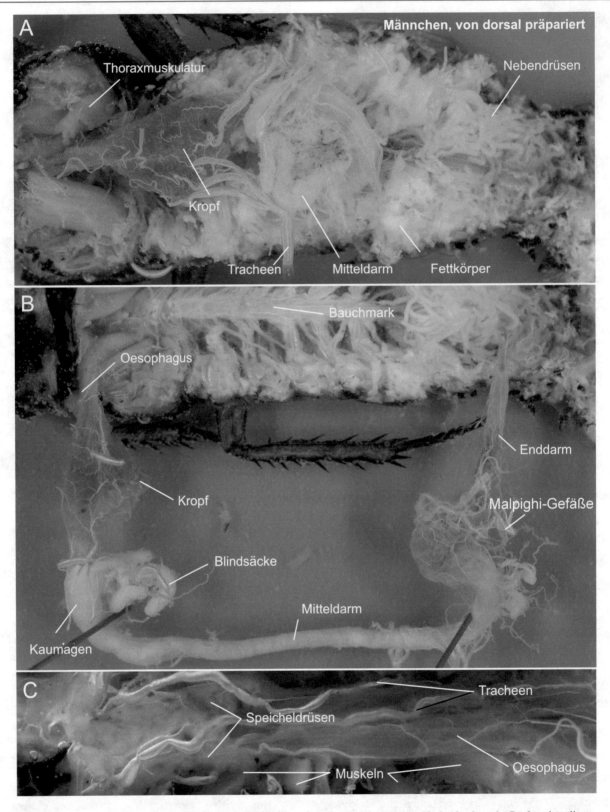

Abb. 8.23 *Blaptica dubia*, Argentinische Waldschabe. (**A**) Männchen von dorsal präpariert. Nach Abnahme der Rückenplatte liegen die inneren Organe frei. (**B**) Nach Entfernen des Fettkörpers können der Darm präpariert und das Bauchmark freigelegt werden. (**C**) Die milchig erscheinenden Speicheldrüsen werden erst nach Entfernen der Thoraxmuskeln und des thorakalen Fettkörpers sichtbar

oder einer Schere langsam vom Fettgewebe getrennt werden. Entweder entfernt man die Rückenplatte vollständig oder belässt sie beiseite geschlagen und festgesteckt am Tier, zum Beispiel für einen Blick auf das Herz, das meist an der Rückenplatte verbleibt.

d) Um die großen Flug- und Beinmuskeln zu sehen, muss auch die thorakale Rückenplatte vorsichtig mithilfe von Schere und Skalpell abgenommen werden.

Betrachtung der inneren Organe, soweit sie jetzt schon frei liegen

Fettkörper und Muskulatur

Nachdem die Rückenplatte entfernt und für die spätere Untersuchung zur Seite gelegt wurde, fällt zunächst der sich im gesamten Abdominalraum erstreckende weißliche Fettkörper auf (Abb. 8.23A und 8.24). Der Fettkörper der Insekten besteht aus Fettzellen, Adipocyten, die bei der Schabe in zahlreichen fingerförmigen Strängen organisiert sind. Der Fettkörper dient den Insekten als wichtiges Depot- und Syntheseorgan und wird von großen Tracheenästen und feinen Tracheolen durchzogen, die dem Gasaustausch dienen. In den Adipocyten gespeicherte Fette, Proteine und Zucker werden in längeren Hungerphasen mobilisiert und dem Stoffwechsel zugeführt. Darüber hinaus produzieren und sekretieren Adipocyten auch viele wichtige Proteine, beispielsweise Collagen, welches für den Aufbau der extrazellulären Matrix essenziell ist.

Fettkörper entfernen

a) Da das ganze Abdomen von Adipocyten erfüllt ist, umkleiden sie zahlreiche Organe wie beispielsweise die Gonaden und den Darm. Daher muss der Fettkörper bei der Präparation vorsichtig durch Zupfen oder Absaugen entfernt werden, ohne dabei andere Organe zu beschädigen.

b) Darm freilegen und zur Seite ausbreiten.

c) Ovar oder Hoden freipräparieren.

d) Innere Organe entfernen und das Nervensystem freilegen.

Mit einer Pinzette wird zunächst vorsichtig möglichst viel Fettkörper entfernt, um die rosa erscheinenden Muskeln freizulegen. Wurde die Rückendecke auch im Thoraxbereich sorgfältig entfernt, erkennt man nun dort die enorme Flugmuskulatur (Abb. 8.23A). Bei den Schaben liegt, wie bei den weitaus meisten Insekten, eine indirekte Flugmuskulatur vor,

das heißt, dorsale Längsmuskeln inserieren an den Gelenken der Tergite und dorsoventrale Muskeln inserieren an den Flächen der Tergite und Sternite. Kontraktion der Ersteren führt zu einer Aufwölbung der Tergite, Kontraktion der dorsoventralen Muskeln zu einer Abflachung. Die Zeiten zwischen Kontraktion und Erschlaffung der Flugmuskeln sind die kürzesten Intervalle, die bei Metazoen vorkommen, und liegen im Bereich weniger Millisekunden. So versetzen diese beiden antagonistischen Muskelsysteme die Segmente in Schwingungen, denen die Flügel dann passiv nachfolgen. Einige Insekten, wie beispielsweise die Libellen, die ihre Beutetiere im Flug erbeuten und sehr differenzierte Flugmanöver ausführen können, besitzen eine direkte Flugmuskulatur. Bei Schaben wird die Abwärtsbewegung der Flügel durch direkte Muskulatur unterstützt. Die Bewegungsmuskeln der Insekten sind wie die der Wirbeltiere quergestreift, mehrkernig aufgebaut und gehen aus der Fusion einzelner Myoblasten hervor. Neben den somatischen Bewegungsmuskeln ist der Mitteldarm von einkernigen visceralen Muskelzellen belegt. Diese ermöglichen die Kontraktionsperistaltik des Darmes.

Ernährung, Verdauungstrakt, Exkretion

Wie bei allen Insekten ist der Darm der Schaben dreigliedrig aufgebaut und besteht aus dem Vorder-, Mittel- und Enddarm (Abb. 8.23B). Während der Mitteldarm ontogenetisch aus dem Entoderm hervorgeht, entstehen Vorder- und Enddarm als ektodermale Derivate. Ihren ektodermalen Ursprung erkennt man auch an der Auskleidung der Darmwände mit einer Chitincuticula. *Blaptica dubia* ist wie die Mehrzahl der bekannten Schaben ein Allesfresser (Omnivore). Die Nahrung wird mit den Mundwerkzeugen zerkleinert und gelangt zunächst über Pharynx (Schlund) und Oesophagus (Speiseröhre) in den Kropf, wo sie gesammelt wird. Paarig angeordnete Speicheldrüsen (Abb. 8.23C) sezernieren Verdauungssekrete in den Mundraum hinein, von wo sie über den Oesophagus in den Kropf gelangen und die Verdauung der Nahrung vorantreiben. Im sich anschließenden Kaumagen wird die Nahrung mithilfe von Chitinzähnen mechanisch weiter zerkleinert. Mundraum, Pharynx, Oesophagus, Kropf und Kaumagen gehören zum Vorderdarm. Daran schließt sich der Mitteldarm an. Die Zellen des Mitteldarms sezernieren Verdauungsenzyme und resorbieren Nährstoffe. Besondere Epithelzellen am Beginn dieses Darmabschnitts bilden eine aus Proteinen und Chitin bestehende poröse peritrophische Membran, die die Nahrung umhüllt und das Mitteldarmepithel vor mechanischer Beschädigung schützt. Sie wird ständig erneuert und erlaubt die Passage von gelösten Nahrungssubstanzen, verhindert aber den Durchtritt größerer Partikel oder von Parasiten. Gleich im ersten Abschnitt des Mitteldarms fallen fingerförmige Säckchen auf, die in den Mitteldarm münden. Dies sind die Blindsäcke (Caeca), die bakterielle Symbionten beherbergen können und die Verdauung der Nahrung unterstützen. Die Nahrung

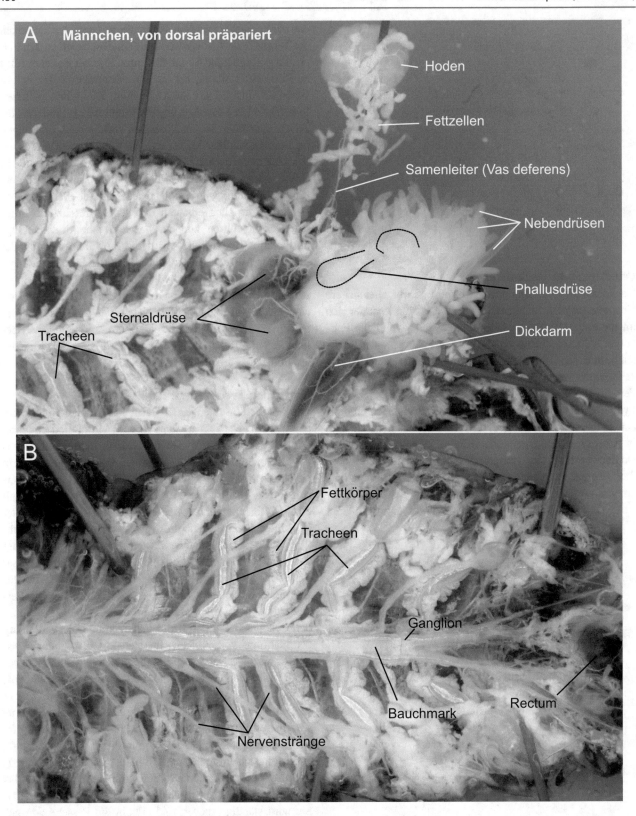

Abb. 8.24 *Blaptica dubia*, Argentinische Waldschabe. Männchen von dorsal präpariert. (**A**) Geschlechtsorgane einer männlichen Schabe. (**B**) Freilegung des Bauchmarks

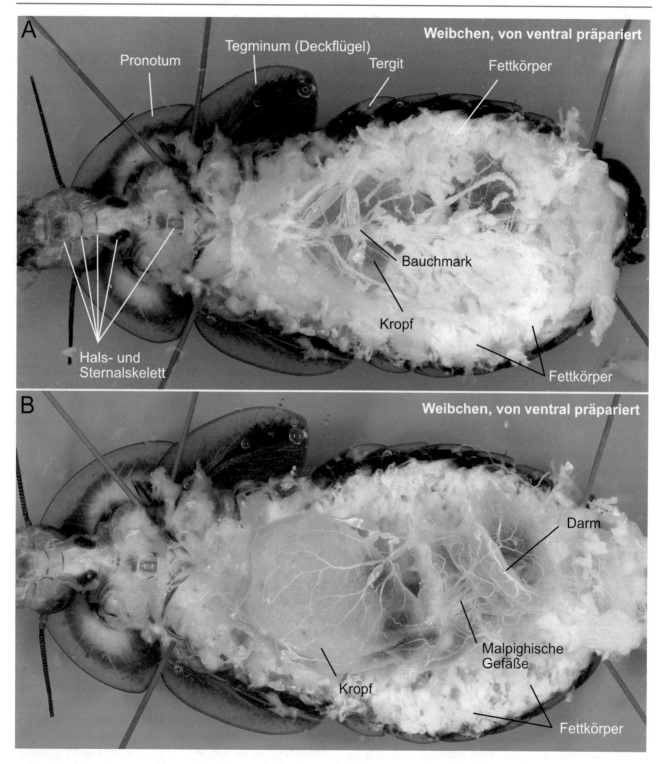

Abb. 8.25 *Blaptica dubia*, Argentinische Waldschabe. (**A**) Weibchen von ventral präpariert. Nach Abnahme der Bauchplatte liegen die inneren Organe frei. (**B**) Nach Entfernen von Bauchmark und Teilen des Fettkörpers liegt der Darm frei

wird durch peristaltische Kontraktionen der Darmmuskulatur vom Mitteldarm zum Enddarm befördert.

Am Übergang von Mittel- zum Enddarm münden die Malpighischen-Gefäße in den Enddarm hinein (Abb 8.23B und 8.25B). Die Malpighischen-Gefäße oder Malpighischen-Schläuche bilden zusammen mit spezialisierten individuellen Zellen, den Nephrocyten, die Exkretions- und Osmoregulationsorgane der Insekten. Bei der Schabe werden die Malpighischen-Gefäße von einigen Dutzend dünnen, weißlich oder leicht gelblich erscheinenden Schläuchen gebildet. Sie entstehen aus ektodermalen und mesodermalen Anlagen. Malpighische-Schläuche sind sezernierende und rückresorbierende, blind beginnende Tuben, die ihren Harn in den Darm entlassen. Die meisten Insekten scheiden ihre Stickstoffverbindungen wassersparend als Harnsäure aus. In der Rektalblase findet die weitere Rückresorption von Wasser statt. So sind, wie oben bereits erwähnt, diese Bildungen als Adaptationen an die terrestrische Lebensweise zu deuten, indem sie den Wasserverlust bei der Regulierung des inneren Milieus auf ein Minimum beschränken.

Atmung

Der Gasaustausch findet bei Insekten in mit Luft gefüllten Röhren statt, die sich in den gesamten Körper des Tieres hinein verzweigen und immer feiner werden (Abb. 8.23, 8.24, 8.25 und 8.26). Dieses Netzwerk wird als Tracheensystem bezeichnet und entsteht ontogenetisch aus Einstülpungen der Epidermis. Die groß- und feinlumigen Tuben (Tracheen und Tracheolen), die bis zu den einzelnen Organen projizieren, fallen bei der Präparation aufgrund ihrer Luftfüllung sofort durch ihren Glanz auf (Abb. 8.23). An den Endpunkten des Tracheolennetzwerks, an den Organen, tritt Sauerstoff ins Gewebe ein und CO_2 aus dem Gewebe in die Tracheolen über. Die Tracheen stehen über Atemöffnungen (Stigmen, Singular: Stigma) mit der umgebenden Außenatmosphäre in Verbindung. Diese Öffnungen sind häufig durch einen Reusen- oder Verschlussapparat geschützt, unter anderem, um das Eindringen von Fremdkörpern ins Tracheensystem zu verhindern. Bei Bienen können die größeren Tracheen von Milben der Gattung *Acarapis* besiedelt werden. Diese als Tracheenmilben bekannten Parasiten stechen durch die Tracheenwand und ernähren sich von Hämolymphe. Dies führte zu der Vermutung, dass der Verschluss der Tracheen eventuell auch den Befall durch Parasiten verhindern soll. Die Tracheen sind innen mit einer chitinösen Cuticula ausgekleidet, die spiralig ausgebildete Versteifungen, sogenannte Taenidien, bildet, welche ein Kollabieren der Tracheen verhindern. Bei größeren und sehr aktiven Fluginsekten reicht die Verteilung des Sauerstoffs innerhalb des Tracheensystems durch Diffusion alleine nicht aus, um alle Organe verlässlich zu versorgen. Sie haben deshalb mächtige Luftsäcke entwickelt. Viele Insekten können daher einen aktiven Gasaustausch durch Muskelkontraktionen sowie Kompression und Entspannung der Tracheenwände stark beschleunigen. Da die Tracheen ektodermal sind und dementsprechend eine Cuticula tragen, müssen sie im Zuge des Wachstums mitgehäutet werden. Dies setzt der maximal erreichbaren Körpergröße der Tiere engere Grenzen und ist vermutlich ein wesentlicher Grund dafür, dass es unter den Insekten keine „Riesen" gibt. Hinzu kommt, dass eine erfolgreiche Häutung jener Tracheen, die sich innerhalb der Flügel befinden, kaum vorstellbar ist. Deshalb häuten sich und wachsen die Imagines bei Insekten nicht mehr – ganz anders als bei den nah verwandten Krebsen.

Nahezu alle Insekten nutzen intrazelluläres Hämoglobin, um Sauerstoff zu binden. Insbesondere die Zellen des Fettkörpers (Adipocyten) und der Tracheen produzieren Hämoglobin. Ein weiteres bekanntes respiratorisches Protein der Insekten ist Hämocyanin. Da die Tracheen direkt die Organe mit Sauerstoff versorgen, fehlen im Blut der Insekten respiratorische Proteine. Zusammen mit dem Gasaustausch und der Gasversorgung über Tracheen spielen die intrazellulären respiratorischen Proteine eine wichtige Rolle bei der Sauerstoffversorgung der Gewebe.

Herz

In der Regel wird man in der abpräparierten Rückenplatte rasch das Dorsal- oder Rückengefäß entdecken (Abb. 8.26C und 8.27). Perfekte Präparate erhält man allerdings nur dann, wenn man die Sektion von ventral beginnt. Eventuell muss mit stärkerer Vergrößerung und variabler Beleuchtung nach dem filigran erscheinenden transparenten Gefäß gesucht werden. Das Rücken- oder Herzgefäß wird von kontraktilen Kardiomyocyten gebildet. Das Herzrohr ist bei Insekten grundsätzlich anterior offen und posterior geschlossen. Allerdings wurde für zahlreiche Insekten, so auch bei Schaben, ein retrograder Hämolymphstrom im Herz beschrieben. Der hintere, weitlumige Teil des Dorsalgefäßes wird als das eigentliche Herz bezeichnet und ist durch eine Herzklappe vom englumigen anterioren Anteil, der als Aorta bezeichnet wird, separiert. Die Körperflüssigkeit der Insekten (Hämolymphe) wird durch segmental angelegte Einströmöffnungen (Ostienpaare) in die Herzkammer gesaugt und von dort anterior bis in den Kopf transportiert. Antriebskraft ist ein Wechselspiel zwischen den kontraktilen Kardiomyocyten und den sogenannten Flügelmuskeln (engl. *alary muscles*), die das Herzrohr seitlich im Körper aufspannen. Vom Kopf kann die Hämolymphe frei in der Körperhöhle zurück in den Thorax und in den Abdominalbereich strömen und alle Organe umfließen. Die Hämolymphe transportiert eine Vielzahl von Metaboliten, Hormonen und Peptiden. Beispielsweise wurden in der Hämolymphe der Fruchtfliege *Drosophila melanogaster* mehr als 500 verschiedene Proteine nachgewiesen.

Nervensystem

Im Rahmen eines zoologischen Grundkurses wird man aus Zeitgründen auf die detaillierte Präparation des Gehirns und des Nervensystems verzichten müssen. Das Gehirn der Schabe ist ein Komplexgehirn und aus der Verschmelzung der Ganglien des Acrons und der folgenden drei Segmente

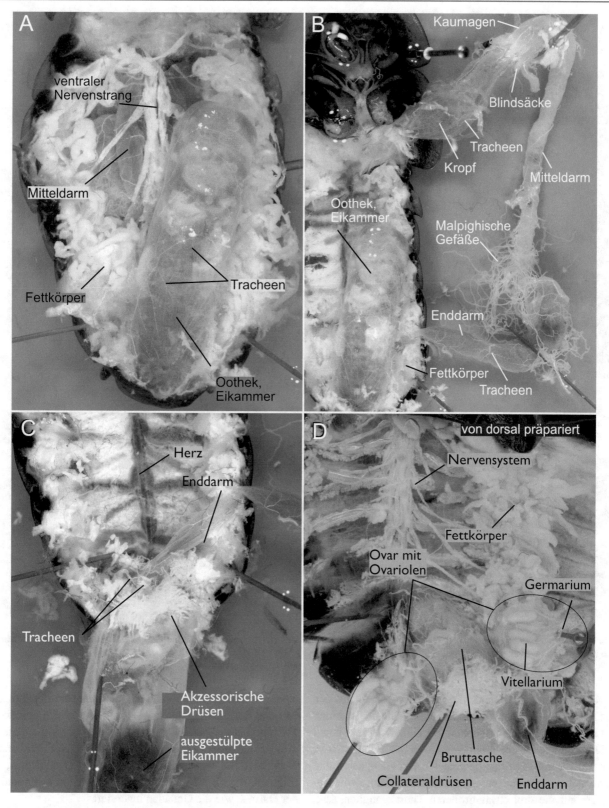

Abb. 8.26 *Blaptica dubia*, Argentinische Waldschabe. (**A**, **B**) Weibchen mit reifer Oothek von ventral präpariert. (**C**) Nach Entfernen der inneren Organe wird das Herz sichtbar. (**D**) Geschlechtsorgane einer weiblichen Schabe, von dorsal präpariert

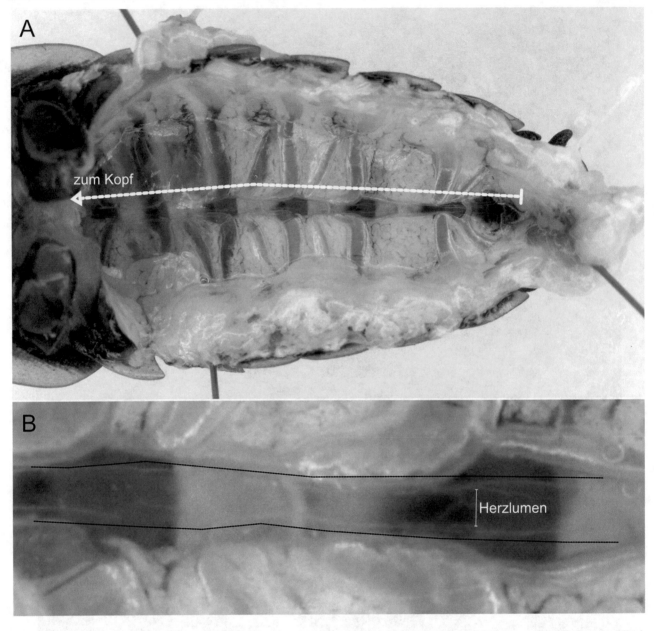

Abb. 8.27 *Blaptica dubia*, Argentinische Waldschabe. Herz v ventral präpariert. (**A**) Abdomen eröffnet und Viscera entfernt. Entlang der Mittellinie ist das Herz sichtbar. (**B**) Ausschnitt

hervorgegangen. Das Unterschlundganglion besteht aus den Ganglien der Segmente von Mandibel, Maxille und Labium. Das in Strickleiterform aufgebaute Bauchmark ist im Thorax und im Abdomen leicht freizulegen (Abb. 8.24B und 8.26A). Der Aufbau mit segmental angelegten Ganglienpaaren und segmentalen Seitennerven ist gut sichtbar. Man achte besonders auf die drei etwas größeren Thoraxganglienpaare, die die Muskulatur der Beine und die Flugmuskeln innervieren. Das letzte große Abdominalganglion entsteht durch die Verschmelzung der letzten vier segmentalen Ganglien, dementsprechend entsendet dieses Ganglion Nerven in den gesamten hinteren Körper (Abb. 8.24B). Das vegetative (vis-

cerale) Nervensystem besteht aus einem posterioren Teil, der von der Bauchganglienkette ausgeht, und einem anterioren Teil (stomatogastrisches Nervensystem), der vom hinteren Teil des Gehirns (Tritocerebrum) ausgeht. Vom visceralen Nervensystem werden der Mund und der Oesophagus, die Stigmen, die Öffnungen des Tracheensystems nach außen, der Darm sowie die Gonaden innerviert.

Fortpflanzungsorgane
Schaben sind, wie nahezu alle Insekten, getrenntgeschlechtlich (gonochoristisch). Zu den wenigen Ausnahmen zählt beispielsweise die Australische Wollschildlaus (*Icerya pur-*

chasi), bei der sich die häufigen Zwitter gegenseitig begatten oder sich mit den selten auftretenden Männchen paaren. Nur im letzteren Fall entstehen wiederum neue Männchen.

a) Um bei Schaben die paarigen Fortpflanzungsorgane freizulegen, wird dorsal zunächst möglichst viel Fettkörper entfernt. Im posterioren Bereich des Tieres ist besondere Vorsicht geboten, da die Hoden und die Samenleiter dicht von Adipocyten umgeben sind (Abb. 8.24A). Es ist hilfreich, den Darm im Bereich des Enddarms zu durchtrennen und zu entfernen. Tracheen sollten durchschnitten und nicht abgerissen werden.

Bei männlichen Tieren (Abb. 8.24A) führt vom paarigen Hoden jeweils ein Samenleiter (Vas deferens) zum Ductus ejaculatoris, der in den Nebendrüsen zu suchen ist. Die Samenleiter sind meist durch den Fettkörper verborgen und reißen bei der Präparation sehr leicht ab. Im Hoden entstehen im Zuge der Meiose aus Spermatogonien die Spermien. In den zahlreichen Schläuchen der Nebendrüsen werden die Sekrete für die Bildung von Spermatophoren (Samenpakete) produziert. Spermatophoren dienen der Übertragung der Spermien in den weiblichen Genitaltrakt und ermöglichen so eine innere Befruchtung. Eine weitere kleine Drüse, die Phallusdrüse, dient vermutlich der Produktion von Anheftungssekreten, die die Spermatophore im Weibchen adhäsiv halten.

Die Präparation des Weibchens erfolgt in gleicher Weise von dorsal beginnend (Abb 8.25 und 8.26). Nach Entfernung des Fettgewebes und des Darmes werden zwei paarig angelegte Ovarien sichtbar (Abb. 8.26D). In den Ovarien finden wir jeweils acht Ovariolen (Eiröhren), in denen die Eizellen in linearer Anordnung heranreifen. Die Enden der Ovariolen sind zu einem an der Körperwand befestigten Filament zusammenfasst. Jede Ovariole besteht aus dem distalen Germarium, in dem die mitotisch entstehenden Oocyten I durch Mitosen aus Oogonien (Stammzellen, Urkeimzellen) entstehen. Jeweils eine Eizelle wandert in den zweiten Abschnitt, das Vitellarium, ein und entwickelt sich, von Follikelzellen umgeben, zur reifen dotterhaltigen Eizelle. Dieser Ovartyp wird als panoistisches Ovar bezeichnet. Die Ovarien münden über einen Eileiter in die Genitaltasche, in

die das gegabelte Receptaculum seminis mündet und in der nach der Befruchtung die Ootheken gebildet werden. Der größere Ast enthält die Spermien, der kleinere stellt eine Anhangsdrüse dar. Die Befruchtung erfolgt, wenn die Oocyten die Mündung des Receptaculums passieren. Die Spermien gelangen in die Eihülle über feine Öffnungen, die Mikropylen. Zwei asymmetrisch große Nebendrüsen (Collateraldrüsen) sezernieren in die Genitaltasche hinein die Proteine der Kokonhülle. In der Regel kommen von jeder Ovariole acht Eier, sodass die Eikammer meist 16 Eier enthält (zweimal acht). Bei der Präparation von Schaben wird man immer Tiere mit einer gefüllten Eikammer (Abb. 8.22 und 8.26A, B) zur Veranschaulichung finden.

Empfohlenes Material

a) *Blaptica dubia* (Argentinische Waldschabe), *Periplaneta americana* (Amerikanische Großschabe), *Blaberus craniifer* (Totenkopfschabe) oder ähnlich große Arten können über den Zoofachhandel bezogen werden, wo sie häufig als Lebendfutter für Terrarientiere verkauft werden. Am besten bittet man den Lieferanten, der Bestellung einige Nymphenstadien (Abb. 8.21) zur Anschauung beizugeben. Es heißt, *Blaptica dubia* klettert ungern oder gar nicht an glatten Flächen empor, daher lassen die Tiere sich für den Zeitraum des zoologischen Praktikums ausbruchssicher in einem Glasaquarium halten. Zusätzlich streicht man den oberen Randstreifen des Gefäßes innen fein mit Vaseline ein. Auch diese Maßnahme soll einen Ausbruch der Tiere verhindern.

b) Kursvorbereitung: In ein 500-ml-Glasgefäß mit dichtem Verschluss wird ein mit Diethylether oder Chloroform getränkter Wattebausch vorgelegt. Die zur Präparation vorgesehenen Schaben, etwa zehn bis 20 Tiere pro Glas, werden durch Ether oder Chloroform in etwa zehn Minuten getötet.

▶ **Echinodermata haben höchst ungewöhnliche Körperformen, aber sie sind Nachkommen bilateralsymmetrischer Vorfahren. Sie durchlaufen eine deuterostome Entwicklung, besitzen als ausgewachsene Tiere einen pentameren („fünfstrahligen"), radiärsymmetrischen Körperbau und leben als Adulte auf oder im Meeresboden**

Die Stachelhäuter (Echinodermata) werden in diesem Buch am Beispiel der Seesterne (Asteroidea, Abb. 9.1–9.11) und Seeigel (Echinoidea, Abb. 9.12–9.15) besprochen. Neben diesen beiden Gruppen zählen noch die Crinoidea mit Haarsternen und Seelilien, die Schlangensterne (Ophiuroidea) und die Seegurken (Holothuroidea) zu den rezenten Vertretern dieser Gruppe. Alle Stachelhäuter weisen eine Reihe von gemeinsamen charakteristischen Schlüsselmerkmalen auf. Hierzu gehören unter anderem: (i) ein unterhalb der Epidermis gelegenes mesodermales Endoskelett, das sich aus vielen in die collagenreiche Matrix eingebetteten Ossikeln, kleine Kalkplatten oder Kalkstückchen, zusammensetzt; (ii) ein im Tierreich einmaliges Wassergefäßsystem, welches aus dem Coelom gebildet wird und mit seinen zahlreichen Kanälen insbesondere der Fortbewegung und Nahrungsaufnahme dient; und (iii) eine Metamorphose, bei der aus einer bilateralsymmetrischen Larve ein adultes Tier mit meist pentamerer, das heißt fünfstrahliger, Radiärsymmetrie hervorgeht (Abb. 9.1). Manche Seeigel („Irregularia") und alle Seegurken entwickelten später in der Evolution hieraus wieder eine sekundäre bilaterale Körpersymmetrie. Neueren molekularen Untersuchungen zufolge sind die Stachelhäuter (Echinodermata) und die Chordatiere (Chordata), zu denen die Wirbeltiere gehören, eng miteinander verwandt. Dies spiegelt sich auch im Ablauf der Embryogenese wider, da in beiden Tiergruppen die Individualentwicklung mit sogenannten Radiärfurchungen beginnt. Bei diesem Furchungstyp stehen die Teilungsspindeln parallel bzw. senkrecht zur Hauptachse, sodass die Blastomeren ein radiärsymmetrisches Muster zur Hauptachse des Eies bilden. Echinodermata

(Stachelhäuter) teilen sich mit den Hemichordata (Kiemenlochtiere) und den Chordata, zu denen Cephalochordata (Acrania, Schädellose, beispielsweise *Branchiostoma*), Urochordata (Manteltiere, beispielsweise *Ciona*) und Craniota (Schädeltiere, Vertebrata, Wirbeltiere, beispielsweise *Oncorhynchus*, *Rattus*) gehören, die typische deuterostome Entwicklung. Dabei entsteht der Anus aus dem Blastoporus (Urmund), während der spätere Mund neu durchbricht. Beide Merkmale, Furchungstyp und die Entstehung der Mundöffnung, sind charakteristisch für die deuterostome Entwicklung und alle Deuterostomier.

Echinodermen gehören zu den Tieren, die nur im Meer vorkommen. Die überwiegende Mehrzahl der 6000 bis 7000 bekannten Arten dieser Tiergruppe lebt benthisch auf oder im Meeresboden. Dabei werden Flachwasserzonen genauso besiedelt wie die marinen Böden der Tiefsee. In lokalen Bereichen der Tiefsee können insbesondere Seegurken in einer sehr hohen Individuenzahl vorkommen und bis zu 90 % der bodennahen Biomasse stellen. Dabei ziehen sie, wie auch die Seesterne und Seeigel, ständig auf der Suche nach Nahrung umher. Die Körpergrößen der Stachelhäuter schwanken erheblich und können zwischen wenigen Millimetern und 2–3 m liegen: Die kleinsten Seesterne haben einen Durchmesser von maximal 1,5 cm (*Asterina phylactica*) und ernähren sich von Bakterien und Diatomeen (Kieselalgen); einer der größten, die Tiefseeart *Midgardia xandaros*, erreicht einen Durchmesser von 1,40 m. Der kleinste Schlangenstern hat einen Scheibendurchmesser von nur 0,5 mm bei einer Armlänge von jeweils 3 mm. Die größte Vertreterin der Echinodermata ist die im Roten Meer vorkommende Gefleckte Wurmseegurke (*Synapta maculata*); eine der kleinsten Seegurken ist eine Bewohnerin des Sandlückensystems der Nordsee, *Leptosynapta minuta*. Erstere erreicht bei einem Körperdurchmesser von rund 5 cm eine Körperlänge von bis zu 2,5 m, während *Leptosynapta minuta* maximal 5 mm lang wird. Echinodermata ernähren sich entweder als Filtrierer, in dem sie dem Meerwasser direkt ihre Nahrung entnehmen (mikrophage Suspensionsfresser; See-

© Der/die Autor(en), exklusiv lizenziert an Springer-Verlag GmbH, DE, ein Teil von Springer Nature 2023
A. Paululat, G. Purschke, *Metazoa – Morphologie und Evolution der vielzelligen Tiere*,
https://doi.org/10.1007/978-3-662-66184-0_9

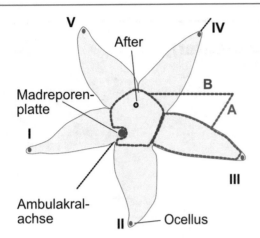

Abb. 9.1 Schematische Darstellung eines Seesterns. Die ersten beiden Präparationsschritte sind farbig markiert (A, B), I-V Radien

lilien und Haarsterne), als Allesfresser (Seeigel), indem sie Hartböden abweiden und sich von Algen, Krustenrotalgen, Cyanobakterien, Schwämmen, Hydrozoen, Anthozoen oder Bryozoen ernähren (die meisten Seeigel) oder als Carnivore (Seesterne), indem sie vor allem Muscheln, aber auch andere Kleintiere erbeuten. Alle Seegurken sind mikrophag, einige Seegurkenarten verschlucken Bodensubstrat und verdauen die daran anhaftenden organischen Bestandteile (Detritus-Verwerter); andere Seegurken sind ebenfalls Suspensionsfresser. Nur einige wenige Arten leben sessil auf einem festen Substrat, wie beispielsweise die zu den Schlangensternen gehörenden Gorgonenhäupter oder die Seelilien.

Pentamere Symmetrie und Fortbewegung

Welche Vorteile gehen mit der Metamorphose einer bilateralsymmetrischen Larvenform zu einer radiärsymmetrischen Adultform einher oder anders ausgedrückt: Warum haben adulte Echinodermen eine pentamere Symmetrie? Eine aktuelle Hypothese besagt, dass die rezenten Echinodermen sehr wahrscheinlich Nachfahren einer Gruppe festsitzender Suspensionsfresser sind, die sekundär wieder frei beweglich geworden sind. Hinweise hierfür liefern die Fossilbelege der Echinodermata, die rezenten Formen sowie andere marine Taxa. Grundsätzlich gibt es viele Meeresbewohner mit einem biphasischen Lebenszyklus mit einer planktonischen Larve (Verbreitungsstadium) und einem festsitzenden oder wenig beweglichen Adultus. Bei diesen Tieren ist Suspensionsfressen weitverbreitet; dies geschieht oft mit kreisförmig angeordneten Fangapparaten, meist als Tentakelapparate bezeichnet. Dabei geht bei vielen Gruppen die bilaterale Körpersymmetrie im Bereich des Fangapparats zugunsten einer radiären Anordnung verloren. So zeigen viele Moostierchen eine radiäre Anordnung der Tentakel, die aus einer hufeisenförmigen Ursprungsform ableitbar ist. Auch die Sabellidae und Serpulidae (engl. *feather duster worms*, *flowers of the*

sea), Mitglieder der Anneliden, besitzen eine solche Krone radiär angeordneter Tentakel. Entsprechende Tentakelapparate finden sich auch bei den Spritzwürmern (Sipuncula) oder den Nicktieren/Kelchwürmern (Kamptozoa). Auch innerhalb der Deuterostomia kommt dieses Merkmal bei einem Teil der Pterobranchier (Flügelkiemer) vor (*Cephalodiscus*-Arten). Nicht zuletzt weist auch die Polypenform der Cnidaria eine radiäre Anordnung der Fangtentakel auf.

Sind denn die frei beweglichen, am Meeresboden kriechenden Echinodermata tatsächlich aus festsitzenden Suspensionsfressern entstanden? Für Echinodermen liegt ein ausgesprochen umfangreicher Fossilbericht vor, der sich etwa 550 Millionen Jahre bis in das frühe Kambrium zurückverfolgen lässt. Neben pentameren Vertretern treten auch asymmetrische und bilateralsymmetrische Formen auf. Auch Vertreter der rezenten Gruppen lassen sich bereits im Paläozoikum nachweisen. Die frühesten Fossilien werden tatsächlich als Suspensionsfresser gedeutet, da es sich um festsitzende Formen mit aufwärts gerichteten (dem Substrat abgewandten) Ambulakralfurchen und -füßchen handelt. Diese waren bereits pentamer und einige werden in die Stammlinie der Crinoidea eingereiht, die in allen phylogenetischen Analysen die Schwestergruppe aller übrigen Echinodermata sind und als Eleutherozoa bezeichnet werden. Nur die Eleutherozoa haben eine gegensätzliche Orientierung des Körpers: ihre Oralseite zeigt zum Substrat. Die Crinoidea sind semimobile Suspensionsfresser, die mit ihrer Tentakelkrone im Wasser treibende Nahrungspartikel fangen. Das Ambulakralsystem ist damit primär eine Anpassung an die Aufnahme suspendierter Partikel und erst sekundär für die Fortbewegung und andere Funktionen nutzbar gemacht worden. Die Haarsterne sind in der Jugendphase wie die Seelilien gestielt und festsitzend; sie lösen sich erst später ab. Die durch diese Lebensweise entstandene pentamere Symmetrie ist optimal an das Suspensionsfressen angepasst und nach einem Verlust der bilateren Symmetrie verbunden mit einer umfangreichen Reorganisation der Körperstrukturen war eine Rückkehr zur bilateralen Symmetrie der Vorfahren praktisch unmöglich – trotz des Wiedererlangens der Motilität, konvergent bei einem Teil der Crinoidea und den Eleutherozoa. Dieses trifft allerdings nicht auf alle rezenten Stachelhäuter zu, denn die Seegurken (Holothuroidea) haben sekundär wieder eine bilaterale Symmetrie erlangt, wenn auch auf Basis der Pentamerie und damit völlig anders als bei den übrigen Bilateria. Diese Hypothese wird auch weiterhin durch das Fehlen komplexer Sinnesorgane und eines Gehirns unterstützt, da Evolution von Sessilität ebenfalls mit einer Vereinfachung dieser Systeme einhergeht.

Als sich ausschließlich kriechend fortbewegende Bodenbewohner besitzen die Echinodermata nur sehr begrenzte individuelle Aktionsradien. Beispielsweise legen einige Seegurken nur etwa 30–40 cm in einer Stunde zurück, wenig

Abb. 9.2 *Asterias rubens*, fixiert. (**A**) Ansicht von oben auf die aborale Seite mit Madreporenplatte, After und Zentralscheibe; diese Seite ist im Leben dem Substrat abgewandt. (**B**) Blick auf die orale Seite mit Mundöffnung und Ambulakralrinnen

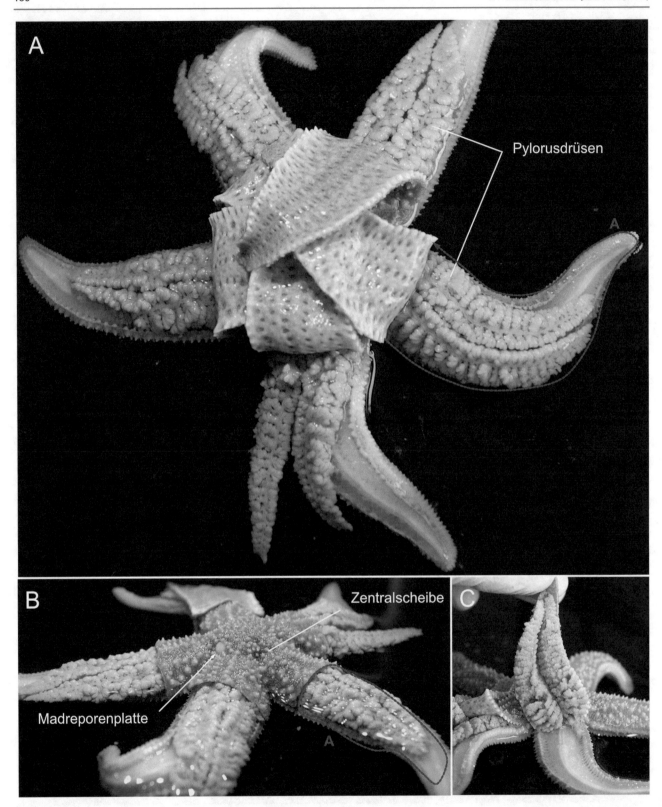

Abb. 9.3 *Asterias rubens*, fixiert, Präparationsschritte. (**A**) seitliche Auftrennung entlang der Arme und Zurückklappen der Deckplatten. (**B**) Freilegen der Zentralplatte. (**C**) Anheben einer Armdecke mit Pylorusdivertikeln

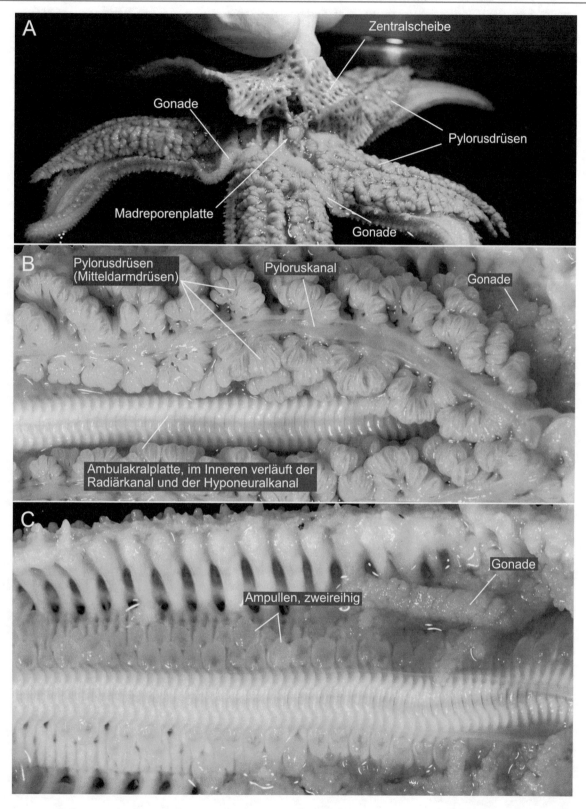

Abb. 9.4 *Asterias rubens*, fixiert, Präparationsschritte. (**A**) Entfernen der aboralen Zentralplatte. (**B**) Pylorusdivertikel (Pylorusdrüsen), Pyloruskanal und Gonaden bei stärkerer Vergrößerung. (**C**) Ampullen bei stärkerer Vergrößerung

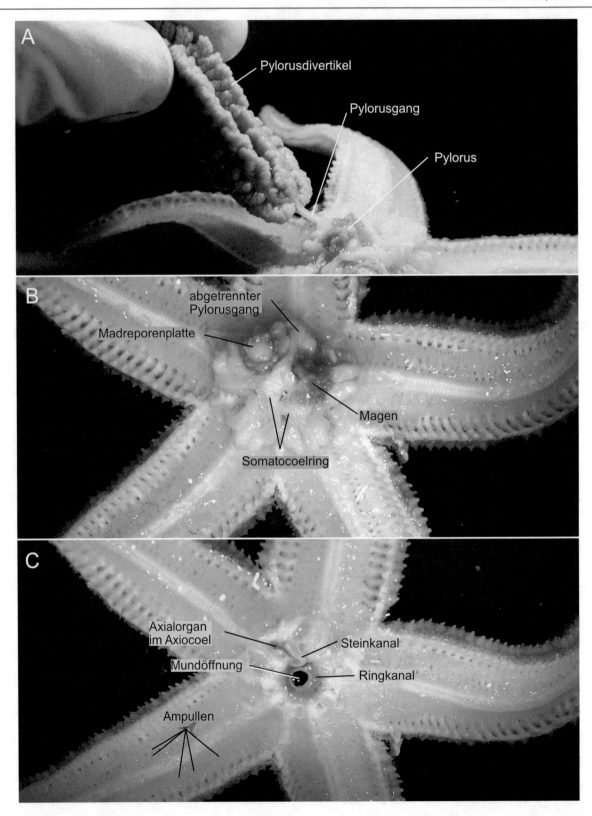

Abb. 9.5 *Asterias rubens*, fixiert. (**A**) Freipräparieren des Magens (**B**) Freipräparieren des Pylorusgangs zum Magen. (**C**) Nach Entfernen des Magens sind Steinkanal, Ringkanal und Mundöffnung sichtbar

Abb. 9.6 *Asterias rubens*, fixiert. Jeder Arm wurde unterschiedlich präpariert

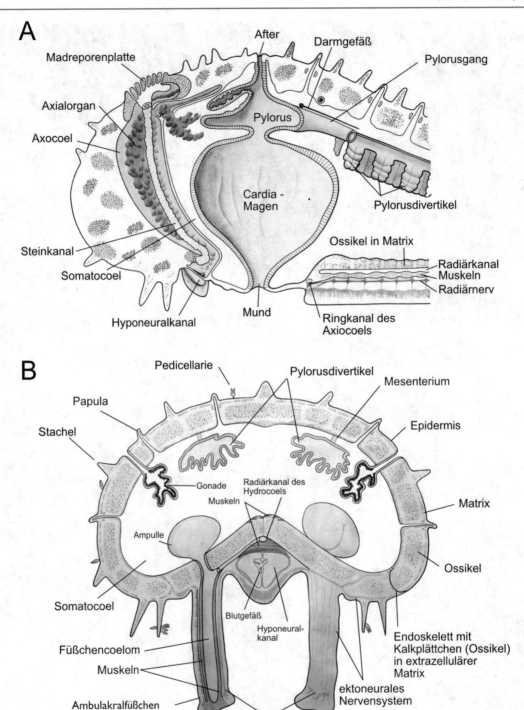

Abb. 9.7 *Asterias rubens.* (**A**) Querschnitt durch das Zentrum eines Seesterns, schematisch. (**B**) Querschnitt durch den Arm eines Seesterns. Schematisch nach Wandkarten aus der Biologischen Sammlung der Universität Osnabrück, verändert

mehr als das Zwei- oder Dreifache ihrer Körperlänge. Für einige „schnelle" Seesterne wurde eine zurückgelegte Strecke von 45 m in einer Stunde nachgewiesen. Jüngst wurde entdeckt, dass einige Seegurken bei großer Nahrungsknappheit einen besonderen Trick anwenden, um rasch in weiter entfernte neue Habitate zu gelangen. Sie nehmen über ihren Anus größere Mengen Wasser auf und versetzen sich damit

in einen „Schwebezustand", um dann mit der Meeresströmung zu driften. Dabei legen sie Strecken von bis zu 90 km am Tag zurück. Mit Ausnahme der Seeigel können übrigens alle Echinodermata Körperteile abwerfen und diese später wieder regenerieren. Diese Fähigkeit wird als Autotomie bezeichnet. Seesterne können ganze Arme verlieren und gegebenenfalls wieder ersetzen. Daher kommt es bis-

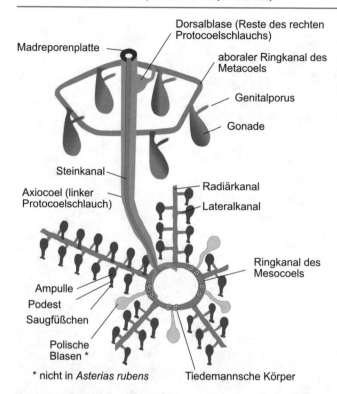

Abb. 9.8 Das Ambulakralsystem, schematisch. Nach verschiedenen Autoren, verändert

weilen vor, dass man Seesterne mit weniger als fünf Armen findet oder dass die Arme aufgrund der noch unvollständigen Regeneration eine unterschiedliche Form und Größe aufweisen (Abb. 9.9). Werden Holothuroidea (Seegurken) ernsthaft bedroht, stoßen sie den größten Teil ihres Darmes aus, der dann vom Jäger eventuell als Beute akzeptiert wird, während die Seegurke die fehlenden Organe durch Regeneration ersetzt und den Angriff so überlebt. Andere Seegurken besitzen Strukturen, die speziell zur Verteidigung dienen: die Cuvierschen-Schläuche; je nach Art werden bis zu 150 blind endende Ausstülpungen des Enddarms in der Nähe der Wasserlungen (Seegurken haben oft besondere Atemorgane) bei Bedrohung ausgestoßen. Im Wasser strecken sich diese zu extremer Länge aus, verkleben und sind für viele andere Meeresbewohner giftig. Bei einigen Seegurkenarten sind die Cuvierschen Schläuche durch darin vorgehaltenes Gift wirksam.

9.1   Der Gemeine Seestern *(Asterias rubens, Asteroidea)*

Seesterne besitzen wie alle Echinodermata eine orale und eine aborale Körperseite (Abb. 9.2A, B). Die orale Seite mit der Mundöffnung ist immer dem Boden zugewandt, das heißt, der Mund, der bei Bilateria die Vorderseite (anterior) markiert, ist auf die Unterseite des Tieres verlagert, während der After vom Hinterende (posterior) auf die Oberseite ge-

langte. Auf der aboralen Seite (Abb. 9.2A) ist die große Zentralscheibe zu erkennen, von der die fünf Arme des pentamer organisierten Seesterns ausgehen. Genau in der Mitte befindet sich der After. Am Rand der Zentralscheibe, zwischen den Ansatzstellen zweier Arme liegend, befindet sich die Madreporenplatte. Dabei handelt es sich um eine aus Kalk bestehende Siebplatte, die mit zahlreichen, im Stereomikroskop gut zu erkennenden feinsten Öffnungen ausgestattet ist und den Eingang zum weitverzweigten Wassergefäßsystem der Seesterne bildet. Direkt unter der Epidermis befindet sich das mesodermale Endoskelett. Es besteht aus einer großen Zahl kleiner Kalkplättchen oder Kalkstückchen (Ossikel), die alle in eine extrazelluläre Matrix (ECM) eingebettet sind (siehe Schemata in Abb. 9.7). Diese ECM enthält – wie bei allen Metazoa und beim Menschen – als Hauptbestandteil das Protein Collagen. Interessanterweise kann durch Ein- und Ausstrom von Calcium- und Natriumionen in diese collagene Matrix deren Viskosität gesteuert werden. Durch eine Erhöhung der „Steifheit" können Stacheln, Arme und Füßchen an Festigkeit gewinnen und beispielsweise ein Beutetier umklammern oder eine Körperposition halten, die die Filtration des Meereswassers unterstützt. So entlastet die Matrix die Muskulatur, die sonst allein diese Aufgaben übernehmen müsste. Eine solche Matrix ist einzigartig im Tierreich und wird als veränderliche Matrix (engl. *MCT, mutable collagenous tissue*) bezeichnet.

Empfohlenes Material

Auf meeresbiologischen Exkursionen gesammelte Seesterne und Seeigel lassen sich in 4 % Formaldehyd fixieren und so für zoologische Praktika sammeln. In den zoologischen Sammlungen stehen meist weitere getrocknete oder konservierte Tiere als Totalpräparate zur Anschauung zur Verfügung. Die hier präparierten Seesterne (*Asterias rubens*) wurden in der Bretagne (Frankreich) gesammelt, in 4 % Formaldehyd fixiert und ca. vier Monate aufbewahrt. Alle Aufnahmen von Strandseeigeln (*Psammechinus miliaris*) sind Lebendaufnahmen. Die Tiere wurden im Rahmen von entwicklungsbiologischen und meeresbiologischen Exkursionen nach Roscoff oder Helgoland studiert. Seesterne lassen sich auch über die Biologische Anstalt Helgoland beziehen.

Es wird empfohlen, bei Lieferanten nach der Verfügbarkeit von lebenden Tieren für die Demonstration der Ambulakralfüßchen und Pedicellarien zu fragen. Seesterne und Seeigel lassen sich über einige Tage hinweg in gut belüftetem, auf 14–16 °C temperiertem Seewasser halten.

Kursvorbereitung: Vor der Präparation werden die fixierten Tiere 24 Stunden in leicht fließendem Leitungswasser gewässert.

Abb. 9.9 Regeneration von verletzten oder abgetrennten Armen. (**A**) *Asterias rubens*, Gemeiner Seestern, lebend; Morgat, Frankreich. (**B**) *Echinaster sepositus*, Purpurstern, lebend; Station Biologique de Roscoff, Roscoff, Frankreich. (**C**) *Asteria rubens*, Gemeiner Seestern; Heimatmuseum Dykhus, Borkum

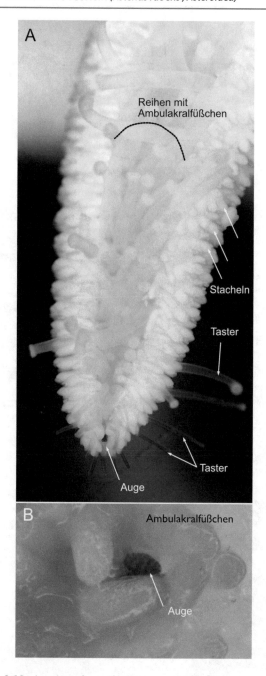

A

Reihen mit
Ambulakralfüßchen

Stacheln

Taster

Taster

Auge

B

Ambulakralfüßchen

Auge

Abb. 9.10 *Asterias rubens*. (**A**) Arm von ventral. (**B**) Auge am Ende eines Armes, am lebenden Tier

diese zum Mund transportieren. Die Beweglichkeit der Ambularkralfüßchen wird, einmalig im Tierreich, vollständig hydraulisch über den Flüssigkeitsdruck im Inneren der Füßchen gesteuert. Das Ambulakralsystem wird später in diesem Kapitel noch genauer besprochen. Die gesamte Körperoberfläche des Seesterns ist dicht mit Stacheln besetzt. Sie schützen den Seestern vor Fressfeinden und haben den Stachelhäutern ihren deutschen Namen gegeben. Zwischen den Stacheln befinden sich Pedicellarien, kleine, auf Stielen sitzende und durch Muskeln bewegliche Greifzangen oder Pinzetten, die dem Festhalten von Nahrungspartikeln dienen. Darüber hinaus sorgen die Pedicellarien dafür, dass Parasiten, Larven von Hartsubstratbewohnern oder andere Objekte von der Körperoberfläche entfernt werden und deren Ansiedlung verhindert wird (Abb. 9.2B). Die Pedicellarien sind bei *Asterias rubens* immer mit zwei Greifern ausgestattet. Sie sind gut zu erkennen, wenn der Seestern in einer mit Wasser gefüllten Wachsschale liegend betrachtet wird. Einige abgetrennte Pedicellarien können in einem Tropfen Wasser auf dem Objektträger und mit einem Deckgläschen abgedeckt mikroskopiert werden. Am schönsten lassen sich die vielfältigen Bewegungen von Ambulakralfüßchen und Pedicellarien natürlich an lebenden Seesternen und Seeigeln beobachten – was, wenn kein Lebendmaterial im Kurs vorhanden ist, bei einer meeresbiologischen Exkursion nachgeholt werden sollte (s. Abb. 9.12).

Darm und Nahrungsaufnahme

Seesterne sind Räuber, die sich auf Muscheln spezialisiert haben. Sie können ihre Beute mit ihren fünf Armen gleichmäßig umklammern und mit den zahlreichen Ambulakralfüßchen festhalten. Die Muschel kann zwar dank ihrer kräftigen Schließmuskeln die Schalenhälften zunächst fest verschließen, ein Seestern entwickelt jedoch dauerhaft sehr hohe Zugkräfte. Darüber hinaus muss die Muschel irgendwann einmal ihre Schalenklappe öffnen, wenn sie nicht ersticken will. Wenn es dem Seestern dann gelingt, die Schalenhälften der Muscheln ein klein wenig zu öffnen, wird der Seestern seinen Magen in die Muschel ausstülpen und Verdauungsenzyme entlassen. Dabei wird unter anderem auch der Schließmuskel der Muschel angegriffen. Die so extraoral vorverdaute Nahrung gelangt über die Mundöffnung in den Magen, der sich aus der Cardia (Mageneingang) und dem Pylorus (Übergang zu den Darmdivertikeln) zusammensetzt (Abb. 9.5 und 9.6). Die Cardia bildet eine große Kammer, in der die Nahrung fortschreitend verdaut und dann an den Pylorus übergeben wird. Von der zentralen Pyloruskammer ziehen in alle fünf Arme hinein paarige Pylorusdrüsen. Sie besitzen zahlreiche Ausstülpungen, die als Pylorusdivertikel bezeichnet werden. In den Pylorusdivertikeln wird die Nahrung weiter verdaut und es werden

Auf der oralen Körperseite (Abb. 9.2B) befindet sich die zentrale Mundöffnung. Von dort ausgehend verlaufen tiefe Ambulakralrinnen in alle Arme hinein. Jede Ambulakralrinne trägt zwei oder vier Reihen von Ambulakralfüßchen, bei *Asterias rubens* sind es immer vier solcher Reihen. Mithilfe der Ambulakralfüßchen, die zum Wassergefäßsystem gehören, können sich die Seesterne auf dem Substrat fortbewegen, am Substrat festhalten, Beutetiere greifen und

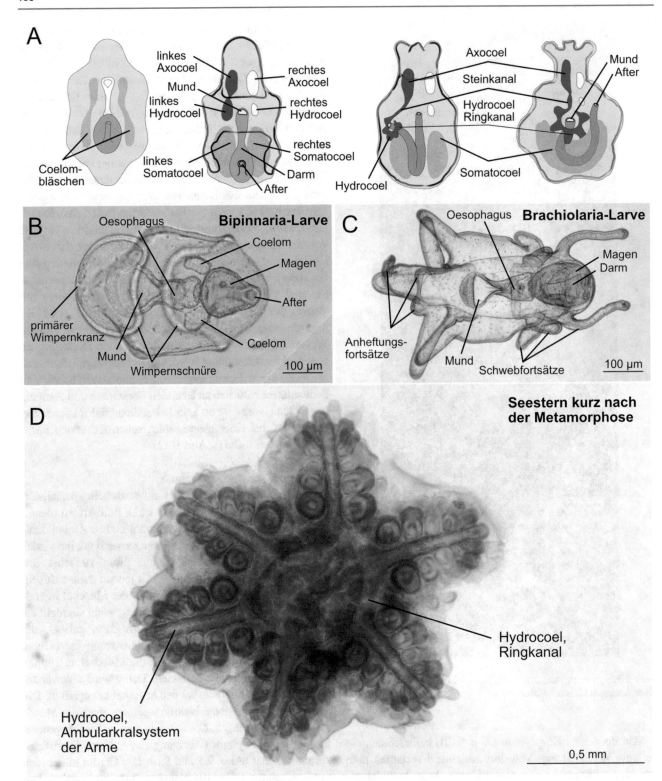

Abb. 9.11 Entwicklung von Seesternen. (**A**) Schematische Darstellung der Entstehung der Coelomräume bei Echinodermata. Nach verschiedenen Autoren. (**B**) Bipinnaria-Larve der Seesterne. (**C**) Brachiolaria-Larve der Seesterne. (**D**) Seestern kurz nach der Metamorphose

Nährstoffe resorbiert und gespeichert. Die Pylorusdivertikel entsprechen dem Hepatopankreas (oft aus wissenschafts-historischen Gründen als Mitteldarmdrüse bezeichnet) anderer wirbelloser Tiere, sie werden daher auch in ihrer Gesamtheit oft als Pylorusdrüsen bezeichnet. Da die Pylorusdivertikel blind enden, müssen Nahrungsreste wieder in die zentrale Pyloruskammer gelangen und werden von dort über den auf der Oberseite liegenden After abgegeben.

Das Wassergefäßsystem, Hydrocoel

Die sekundäre Leibeshöhle oder Coelom ist bei den adulten Stachelhäutern eine komplexe Struktur. Neben der geräumigen Leibeshöhle, die den gesamten Körper ausfüllt, gibt es weitere coelomatische Kanalsysteme. In der Ontogenie entstehen diese aus paarigen Anlagen, die, wie bei allen Deuterostomia, aus dem Urdarmdach abgefaltet werden. Es werden insgesamt drei Paar derartiger Coeleomräume gebildet, von anterior nach posterior als Axocoel, Hydrocoel und Somatocoel bezeichnet; alternativ auch Protocoel, Mesocoel und Metacoel genannt. Durch die pentamere Körperstruktur entwickeln sich diese Anlagen auf der rechten und linken Körperseite unterschiedlich. Die hinteren Blasen, das rechte und linke Somatocoel, kleiden im adulten Tier die große allgemeine Leibeshöhle aus und differenzieren zusätzlich ein orales und aborales Kanalsystem.

Das Wassergefäßsystem der Echinodermata ist ebenfalls Teil ihres komplexen Coeloms und ist im Tierreich einmalig. In der Ontogenese entsteht es aus dem linken Raum des zweiten Coelomsackpaares, das deshalb auch als Hydrocoel bezeichnet wird. Diese Bildung ist für eine Vielzahl von wichtigen Körperfunktionen verantwortlich, nicht nur für die gleitende Fortbewegung auf dem Meeresboden. Vom Hydrocoel wird der Tentakel- oder Füßchenapparat der Echinodermen versorgt; dieses System ist für Nahrungserwerb, Fortbewegung, Gasaustausch, Exkretion, Osmoregulation und externe sensorische Aufnahme verantwortlich.

Präparation Seestern

Die Präparation des Seesterns erfolgt in der Wachsschale mit Leitungswasser. Die ersten Schritte sind in der schematischen Übersicht als Schnittlinien A und B eingezeichnet (Abb. 9.1). Zunächst werden die Tiere von außen untersucht (Abb. 9.2). Für die anschließende Sektion werden eine grobe Schere, Präpariernadeln, Sonden und Pinzetten benötigt.

a) Der Seestern wird zunächst mit der Schere entlang der Arme seitlich aufgetrennt (Abb. 9.3A). Dies geht am einfachsten, indem man an den Armspitzen

---

mit dem Sezieren beginnt und die Arme bis hin zur Basis auftrennt.

b) Die Aboraldecken lassen sich danach zurückklappen, indem die paarweise angelegten Pylorusdrüsen des Verdauungssystems mit einer Präpariernadel vorsichtig gelöst werden (Abb. 9.3B, C).

c) Nach Abtrennen der Armdecken wird vorsichtig die Decke der Zentralscheibe abpräpariert (Abb. 9.4A). Hierzu werden die interradial liegenden Pfeiler durchtrennt und die Madreporenplatte kreisförmig umschnitten. Die Madreporenplatte wird dabei am Tier belassen, da sie den Eingang ins Wassergefäßsystem zeigt. Dieser Präparationsschritt erlaubt einen Blick auf die inneren Organe, die unterhalb der Zentralplatte liegen.

d) Nachdem vorsichtig die gesamte aborale Körperdecke entfernt wurde, wird das Verdauungssystem mit Darm, Rectaldivertikeln, Pylorus, Cardia untersucht. Nun werden auch die sich ebenfalls paarig in die Arme ziehenden Gonaden sichtbar (Abb. 9.4B, C).

e) In einem letzten Schritt können Pylorusdrüsen und Gonaden entfernt und der zweiteilige, aus Pylorus und Cardia bestehende Magen freigelegt werden (Abb. 9.5).

f) Die Madreporenplatte mit Steinkanal und Axialorgan freilegen. Untersuchung des Ambulakralsystems mit Ringkanal, Ampullen. Kalkstiel in der Nähe des Mundes anschneiden und auf einen Objektträger mit Glycerin überführen und mikroskopieren.

g) Pedicellarien mikroskopieren.

h) Zu Demonstrationszwecken kann auch jeder Arm des Seesterns einmal unterschiedlich präpariert werden (Abb. 9.6).

i) Histologische Schnitte verschiedener Organe werden ergänzend zur *In-situ*-Untersuchung eingesetzt.

Die hohe Beweglichkeit und der dünnwandige Bau der Füßchen gewährleisten diese Funktionen. Das körperinnere Wassergefäßsystem oder Ambulakralgefäßsystem ist über den Steinkanal, das Axocoel und seinen Ausleitungsgang, der von der aboral liegenden Madreporenplatte (Siebplatte) bedeckt wird (Abb. 9.2A, 9.4A und 9.5B,C, schematisch in Abb. 9.7A und 9.8), mit dem Außenmilieu verbunden. Der Steinkanal liegt seinerseits in einem weiteren Coelomraum, dem Axocoel, und bildet mit diesem ein komplexes System aus Anteilen des Axo- und Hydrocoels und dazwischen liegenden Blutgefäßen, von denen das bedeutendste als Axialorgan bezeichnet wird. Steinkanal, Axocoel und die Verbindung zur Madreporenplatte entstehen in der Ontogenie aus dem linken vorderen Coelomraum. Über die Madreporenplatte gelangt Wasser in geringem Ausmaß ins Körperinnere und wird über einen kleinen Hohlraum (Ampulle, Dorsalblase, Abb. 9.8) an das Wassergefäßsystem weitergeleitet. Diese Wassermenge reicht aus, um den durch Druckänderungen im Hydrocoel hervorgerufenen Flüssigkeitsverlust auszugleichen. Obwohl das System die Bezeichnung Wassergefäßsystem oder Hydrocoel trägt, enthält es nicht einfach Seewasser, sondern wird in seiner Zusammensetzung von den Coelothelien reguliert.

Das umfangreiche Hydrocoel oder Wassergefäßsystem liegt auf oralen Seite des Seesterns und besteht aus einem zentralen Ringkanal, der um die Mundöffnung herum verläuft (Abb. 9.8). Dieser Ringkanal versorgt die Arme des Seesterns über fünf große Radiärkanäle und zeigt so die typische pentamere Symmetrie. Alle Radiärkanäle in den Armen verzweigen sich wiederum in Lateralkanäle und projizieren durch Öffnungen in den Skelettplatten der Seesternarme in die von außen sichtbaren, beweglichen Ambulakralfüßchen hinein (Abb. 9.8). Jedes Ambularkralfüßchen steht mit einer großen flüssigkeitsgefüllten Ampulle in Verbindung, diese kann sich mithilfe von feinen Muskeln kontrahieren und presst Wasser in die Füßchen (Abb. 9.8). Ein Rückschlagventil im Zuleitungskanal verhindert dabei ein Zurückströmen von Flüssigkeit in den Ringkanal. Zusätzlich können auch ringförmig angeordnete Muskeln (Sphinkter) ausgebildet sein und so insgesamt erst die Funktionalität des Ambulakralsystems sicherstellen. Die Ampullen der Ambulakralfüßchen sind bei der Präparation des Seesterns nach Entfernen der Pylorusdivertikel in den Armen sichtbar (Abb. 9.4C und 9.6).

Neben den Radiärkanälen zweigen bei vielen Seesternen unmittelbar vom Ringkanal auch noch größere Ampullen, die Polischen Blasen, ab (Abb. 9.8). Sie tragen wahrscheinlich ebenfalls zur Regulation des Wasserdrucks im Ambulakralsystem bei und dienen auch als Flüssigkeitsreservoir. Polische Blasen fehlen allerdings bei dem in zoologischen Praktika zumeist präparierten Gemeinen Seestern (*Asterias rubens*). Immer sind jedoch die sogenannten Tiedemannschen Körper, kleine abzweigende Blasen, mit dem Ringkanal verbunden. Ihnen schreibt man die Produktion von Coelomocyten zu, die im Wassergefäßsystem zirkulieren und unter anderem phagocytotisch aktiv sind. Darüber hinaus dienen diese Körperchen vermutlich auch einem Flüssigkeitsaustausch mit dem angrenzenden Somatocoel, der großen Leibeshöhle, welche die inneren Organe umgibt und den größten Teil des Seesternkörpers ausfüllt. Der Steinkanal, der bei sorgfältiger Präparation des Seesterns immer freigelegt wird (Abb. 9.5C, 9.7 und 9.8), verbindet den Hohlraum unterhalb der Madreporenplatte mit dem oral gelegenen Ringkanal, stellt also die Verbindung des Wassergefäßsystems mit der äußeren Umgebung sicher. Aufgrund seiner kalk-

haltigen Wand ist er sehr fest – dies erklärt seinen Namen. Somit wird also jedes einzelne Ambulakralfüßchen vom Wassergefäßsystem hydraulisch versorgt. Die Epithelien des gesamten Coelomsystems sind mit monociliären Zellen ausgestattet, welche die Flüssigkeit in Bewegung halten. Flüssigkeitsverluste, die unter anderem durch den Druck in den wassergefüllten Ambulakralfüßchen entstehen, können über die Siebplatte kompensiert werden. Seesterne bewegen sich mithilfe der Ambulakralfüßchen fort, wobei die permanente Aktivität Tausender Ambulakralfüßchen zu einer gleichförmigen gleitenden Bewegung führt. Stößt ein Seestern auf ein Hindernis, so „gleitet" er unverzüglich in eine andere Richtung weiter, wobei ein Arm die Führung übernimmt. Zusätzlich finden auch der Gasaustausch mit dem umgebenden Wasser, die Exkretion und die Osmoregulation an den Grenzflächen der Ambulakralfüßchen statt. Als zusätzliche Strukturen des Gasaustauschs dienen die Papulae, verzweigte, sackförmige Ausstülpungen aus Epidermis und Somatocoel, die zwischen den Armplatten hindurchziehen und auf der Oberseite der Arme zu finden sind. Sie haben wesentlich dünnwandigere Epithelien als die Füßchen.

Das Hämalgefäßsystem

Echinodermen haben ein Blutgefäßsystem, das auch als Hämalsystem bezeichnet wird und vor allem aus zahlreichen miteinander verbundenen, meist sehr englumigen Lakunen besteht. Das Hämalgefäßsystem wird vom Hydrocoel mit Flüssigkeit versorgt. Der Flüssigkeitsübertritt erfolgt allerdings rein osmotisch, da die Hohlraumsysteme keine direkte Verbindung aufweisen. Die Blutlakunen entstehen in der extrazellulären Matrix gegenüberliegender Coelothelien oder auch zwischen Gastrodermis und dem Epithel des Somatocoels. Dementsprechend verlaufen die Kanäle und Hohlräume des wie bei allen Wirbellosen endothellosen Hämalgefäßsystems weitgehend parallel zum Wassergefäßsystem. Die Funktion des Hämalgefäßsystems ist noch nicht vollständig geklärt, es wird angenommen, dass es bei der Verteilung von Nährstoffen im Körper eine wichtige Rolle spielt. Nährstoffe werden über das Epithel der Darmdivertikel ins Hämalsystem übernommen. Das Hämalsystem besteht aus einem oral und einem aboral gelegenen Ringkanal, von denen Kanäle und Hohlräume in die Arme projizieren. Dabei versorgen die vom aboralen Ringkanal ausgehenden Gefäße die Gonaden, während die oralen Kanäle unterhalb des Hydrocoels verlaufen und zwischen den parallel verlaufenden Kanälen der Hyponeuralkanäle liegen, die Teile des Somatocoels darstellen. Die beiden Hämalringe sind durch Gefäße im Axialsinus (Axocoel, s. u.) sowie über das Axialorgan miteinander verbunden. Der Axialsinus umhüllt auch den zuvor benannten

Steinkanal. Im Axialsinus befindet sich zudem das Axialorgan, das manchmal auch als Axialdrüse bezeichnet wird. Es ist in der Nähe des Steinkanals als braun-rotes Organ in unserer Präparation zu entdecken. Die Gefäße des Axialorgans setzen sich in die Dorsalblase fort. Die Funktion dieses Organs ist noch nicht vollständig verstanden. Einerseits wird vermutet, dass das Axialorgan mittels Kontraktionen den Flüssigkeitsstrom im Hämalsystem unterstützt. Daher wird das Axialorgan oder nur die ebenfalls pulsierende Dorsalblase gelegentlich auch als „Herz" bezeichnet, wenngleich bei Echinodermata gar kein durchgehendes Kreislaufsystem existiert, da die Hämalkanäle blind enden. Eine echte Zirkulation der Flüssigkeit im Hämalsystem ist somit nicht möglich, wohl aber eine rhythmische Füllung und Leerung einzelner Abschnitte, was sich auch beobachten lässt. Die Fließrichtung der Flüssigkeit im Hämalsystem wechselt daher. Auch andere Bereiche des Gefäßsystems zeigen Kontraktionen, beispielsweise in der Dorsalblase oder bei den größeren Darmgefäßen. Andererseits legen neuere Befunde, die wir im nächsten Abschnitt kurz diskutieren, nahe, dass das Axialorgan eher als ein Lymph- oder Exkretionsorgan zu sehen ist. Als eisenhaltiges, respiratorisches Protein dient bei Seeigeln Hämerythrin und bei Seesternen Chlorocruorin.

Exkretion und Gasaustausch

Echinodermata besitzen keine speziellen Exkretionsorgane. Stattdessen werden nicht mehr benötigte Metabolite, Stoffwechselendprodukte und Stickstoffverbindungen, die aus Stoffwechselprozessen stammen, über die Coelomflüssigkeit direkt an den Grenzflächen zum umgebenen Meerwasser abgegeben, beispielsweise an den Ambulakralfüßchen oder Papulae. Das Gleiche gilt im Prinzip für den Gasaustausch, der generell an allen Körperoberflächen und den Grenzflächen des Coeloms erfolgt. Interessanterweise fand man im Coelothel des Axialorgans, welches ja zum Hämalsystem gehört, Podocyten. In metanephridialen Systemen sind es stets die Podocyten, die für die Ultrafiltration des Blutes und die Bildung der Coelomflüssigkeit und damit gleichzeitig auch für die Produktion des Primärharns verantwortlich sind. Daher wird spekuliert, ob das Axialorgan und das Hämalsystem eine ähnliche Funktion haben könnten. Dann würde die Madreporenplatte mit ihren Poren einem Exkretionsporus entsprechen. Eine derartige exkretorische Funktion konnte übrigens bereits für die Larven von Seegurken nachgewiesen werden. Das Axialorgan produziert darüber hinaus Hämocyten, die im Hämalsystem zirkulieren und unter anderem phagocytotische Aufgaben haben. Die ciliären Wandzellen des Hämalsystem sorgen für die Zirkulation der Hämalflüssigkeit in den Hämalkanälen.

Nervensystem und Sinnesorgane

Komplexe Sinnesorgane sind bei Echinodermen eher selten, es sind aber zahlreiche Rezeptorzellen über die gesamte Epidermis verteilt. Wie bei vielen anderen Meerestieren auch, sind Mechano- und Chemorezeptoren die wohl wichtigsten Sinne der Seesterne, um mit ihrer Umwelt zu interagieren. Daneben kommen auch isolierte Fotorezeptorzellen vor, denn die meisten Echinodermen reagieren auf Licht und zeigen Beschattungsreflexe, ohne dass komplexe Augen vorhanden wären. Seesterne sind aktive Räuber und spüren mithilfe ihres Geruchssinnes ihre Beute auf. Wird in einem Experiment ein Lockstoff angeboten, so bewegen sich Seesterne zielgerichtet auf diese Quelle zu. Chemo- und auch Mechanorezeptorzellen wurden beispielsweise in saugscheibenlosen Ambulakralfüßchen und Tentakeln entlang der Arme gefunden (Abb. 9.10). Die Verarbeitung der Sinneswahrnehmungen übernimmt ein basiepitheliales Nervensystem, das ringförmig um den Mund und in Strängen in den Radien, also unterhalb der Radiärkanäle liegend, angeordnet ist. Alle Radialnerven sind über einen Nervenring im zentralen Körper miteinander verbunden. Früher hatte man angenommen, dass dieser Ringnerv ein übergeordnetes Zentrum, das Gehirn, darstellt, aber er verschaltet nur die Radien miteinander. Ein koordinierendes Nervenzentrum, also ein Gehirn, existiert offenbar nicht. Interessanterweise übernimmt bei einer Bewegung des Seesterns auf ein Ziel hin ein Arm eine Leitfunktion, was oft durch ein Aufrollen der Armspitze und erhöhte Aktivität der endständigen Tentakel sichtbar wird. Eine Hypothese besagt, dass der Radialnerv im Leitarm die Kontrolle über den Körper übernimmt, in dem den anderen Radialnerven signalisiert wird, die Bewegung in Richtung des Leitarms zu koordinieren. Die Beschreibung des Nervensystems der Seesterne kann hier nur rudimentär bleiben, auch in zoologischen Übungen bleibt das Nervensystem der Tiere unseren Augen weitgehend verborgen.

Echinodermata sind insgesamt gesehen erstaunlich arm an Sinnesorganen. Bis heute wurde beispielsweise kein Gleichgewichtsorgan beschrieben, dass den Umkehrreflex bei Seesternen und Schlangensternen koordiniert. Legt man im Experiment einen Seestern verkehrt herum auf den Aquarienboden, so dreht sich das Tier innerhalb weniger Momente wieder um. Es wird vermutet, dass das Reflexzentrum für diesen Umkehrreflex im Radialnerv und in der Rückenhaut liegt.

Einige Seesterne besitzen am Endtentakel der Arme einfach gebaute Augen. Sie bestehen aus wenigen bis einigen Hundert sogenannter Pigmentbecherocellen und sind beim Gemeinen Seestern *(Asterias rubens)* makroskopisch bei lebenden Tieren als kleine, leuchtend rote Flecken (Abb. 9.10) zu erkennen. Bei fixierten Tieren verblasst der Farbstoff leider sehr rasch. Bisher nahm man an, dass diese Lichtsinnesorgane den Seesternen lediglich die Unterscheidung von Hell und Dunkel ermöglichen und somit den Tag-Nacht-Rhythmus des Tieres kontrollieren. Neueste Untersuchungen an Dornenkronenseesternen (*Acanthaster planci*), die eine große Bedrohung für tropische Riffe darstellen, legen allerdings nahe, dass die visuellen Sehleistungen dieser Ocellen sogar zum Auffinden der Beute geeignet sind.

Fortpflanzung und Entwicklung

Asterias rubens ist, wie die meisten Echinodermata, getrenntgeschlechtlich (gonochoristisch); die weiblichen und männlichen Tiere lassen sich jedoch äußerlich nicht unterscheiden, da ein bei vielen Tieren durchaus üblicher Sexualdimorphismus fehlt. Die Weibchen entlassen zur Fortpflanzungszeit ihre Eier, meist Hunderttausende, ins freie Wasser. Die Spermien der Männchen, die in Spermienwolken mit Millionen von Spermien freigesetzt werden (s. a. Abschn. 9.2 zu den Seeigeln), finden chemotaktisch zu den Eizellen. Die Artspezifität wird über arteigene Lockstoffe und korrespondierende Membranrezeptoren gewährleistet. Nach einer erfolgreichen Befruchtung einer Eizelle verlaufen die ersten Zellteilungen, Furchungen genannt, holoblastisch, das heißt, es erfolgt eine vollständige Aufteilung des Eizellmaterials auf die Tochterzellen. Diese Art von Furchung ist typisch für isolecithale (dotterarme) Eizellen. Die in jeder Furchungsrunde neu entstehenden Zellen (Blastomeren) sind unterschiedlich groß und werden als Makro- und Mikromeren bezeichnet, sie unterliegen später einem unterschiedlichen Entwicklungsschicksal. Nach kurzer Zeit entsteht dann eine einschichtige Hohlkugel, die Blastula. Die Gastrulation erfolgt anschließend durch eine Invagination des Epithels ins Innere der Blastula hinein. Die entstehende erste Körperöffnung wird sich, wie bei allen Deuterostomiern, zum späteren Anus differenzieren. Im Anschluss an die Gastrulation bilden sich bei den verschiedenen Echinodermata-Gruppen ganz typische planktonische Larvenformen, die sich durch taxonspezifische, meist komplex geformte Wimpernbänder unterscheiden lassen. In den durchscheinenden Larven ist die Entstehung der Coelomräume gut erkennbar (Abb. 9.11). Die ersten Coelomräume entstehen immer durch Abspaltung einer ersten Coelomkammer direkt am Urdarmdach (Abb. 9.11A). Die erste frei schwimmende planktonische Larve der Seesterne wird Bipinnaria-Larve genannt (Abb. 9.11B); in ihr sind die Coelomkammern oft gut zu erkennen. Im Zuge der weiteren Entwicklung entstehen

armartige Fortsätze und drei temporäre Anheftungsstiele, mit denen sich die jetzt als Brachiolaria bezeichnete Larve am Substrat anheftet (Abb. 9.11C). Anschließend wird die Metamorphose zum Jung-Seestern durchlaufen (Abb. 9.11D). Die meisten Seesterne haben eine Lebenserwartung von einigen Jahren.

Neben der sexuellen Fortpflanzung besitzen mindestens 30 der ca. 1700 bekannten Seesternarten die Fähigkeit, aus abgetrennten Körperteilen einen vollständigen Organismus zu differenzieren (Fissiparie). So kann aus einem abgestoßenen Arm ein vollständiger neuer Seestern entstehen. Zu den Arten, die nachweislich diese erstaunliche Fähigkeit besitzen, zählt auch unser Gemeiner Seestern (*Asterias rubens*).

9.2 Der Strandseeigel *(Psammechinus miliaris)* oder der Essbare Seeigel *(Echinus esculentus)*

Seeigel zählen zu den prominentesten Tieren in der biologischen Forschung. Bahnbrechende Einblicke, beispielsweise wie Spermien Eizellen finden und befruchten (Fertilisation), ohne dass es zu Polyspermie kommt, sind an Seeigeln gewonnen worden. Da Seeigel- und Seesternlarven vollkommen transparent sind, wurden an ihnen bereits früh wichtige Beobachtungen zur Entstehung und Differenzierung der Keimblätter und des Coeloms gemacht. Theodor Boveri hat bereits 1902 durch Arbeiten an Seeigeln gezeigt, dass die Chromosomen Träger der Erbinformation sind. Dies führte dann später zur „Chromosomentheorie der Vererbung".

Daher sollen in diesem Buch auch die Seeigel vorgestellt werden, die im Rahmen von meeresbiologischen Exkursionen leicht zur Verfügung stehen (Abb. 9.12). Der ca. 5 cm große Strandseeigel (*Psammechinus miliaris*) besitzt die Form einer am oralen Pol abgeflachten Kugel. Seeigel suchen kontinuierlich den Meeresboden nach Nahrung ab. Abgestorbene Pflanzenreste und tote Tiere gehören zu ihrem typischen Nahrungsspektrum, sie spielen daher im Nahrungskreislauf als „Resteverwerter" eine ganz wesentliche Rolle.

Abb. 9.12 zeigt einen lebenden Strandseeigel von der oralen (Abb. 9.12A, B) und von der aboralen Seite (Abb. 9.12C, D). Der Mund ist an den fünf kräftigen Zähnen zu erkennen, die den einzigen von außen sichtbaren Teil des komplexen Kieferapparats darstellen. Der Kieferapparat besteht aus einer großen Vielzahl einzelner Kalkstücke, die mithilfe von Muskeln gegeneinander bewegt werden können, und wird nach seinem Erstbeschreiber als „Laterne des

Abb. 9.12 Strandseeigel *Psammechinus miliaris*, lebend. (**A**, **B**) Orale Seite mit Mundfeld und Zähnen. (**C**, **D**) Aborale Seite mit Afterfeld, Madreporenplatte und Geschlechtsöffnungen

Aristoteles" bezeichnet. Mithilfe dieses Kieferapparats zerkleinern Seeigel ihre Nahrung. Der Mund liegt zentral in einem Mundfeld (Peristom), welches mit Ambulakralfüßchen, Kiemenbüscheln und Pedicellarien ausgestattet ist (Abb. 9.12A, B). Auf der aboralen Seite erkennen wir den After mittig in einem Afterfeld (Periproct) liegend (Abb. 9.12C). Bei stärkerer Vergrößerung werden die Madreporenplatte und die Geschlechtsöffnungen sichtbar (Abb. 9.12D). Abb. 9.13 zeigt die freigelegte Laterne des Aristoteles am Beispiel des Essbaren Seeigels (*Echinus esculentus*), der mit 10–15 cm Durchmesser wesentlich größer als der Strandseeigel ist.

Auf eine detaillierte Beschreibung der inneren Anatomie wird hier verzichtet, da in den meisten zoologischen Praktika die Zeit fehlt, um neben einem Seestern auch einen Seeigel oder gar eine Seegurke sorgfältig zu präparieren. Den Grundbauplan eines Echinodermen haben wir am Beispiel des Seesterns ja bereits kennengelernt.

Fertilisation und Embryonalentwicklung des Seeigels

Seeigel eignen sich bestens, um im Labor die Befruchtung der Eizellen in einer Glasschale oder auf einem Objektträger durchzuführen. So können die Fertilisation von Eizellen und deren weitere Entwicklung direkt im Mikroskop verfolgt werden. *Psammechinus miliaris*, der unter anderem von der Biologischen Anstalt Helgoland bezogen werden kann, ist im späten Frühjahr und Frühsommer geschlechtsreif und produziert bis etwa Ende Juni reichlich Gameten. Um Eier für ein Befruchtungsexperiment zu gewinnen, werden weibliche Tiere, die an der Form und Färbung der Gonoporen zu erkennen sind (Abb. 9.14A), mit der aboralen Seite nach unten auf ein mit Meerwasser gefülltes Becherglas gelegt. Durch Injektion weniger Milliliter 0,5 M KCl in die Leibeshöhle werden Kontraktionen der Muskulatur ausgelöst. Hierdurch werden die Gonaden zur Abgabe der Eier gebracht (Abb. 9.14B–E). Ähnlich verfährt man mit männlichen Tieren, um die Spermien zu gewinnen. Während die Eier nur für wenige Stunden befruchtungsfähig sind, bleiben die Spermien gekühlt zwei bis drei Tage vital und können für zahlreiche Fertilisations- und Entwicklungsexperimente verwendet zu werden. Für den Tagesbedarf stellt man die Bechergläser mit Eiern und Spermien in einem Meerwasserbecken so auf, dass eine leichte Kühlung auf Meerwassertemperatur erreicht wird (Abb. 9.14F). Das gleiche Experiment lässt sich auch mit dem größeren *Echinus esculentus* durchführen, allerdings sind die Geschlechter äußerlich nicht zu unterscheiden. Daher müssen meist mehr als zwei Tiere mit 0,5 M KCl injiziert werden, um sowohl Eier als auch Spermien zu gewinnen.

Einige Eier werden mit stark verdünnter Spermienlösung in einem Hohlschliffobjektträger oder einer geeigneten Beobachtungskammer zusammengebracht, um die Befruchtung der Eizellen einzuleiten und die weitere Entwicklung der Zygote unter dem Mikroskop zu verfolgen. Nach der Fertilisation und dem Durchlaufen der ersten Furchungen (Abb. 9.15A–C) entsteht eine einschichtige Blastula mit einem zentrischen, flüssigkeitsgefüllten Blastocoel (Abb. 9.15D). Die ersten Entwicklungsschritte verlaufen über längere Zeit streng synchron, sodass aus einem Ansatz immer wieder Stadien entnommen werden können und sich trotzdem der zeitliche Verlauf der Entwicklung weiter kontinuierlich verfolgen lässt. Am vegetativen Pol immigrieren primäre Mesenchymzellen, sie bilden später in der sogenannten Pluteus-Larve das larvale Skelett (Abb. 9.15E). Während der sich anschließenden Gastrulation invaginiert der Urdarm, der Urmund wird Deuterostomier-typisch zum späteren After (Abb. 9.15F). Im sogenannten Prismenstadium kommt es in der Spitze des Urdarms zur Enterocoelie (Abb. 9.15G), bei der sich der Urdarm ausfaltet und beiderseits je drei Coelomsäckchen bildet: Axocoel, Hydrocoel und Somatocoel, auch Protocoel, Mesocoel und Metacoel genannt. Nun entsteht der Pluteus, der durch dünne Schwebfortsätze charakterisiert ist (Abb. 9.15H). Die kreiselnd umherschwimmenden oder im Wasser schwebenden planktonischen Pluteus-Larven weisen noch eine stark ausgeprägte Bilateralsymmetrie auf. An den Fortsätzen, die im Inneren durch ein Larvalskelett gestützt werden, dienen Wimpernbänder der Lokomotion und dem Fangen von kleineren Nahrungspartikeln, die dann auf den Wimperbändern dem Mund zugeführt werden. Der Pluteus zeigt die typische Coelomtrimerie. Aus dem linken Hydrocoelbläschen wird der kreisförmige Ringkanal, der über den Steinkanal direkt mit dem Axocoel und der Madreporenplatte verbunden ist und die Verbindung zum Außenmilieu herstellt. Das Axocoel bildet unter anderem das Axialorgan, welches heute als Exkretions- und Lymphalorgan gesehen wird. Das rechte Hydrocoel-Coelombläschen degeneriert oder wird zum Madreporenbläschen (Dorsalbläschen). Die beiden Somatocoelbläschen legen sich aneinander, umwachsen den Darm und bilden dadurch Mesenterien, an denen der Darm aufgehängt ist, und umgrenzen die Körperhöhle. Bei den Eleutherozoa (Seesterne, Schlangensterne, Seeigel und Seegurken) gliedern sich vom oral liegenden Somatocoel noch Radiärkanäle ab, die sich zwischen Hydrocoel und Epidermis befinden und zwischen denen das Hämalsystem der Radien gebildet wird.

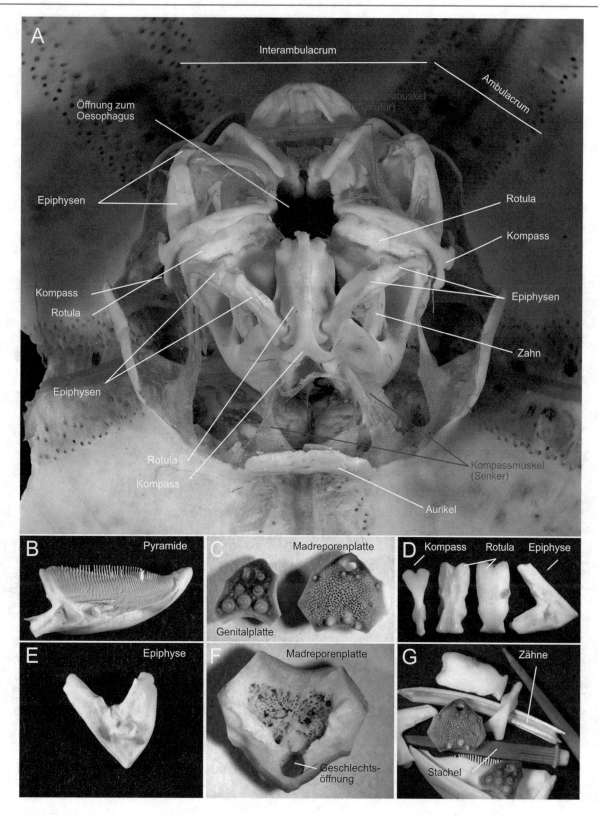

Abb. 9.13 (**A**) Kieferapparat („Laterne des Aristoteles") von *Echinus esculentus*, dem Essbaren Seeigel. (**B–G**) Einzelne Kalkstücke aus dem Kieferapparat

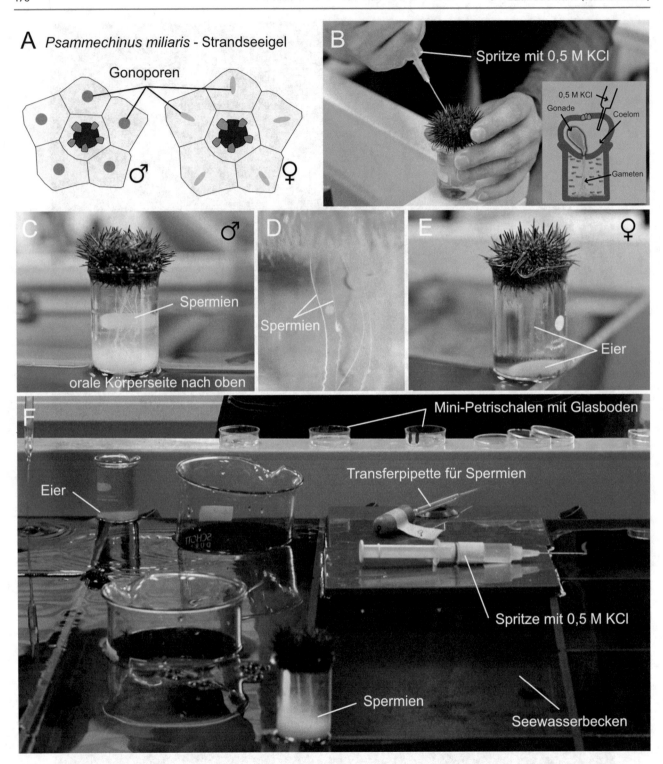

Abb. 9.14 Befruchtungsexperimente. (**A**) Schematische Darstellung der äußerlich sichtbaren Geschlechtsmerkmale beim Strandseeigel, *Psammechinus miliaris*. (**B**) Um die Abgabe von Gameten zu induzieren, wird KCl ins Coelom injiziert. (**C–E**) Die entlassenen Spermien und Eizellen werden in Meerwasser gesammelt. (**F**) Equipment für Fertilisationsexperimente, hier im kleinen Kursraum der Biologischen Anstalt Helgoland

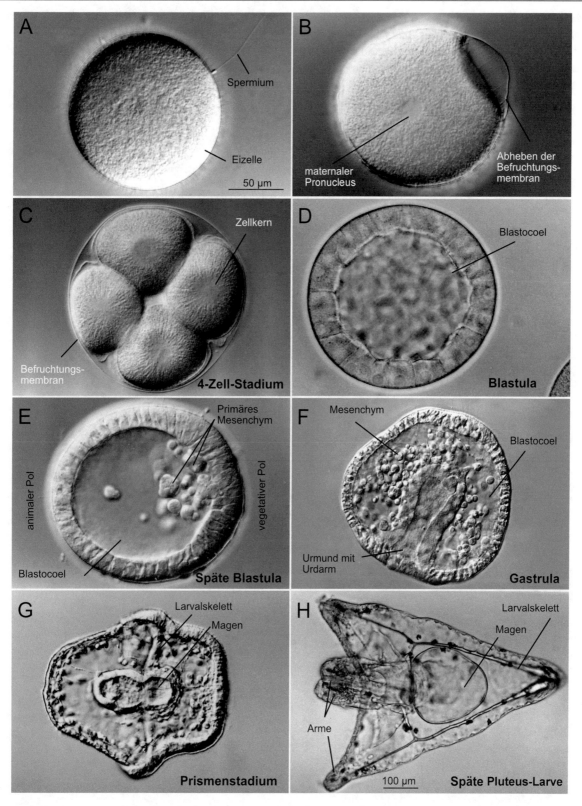

Abb. 9.15 Entwicklungsstadien von *Psammechinus miliaris*. (**A**) Eintritt eines Spermiums (Gallerthülle des Eies entfernt). (**B**) Abheben der Befruchtungsmembran. (**C**) Vier-Zell-Stadium. (**D**) Blastula. (**E**) Späte Blastula mit den ersten Zellen des primären Mesenchyms. (**F**) Gastrula mit beginnender Mesenchymbildung. (**G**) Gastrula im Prismenstadium. (**H**) Früher Pluteus. Die Fotos wurden freundlicherweise von Prof. Dr. D. Ribbert, Universität Münster, zur Verfügung gestellt

Tab. 9.1 fasst die Dauer der ersten Entwicklungsschritte zusammen. Im Rahmen von meeres- und entwicklungsbiologischen Exkursionen lässt sich die gesamte Entwicklung des Seeigels von der Befruchtung bis zur Bildung des Pluteus verfolgen (Abb. 9.15).

Tab. 9.1 Zeitlicher Ablauf der Normalentwicklung von Seeigeln bei 10 °C Wassertemperatur

	Psammechinus miliaris	*Echinus esculentus*
Fertilisation	0 h	0 h
Fusion der Vorkerne	30–40 min	-
1. Furchung	50 min	2 h
2. Furchung	1 h 20 min	3 h 30 min
3. Furchung	1 h 50 min	5 h
4. Furchung	2 h 20 min	7 h 30 min
Blastula	7 h	20 h
Frühe Gastrula	10 h	30 h
Prismenstadium	24 h	40–50 h
Späte Gastrula	-	68 h
Pluteus	48 h	93 h

Nach Fischer (2013) *The Helgoland Manual of Animal Development* und eigenen Beobachtungen

Acrania (Cephalochordata) Lanzettfischchen

▶ **Acrania werden auch als Schädellose bezeichnet, da ihnen ein knöcherner Schädel und ein echtes Gehirn fehlen. Dennoch gehören sie zu den nächsten Verwandten der Wirbeltiere (Vertebrata) und zeigen als basale Gruppe der Chordata viele Eigenschaften, die von den Wirbeltieren übernommen wurden. So besitzen die Acrania eine Chorda dorsalis, ein dorsales Neuralrohr und einen muskulösen postanalen Ruderschwanz. Die Lanzettfischchen sind eine artenarme Gruppe meeresbewohnender Chordatiere von schlanker lanzettförmiger Gestalt und die einzigen noch lebenden Vertreter der Acrania.**

Die Acrania (Cephalochordata, Lanzettfischchen) sind eine kleine Gruppe ausschließlich meeresbewohnender Chordatiere, die nur etwa 30 Arten umfasst. Seit ihrer Beschreibung Mitte des 18. Jahrhunderts ist vor allem die europäische Art *Branchiostoma lanceolatum*, zunächst unter dem Namen *Amphioxus lanceolatum*, in der Zoologie besonders bekannt geworden. Sie hat bei Zoologen großes Interesse geweckt, zeigen doch die Acrania, die selbst zwar keine Wirbelsäule besitzen, dennoch zahlreiche Merkmale der Wirbeltiere. Würden Evolutionsbiologen ohne Kenntnis der Lanzettfischchen einen möglichen Vorfahren der Wirbeltiere skizzieren oder beschrieben, so sähe dieses fiktive Tier vermutlich einem Lanzettfischchen sehr ähnlich. Die bis zu etwa 6 cm langen Tiere leben als mikrophage Filtrierer in gelegentlich hohen Populationsdichten (ca. 6000 Individuen pro Quadratmeter) in gut von Wasser durchströmten Grobsanden. Doch diese Habitate sind relativ selten, sodass Lanzettfischen nicht zu den häufigeren Meerestieren gehören und mancherorts sogar als gefährdet gelten. Die Tiere kommen unterhalb des Gezeitenbereichs bis in etwa 80–100 m Tiefe vor, wo sie stets mit der Mundöffnung nach oben schräg eingegraben im Sediment mithilfe des Kiemendarms kleine Nahrungspartikel aus dem Atemwasser filtrieren. Entsprechende Habitate sind so charakteristisch für das Vorkommen der Lanzettfischchen, dass diese Regionen oft nach ihnen benannt wurden („Amphioxus-Sande"), wie beispielsweise der Amphioxus-Grund (Loreley-Bank) einige Kilometer nordöstlich von Helgoland in der Deutschen Bucht.

Mit den Craniota (Vertebrata, Wirbeltiere) haben die Cephalochordata eine ganze Reihe von Merkmalen gemeinsam. Dazu gehören ein axialer elastischer Stützstab (die Chorda dorsalis), das Neuralrohr einschließlich dessen Entstehungsprozesses, die Neurulation, der Neuralkanal sowie der Zentralkanal (Canalis neurentericus), der Kiemendarm mit Endostyl, die Segmentierung der Muskulatur, ein postanaler Ruderschwanz, die Grundstruktur des Blutgefäßsystems sowie ein Leberblindsack. Die somatische Muskulatur, die aus einkernigen Längsmuskelfasern besteht, geht aus segmentalen, dorsolateral angelegten Mesodermtaschen des embryonalen Urdarms hervor. Im Gegensatz dazu sind die somatischen Muskelzellen der Craniota vielkernig und syncytial. Die Vielzahl von morphologischen Übereinstimmungen hat in der Vergangenheit dazu geführt, die Acrania als nächste Verwandte der Craniota anzusehen. Aus molekulargenetischen Verwandtschaftsanalysen wissen wir heute jedoch, dass die dritte Gruppe der Chordatiere, die Tunicata (Manteltiere), deren Schwestergruppe sein muss, auch wenn die morphologischen Übereinstimmungen geringer sind. Die Larven der Tunicata zeigen allerdings eine Vielzahl von charakteristischen Chordatenmerkmalen und gelten heute als ein wichtiges evolutionsbiologisches Modell; dagegen ähneln die ausgewachsenen Tiere nach der Metamorphose und dem Übergang zur sessilen Lebensweise den Craniota äußerlich nicht mehr. Daraus folgt, dass es sich bei dem hohen Grad an morphologischen Übereinstimmungen der Acrania und Vertebrata um Grundmustermerkmale aller Chordata handeln muss, die den adulten Tunicata sekundär fehlen. Nichtsdestotrotz sind die Acrania nach wie vor gut geeignet, in die Grundorganisation der Craniota einzuführen, und sind deshalb nach wie vor wichtige Kursobjekte.

Empfohlenes Material

Die für die Untersuchung vorgesehenen Tiere von *Branchiostoma lanceolatum* können entweder im Rahmen einer meeresbiologischen Exkursion lebend untersucht (Abb. 10.1, 10.2) oder in einem geeigneten

Abb. 10.1   Sammeln von Lanzettfischen auf einer meeresbiologischen Exkursion; hier mit dem Forschungsschiff *Neomysis* der Station Biologi-que de Roscoff in der Bretagne, Frankreich. (**A**) Ausleeren einer mit Sediment gefüllten Dredge. (**B, C**) Handauslese der Tiere aus dem Sediment und Einsetzen der gefundenen Exemplare in mit Meerwasser gefüllte Gefäße. (**D**) Einige frisch gesammelte, noch nicht eingegrabene Exemplare auf dem Sediment aus dem Biotop, das hier vor allem aus zerbrochenen Molluskenschalen (Muschelschill) besteht. Die seriellen hellen Punkte sind die Gonaden. (**E**) Ein einzelnes Tier, mit dem Makroobjektiv fotografiert

Fixativ, beispielsweise in 4 % Formaldeyhd, konser-viert werden. Aus den fixierten Exemplaren werden Totalpräparate (Abb. 3.4) oder histologische Schnitt-serien (Abb. 10.4, 10.5, 10.6 und 10.7) als Dauer-präparate hergestellt. Für Totalpräparate eigenen sich besser juvenile Tiere, da die Adulten in der Regel zum Mikroskopieren zu groß sind. Ausgewählte Exemplare lassen sich dann relativ einfach mit Boraxkarmin oder anderen geeigneten Farbstoffen anfärben, entwässern und auf Objektträgern einbetten. Alternativ kann man die Tiere auch bei vielen biologischen Stationen fixiert bestellen oder im Fachhandel als mikroskopische Prä-

parate beziehen. Eine Präparation dieser Tiere ist eben-falls möglich, wird aber aufgrund der nur geringen Be-obachtungsmöglichkeit hier nicht empfohlen.

Beobachtungen

Der lanzettförmige Körper von *Branchiostoma* ist in Rumpf und Schwanz gegliedert (Abb. 10.1, 10.2). Einige der cha-rakteristischen Eigenschaften wie Mundcirren, Kiemen-darm, Gonaden und Muskelsegmente lassen sich bereits an den lebenden Tieren unter dem Stereomikroskop erkennen (Abb. 10.1E). Wenn man die lebenden Tiere in die Hand

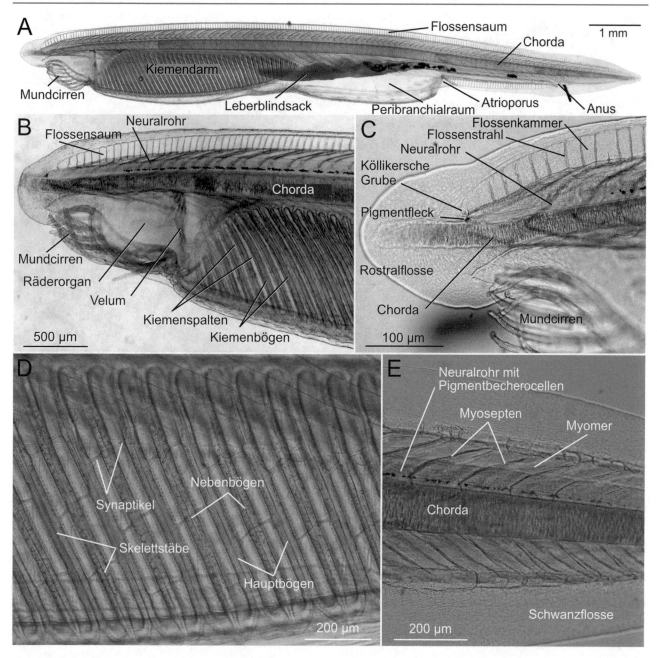

Abb. 10.2 *Branchiostoma lanceolatum*. Juveniles Tier, Lebendpräparat, betäubt. (**A**) Ganzes Tier bei geringer Vergrößerung. (**B**) Vorderende mit Rostralflosse, Mundcirren, Velum und vorderer Teil des Kiemendarms. (**C**) Vorderende, Chorda, Neuralrohr mit Pigmentbecherocellen, Rostral- und Dorsalflosse; Dorsalflosse mit Flossenstrahlen und Flossenkammern. (**D**) Kiemendarm mit Haupt- und Nebenbögen. (**E**) Schwanz mit Neuralrohr, Chorda, Myosepten und Myomeren

nimmt, kann man die Kraft der Längsmuskulatur deutlich spüren. Der Schwanz dient ausschließlich der Fortbewegung und dementsprechend endet der Darmkanal mit dem After vor diesem Abschnitt. Die ventral liegende Mundöffnung wird von zahlreichen gebogenen Mundtentakeln umstellt, die korbförmig die Mundöffnung abdecken und so die Aufnahme größerer Partikel verhindern (Abb. 10.1E, 10.2A, B, 10.3A, B, 10.4A). Hohe, dicht bewimperte Zellen bilden dahinter das schleifenförmige Räderorgan, das die Nahrungspartikel dem verschließbaren Velum zutreibt. Dieses markiert den Eingang in den Kiemendarm und ist ebenfalls mit

sensorischen Tentakeln besetzt (Abb. 10.2B, 10.3A–C, 10.4A). Die am Dach der Mundhöhle liegende Wimpergrube, die Hatscheksche-Grube, ist nicht immer gut erkennbar. Sie gilt als Vorläufer der Adenohypophyse und wurde nach ihrem Erstbeschreiber, dem österreichischen Zoologen Berthold Hatschek (1854–1941), benannt. An das Velum schließt sich der Kiemendarm an, der etwa ein Drittel der Körperlänge erreicht. Die Kiemenspalten münden nicht direkt nach außen, sondern in einen Peribranchialraum, der nur über eine Öffnung, den vor dem letzten Körperdrittel gelegenen Atrioporus, nach außen mündet. Der Peribranchial-

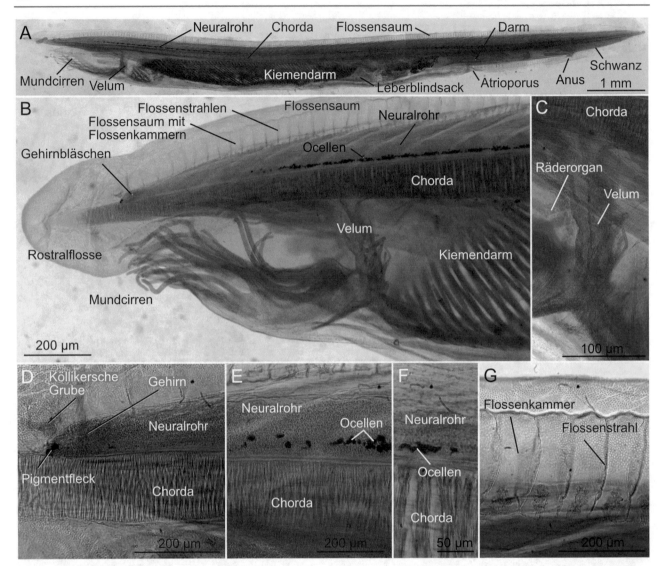

Abb. 10.3 *Branchiostoma lanceolatum*. Juveniles Tier, Totalpräparat, Boraxkarmin. (**A**) Ganzes Tier bei geringer Vergrößerung. (**B**) Vorderende mit Rostralflosse, Mundcirren, Velum und vorderem Kiemendarm, Chorda und Neuralrohr mit Pigmentbecherocellen. Dorsaler Flossensaum mit Flossenkammern. (**C**) Räderorgan, Velum mit Velartentakeln. (**D**) Gehirnbläschen mit Pigmentfleck und Köllikerscher Grube, Neuralrohr, Chorda. (**E**) Neuralrohr mit Pigmentbecherocellen und Chorda mit deutlicher scheibenförmiger Anordnung der Chordazellen. (**F**) Höhere Vergrößerung; die beiden unteren Ocellen nach ventral ausgerichtet. (**G**) Skelett des Flossensaumes; Flossenkammern und kleine Flossenstrahlen. Präparat der Biologischen Sammlung der Universität Osnabrück

raum übertrifft damit den Kiemendarm deutlich an Länge. Der After liegt relativ weit hinten und mündet auf der linken Körperseite nach außen. Er markiert den Beginn des Schwanzabschnitts (Abb. 10.2A, 10.3A). Über die gesamte Dorsalseite verläuft ein Flossensaum, der vorne in eine Rostralflosse und hinten in die Schwanzflosse übergeht und sich auf der Ventralseite zwischen After und Atrioporus fortsetzt (Abb. 10.2A, 10.3A), während der Flossensaum weiter nach vorn von den beiden Metapleuralfalten abgelöst wird. Acrania sind getrenntgeschlechtlich, die Geschlechter sind jedoch äußerlich nicht zu unterscheiden.

Der Kiemendarm weist bei ausgewachsenen Tieren bis zu 180 Kiemenbögen und ebenso viele Kiemenspalten auf. Die

Kiemenbögen verlaufen schräg von ventral nach dorsal, wobei sie von posterior nach anterior geneigt angeordnet sind. Man unterscheidet primäre und sekundäre Kiemenbögen, die in der Ontogenese (Individualentwicklung) nacheinander gebildet werden. Die primären Kiemenbögen gehen aus der Körperwand im Raum zwischen den Kiemenspalten hervor und enthalten deshalb einen Coelomraum und zwei Skelettstäbe, deren ventrale Enden nach anterior und posterior gebogen sind. Die so gebildeten primären Kiemenspalten werden in der weiteren Entwicklung von einem von dorsal auswachsenden sekundären Kiemenbogen in zwei Kiemenspalten aufgeteilt, sodass sich primäre und sekundäre Kiemenbögen abwechseln (Abb. 10.2D, 10.4B, C, 10.6C, D). Die sekundären Kiemenbögen enthalten dabei nur einen ein-

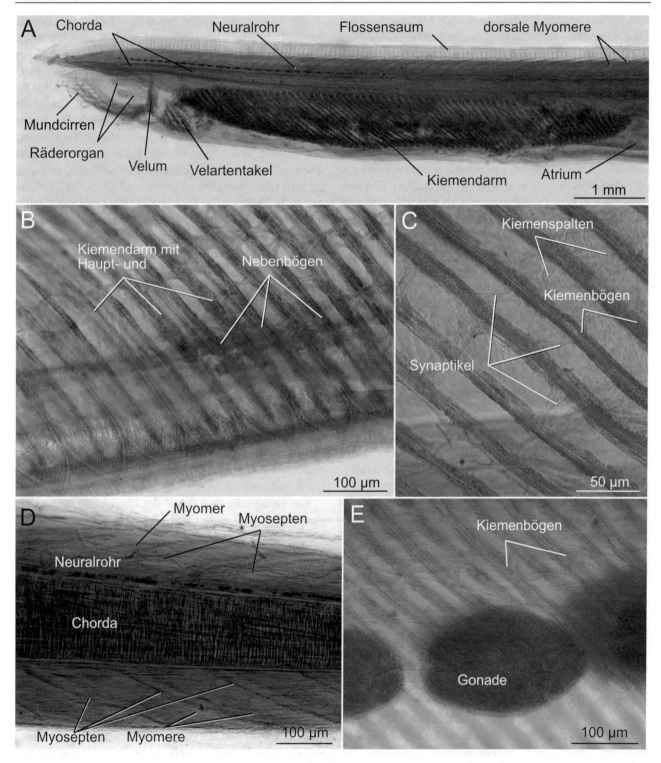

Abb. 10.4 *Branchiostoma lanceolatum*. Juveniles Tier, Totalpräparat, Boraxkarmin. Kiemendarm mit Mundcirren und Velarapparat. (**A**) Übersicht, Kiemendarm mit ca. 65 Kiemenspalten. (**B**) Kiemenbögen und Kiemenspalten; Hauptbögen mit umgekehrt Y-förmiger Aufspaltung der Skelett-elemente. (**C**) Höhere Vergrößerung; Epithel, Synaptikel und Skelettelemente. (**D**) Chorda und Neuralrohr im Schwanzbereich. (**E**) Gonaden am Beginn der Geschlechtsreife als kleine eiförmige Gebilde. Präparat der Biologischen Sammlung der Universität Osnabrück

fachen Skelettstab und kein Coelom (Abb. 10.6C, D). So kann man auch im ausdifferenzierten Tier die beiden Kiemen-bogentypen gut unterscheiden. Die Kiemenbögen sind durch Querverbindungen, die Synaptikel, fest miteinander ver-bunden. Sie enthalten ebenfalls Skelettelemente und bilden so einen festen Kiemenkorb (Abb. 10.2D, 10.4C). Das Epithel der Kiemenbögen trägt zum Lumen des Kiemendarms ge-richtet bewimperte Zellen (Abb. 10.6C, D). Skelettelemente und das bewimperte Epithel lassen sich zudem gut an den Totalpräparaten beobachten. Die seitlichen Zellen der Kiemenbögen besitzen längere Cilien, die das Wasser durch die Spalten treiben, während die kürzeren Cilien auf der Innenseite der Bögen die eingeschleimten Nahrungspartikel nach dorsal in die Epibranchialrinne transportieren (Abb. 10.6A). Von dort werden sie ebenfalls durch Cilien in den Darm befördert, während das Wasser den Kiemendarm über den Peribranchialraum und Atrioporus wieder verlässt. Das für den Nahrungserwerb essentielle Schleimnetz wird in der Hypobranchialrinne (Endostyl) produziert und von den Cilien über die Kiemenbögen nach dorsal transportiert (Abb. 10.4, 10.6E). Das Endostyl besteht aus verschiedenen Wimpernzellen mit dazwischen liegenden Drüsenzellen. Diese Zellen sind in Längsrichtung bandartig angeordnet und die unpaare mediane Zellreihe fällt dabei durch besonders lange Cilien auf (Abb. 10.6E). Das Endostyl wird ebenfalls durch Skelettelemente gestützt. Darunter befindet sich das Endostylcoelom mit der Aorta ventralis, von der aus die Gefäße seitlich in die Kiemenbögen ziehen (Abb. 10.6E). Der Kiemendarm dient damit hauptsächlich der Nahrungsaufnahme und weniger der Respiration, die über die gesamte Körperoberfläche erfolgt.

Wie bei allen wirbellosen Tieren ist die Epidermis einschichtig und von sauren Mucopolysacchariden bedeckt. Darunter folgen eine extrazelluläre Matrix (ECM) mit Lagen von Collagenfasern und schließlich ein mesodermales Bindegewebe. In diesem liegen epitheliale Coelomschläuche, Nerven und Blutgefäße. Das Bindegewebe setzt sich in den Myosepten und dem axialen Bindegewebe um die Chorda fort (Abb. 10.4, 10.7A, B). Dorsal befindet sich oberhalb des Neuralrohrs ein zentraler Bindegewebskörper, der sich in die Flossenstrahlen fortsetzt. Diese liegen in den Flossenkammern, Derivaten der Myomeren, die mit einem Mesothel ausgekleidet sind. Pro Muskelsegment sind zwischen drei und fünf Flossenstrahlen vorhanden. Die Flossenstrahlen dienen vermutlich auch der Speicherung von Reservestoffen, sodass sie sich im Laufe des Lebens verändern und nicht bei allen untersuchten Individuen gleich aussehen (Abb. 10.5).

Die Muskulatur des Rumpfes ist bei ausgewachsenen Tieren in etwa 60 Muskelsegmente oder Myomeren gegliedert, die v-förmig nach vorn gerichtet und jeweils durch die Myosepten voneinander getrennt sind (Abb. 10.2A, E, 10.4D). So sind auf Querschnitten immer mehrere Myomeren angeschnitten (Abb. 10.5). Die Myofibrillen liegen parallel zur Längsachse in einzelnen Muskelplatten. Plasmatische Fortsätze der Muskelzellen ziehen direkt an das Neuralrohr (Abb. 10.7A, B). Neben den Myomeren sind meist Myocoel und Sklerocoel erkennbar (Abb. 10.5, 10.7A, B). Wie bei den primär aquatischen Wirbeltieren ist also die Rumpfmuskulatur im Wesentlichen Längsmuskulatur, die für die Schwimmbewegungen und die schlängelnde Bewegung beim Eingraben verantwortlich ist.

Alle Organismen, die während ihrer frühen Embryonalentwicklung eine Chorda anlegen, werden als Chordatiere (Chordata) bezeichnet. Bei der Chorda handelt es sich um einen flexiblen Stab mesodermalen Ursprungs, der sich längs durch den Körper des Tieres zieht. Neben ihrer Funktion als Stützstruktur spielt die Chorda eine zentrale Rolle in der Frühentwicklung, unter anderem als Signalgeber bei der Organisation der Differenzierung aller umliegenden Gewebe. Die Chorda selbst besteht aus hintereinanderliegenden, scheibenförmigen Zellen, die von einer zellfreien, collagenhaltigen Chordascheide umgeben sind (Abb. 10.2A–C, E, 10.3A, B, D–F, 10.4D, 10.5, 10.7A, B). Die Chordazellen sind bei Acrania hoch spezialisierte quer gestreifte Muskelzellen, deren Myofilamente quer zur Körperlängsachse verlaufen und über Hemidesmosomen mit der Chordascheide verbunden sind. Über die sogenannten Chordahörner stehen sie mit dem Nervensystem in Verbindung. Auf diese Weise können die Tiere die Elastizität und Festigkeit der Chorda bei den Bewegungsabläufen modifizieren und unterstützend beim Schwimmen und Eingraben nutzen. Dadurch unterscheidet sich die Struktur der Chorda von *Branchiostoma* auf der zellulären Ebene von der der Craniota und Tunicata. Dorsal und ventral liegen Müllersche Zellen als flaches Band netzförmiger Zellen den Muskelplatten der Chorda auf. Diese Zellen bilden ebenfalls Fortsätze, die ins Neuralrohr ziehen und die neuromuskuläre Verbindung herstellen. Bei den Acrania reicht die Chorda über das Vorderende des Neuralrohrs hinaus und zieht bis in die Rostralflosse (Abb. 10.2A–C, 10.3A, B).

Das Neuralrohr liegt dorsal der Chorda und reicht nicht ganz so weit nach vorne (Abb. 10.2A–C, 10.3A, B). Anterior bildet der Zentralkanal eine kleine Erweiterung, das Gehirnbläschen (Abb. 10.3B). Der Zentralkanal steht über den Neuroporus und die bewimperte Köllikersche Grube am vorderen Ende der Rostralflosse mit dem Außenmedium in Verbindung (Abb. 10.2C, 10.3D). Sie dient vermutlich als chemosensorisches Organ. Im weiteren Verlauf des Neuralrohrs entspringen dorsale Nervenwurzeln zwischen den Myomeren (Abb. 10.7A). Wie die Muskelzellfortsätze sind sie segmental angeordnet.

Am Vorderende des Gehirnbläschens befindet sich ein frontaler Ocellus aus mehreren Pigmentzellen und monociliären Rezeptorzellen, in Totalpräparaten als Pigmentfleck erkennbar (Abb. 10.2B, C, 10.3D). Auffällig sind in jedem Fall die etwa 1500 Pigmentbecherocellen, die über das gesamte Neuralrohr verteilt sind. Sie bestehen jeweils aus nur zwei Zellen, einer Pigmentzelle mit abschirmendem Pigment und einer Fotorezeptorzelle (Abb. 10.2B, E, 10.3B, D–F, 10.4D, 10.7A, B). Die Anzahl dieser Ocellen variiert von vorn nach hinten wie auch die Richtung, in die sie ausgerichtet sind; die geringste Zahl findet sich im mittleren Körperbereich. Sehr wahrscheinlich spielen diese einfachen Augenbildungen bei der Ausrichtung im Substrat und beim Schwimmen (Lichtrückenreflex) eine entscheidende Rolle.

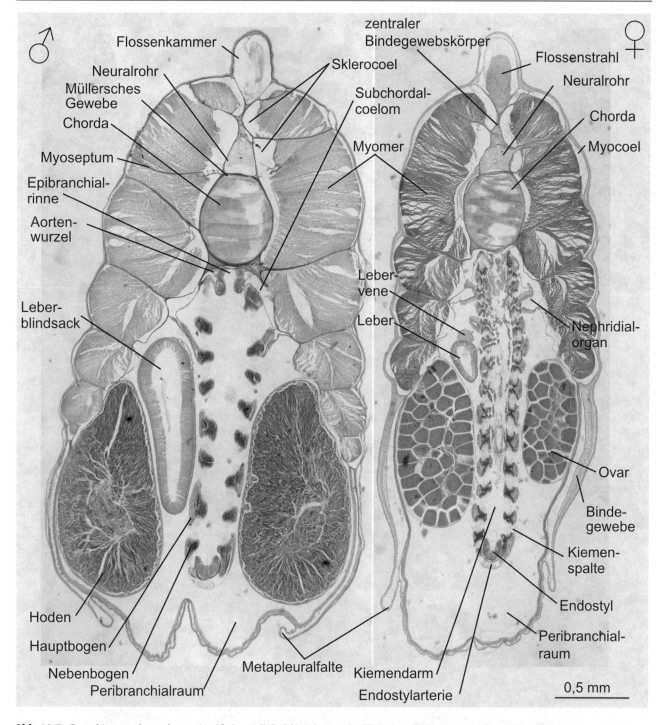

Abb. 10.5 *Branchiostoma lanceolatum.* Azanfärbung; links Männchen, rechts Weibchen. Querschnitte im Bereich des Kiemendarms, des Leberblindsacks und der Gonaden. Präparate der Biologischen Sammlung der Universität Osnabrück

Weitere Sinnesstrukturen sind die Mundcirren sowie zahlreiche, meist einzellige Rezeptorzellen in der Epidermis, die über den gesamten Körper verteilt sind.

Der Übergang vom Kiemendarm zum verdauenden Teil des Darmkanals erfolgt über einen kurzen Oesophagus, der sich in den resorbierenden Mitteldarm fortsetzt. In der Epibranchialrinne wird die Nahrung dem Oesophagus zu-

geführt. Der geradlinig durch den Körper ziehende Mitteldarm geht dann in den Enddarm über und mündet über den linksseitigen After nach außen. Am Beginn des Mitteldarms zweigt der Leberblindsack ab, er produziert Verdauungssekrete und hat eine magenähnliche Funktion (Abb. 10.2A, 10.3A, 10.5, 10.6B, D). Der gesamte Darmkanal wird von Epithelzellen gebildet, die durchgehend bewimpert sind

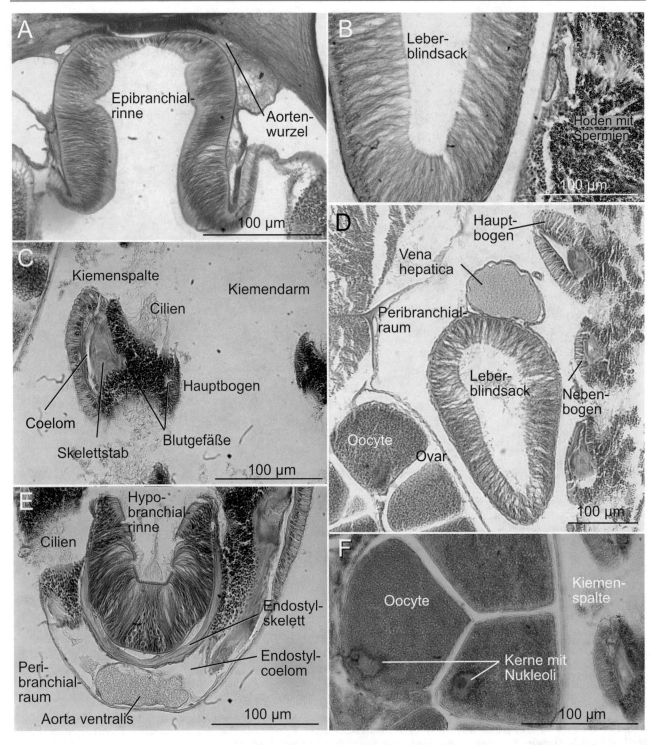

Abb. 10.6 *Branchiostoma lanceolatum*. Azanfärbung. Kiemendarm, Leberblindsack und Gonaden. (**A**) Epibranchialrinne mit Aortenwurzeln und Subchordalcoelom. (**B**) Leberblindsack aus hochprismatischem Wimperepithel und Hoden mit Spermien. (**C**) Hauptbogen mit unterschiedlich bewimperten Epithelien, links Peribranchialraum, rechts Kiemendarm. (**D**) Kiemendarm mit Haupt- und Nebenbögen und Leberblindsack mit Lebervene (Vena hepatica) kurz vor dem Sinus venosus. (**E**) Hypobranchialrinne aus Reihen bewimperter Epithelzellen und unbewimperten Drüsenzellen. Mediane Wimperzellen mit besonders langen Cilien. Endystylcoelom mit Aorta ventralis. (**F**) Ovar mit Ooocyten. Präparat der Biologischen Sammlung der Universität Osnabrück

Abb. 10.7 *Branchiostoma lanceolatum.* Azanfärbung; Neuralrohr und Chorda. (**A**) Neuralrohr und Chorda. Neuralrohr mit dorsalem Segmentalnerv und ventralem Bündel von Muskelzellfortsätzen. Im Neuralrohr Anordnung der neuronalen Somata um den Zentralkanal und das Neuropil peripher gut erkennbar. Im Neuropil liegen einige besonders kräftige Neuriten. (**B**) Stärkere Vergrößerung, Muskelzellen mit Fortsätzen, die zum Rückenmark ziehen und Fasern aus den Chordaplatten. Chorda mit Chordascheide, Muskelplatten und oben liegenden Müllerschen Zellen. Im Neuralrohr ein Ocellus aus Pigmentzelle und Rezeptorzelle median geschnitten. Präparat der Biologischen Sammlung der Universität Osnabrück

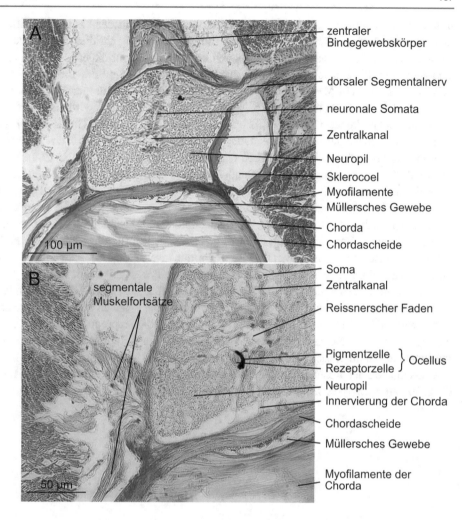

zentraler Bindegewebskörper

dorsaler Segmentalnerv

neuronale Somata

Zentralkanal

Neuropil

Sklerocoel

Myofilamente

Müllersches Gewebe

Chorda

Chordascheide

Soma

Zentralkanal

Reissnerscher Faden

Pigmentzelle } Ocellus
Rezeptorzelle }

Neuropil

Innervierung der Chorda

Chordascheide

Müllersches Gewebe

Myofilamente der Chorda

segmentale Muskelfortsätze

100 µm

50 µm

(Abb. 10.6C). Der Transport des Darminhalts erfolgt ausschließlich über diese Cilien.

Mesoderm, Somiten und Coelom

Das Mesoderm der Acrania geht aus segmental angelegten paarigen Anlagen, den Somiten, hervor. Diese bilden zunächst jeweils eine Coelomhöhle. Aus den epithelialen Anteilen der Somiten entstehen im Zuge der weiteren Embryonalentwicklung die Muskulatur (aus dem Myotom), alle Skelettelemente (aus dem Sklerotom) und die Haut (aus dem Dermatom). Dorsal bleiben die Somiten segmental und bilden die Rumpfmuskulatur, während sie ventrolateral im Rumpfbereich zum einheitlichen Seitenplattenmesoderm und -coelom verschmelzen. Von den Coelomräumen der dorsalen Somiten bleiben das in der Mediane liegende Sklerocoel, das meist stark zusammengedrängte laterale Myocoel sowie die Flossenkammern erhalten (Abb. 10.5). Das Seitenplattencoelom bildet zwischen dem Myotom das Subchordalcoelom sowie die Coelomräume der Hauptkiemenbögen, des Endostyls und der Metapleuralfalten und umgibt den Darmkanal einschließlich des Leberblindsacks (Abb. 10.6B, D). Auch die Gonaden liegen jeweils in einem Coelomraum,

allerdings gehen sie aus dem ventralen Bereich der Myotome hervor (Abb. 10.6B, F).

Das Blutgefäßsystem der Acrania ist geschlossen und wie bei den primär aquatischen Wirbeltieren aufgebaut. Auf Schnitten lassen sich verschiedene Gefäße zuordnen, wie beispielsweise die Aorta ventralis (Endostylarterie, Abb. 10.6E) im Kiemendarm oder die paarigen Aortenwurzeln neben der Epibranchialrinne (Abb. 10.6A) und die Kiemenbogengefäße (Abb. 10.6C) sowie die Vena hepatica (Abb. 10.6D). *Branchiostoma* besitzt kein komplexes Herz wie die Wirbeltiere, allerdings sind die ventralen Gefäße unterhalb des Darmes kontraktil und bilden so ein sehr einfaches, röhrenförmiges Herz aus. Ihm fehlen aber typische Merkmale eines Herzens der Wirbeltiere, beispielsweise Klappenstrukturen. Aus dem hinteren Ende der Aorta ventralis – dort, wo sich die aus dem Körper stammenden Gefäße (Vena hepatica, Ductus cuvieri) zum Sinosus venus am Ende des Kiemendarms vereinigen – ist bei den Wirbeltieren das uns vertraute Herz entstanden. Die Homologie des posterioren Abschnitts der Aorta ventralis von *Branchiostoma* mit dem Herzen der Craniota konnte übrigens sehr überzeugend durch übereinstimmende Expressionsmuster der beteiligten Gene gezeigt werden. Allerdings besitzen die Blutgefäße der Acrania wie die der wirbellosen Tiere generell kein eigenes Endothel; die Bluträume werden nur durch eine extrazelluläre Matrix (ECM) begrenzt; auf der gegenüberliegenden Seite der ECM liegen dann beispielsweise Cardiomyocyten und peritoneale Zellen.

Die Exkretionsorgane sind ebenfalls segmental angeordnet und befinden sich dorsal neben dem Kiemendarm unterhalb des Subchordalcoeloms. Sie stellen insofern eine biologische Besonderheit dar, als das Ultrafiltrat von die Aortenwurzeln begleitenden Füßchenzellen mit Reusenapparat, sogenannten Cyrtopodocyten, in das Subchordalcoelom gebildet wird. Von dort gelangt es durch den Reusenteil der Cyrtopodocyten in den eigentlichen Nephridialkanal. Diese Cyrtopodocyten stellen somit einen besonderen Typ von Reusengeißelzellen dar, die die Wand der Blutgefäße bilden und basal füßchenförmige Ausläufer besitzen. Der Harn wird schließlich über den Peribranchialraum abgegeben. Teile der Nephridialorgane lassen sich auf den meisten Querschnitten nachweisen (Abb. 10.5). Bei den Exkretionsorganen der Acrania handelt es sich also nicht um die zu erwartenden typischen Metanephridien, aber auch die

in der älteren Literatur angenommene Deutung als Protonephridien ist nicht korrekt. Übereinstimmend mit metanephridialen Systemen erfolgt die Ultrafiltration an der Wand von Blutgefäßen. Ob zusätzlich auch an den reusenförmigen Teilen der Exkretionsorgane eine zweite Filtration stattfindet, wird diskutiert.

Die Gonaden der getrenntgeschlechtlichen Tiere sind recht einfach gebaut und von sackfömiger Gestalt (Abb. 10.4E, 10.5). Sie liegen in einem kleinen Coeleomraum und grenzen unmittelbar an den Peribranchialraum (Abb. 10.5, 10.6B, D). In den Hoden geschlechtsreifer Tiere lassen sich die begeißelten Spermien erkennen (Abb. 10.6B), während die Ovarien mit den großen Oocyten gefüllt sind, für die die großen, hellen Zellkerne und großen Nucleoli charakteristisch sind (Abb. 10.6F). Besondere Ausleitungsgänge gibt es nicht, die reifen Gameten werden beim Platzen der Gonadenwände frei und über den Atrioporus nach außen abgegeben. Lanzettfischen werden mehrere Jahre alt, reproduzieren aber jeweils nur einmal in ihrer jährlichen Reproduktionsphase, in Mitteleuropa je nach Umweltbedingungen etwa zwischen Mai und Juli. Wahrscheinlich wird die synchrone Freisetzung der Gameten in einer Population durch die Wassertemperatur bestimmt.

Chordata, Urochordata (Tunicata, Manteltiere)

▶ Als adulte Tiere zeigen diese sessilen Schlauchseescheiden (*Ciona intestinalis*) nur wenige typische Eigenschaften der Chordatiere. Nur die frei schwimmenden Larven besitzen eine Chorda und einen Ruderschwanz, die während der Metamorphose zum adulten Tier beim Übergang zur sessilen Lebensweise rückgebildet werden. Das Vorkommen der Tunicaten ist auf das Meer beschränkt, wo sie sowohl im Plankton als auch im Benthos vertreten sind.

Die Tunicata (Manteltiere) nehmen eine besondere Stellung in der Evolution der Chordatiere und des Menschen ein. Auch wenn man dies den festsitzenden, schlauchförmigen Tieren, die keine der vertrauten Körpermerkmale wie Kopf oder Gliedmaßen besitzen (Abb. 11.1), nicht ansieht, repräsentieren sie die Tiergruppe der engsten lebenden Verwandten der Wirbeltiere. Gemeinsam mit den Cephalochordata (Acrania) und den Wirbeltieren (Craniota), von denen wir in diesem Praktikumsbuch exemplarisch das Lanzettfischchen, die Forelle und die Ratte vorstellen, bilden die Manteltiere das Taxon der Chordata (Chordatiere). Ihnen allen gemeinsam ist der Besitz einer Chorda dorsalis oder kurz Chorda. Auch der Begriff Notochord wird gelegentlich verwendet. Die Chorda ist das ursprüngliche innere Achsenskelett aller Chordatiere. Sie besteht aus mesodermalen Zellen und zieht sich auf der dorsalen Körperseite von anterior nach posterior durch den gesamten Körper. Bei unserem Kursobjekt *Ciona intestinalis* wird die Chorda während der Embryonalentwicklung gebildet, ist nur in der frei schwimmenden Ruderschwanzlarve vorhanden und auf den Schwanz beschränkt. Im Zuge der Metamorphose und des Übergangs zu einer rein sessilen Lebensweise wird die Chorda (einschließlich der Muskulatur und der entsprechenden Teile des Nervensystems) dann später rückgebildet, da sie ausschließlich und essenziell der Fortbewegung dient und bei der Metamorphose funktionslos wird.

Tunicata, Acrania und Vertebrata besitzen noch weitere gemeinsame Merkmale. Hierzu gehört das oberhalb der Chorda zu findende dorsal liegende zentrale Nervensystem.

Es ist bei den Acrania und den Larven der Tunicata als dorsales Neuralrohr ausgebildet, entwickelt sich bei den Wirbeltieren dann zu Gehirn und Rückenmark. Zu diesen Strukturen gehört weiterhin die segmentale Rumpf- und Schwanzmuskulatur, die ausschließlich als Längsmuskulatur ausgebildet ist und von segmentalen Spinalnerven innerviert wird. Ein weiteres gemeinsames Merkmal ist der Kiemendarm. Durch kleine Spalten in der Darmwand werden Nahrungspartikel aus dem Wasser gefiltert und dem Magen zugeführt. Dies geschieht mithilfe eines Schleimfilmes, der von den Zellen des Kiemendarmepithels, insbesondere von den Drüsenzellen der Hypobranchialrinne (Endostyl) am Boden des Kiemendarms, sekretiert wird. Dieser Schleimfilm wird von den Cilien des Kiemendarmepithels kontinuierlich nach dorsal befördert, in der Epibranchialrinne aufgerollt und in den verdauenden Teil des Darmes transportiert. Der Kiemendarm dient also primär dem Nahrungserwerb, ist aber auch am Gasaustausch beteiligt. Das die zahlreichen Kiemenspalten passierende Wasser wird zunächst in einem den Kiemendarm umgebenden Raum, dem Peribranchialraum, gesammelt, bevor es über einen Porus nach außen abgegeben wird. Da diese Ernährungsweise sowohl für die Acrania als auch für die Tunicaten typisch ist, sind die Chordaten primär sehr wahrscheinlich filtrierende Suspensionsfresser. Aus Bauelementen des Kiemendarms haben sich bei den Wirbeltieren die Kiemen entwickelt. Somit wurde aus einer der Ernährung dienenden Struktur später in der Evolution ein rein respiratorisches Organ. Der Vollständigkeit halber sollte aber nicht unerwähnt bleiben, dass der Kieferapparat der Wirbelitere ebenfalls aus dem Kiemendarm entstanden ist. Gibt es Wirbeltiere, bei denen der Kiemendarm noch eine filtrierende Funktion hat? Unter den rezenten Formen ernähren sich die Ammocoetes-Larven der Neunaugen tatsächlich ganz ähnlich wie die marinen filtrierenden Chordaten. Auch für viele fossile paläozoische Craniota wird diese Ernährungsweise angenommen. Erst mit der Evolution des Kieferapparats wurde der Kiemendarm vorwiegend zum

A. Paululat, G. Purschke, *Metazoa – Morphologie und Evolution der vielzelligen Tiere*,
https://doi.org/10.1007/978-3-662-66184-0_11

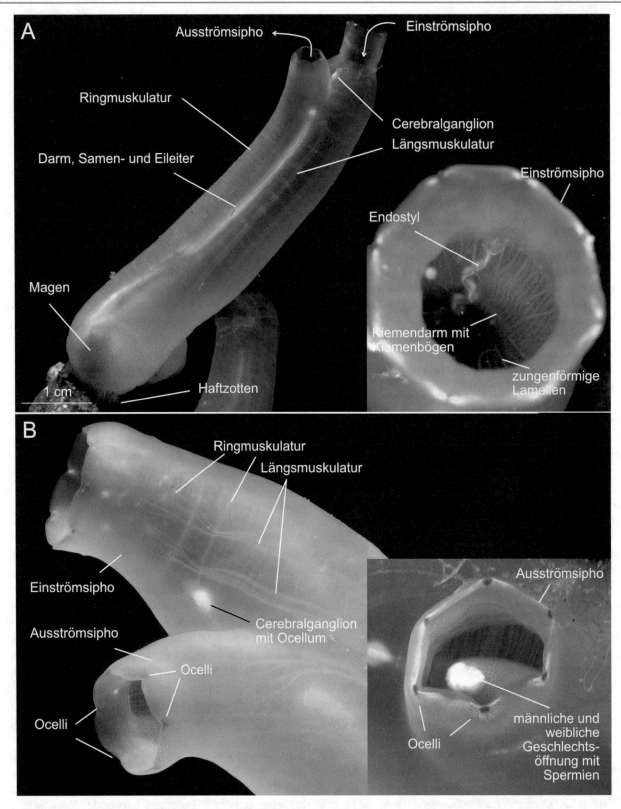

Abb. 11.1 *Ciona intestinalis*, Schlauchseescheide. (**A**) Lebendes Tier in der Totalansicht. Das Ausschnittsbild zeigt einen Blick durch den Ein-strömsipho ins Innere auf das Endostyl und die Innenseite des Kiemenkorbes. (**B**) Einströmsipho und Ausströmsipho in der Detailansicht. Das Ausschnittsbild zeigt einen Blick durch den Ausströmsipho ins Innere auf die Ausgänge des Darmes und der Gonaden. Die weißliche Masse ist austretende Spermienflüssigkeit

Atemorgan. Aus dem Endostyl, welches als weiteres typisches Chordatenmerkmal anzusehen ist, entstand bei den Wirbeltieren die Schilddrüse. Interessanterweise bilden bereits bei Acrania und Tunicata bestimmte Zellen des Endostyls das Hormon Thyroxin und andere binden das Element Iod, sodass die Funktionen der Schilddrüse nicht „vom Himmel gefallen" sind, sondern das Organ bei den Wirbeltieren auf diese Funktion spezialisiert worden ist.

Fast alle der früher als Seescheiden (Ascidien) zusammengefassten Manteltiere (Tunicata) leben festsitzend am Substrat und ernähren sich als Filtrierer. Es gibt aber auch einige wenige pelagische Tunicatenarten (insgesamt etwa 130), die im offenen Meer schwimmen. Dazu gehören unter anderem die Salpen (Thaliacea), die als kettenförmig angeordnete Tierstöcke oder einzeln in Tiefen bis zu 800 m vorkommen und durch das freie Wasser schweben. Unter diesen pelagischen Formen besitzen nur die Larvacea (Appendicularia) auch als Adulte einen Ruderschwanz mit Chorda. Diese Tiere werden als sogenannte neotene Formen interpretiert, die auf einem larvalen Zustand verbleiben, aber dennoch geschlechtsreif werden – daher der wissenschaftliche Name Larvacea. Viele der 3000 bekannten Manteltierarten sind zu einer asexuellen Fortpflanzung fähig und bilden durch Knospung große Tierstöcke. Nicht so die hier vorgestellte Schlauchseescheide (*Ciona intestinalis*), sie vermehrt sich wohl ausschließlich sexuell. Viele Ascidien sind durch ihre Schwimmlarve mit einem gut ausgebildeten sensorischen System in der Lage, sehr schnell geeignete Habitate zu besiedeln und sich gegenüber Raumkonkurrenten durch schnelleres Wachstum durchzusetzen.

Die Schlauchseescheide (*Ciona intestinalis*) ist eine weltweit verbreitete Art, die sehr oft an den europäischen, asiatischen und amerikanischen Atlantik- und Pazifikküsten, im Mittelmeer und auch in der Nord- und Ostsee anzutreffen ist. Sie tritt wie etwa 100 andere Seescheidenarten auch im Aufwuchs von Schiffsrümpfen auf, was sicher zum weltweiten Vorkommen beigetragen haben dürfte. Höchstwahrscheinlich ist die weltweite Verbreitung vieler Arten anthropogenen Ursprungs. Ihren deutschen Namen verdanken die bis zu 20 cm großen Tiere ihrer schlauch- oder tonnenförmigen Gestalt. Die Tiere haften mit ihrer Tunica über Haftzotten an Hartsubstraten, beispielsweise an Felsen, Gesteinsbrocken, Muschelschalen oder an Pontons, Kaimauern oder Schiffsrümpfen, und bilden dabei oft erstaunlich große Massenbestände. Beispielsweise kann Ciona intestinalis in geschützten Habitaten Dichten von 1500 bis 5000 Individuen pro Quadratmeter erreichen. Beobachtet man lebende Schlauchseescheiden, fallen sofort zwei besonders markante Strukturen auf: die beiden Siphonen am der Haftscheibe gegenüberliegenden Ende des Tieres. Dabei handelt es sich um den Einström-, Ingestionsoder Branchialsipho und den zur Seite weisenden Ausström-, Egestions- oder Atrialsipho. Ersterer führt in den Mund und

Kiemendarm, Letzterer repräsentiert die Öffnung des Peribranchialraums, in den auch der After und die Genitalöffnungen münden. Die beiden Siphonen markieren die anteriore Körperseite, wobei sich der Einströmsipho direkt nach anterior erstreckt. Die gegenüberliegende Seite mit der Haftscheibe markiert die posteriore Körperseite. Die Schlauchseescheide ist immer leicht gekrümmt. Die konkave Seite unterhalb des Ausströmsiphos markiert die dorsale Körperseite, gegenüber liegt die konvexe ventrale Körperseite. Damit ergibt sich die dritte Körperachse, die Links-rechts-Achse, von selbst.

Empfohlenes Material

Ciona kann auf meeresbiologischen Exkursionen gesammelt werden. Fast immer finden sich individuenreiche Vorkommen an den Schwimmträgern von Stegen, an Ankertonnen oder Kaimauern in Yachthäfen. Die Tiere werden zunächst lebend gesammelt. Um sie dann im ausgestreckten Zustand zu fixieren, werden sie nach Kükenthal in wenig Seewasser überführt. Nun fügt man in kleineren Portionen heiß angesetzte, dann erkaltete, konzentrierte Magnesiumchlorid-Lösung hinzu, bis die Tiere aufschwimmen. Nach zehn bis zwölf Stunden sind die Tiere in ausgestrecktem Zustand gestorben und können nun präpariert oder in 4 % Formaldehyd aufbewahrt werden. Lebende und fixierte Tiere können auch bei der Biologischen Anstalt Helgoland bestellt werden.

Vor Kursbeginn werden fixierte Tiere mindestens zwei Stunden gewässert.

Der Körperbau der Schlauchseescheide, *Ciona intestinalis*
Die Tunicata verdanken ihren Namen der im Tierreich einmaligen Tunica, das ist ein „Mantel", der den Körper vollständig umschließt. Die Tunica kann unterschiedlich dick und von verschiedener Konsistenz sein. Im Fußbereich bildet sie eine zottenartige, feste Struktur aus, mit der das Tier am Substrat haftet (Abb. 11.1A, 11.2). Die Tunica besteht überwiegend aus dem celluloseähnlichen Polysaccharid Tunicin und weiteren Polysacchariden und wird von den Epidermiszellen der Körperwand sezerniert. Damit sind die Tunicata die einzigen Tiere, die Cellulose synthetisieren können. Hinzu kommen zahlreiche Proteine, Glykoproteine und Glykosaminoglykane sowie eingewanderte Mesodermzellen, die in Summe der Tunica ihre bindegewebsähnlichen Eigenschaften und ihre Besonderheiten verleihen. Die Tunica unterscheidet sich somit von der sonst verbreitet vorkommenden Cuticula der übrigen wirbellosen Tiere. Da sie bei *Ciona* transparent ist, können bereits im lebenden Tier innere Organe wie beispielsweise der Darm beobachtet wer-

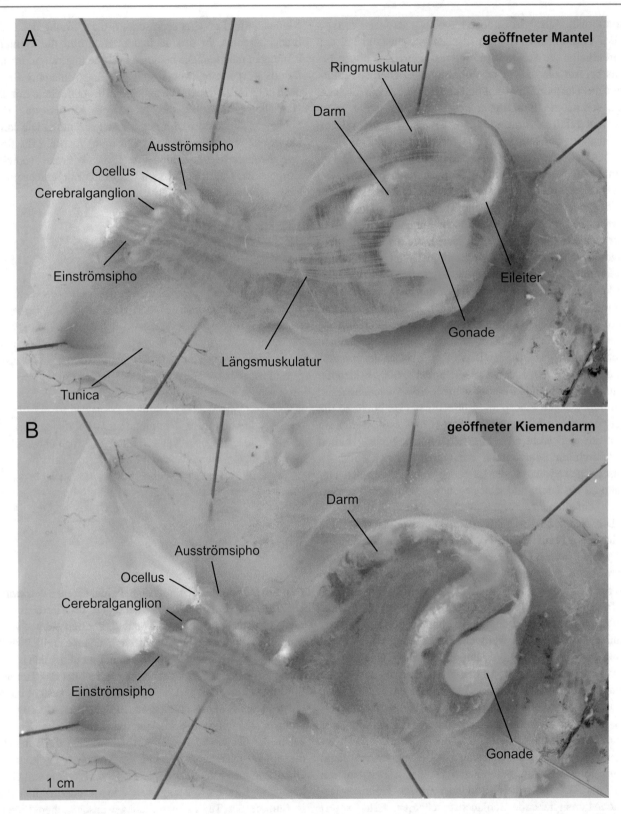

Abb. 11.2 *Ciona intestinalis*, Schlauchseescheide. (**A**) Nach dem Auftrennen und Feststecken blickt man auf den eigentlichen Körper. (**B**) Aufschneiden des Hautmuskelschlauchs

den. Die Funktion der Tunica ist vielfältig. Sie bietet dem Tier durch ihre oft zähe, lederige Struktur einen sicheren Schutz vor Prädatoren. Darüber hinaus sorgt sie als eine Art Exoskelett für eine stabile, aber dennoch flexible Körperform. Der Übergang zu einer sessilen Lebensweise und die Nahrungsbeschaffung durch Filtration des Umgebungswassers ermöglichten den Verzicht auf eine energiezehrende aktive Nahrungssuche, erfordern aber erhöhten Schutz gegenüber Prädatoren, da eine Flucht nicht mehr möglich ist. Daher kann die Bildung einer festen Tunica als wichtige evolutive Errungenschaft angesehen werden, die für eine sessile Lebensweise sehr vorteilhaft ist. Neuere Untersuchungen legen nahe, dass die im Tierreich einzigartige Eigenschaft der Tunicata, eigenständig Cellulose synthetisieren zu können, wahrscheinlich durch horizontalen Gentransfer des Cellulose-Synthase-Gens *CesA* aus Bakterien erlangt wurde.

Der Körper der Seescheiden ist im Bereich der Ein- und Ausströmöffnungen mit der Tunica eng verbunden, Gleiches gilt für den unteren Bereich des Tieres in der Nähe der Haftscheibe, die die Haftzotten ausbildet. Unterhalb der Epidermis befinden sich bei *Ciona* zahlreiche Muskelbänder, die aufgrund der Transparenz der Tunica bereits im lebenden Tier beobachtet werden können (Abb. 11.1). Ein geschlossener Hautmuskelschlauch fehlt. Die Längsmuskulatur erstreckt sich von den Siphonen bis zur Haftscheibe. Bei Gefahr kontrahieren sich die Muskeln und ziehen die Siphonen rasch zum Körper zurück. Zirkulär verlaufende Muskeln können die Siphonen öffnen und schließen. Wenn lebende Tiere zur Verfügung stehen, kann die Aktivität der Muskulatur gut beobachtet werden. Die Muskulatur ist durch Nerven des Cerebralganglions und des neuronalen Plexus innerviert.

Ciona-Präparation
Eine gute Präparation und Darstellung der inneren Organe gelingt meist nur, wenn die Tiere in ausgestrecktem Zustand getötet wurden.

a) Mit einer Schere wird die Tunica vom Haftfuß bis zum Einströmsipho geöffnet.
b) Das Freilegen des Tieres aus dem Mantel gelingt am besten durch sanftes bis deutliches Drücken mit den Fingern. Das Tier wird nun in einer Präparierschale unter Wasser auf die rechte Körperseite gelegt (Abb. 11.2).
c) Mit einer Schere vom Einströmsipho aus beginnend wird der Kiemendarm mit der äußeren Membran des Peribranchialraums und dem Hautmuskelschlauch durch einen Längsschnitt bis ganz nach unten hin geöffnet (Abb. 11.2B).
d) Kiemendarm und Hautmuskelschlauch können nun auseinandergeklappt und mit Nadeln in der Präparierschale festgesteckt werden. Betrachtung der frei liegenden Organe (Abb. 11.3, 11.4, 11.5). Durch einen Schnitt vom Ausströmsipho entlang der rechten Seite werden der Enddarm und die Gonaden mit ihren Ausführungen freigelegt.
e) Ein mikroskopisches Kiemendarmpräparat lässt sich durch Herausschneiden eines centgroßen Stückchens leicht herstellen (Abb. 11.6A). Eine Färbung der Zellen mit Methylgrün oder Neutralrot bietet sich an.
f) Darm und Gonaden beiseitelegen und sondieren (Abb. 11.4A, B). Das transparente, 2–3 cm lange und recht dünne Herz ist oft schwer zu erkennen. (Abb. 11.6B).
g) Histologische Schnitte verschiedener Organe werden ergänzend eingesetzt.

Die Bedeutung des Kiemendarms

Innerhalb der Gruppe der Chordatiere besitzen nur die Tunicaten und die Schädellosen (Acrania, Lanzettfischchen) auch als ausgewachsene Tiere einen Kiemendarm, der der Ernährung dient. Durch die Kiemenspalten, die als schmale Fenster in der Wand des Kiemendarms sichtbar sind, werden bei *Ciona* und allen anderen Tunicaten winzige Nahrungspartikel aus dem Wasser gefiltert. Dazu wird kontinuierlich Umgebungswasser über den Einströmsipho in den Kiemendarm eingestrudelt (Abb. 11.4A, 11.5A, B, 11.6A) und durch die gefensterte Wand des Kiemendarms hindurch in den Peribranchialraum gedrückt. Von dort verlässt das eingestrudelte Wasser den Körper über den Ausströmsipho. Der kontinuierliche Wasserstrom wird durch die dicht bewimperten Epithelzellen der Kiemenspalten erzeugt (Abb. 11.6A), deren Cilien sich in permanenter Bewegung befinden. Da der aus dem Vorderdarm entstandene Kiemendarm mit seiner gefensterten Wand wie ein Korb aussieht, wird er gelegentlich auch als Branchialkorb bezeichnet. Wie bei den Lanzettfischen ist der Kiemendarm im Verhältnis zum Körper relativ groß. Darüber hinaus sind bei den Tunicaten mehr noch als bei Lanzettfischchen die Spalten durch Querbrücken fest miteinander verbunden. Ebenso ist der Kiemendarm über Gewebsstränge, die den bei Tunicaten engen Peribranchialraum durchziehen, über seine äußere Epidermis mit der Körperwand und der Tunica verbunden. Dies gewährleistet die Formkonstanz der Kiemenspalten, verhindert ein Kollabieren des tonnenförmig aufgetriebenen Kiemendarms und andererseits erhöht sich dadurch die Fließgeschwindigkeit im Peribranchialraum. Entlang des Branchialkorbs verläuft eine Längsrinne, die im lebenden oder auch im präparierten Tier sichtbar ist (Abb. 11.4A, 11.5A). Es handelt sich hierbei um die Hypobranchialrinne

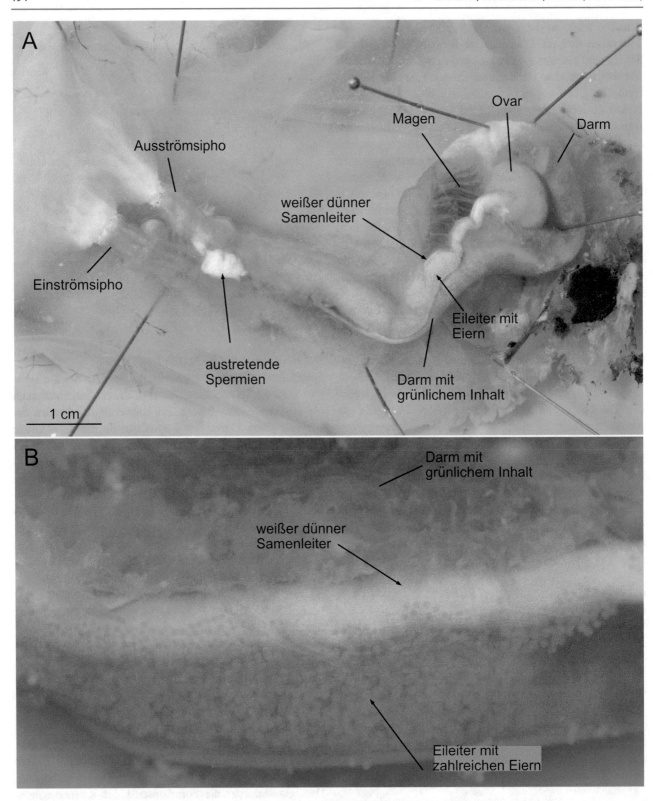

Abb. 11.3 *Ciona intestinalis*, Schlauchseescheide. (**A**) Innere Organe, Magen, Ovar, Darm, Ei- und Samenleiter sind sichtbar. (**B**) Ei- und Samenleiter bei höherer Vergrößerung. Im Eileiter sind die leicht orange gefärbten Eizellen zu erkennen

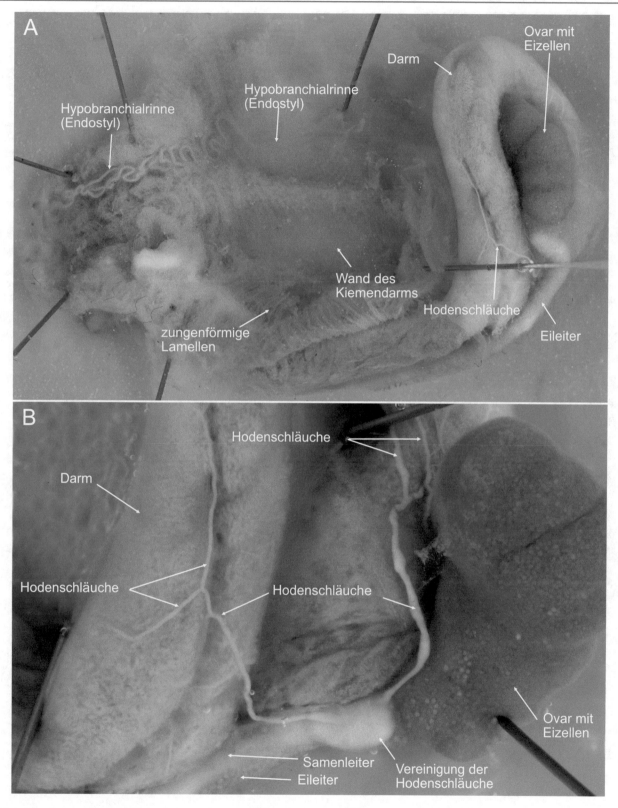

Abb. 11.4 *Ciona intestinalis*, Schlauchseescheide. (**A**) Präparation des Kiemendarms mit Endostyl. (**B**) Darm, Ovar und Hoden bei höherer Vergrößerung

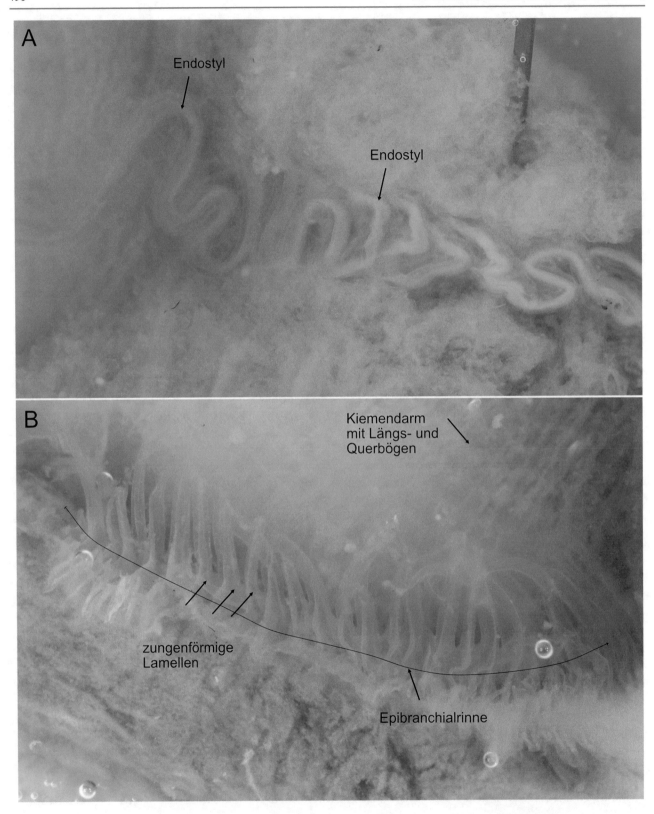

Abb. 11.5 *Ciona intestinalis*, Schlauchseescheide. (**A**) Endostyl. (**B**) Epibranchialrinne mit zungenförmigen Lamellen

oder das Endostyl. Die Zellen dieser Rinne sezernieren ein iodhaltiges Schleimnetz, das durch die Cilien über den gesamten Branchialkorb verteilt wird und die Nahrungspartikel zurückhält, wenn Wasser durch die Fenster des Korbes strömt. Bei *Ciona intestinalis* sind die Maschen etwa 400×600 nm weit, bei einer „Fadendicke" von etwa 25 nm.

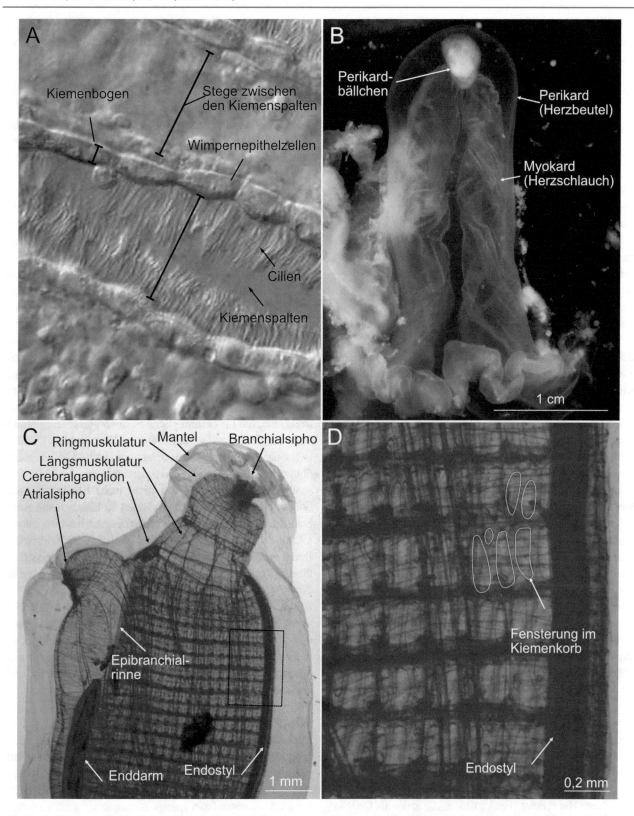

Abb. 11.6 *Ciona intestinalis*, Schlauchseescheide. (**A**) Mikroskopisches Präparat des Kiemendarms, lebend. Die strebenbildenden Zellen sind mit Wimpern besetzt. Sie erzeugen den Wasserstrom im Kiemendarm. (**B**) Präpariertes U-förmiges Herz mit Perikard und Herzrohr. (**C**) Junge Schlauchseescheide, total, Boraxkarmin-gefärbt. (**D**) Ausschnitt. Präparat der Zoologischen Lehrsammlung, Philipps-Universität Marburg

An diesem Netz wird demnach sogenanntes Nano- und Ultraplankton von einem Durchmesser unter 1 μm aus dem Wasser filtriert. Die Filtrationsleistungen von Ascidien sind enorm; bei einem Individuum größerer Arten können pro Tag mehr als 100 Liter Wasser bei einer Filtrationseffizienz zwischen 70 und 100 % den Kiemendarm passieren.

Gegenüber des Endostyls liegt die Epibranchialrinne mit lappenförmigen „Zungen" (Abb. 11.5B). Mithilfe der Zungen werden die eingeschleimten Nahrungspartikel zu einer „Wurst" geformt und mithilfe von Cilien zum ebenfalls bewimperten Oesophagus und weiter zum Magen transportiert. Die Verdauungsenzyme werden von Drüsenzellen der Magenwand produziert. Nicht verdaute Nahrung verlässt den Magen und gelangt in den Enddarm, der nach anterior verläuft und etwa auf halber Körperhöhe mit dem After in der Nähe des Atrialsiphos im Peribranchialraum endet. Mit dem Wasserstrom verlassen nun die unverdaulichen Nahrungsreste über den Ausströmsipho sehr schnell das Tier.

Der Kiemendarm ist von großer evolutionsbiologischer Bedeutung. Er dient den Tunicata und den Acrania überwiegend zum Nahrungserwerb. Aus Bauelementen des Kiemendarms, den Kiemenbögen, haben sich später bei aquatischen Wirbeltieren die Kiemen entwickelt, allerdings unter erheblicher Reduktion der Zahl der Kiemenspalten. Somit wurde aus einer vorwiegend der Ernährung dienenden Struktur ein rein respiratorisches Organ. Während der Embryogenese aller Wirbeltiere wird zunächst ebenfalls ein Kiemendarm angelegt, mit Kiementaschen, die beim Aufbrechen zu Kiemenspalten werden. Beim Menschen werden bereits im 20-Somiten-Stadium, dies entspricht in etwa der dritten bis vierten Entwicklungswoche, vier Taschen angelegt, eine fünfte kommt etwas später hinzu. Allerdings werden dann in der weiteren Entwicklung die Bauelemente des Kiemendarms umgestaltet und erwerben vielfältige neue Funktionen. Beispielsweise werden aus den Kiemenbögen Teile des Gesichts und des Mittelohrs, unter anderem gehen die Gehörknöchelchen, wie Hammer, Amboss und Steigbügel bzw. Columella, auf embryonal angelegte Kiemenbögen zurück. Die Evolution des Kiemendarms wird in Kapitel über die Craniota ausführlicher dargestellt.

Kreislaufsystem, Herz, Exkretion

Das Kreislaufsystem besteht aus einem Herz und zahlreichen feinen Gefäßen. Das etwa 2–3 cm lange, zarte und transparente U-förmige Herz befindet sich posterior im Körper in der Nähe des Magens und unter dem Kiemendarm. Es wird von einem Herzbeutel (Perikard) umgeben, der als Coelomrest angesehen wird (Abb. 11.6B). An den beiden Enden des schlauchförmigen Herzens sind zwei myogene Schrittmacher lokalisiert, die peristaltische Kontraktionswellen in wechselnder Richtung auslösen können. Im Blut finden sich verschiedene Zelltypen, unter anderem Amöbocyten, die eine Rolle beim Transport von Nährstoffen oder für die Anreicherung von Abfallstoffen spielen.

Vom Herz aus verlaufen Gefäße zu den Organen. Das Gefäßsystem von *Ciona* wird als ein geschlossenes Blutkreislaufsystem beschrieben. Allerdings sind die Blutgefäße nicht von Endothelzellen ausgekleidet, was ein typisches und ausschließliches Merkmal der Blutgefäße von Wirbeltieren darstellt. Durch ein Fehlen von Endothelzellen, so postulieren manche Autoren, sind die Gefäße der Tunicata durchlässiger, dies wird aber möglicherweise durch die Auskleidung des Herz- und Gefäßlumens mit einer proteoglucanreichen extrazellulären Matrix funktional ausgeglichen.

Der Gasaustausch selbst findet nach heutigem Kenntnisstand an der gesamten Körperoberfläche und vor allem an den Epithelzellen des Kiemendarms statt. Dafür spricht, dass der Kiemendarm reich durchblutet ist und anders als in der Körperwand die Diffusion nicht durch eine Tunica behindert ist. Die Diffusionswege sind im Kiemendarm dementsprechend auch sehr kurz. Eine ursprünglich diskutierte Hypothese, dass der Sauerstofftransport und die Speicherung durch Hämocyanin als respiratorisches Protein erfolgen, wird durch neuere Arbeiten infrage gestellt. *Ciona* besitzt drei Gene, die für ursprüngliche Formen von Hämoglobinen codieren. Insbesondere eines dieser Hämoglobine, CinHb2, ließ sich besonders stark im Herzgewebe und in lymphoidähnlichen Blutzellen von *Ciona* nachweisen.

Über die Entsorgung von nicht mehr benötigten Metaboliten oder giftigen Abbauprodukten ist bislang recht wenig bekannt. Da die Tiere keine Exkretionsorgane besitzen, müssen sie alle Ausscheidungen direkt über Zellen an der Körperoberfläche entsorgen. Aufgrund seiner großen Oberfläche und des unmittelbaren Kontakts mit dem Umgebungswasser wäre der Kiemendarm ein möglicher Ort für eine derartige Funktion. Jüngst wurden im Blutstrom von Tunicaten Zellen gefunden, die aufgrund ihrer histologischen Struktur als typische Nephrocyten (nierenähnliche Zellen) beschrieben werden. Möglicherweise bauen diese Zellen giftige Stickstoffverbindungen ab. Ähnliche Zellen wurden auch im Endostyl und in der Epibranchialrinne gefunden.

Wie nehmen Tunicaten ihre Umwelt war?

Tunicaten besitzen verschiedenste Rezeptorzellen, denen eine mechano-, vibrations-, gravitäts-, chemo-, foto- und propriorezeptive Funktion zugeschrieben wird. Es handelt sich dabei um ciliäre primäre Sinneszellen. Primäre Sinneszellen sind, vereinfacht gesagt, nichts anderes als Neuronen mit Dendrit, Soma und Axon, die selbst das Aktionspotenzial erzeugen. Der Dendrit ist dabei in der Regel unverzweigt, in das Epithel eingebettet und trägt die reizaufnehmenden Fortsätze, Cilien oder Mikrovilli. Eine Ausnahme bildet das sogenannte Coronalorgan, in dem – einmalig bei wirbellosen Tieren – sekundäre Rezeptorzellen, also Sinneszellen, die selbst nur als Sensor funktionieren, aber ein nachgeschaltetes Neuron für die Erzeugung eines Aktionspotenzial benötigen, nachgewiesen werden konnten. Bei diesem Organ handelt es sich um ein mechanosensorisches Sinnesorgan an der Basis des Ingestionssiphos. Derartige Rezeptorzellen finden sich sonst nur bei Wirbeltieren im statoakustischen System, in der Seitenlinie und in den Elektrorezeptoren, was als ein Hinweis auf eine nähere Verwandtschaft gedeutet werden kann. Am äußeren Rand des Ingestionssiphos fallen acht gerundete Wölbungen auf. In den Einkerbungen zwischen diesen Wölbungen befindet sich jeweils ein orangeroter Fleck; diese Flecken werden als von gelbem Pigment umgebene Ocellen gedeutet (Abb. 11.1). Am Ausströmsipho finden wir sechs solcher Pigmentflecken. Ein weiterer Ocellus findet sich in unmittelbarer Nähe des Cerebralganglions (Gehirn), welches, zwischen den beiden Siphonen liegt und die dorsale Seite Tieres markiert (Abb. 11.1). Für die Lichtperzeption spielen die Ocelli der Siphonen allerdings wohl keine Rolle, da auch nach Entfernen aller Ocelli eine Belichtung ohne Verzögerung zur Kontraktion der Siphonen führt. Darüber hinaus gelang es ebenfalls nicht, Opsine in den Ocelli der Siphonen nachzuweisen, wohl aber beispielsweise im Gehirn. Es sind übrigens die gleichen Opsine wie bei Wirbeltieren aus der Gruppe der ciliären Opsine. Um diese Reaktion bei *Ciona* auszulösen, reicht die Belichtung des Cerebralganglionbereichs vollständig aus. Nach manchen Autoren ist es deshalb fraglich, ob es sich bei den Pigmentflecken an den Siphonen tatsächlich um Augenstrukturen handelt. Möglicherweise haben die Ocelli an den Siphorändern andere Aufgaben. *Ciona* besitzt darüber hinaus mechanosensorische Zellen, die ringförmig um die Siphonen angelegt sind und die von einigen Autoren mit den mechanorezeptorischen Haarzellen im Ohr und im Seitenlinienorgan von Vertebraten verglichen werden.

Das Cerebralganglion (Gehirn) bildet das zentrale Nervensystem einer erwachsenen *Ciona*. Es ist in lebenden Tieren bereits von außen durch die transparente Tunica gut zu erkennen (Abb.11.1A, B, 11.2A). Vom Cerebralganglion verlaufen paarige Hauptnerven zur vorderen und hinteren Körperwand und weitere zu den Siphonen. Wie neue Studien zeigten, in denen das Nervensystem mit Fluoreszenzmarkern sichtbar gemacht wurde, verlaufen Nervenbahnen zu acht beziehungsweise zu sechs Zentren des Brachial- und des Atrialsiphos. Dies korrespondiert mit der Zahl der Ocelli in den Siphonen (Abb. 11.1A, B). Weitere Nervenbahnen verlaufen zu den Gonaden und den Gonodukten mit Eileiter und Samenleiter und zum Rectum. Das Nervensystem von *Ciona* spielt auch eine Rolle als neurosekretorisches System, unter anderem wird an den Ovarien das Neuropeptid Tachykinin freigesetzt. Es reguliert das Wachstum der dotterhaltigen

Follikel. Mit dem Cerebralganglion ist die unmittelbar darunterliegende Neuraldrüse verbunden, über deren genaue Funktion man bislang recht wenig weiß. Die Neuraldrüse mündet in den Kiemendarm hinein. Cerebralganglion und Neuraldrüse werden in vielen Lehrbüchern zum Neuralkomplex zusammengefasst.

Fortpflanzung

Schlauchseescheiden sind Simultanzwitter, die also zeitgleich Hoden und Ovar ausbilden. Die Befruchtung der Eizellen findet im freien Wasser statt. Die Follikelzellen, die die Eizelle von *Ciona* stets begleiten, sekretieren zur Anlockung von Spermien Lockstoffe (Abb. 11.7). In der Nordsee findet die Fortpflanzung von *Ciona intestinalis* von Mai bis September statt. Dann finden sich reife Eizellen und ausdifferenzierte Spermien in den Gonaden der Tiere. Der Eierstock fällt bei der Präparation links vom Magen als größeres ellipsoides Organ auf (Abb. 11.2, 11.4B). Bei geschlechtsreifen Tieren lassen sich bereits von außen die großen Oocyten erkennen (Abb. 11.4B). Der Hoden besteht aus einem System verzweigter Röhren, die sich weit über den Magen erstrecken und dann vereinen. Der Samenleiter wird vom größeren Eileiter eingebettet und beide Gonodukte steigen gemeinsam entlang des Enddarms zum Atrialsipho auf. (Abb. 11.3, 11.4). Im Vergleich zum Eileiter, der in der Fortpflanzungsperiode reichlich mit Eizellen gefüllt ist, erscheint der Samenleiter deutlich dünner und von weißlicher Farbe (Abb. 11.3A, B). Die Ausführgänge der Gonodukte reichen über den Anus hinaus und entlassen ihre Eizellen und Spermien in den vom Kiemendarm kommenden Wasserstrom. Die beim Ablaichen entlassenen Eier heften sich oft in der Umgebung des Muttertieres an Schleim fest, dort kommt es dann zur Befruchtung und Entwicklung der Larven.

Obwohl Selbstbefruchtung bei Tunicaten vorkommt, sind Schlauchseescheiden weitgehend selbststeril, das heißt, Eizellen, die durch Spermien desselben Tieres befruchtet werden, entwickeln sich nicht. Dabei spielt das Chorion, die der Eizelle aufgelagerte extrazelluläre Vitellinschicht (extrazelluläre Matrix, ECM), eine entscheidende Rolle. Nur Fremdspermien sind in der Lage, sich fest an die ECM zu binden und eine Befruchtung der Eizelle einzuleiten. Dies erfordert spezifische Erkennungs- und Rezeptorproteine auf Seiten der Spermien und Eizellen. In den letzten Jahren wurde der zugrunde liegende molekulare Mechanismus daher intensiv erforscht. *Ciona* vermehrt sich ausschließlich sexuell. Allerdings besitzen viele andere Tunicaten die Fähigkeit zur asexuellen, vegetativen Vermehrung. So ist die Knospenbildung (Blastogenese) weitverbreitet und erlaubt eine schnelle Ausbreitung der Art auf den zur Verfügung stehenden Substraten. Dabei bringen die sexuell entstandenen Oozoide durch Knospung eine erste asexuelle Generation an

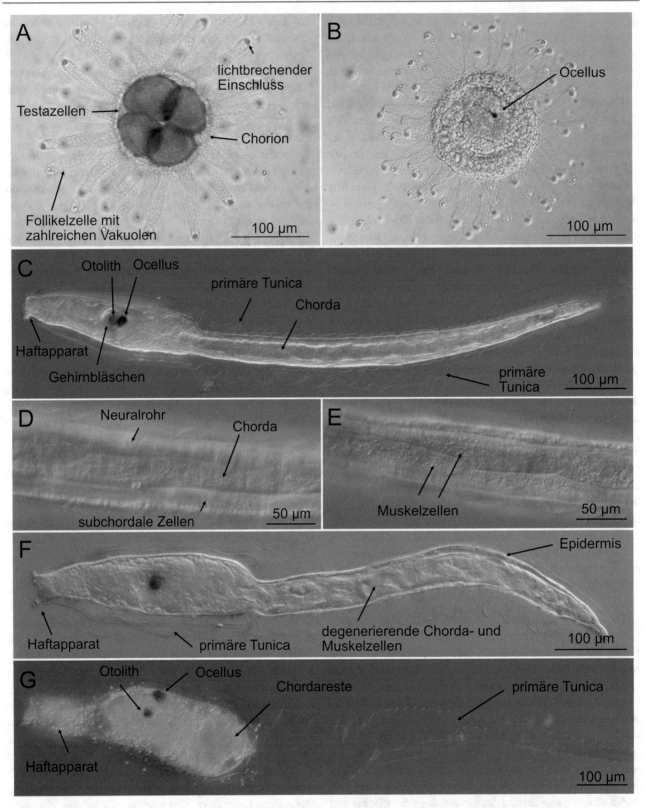

Abb. 11.7 *Ciona intestinalis*, Schlauchseescheide. (**A**) Vier-Zell-Stadium. (**B**) Ruderschwanzlarve noch in der Eihülle, lebend. (**C**) Schwimmlarve mit Ruderschwanz, Ocellus und Otolith, lebend. (**D**) Ruderschwanz, hohe Vergrößerung mit Chordazellen. (**E**) Ruderschwanz, hohe Vergrößerung, Muskelzellen. (**F**) Larve, kurz nach dem Festsetzen am Substrat. (**G**) Abbau des larvalen Schwanzes. Die Bilder **A** und **B** wurden von
Prof. Ernst-Martin Füchtbauer, Universität Aarhus, Dänemark, zur Verfügung gestellt

Tieren hervor, die sogenannten Blastozoide. Diese vermehren sich rasch durch weitere Knospenbildung. Knospung ist für viele stockbildende Arten vorteilhaft, um sich beispielsweise nach einem Verlust von Teilen der Kolonie durch Räuber schnell wieder zu erholen. *Ciona* und auch andere Tunicata besitzen darüber hinaus erstaunliche Regenerationsfähigkeiten, die jedoch mit zunehmendem Alter nachlassen. So können junge Tiere im Verlustfall den gesamten Branchialsipho, den Neuralkomplex oder auch nur die Ocelli des Branchialsiphos regenerieren. Diese Fähigkeit geht mit zunehmendem Lebensalter verloren. Insbesondere die nahe Verwandtschaft der Tunicata mit den Wirbeltieren macht *Ciona* daher zu einem attraktiven Modellsystem für die Regenerations- und Alterungsforschung, da ein altersbedingter Verlust von Regenerationsfähigkeit auch bei höheren Wirbeltieren beobachtet wird.

Entwicklung

Wie bereits erwähnt, sind die meisten der typischen Chordatenmerkmale nur bei der frei schwimmenden Ruderschwanzlarve von *Ciona* vorhanden (Abb. 11.7). Im Rahmen von meeresbiologischen Exkursionen lassen sich sehr leicht Befruchtungsexperimente mit den Spermien und Eizellen von *Ciona* durchführen. Dazu werden mehreren geschlechtsreifen Tieren Gameten entnommen. Reife Eizellen (Oocyten) von *Ciona* sind etwa 130 µm groß und werden bei der Abgabe ins freie Wasser von schützenden Testazellen, einem aus ECM bestehenden Chorion und von länglichen Follikelzellen begleitet. Letztere erlauben es der Oocyte, im Seewasser zu schweben. Bei 13 °C Wassertemperatur dauern die ersten Furchungsteilungen jeweils rund drei bis vier Stunden, nach etwa 24 Stunden schlüpft die Ruderschwanzlarve und nach nur zwei Tagen beginnen die Tiere bereits mit der Metamorphose zum sessilen Tier. Die Larven besitzen einen Ruderschwanz, durch den die Chorda (Chorda dorsalis) verläuft. Die Chorda dient als Stützelement und als wichtiger Signalgeber für frühe Entwicklungsprozesse. Sie entsteht durch eine Abschnürung vom Urdarmdach und liegt oberhalb des Darmrohres und unterhalb des Neuralrohres. Der vorderste Abschnitt des Neuralrohres ist zu einem Gehirn erweitert. In der dorsalen Hirnwandung befindet sich ein Lichtsinnesorgan (Ocellus) und in der ventralen Hirnwandung ein statisches Organ (Otolith), die den Larven die Wahrnehmung von Licht und Schwerkraft ermöglichen und das Schwimmverhalten vor dem Festsetzen der Larve am Substrat steuern. Das larval angelegte Neuralrohr und die Chorda werden während der Metamorphose rückgebildet. Vom Nervensystem der Larve bleibt nach der Metamorphose im Wesentlichen nur das Cerebralganglion übrig, alle übrigen Strukturen müssen nach oder während der Metamorphose neu gebildet werden, da sich Larve und Adultform so grundlegend unterscheiden (Tab. 11.1).

Tab. 11.1 Normalentwicklung von *Ciona intestinalis* bei 13 °C Wassertemperatur, nach Fischer (ed.) *The Helgoland Manual of Animal Development*, eigenen Beobachtungen und anderen Quellen

	Ciona intestinalis
Fertilisation, Fusion der Vorkerne	0 h
1. Furchung	1–2 h
2. Furchung	3 h
3. Furchung	4 h
Morula	6 h
Gastrulation	14 h
Schlupf der Larve	24 h
Metamorphose	48–72 h
Jugendentwicklung	10 d
Lebensalter	12–18 m

Entnahme von Gameten

a) Das Tier wird in eine Präparierschale mit etwas Seewasser mit der rechten Körperseite nach unten gelegt. In dieser Position zeigt der Einströmsipho nach vorne und der Ausströmsipho nach links. Nun wird die Tunica von der Haftscheibe beginnend bis zum Ausströmsipho mithilfe einer Schere vorsichtig geöffnet und zur Seite geklappt. Am besten arbeitet man ab jetzt mit einer drei bis vier Dioptrien starken Lesebrille oder unter dem Stereomikroskop.

b) Samen- und Eileiter laufen parallel zueinander. Der Samenleiter ist als dünner weißer Schlauch und der Eileiter als gelbgrüner, etwas dickerer Schlauch zu erkennen (Abb. 11.3). Zunächst werden reife Eizellen aus dem *distalen* Abschnitt des Ovidukts entnommen. Dazu wird der Ovidukt mit Uhrmacherpinzetten oder einer feinen Schere geöffnet. Nun mit einer Sonde am Eileiter entlangstreichen und die Eizellen aus dem Eileiter drücken. Es werden etwa 50 bis 100 Eier mit einer sauberen Pasteurpipette entnommen und in Seewasser aufbewahrt.

c) Sind alle Eizellen entnommen, kann mit feinen Pinzetten der Samenleiter geöffnet und mithilfe einer Pipette können Spermien entnommen werden. Die Spermienflüssigkeit wird in ein 1,5 ml Eppendorf-Gefäß mit wenig Seewasser überführt. Erst kurz vor dem Befruchtungsexperiment wird ein Tropfen Spermienflüssigkeit in ca. 50 ml Seewasser verdünnt.

d) Es werden Spermien und Eizellen von mehreren Tieren benötigt.

Ciona intestinalis und Ciona robusta

Die im Grundpraktikum besprochene Schlauchseescheide (*Ciona intestinalis*) wurde in älteren Studien als eine einzelne, weltweit verbreitete Art beschrieben. Neuere Studien, die sich auf molekulare Daten stützen, zeigten nun, dass die an den Küsten Europas und Nordamerikas vorkommenden Populationen wohl mindestens zwei Arten umfassen, die in der Folge als *C. intestinalis* Klade A und *C. intestinalis* Klade B bezeichnet wurden. Morphologisch sind die beiden Arten allerdings nicht zu unterscheiden, daher spricht man in der aktuellen Fachliteratur von sogenannten kryptischen Arten. Weitere Untersuchungen konnten nun aufzeigen, dass es sich bei Klade A um die aus Japan stammende Art *Ciona robusta* Hoshino & Tokioka, 1967 handelt, während Klade B der Art *Ciona intestinalis* (Linnaeus, 1767) entspricht. Letztere war übrigens von Linné 1767 unter dem Namen *Ascidia intestinalis* beschrieben worden. Beide Arten sind inzwischen sehr weit verbreitet, dieses ist höchstwahrscheinlich auf die Aktivität des Menschen zurückzuführen, sodass sie in manchen Regionen nebeneinander (sympatrisch) vorkommen.

Craniota (Vertebrata), Schädel- oder Wirbeltiere

12

▶ **Innerhalb der Chordata stellen die Craniota mit etwa 60.000 rezenten Arten die größte und ökologisch erfolgreichste Gruppe dar. Sie haben als einzige Gruppe der Chordatiere alle Lebensräume der Erde vom Meer über das Süßwasser und das Land einschließlich des Luftraumes besiedelt. Neben primär aquatischen Formen, umgangssprachlich als Fische bezeichnet, gibt es eine ganze Reihe von sekundär aquatischen Cranioten, die aus terrestrischen Formen hervorgegangen sind und wieder eine fischähnliche Gestalt angenommen haben. Aus diesen Gründen zeigen die Schädeltiere eine außerordentliche morphologische und ökologische Vielfalt.**

Verglichen mit anderen Taxa, wie den Arthropoda oder auch den Gastropoda, nehmen sich die über 60.000 Arten der Craniota von der Anzahl her eher bescheiden aus. Dennoch haben diese Tiere in unserer Vorstellungswelt immer einen besonders herausragenden Platz – ja, wenn umgangssprachlich von Tieren die Rede ist, denken viele Menschen oft nur an Wirbeltiere oder gar nur an Säugetiere oder Vögel. Ein Grund hierfür ist sicher die Tatsache, dass auch wir Menschen zu dieser Tiergruppe gehören. Vom biologischen Standpunkt wohl bedeutender ist eine andere herausragende Eigenschaft der Wirbeltiere, nämlich ihre relative Körpergröße und damit ihre generelle Auffälligkeit, die die Größe wirbelloser Tiere bei Weitem übertrifft. Während Körpergrößen im Zentimeter- und unteren Dezimeterbereich bei wirbellosen Tieren mit nur wenigen Ausnahmen wie den Kopffüßern schon im oberen Größenbereich der jeweiligen Tiergruppe liegen, gehören Craniota mit diesen Körperdimensionen immer zu den kleinsten Formen ihres Taxons. Bedingt durch ihr oft verknöchertes, im Körperinneren liegendes Skelett, das für den Erhalt als Fossil geradezu prädestiniert ist, gibt es von Wirbeltieren außerordentlich umfangreiche Fossilberichte. Diese reichen mehr als 500 Millionen Jahre zurück und gestatten die Rekonstruktion der Evolutionsgeschichte der Schädeltiere von ihren kambrischen Meeres-

lebensräumen bis zur Jetztzeit. Dadurch ist die Evolutionsgeschichte der Schädeltiere viel genauer zu rekonstruieren als bei allen anderen Metazoa. Fossilfunde haben auch gezeigt, dass nur noch 1 % aller Cranioten-Arten, die in der Erdgeschichte aufgetreten sind, bis heute überlebt hat.

Die Größen und Gewichtsspannen der Schädeltiere umfassen mehrere Zehnerpotenzen. So misst die vermutlich kleinste Säugertierart, die Etruskische Zwergspitzmaus (*Suncus etruscus*), 20 mm bei 1 g Gewicht und die größte Art, der Blauwal (*Balaenoptera musculus*), 30 m bei 190 t Gewicht (oder 30.000 mm bei 190.000.000 g!). Die Männchen des größten rezenten Landtieres, des Afrikanischen Elefanten (*Loxodonta africana*), erreichen bis zu 7,5 m Körperlänge und 7 t Gewicht (oder 7500 mm und 7.000.000 g!). Bei den fossilen Landtieren wurden diese Dimensionen sowohl von ausgestorbenen Säugetieren als auch von Sauropoden noch weit übertroffen.

Grundsätzlich haben große Tiere gegenüber kleineren mehrere Vorteile, beispielsweise bei innerartlichen Konkurrenzkämpfen, weniger direkte Raubfeinde, bessere Chancen als Räuber und günstigere Stoffwechselbedingungen durch ein optimales Volumen/Oberflächen-Verhältnis. Eine große Körpergröße wird bei den Schädeltieren durch die Vermehrung der Körperzellen und nicht durch deren Vergrößerung erreicht. Mehr Nervenzellen erlauben daher auch komplexere Nervenleistungen, oft eine relativ lange Lebensspanne und damit verbunden die Möglichkeit, durch Lernen Verhaltensweisen flexibel gestalten zu können. Mit dem Phänomen der außergewöhnlichen Körpergrößen sind eine Reihe von biologischen Fragen und Problemen verknüpft, die im Bauplan der Schädeltiere begründet sein müssen. Hier ist zuerst ihr knorpeliges und knöchernes Endoskelett zu nennen, das einer Größenzunahme keine engen Grenzen setzt, mitwachsen kann und in der Lage ist, die Masse der Weichteile zu tragen. Hinzu kommen noch eine Reihe weiterer Eigenschaften wie beispielsweise der hohe Differenzierungsgrad der Zellen, es werden über 200 verschiedenen Zelltypen unterschieden, das segmentale Chorda-Myomer-System, die quer gestreifte Skelettmuskulatur aus bis zu 10 cm langen Syncytien, eine saltatorische und damit sehr schnelle Erregungsleitung im Nervensystem, ein hoch entwickeltes Zentralnervensystem mit entsprechenden Sinnesorganen, effiziente Nieren- und Atemorgane sowie nicht zuletzt ein leistungsfähiges Blutgefäßsystem mit eigenem Endothel, roten Blutzellen (Blutkörperchen) und einem aus mehreren Kammern bestehenden Herz. So können die Blutgefäße dem relativ hohen Druck widerstehen, das Blut kann pro Volumeneinheit mehr O_2 transportieren und das Herz arbeitet weitgehend autonom. Es passt sich in seiner Pumpleistung den jeweiligen Erfordernissen an und versorgt alle Körperregionen mit O_2-haltigem Blut. Große Körperdimensionen haben allerdings nicht nur Vorteile. So sind Wirbeltiere mit ihrer großen Biomasse besonders attraktiv für Parasiten, für Krankheitserreger (Mikroorganismen) und für Räuber. Keine andere Metazoen-Gruppe hat sich gegen eine vergleichbare Diversität von Parasiten zu wehren. Genau diese Tatsache hat sicher zur Evolution des innerhalb der Metazoa am höchsten entwickelten Immunsystems geführt.

Allgemeine Eigenschaften der Craniota

Der Körper der Schädeltiere ist in drei Abschnitte gegliedert: Kopf, Rumpf und Schwanz (Abb. 12.1A). Diese haben jeweils eine klare Funktionsaufteilung, sind aber bei den primär aquatisch lebenden Craniota, bedingt durch die Stromlinienform, äußerlich nur undeutlich gegeneinander abgegrenzt. Der Kopf trägt die wichtigsten Sinnesorgane und das Gehirn sowie die Strukturen zur Nahrungsaufnahme. Diese sind durch einen knorpeligen oder knöchernen Schädel wirksam geschützt, den man entsprechend der Funktion in drei Abschnitte unterteilen kann: Neurocranium, Viscerocranium und Dermatocranium (Abb. 12.2A, B). Zwischen Kopf und Rumpf befindet sich bei den aquatischen Formen die Kiemenregion. Rumpfwand und Schwanz bilden den Hauptteil des Lokomotionsapparats, sie enthalten die primär segmentale Längsmuskulatur mit dem Bindegewebsgerüst und das Achsenskelett, die Chorda. Diese ist wie die Muskulatur aus dem Grundmuster der Chordata übernommen. Eine Wirbelsäule gibt es bei den ursprünglichsten Craniota noch nicht. Deshalb umschreibt der Name Craniota (= Schädeltiere) diese Tiergruppe auch weitaus zutreffender. Die Wirbelsäule ist später in der Evolution aus der Verschmelzung bogenförmiger knorpeliger und knöcherner Elemente gebildet worden, die um die Chorda herum entstanden sind. Diese Bögen umgeben und schützen dorsal das Neuralrohr und ventral die wichtigsten längs verlaufenden Blutgefäße. Aus diesem sogenannten Bogenstadium der Wirbelsäule sind mehrfach unabhängig in der Evolution der Craniota kompakte Wirbel hervorgegangen, die in mehreren Linien schließlich die Chorda ersetzen. Erkennbar bleibt dieses Ereignis bei den rezenten Formen, die auch als erwachsene Tiere noch eine Chorda besitzen, wie die basalen Strahlen-

flosser (beispielsweise Flösselhechte), Quastenflosser und Lungenfische.

Unterhalb des Achsenskeletts enthält der Rumpf schließlich noch die große Leibeshöhle (Coelom) mit den inneren Organen. Rumpf und Coelom enden an der ventral gelegenen After- und Geschlechtsöffnung (Abb. 12.1A, E). Innerhalb des Coeloms ist ein Kompartiment fast immer vollständig vom großen Rumpfcoelom abgetrennt, das Perikard (Herzbeutel). So wird die Aktivität des Herzens nicht von anderen Organen wie dem Darm beeinträchtigt, was für eine gleichmäßige Versorgung des Körpers mit Blut außerordentlich wichtig ist. Der Schwanz ist das ursprüngliche Antriebsorgan der primär wasserlebenden Craniota; dementsprechend besteht er vor allem aus dem Achsenskelett und Muskulatur. Er trägt unpaare Flossen zur Vergrößerung der effektiven Flächen und zur Stabilisierung der Körperlage (Abb. 12.1D, 12.2A, C). Bei den Landwirbeltieren erfährt der Schwanz oft eine funktionelle und strukturelle Umbildung und kann manchmal auch ganz fehlen (Menschenaffen). Interessanterweise hat dieser Abschnitt bei sekundär aquatischen Wirbeltieren († Ichtyosauria, Seekühe, Wale) wie auch der gesamte Körper wieder die Form wie bei Fischen angenommen.

Der Bewegungsapparat besteht also wie bei Acrania aus der segmentalen Längsmuskulatur, die ihre Energie auf die bindegewebigen Myosepten, die äußere Muskelfascie und das biegeelastische Axialskelett überträgt. Jedes paarige Muskelsegment wird von den ebenfalls segmentalen Spinalnerven innerviert, die Muskelpakete der linken und rechten Körperseite arbeiten dabei antagonistisch und versetzen so den Rumpf und Schwanz in eine Schlängelbewegung in der Sagittalebene (Dorsoventralebene), deren vorwärts gerichtete Kraftkomponente in den Vortrieb umgesetzt wird. Ursprüngliche Wirbeltiere (Neunaugen, Schleimaale und deren ausgestorbene Vorfahren) besitzen lediglich unpaare Flossensäume, erst bei den kiefertragenden Wirbeltieren (Gnathostomata, Kiefermünder) werden diese zu einzelnen Rücken-, Schwanz- und Afterflossen aufgelöst. Die Extremitäten bilden zwei weitere Flossenpaare, die aktiv bewegt werden können, die paarigen Brust- und Bauchflossen (Abb. 12.1A, B, D–F, 12.2A–C). Letztere dienen primär als Steuer- und Stabilisierungselemente, nur bei abgeleiteten wasserlebenden Formen tragen sie zum Vortrieb bei und schließlich sind aus ihnen die paarigen Extremitäten der Landwirbeltiere entstanden. Beim Übergang zum Leben an Land erfuhren diese Extremitäten und ihre Verankerung im Körper im Zuge dieses Funktionswechsels umfangreiche evolutive Anpassungen, sodass sie schließlich den gesamten Körper tragen und vom Boden abheben konnten. Ähnliches gilt für die Rücken- und Afterflossen: Nur Vertreter mit langen Rückflossen können durch wellenförmige Bewegungen allein genug Vortrieb erzeugen wie beispielsweise der Kahlhecht.

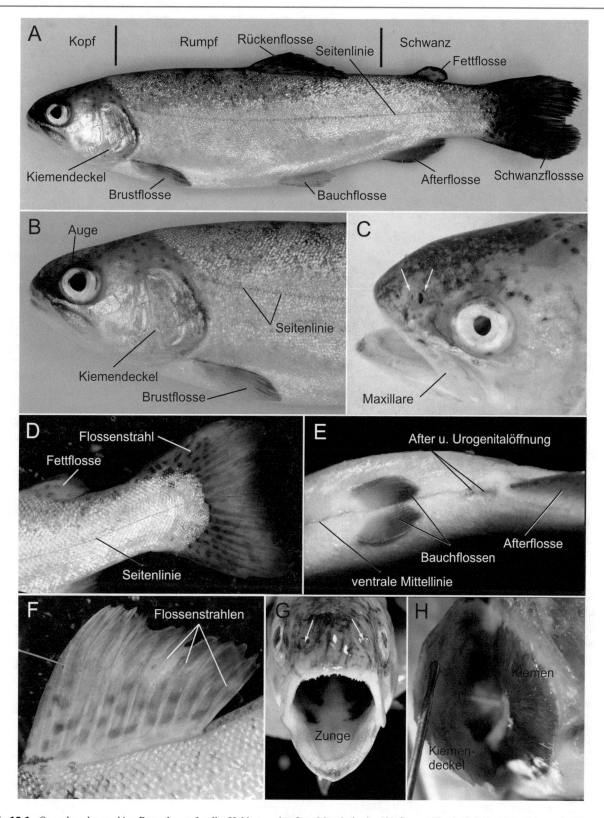

Abb. 12.1 *Oncorhynchus mykiss*, Regenbogenforelle. Habitus und äußere Morphologie. (**A**) Ganzes Tier in Seitenansicht; Länge ca. 25 cm; typische Färbung. (**B**) Kopfregion mit Kiemendeckel, Brustflosse und Seitenlinie. (**C**) Kopf mit vorderer und hinterer Nasenöffnung (Pfeile), Auge; deutlich erkennbar das bewegliche Maxillare. (**D**) Schwanzregion mit Fett- und Schwanzflosse; Schuppenkleid. (**E**) Bauchregion, Bauchflossen, After und Geschlechtsöffnung, ventrale Mittellinie. (**F**) Rückenflosse mit abgespreizten Flossenstrahlen. (**G**) Blick in den geöffneten Mund; Pfeile zeigen auf nach vorn gerichtete vordere Nasenöffnungen. (**H**) Abgespreizter Kiemendeckel gibt Blick auf Kiemen frei

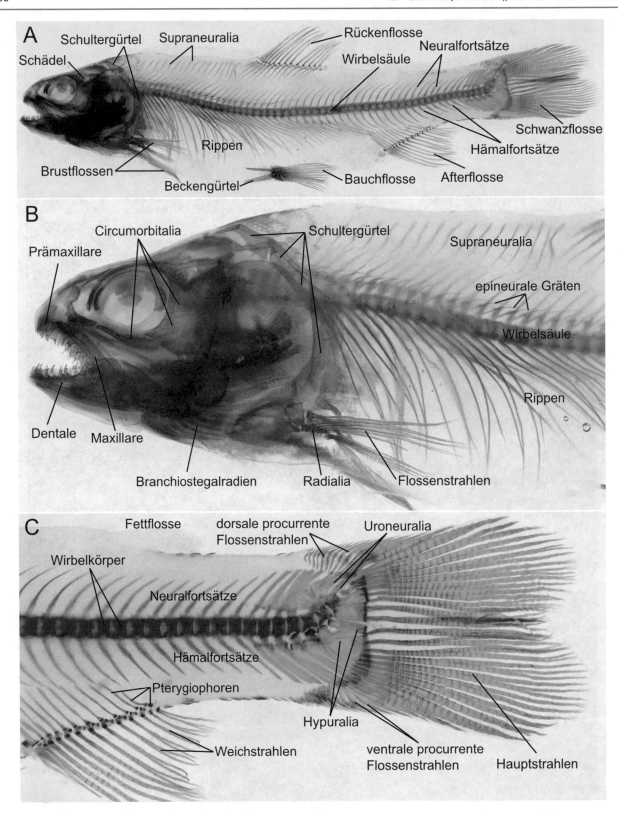

Abb. 12.2 *Oncorhynchus mykiss*. Skelett. Alcianblau-Alizarin-Präparation. (**A**) Ganzes Skelett mit Schädel, Wirbelsäule, Rippen und allen Flossen. (**B**) Vordere Region vergrößert, Schädel, Schultergürtel, Brustflossen und vorderer Bereich des Achsenskeletts. Unterhalb des weitgehend durchsichtigen Kiemendeckels wird das Kiemenskelett einschließlich der die Kiemenlamellen stützenden Knorpelelemente sichtbar. (**C**) Schwanzwirbelsäule, Schwanz- und Afterflosse; die Fettflosse enthält keine Skelettelemente

Wirbeltiere zeigen einen hohen Differenzierungsgrad in der anterior-posterioren Achse; dieser wird unter anderem durch eine Verdoppelung des *Hox*-Gen-Clusters erreicht. Aber auch andere wichtige Genfamilien sind im Laufe der Evolution der Craniota verdoppelt worden. Durch komplexe Serien von Verdoppelungen oder Vervielfachungen, aber auch Deletionen des gesamten Genoms oder auch nur von einzelnen Abschnitten konnten diese Kopien nun neue oder differenziertere Funktionen übernehmen, ohne dass die ursprünglichen Funktionen aufgegeben werden mussten. Diese zusätzliche Komplexität im Genom ist vermutlich eng mit der Evolution der abgeleiteten Cranioten-Eigenschaften verbunden. Hierzu gehören unter anderem:

- Die Neuralleistenzellen, die während der Embryonalentwicklung im Übergangsbereich zwischen dem sich einfaltenden Neuralrohr und dem Rumpfektoderm entstehen. Aus ihnen werden zahlreiche Strukturen des Cranioten-Körpers, unter anderem Teile des Schädels und Bestandteile vieler Sinnesorgane, gebildet.
- Ein Integument aus einer mehrschichtigen Epidermis und einer mesodermalen Unterhaut (Cutis). Erstere hat die Fähigkeit zu verhornen und in der Cutis können Skelettelemente entstehen (sogenanntes Dermalskelett, Hautknochenpanzer, Dermatocranium). Eine aus mehreren Zellschichten aufgebaute Epidermis gibt es neben den Schädeltieren innerhalb der Metazoa nur noch bei den Pfeilwürmern (Chaetognatha).
- Skelettstrukturen im mesodermalen Bindegewebe in Form von Knorpel und Knochengewebe. Beides sind Strukturen, die aus lebenden Zellen bestehen und die somit beim Körperwachstum mitwachsen können. Knorpel ist außerordentlich elastisch, schlag- und reißfest und kann sehr schnell wachsen. Viele knöcherne Elemente werden deshalb zunächst knorpelig vorgebildet.
- Ein komplexes, mehrteiliges Gehirn, das sich morphologisch von anterior nach posterior in fünf Abschnitte untergliedert: Telencephalon (Endhirn, Riechhirn), Diencephalon (Zwischenhirn), Mesencephalon mit Tectum opticum (Mittelhirn), Metencephalon mit Cerebellum (Hinterhirn mit Kleinhirn) und Myelencephalon (Nachhirn).
- Hoch entwickelte paarige Sinnesorgane wie die Nase, die Linsenaugen, statoakustische Sinnesorgane und das Seitenliniensystem (Abb. 12.1A–D). Hinzu kommen noch zwei unpaare Medianaugen, das Parietal- und Pinealorgan. Beide erfahren im Laufe der Cranioten-Evolution einen Funktionswechsel; vor allem das Pinealorgan wird zur reinen Hormondrüse (Epiphyse, Zirbeldrüse) und steuert bei den Wirbeltieren durch Melatoninausschüttung die Tages- und Nachtaktivität.
- Wesentliches Element des Seitenliniensystems (Strömungs- und Druckperzeption) und des statoakustischen Systems sind die im Tierreich einzigartigen Neuromastenorgane, die auch im elektrosensorischen System vorkommen. Das statoakustische System ist komplexer als seine Bezeichnung vermuten lässt, neben dem Gehör dient es zur Wahrnehmung von Beschleunigungen und zur statischen Orientierung in einem dreidimensionalen Raum. Wegen dieser Komplexität zeigt dieses Organ eine entsprechende Morphologie und wird auch als Labyrinth oder Labyrinthorgan bezeichnet. Die Funktionen des Seitenlinien- und elektrischen Systems sind auf die primär aquatischen Wirbeltiere beschränkt. Mit dem Seitenliniensystem werden sowohl Reflexionen der selbst verursachten Druckwellen detektiert als auch die von anderen Wasserorganismen, sodass dieser Sinn eine dreidimensionale Orientierung erlaubt und den optischen Sinn unterstützt. Darüber hinaus ist er außerordentlich sensitiv für kleinste Druckänderungen. Der elektrische Sinn detektiert elektrische Felder, die von Nerven- und Muskelaktivität anderer Lebewesen erzeugt werden. Allerdings ist der elektrische Sinn bei vielen Strahlenflossern verloren gegangen und logischerweise sind diese Organe beim Landgang der Wirbeltiere funktionslos geworden (Luft leitet den elektrischen Strom nicht) und deshalb bei den Tetrapoda ebenfalls vollständig reduziert worden. Natürlich liegen deren Sinneswahrnehmungen außerhalb unseres Vorstellungsvermögens, aber nichtsdestotrotz stellen sie für diese Organismen außerordentlich wichtige Sinnesstrukturen dar, ohne die der evolutive Erfolg der Craniota nicht möglich gewesen wäre.
- Äußere Öffnungen im Kiemendarm; die Zahl der Kiemenspalten und der die Kiemen tragenden Skelettelemente wird im Vergleich zu Acrania stark reduziert. Zum Beispiel treten bei den kiefertragenden Craniota außer den Kieferbögen meist maximal fünf Kiemenbögen auf.
- Umbildungen im Kreislaufsystem: Gefäße mit Endothel, mehrkammeriges Herz, Erythrocyten.
- Leistungsfähiges Exkretionssystem aus primär segmentalen Nephronen (Nierenkörperchen), die sich aus Metanephridien ableiten lassen.
- Geschlechtssystem und Exkretionssystem stehen in einem engen funktionellen Zusammenhang. Nahezu alle Craniota sind getrenntgeschlechtlich; Hermaphroditen oder Zwergmännchen kommen nur sehr selten vor.

Von diesem Grundmuster ausgehend, ist es innerhalb der Craniota zu einer starken evolutiven Differenzierung gekommen, die schließlich die Landwirbeltiere hervorgebracht hat. Dabei wurden viele neuen Eigenschaften erworben, die für diesen evolutiven Erfolg ausschlaggebend waren. Aus diesen Tieren möchten wir hier je einen Vertreter der primär aquatischen Craniota und einen der Landwirbeltiere vorstellen, um diese Differenzierung nachzuvollziehen.

In den meisten Grundpraktika stehen für die Besprechung der Craniota und für die Präparation von Tieren meist nur ein bis zwei Termine zur Verfügung. Exemplarisch stellen wir in diesem Buch deshalb zwei Tiere genauer vor, einerseits die Regenbogenforelle (*Oncorhynchus mykiss*) aus der artenreichsten und jüngsten Wirbeltiergruppe, den Teleostei, und für die Landwirbeltiere die Laborratte (*Rattus norvegicus*) aus den placentalen Säugetieren. Eine ausführliche Besprechung der Wirbeltierhistologie würde den Rahmen dieses Buches bei Weitem übersteigen, deshalb beschränken wir uns hier auf die Präparationen zweier Wirbeltiere.

12.1 Die Regenbogenforelle (*Oncorhynchus mykiss*, Teleostei, Knochenfische)

Eine der beiden ranghöchsten Schwestergruppen der Wirbeltiere sind die Agnatha (Kieferlose), von denen jedoch nur zwei kleine, artenarme Gruppen die Jetztzeit erreicht haben. Diese zeigen noch relativ viele ursprüngliche Merkmale der Wirbeltiere. Während die Schleimaale reine Meeresbewohner sind, besiedeln die aalförmigen Neunaugen sowohl Salz- als auch Süßwasser. Bei uns heimische Arten sind beispielsweise Bach- und Flussneunaugen. Die weitaus meisten rezenten Craniota gehören jedoch zu den Gnathostomata oder Kiefermündern. Die Gnathostomata teilen sich in Knorpelfische (Chondrichtyes), Strahlenflosser (Actinopterygii) und Fleischflosser (Sarcopterygii) auf. Während die beiden ersten ausschließlich wasserlebende Gruppen umfassen, gehören zu Letzteren auch die Landwirbeltiere. Bei den Fleischflossern sind jedoch die meisten wasserlebenden Vertreter bis auf einige wenige Arten wie die rezenten Lungenfische ausgestorben.

Gnathostomata (Kiefermünder) zeichnen sich durch die Umgestaltung des Kiemenskeletts aus, bei dem zwei vordere Kiemenbögen (Mandibular- und Hyoidbogen genannt) zu zahntragenden Kiefern umgestaltet wurden (Abb. 12.1G, 12.2A, B). Dadurch konnten zahlreiche neue Nahrungsquellen genutzt werden, da ein beweglicher und mit Zähnen ausgestatteter Unterkiefer vielseitiger einsetzbar ist. Dies schließt auch eine räuberische Ernährungsweise mit ein, da der bewegliche Kiefer geeignet ist, Stücke aus der Beute zu reißen. Gleichzeitig wurden die kieferlosen Wirbeltiere damit vermutlich zu interessanten Beuteorganismen für diese kiefertragenden Organismen, was möglicherweise auch das „Aus" für die meisten Vertreter der Agnatha bedeutet haben könnte. Auf diese beiden zum Kiefer umgewandelten Kiemenbögen folgen dann fünf weitere, kiementragende Bögen (Abb. 12.1H, 12.2A, B).

Gleichfalls ist bei diesen Organismen der Bewegungsapparat verbessert worden; es entstanden die paarigen Extremitäten (Brust- und Bauchflossen mit Schulter- und Beckengürtel, Abb. 12.1A, D, E). Die Flossensäume wurden zu einzelnen Flossen aufgelöst. Die Flossen enthalten ein Skelett aus knöchernen Flossenstrahlen, sodass sie zwar weiterhin verformbar sind, aber dennoch besser gestützt werden (Abb. 12.1F, 12.2A–C).

Zum Grundmuster der Actinopterygii gehören, wie bei der Regenbogenforelle, neben den paarigen Extremitäten eine Rückenflosse, die Schwanzflosse und die Afterflosse (Abb. 12.1A). Die Flossen besitzen keinen äußeren muskulären Anteil (Abb. 12.1D, F, 12.2A–C). Bei den Lachsartigen kommt darüber hinaus auf der Rückenseite des Schwanzes noch eine Fettflosse hinzu (Abb. 12.1A, D); wie man an der Präparation des Skeletts unschwer erkennen kann, besitzt diese Flosse kein Skelett (Abb. 12.2A, C). Bei anderen Teleostei wie den Dorschartigen (Gadidae) kann die Rückenflosse in zwei oder drei Flossen aufgeteilt sein.

Nach der Entstehung eines Kieferapparats mit Zähnen war ein nächster entscheidender Schritt in der Evolution die Entstehung des sogenannten Lungen-Schwimmblasen-Organs, dass es seinen Trägern ermöglichte, auch in sauerstoffarmen Gewässern zu überleben und direkt aus der Luft Sauerstoff aufzunehmen. Man vermutet, dass diese evolutive Neuheit in sauerstoffarmen Süßgewässern im Devon vor etwa 400 Millionen Jahren entstanden ist. Sowohl die Strahlenflosser als auch die Fleischflosser besitzen ein solches Organ und es gilt als entscheidende Präadaptation für die Eroberung des Landes. In beiden Gruppen gibt es noch rezente Vertreter, die das Lungen-Schwimmblasen-Organ zur Luftatmung nutzen. Flösselhechte und Lungenfische müssen regelmäßig zur Oberfläche kommen, um Luft zu atmen. Sie würden sonst ertrinken, da ihre Kiemen für eine vollständige Sauerstoffversorgung im Wasser nicht hinreichend leistungsfähig sind. Dass ein solches Organ auch Auftrieb erzeugt, war wohl evolutiv zunächst ein Nebeneffekt. Die Beschränkung als ein rein hydrostatisches Organ ist erst bei den Teleostei, wie der Regenbogenforelle, verwirklicht (Abb. 12.3E, 12.4A, B, 12.5A, B). Die Fähigkeit, sowohl Gase ins Blut aufzunehmen als auch Gase in das Organ abzugeben, bleibt dabei immer erhalten. Ein solches Auftriebsorgan erlaubt zwar einen energiesparenden Aufenthalt in einer bestimmten Wassertiefe und deren genaue Einhaltung (die Organismen müssen wegen der etwas größeren Dichte ihres Körpers als die des Mediums Wasser nicht gegen ein Absinken arbeiten), kann aber auch Nachteile haben. Bei einigen Grundfischen, Tiefseefischen und schnellen Dauerschwimmern wie Makrelen ist das Lungen-Schwimmblasen-Organ vermutlich deshalb wieder verloren gegangen.

Die Teleostei oder Knochenfische stellen innerhalb der Craniota mit etwa 34.000 Arten die bei Weitem artenreichste und evolutiv jüngste Gruppe dar. Früheste Formen der Teleostei sind aus dem oberen Jura bekannt, während die phylogenetisch älteren, übrigen Strahlenflosser nur mit 44 Arten in unserer Fauna repräsentiert sind, die aber zu vier über-

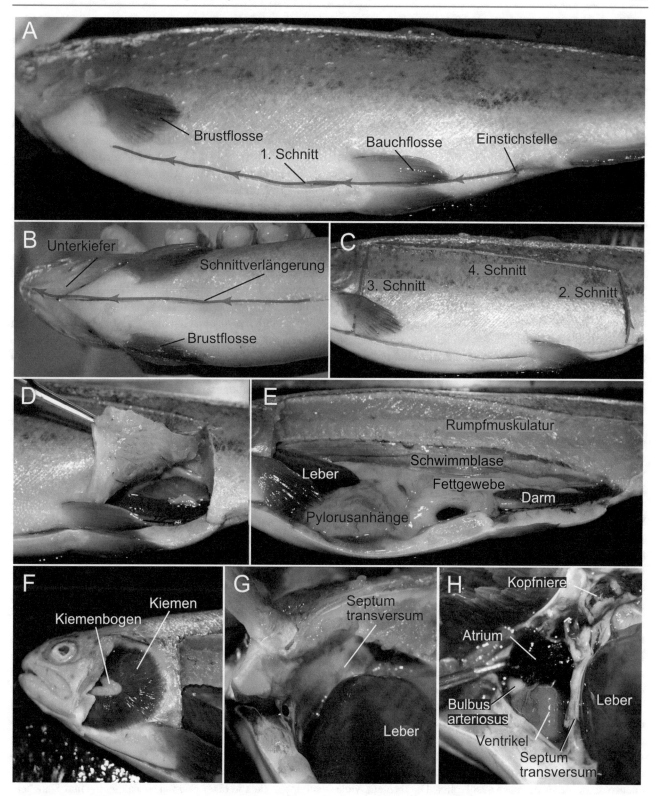

Abb. 12.3 *Oncorhynchus mykiss*. Präparationsschritte. (**A**) Der erste Schnitt wird ventral in der Medianen von hinten nach vorn bis zur Brust-flosse geführt. (**B**) Schnittverlängerung bis zur Mundöffnung. (**C**) Schnitte 2–4 zur Eröffnung der Leibeshöhle. (**D**) Entfernen der Rumpfmuskulatur von hinten nach vorn. (**E**) Eröffnete Leibeshöhle. (**F**) Die Kiemen werden durch Abschneiden des Kiemendeckels freigelegt. (**G**) Blick von hinten auf das Septum transversum. (**H**) Eröffnung des Perikards durch Entfernen der vorderen Körperwand mit Schultergürtel

geordneten Taxa gehören: Cladistia (Polypteriformes, Flösselhechte), Chondrostei (Acipenseriformes, Störartige), Ginglymodi (Lepisosteiformes, Knochenhechte), Halecomorphi (Amiiformes, Kahlhechte). Vom evolutionären Gesichtspunkt sind aber gerade sie besonders interessant, erlauben sie doch eine recht genaue Rekonstruktion der frühen Evolutionsgeschichte der Strahlenflosser, die sowohl molekular als auch morphologisch kongruent rekonstruiert worden ist. Alle Gruppen sind primäre Süßwasserbewohner, bei den Chondrostei sind es zum Teil sogenannte anadrome Formen, die zur Fortpflanzung in die Flusssysteme zurückkommen, nachdem sie eine Zeit lang im Meer verbracht haben. Auch innerhalb der Teleostei gibt es solche Formen. Am bekanntesten sind die Lachse, die zum Laichen wieder ihre ehemaligen Geburtsgewässer aufsuchen. Auch die Vertreter der basalen Zweige im Teleostei-Stammbaum sind Süßwasserbewohner, sodass auch diese Tatsache wie ihre Physiologie für einen Ursprung im Süßwasser spricht. Unter diesen Vertretern sind die Störe die einzigen, die eine wirtschaftliche Bedeutung haben; bei einigen Arten werden die Eier als Kaviar genutzt. Durch die wirtschaftliche Nutzung und zunehmende Gewässerverschmutzung und -verbau sind diese Arten stark gefährdet oder so gut wie ausgerottet (beispielsweise der Baltische Stör, *Acipenser sturio*).

Heute besiedeln Teleostei alle aquatischen Habitate von der Tiefsee bis in die Hochgebirgsregionen. Unter den Teleostei finden sich die kleinsten bisher bekannten Wirbeltiere, wie zum Beispiel *Paedocypris progenetica* (Cyprinidae, Karpfenfische) aus Torfmoorwäldern von Sumatra mit 10 mm Körperlänge und etwa 0,2 g Gewicht. Die größten Vertreter (Riemenfisch, *Regalecus glesnae*) erreichen eine Körperlänge von mindestens 8 m, während der Mondfisch (*Mola mola*) und der Blaue Marlin (*Makaira nigricans*) mit je etwa 900 kg wohl die schwersten Teleostei sind. Dementsprechend zeigen die Teleostei innerhalb der aquatischen Craniota die größte Vielfalt. Nahezu alle wirtschaftlich genutzten Fischarten gehören zu dieser Gruppe, sie sind für die menschliche Ernährung von herausragender Bedeutung. Dabei entfällt mehr als die Hälfte der genutzten Fischmenge auf nur etwa 50 marine Arten. Unter ihnen sind die Heringsartigen und Dorschartigen besonders betroffen. Allerdings wird ihnen so intensiv nachgestellt, dass durch immer weiterentwickelte Fischereimethoden viele Arten in ihrem Bestand extrem gefährdet sind. Andere Arten sind durch die Meeresverschmutzung und Verbauung der Flusssysteme oder andere vom Menschen verursachte Umweltveränderungen ebenso stark gefährdet oder ausgerottet. Da übrigens viele Speisefische nur in verarbeiteter Form in den Lebensmittelhandel gelangen (beispielsweise als Fischstäbchen), ist das Aussehen dieser Tiere in weiten Kreisen der Bevölkerung weitgehend unbekannt.

Präparation einer Regenbogenforelle

Als Beispiel für einen Vertreter der Teleostei soll die in unseren Fischzuchten häufig gezüchtete Regenbogenforelle (*Oncorhynchus mykiss*) dienen, die ursprünglich aus der nordamerikanischen Pazifikregion (Alaska bis Nordwest-Mexiko) stammt. Sie gehört zu den Lachsen (Salmonidae) und wie viele Arten aus dieser Gruppe ist die Stammform ein anadromer Wanderfisch, der zum Laichen aus küstennahen Meeresgewässern die Flüsse aufsteigt. Daneben gibt es natürlicherweise aber auch reine Süßwasserformen der Regenbogenforelle; in Kultur sind beide miteinander vermischt worden. Sie zeigt für einen Vertreter der Lachsartigen eine sehr hohe Temperatur-, Sauerstoff- und pH-Toleranz. Diese hohe Toleranz gegenüber Schwankungen der genannten Umweltparameter macht sie besonders für eine Zucht in Fischteichen geeignet, in denen diese Parameter oft nicht so genau eingehalten werden können. Da sich die Tiere inzwischen auch außerhalb von Fischzuchten verbreitet haben, führt dies zu den bekannten Problemen aller Neobiota (Aliens). In diesem Fall ist vor allem der Bestand der einheimischen Bachforelle (*Salmo trutta fario*) durch Verdrängung gefährdet. Regenbogenforellen erreichen ein Alter von etwa zehn Jahren, eine Länge von 35–70 cm und ein Gewicht von 1,4–5,4 kg. Der Name Regenbogenforelle bezieht sich auf die charakteristische Farbzeichnung der Tiere (Abb. 12.1A); der Rücken ist wie bei den meisten Fischen dunkler gefärbt als der fast weiße Bauch. Dorsal überwiegt eine grüne Pigmentierung mit zahlreichen schwarzen Flecken, an den Flanken schimmern die Tiere silbern; charakteristisch ist ein rötliches Längsband an den Flanken (Abb. 12.1A, B). So sind die Tiere in fließendem Wasser weder von oben noch von unten leicht zu entdecken, was sowohl bei der Jagd als auch zum Schutz vor Beutegreifern vorteilhaft ist.

Äußere Morphologie

Mit Ausnahme des Kopfes trägt die Haut regelmäßig angeordnete, sich dachziegelartig überlappende Schuppen (Abb. 12.1A–D). Diese sind verhältnismäßig klein, weich und liegen unterhalb der Epidermis in der Cutis. Die Zahl der Schuppen ist nicht beliebig, schwankt aber um einen Mittelwert. Entlang der Seitenlinie beträgt ihre Zahl beispielsweise zwischen 135 und 150. Schuppen sind dünne zellfreie Knochenplättchen, die als Reste eines ursprünglichen Panzers aus relativ dicken und schweren Schmelzschuppen (aus je einer Schmelz-, Zahnbein- und Knochenschicht) angesehen werden, wie er beispielsweise bei Knochenhechten noch vorkommt. Aufgrund der ringförmigen Zuwachsstreifen werden sie als Cycloidschuppen bezeichnet. Diese Schuppen lassen sich leicht mit einer Pinzette entnehmen und können mikroskopiert werden.

Empfohlenes Material

Aus der Gruppe der Teleostei eignen sich prinzipiell viele Arten für einen Grundkurs Zoologie. Je nach Verfügbarkeit kann man also verschiedene Arten verwenden. Manche können von lokalen Fischzuchten oder aus der Süßwasserfischerei bezogen werden. Meeresfische werden heute von Fischern meist nur ausgenommen und ohne Kopf angelandet, sodass diese Möglichkeit als Bezugsquelle meist ausscheidet und man auf meeresbiologische Stationen angewiesen ist. Neben der hier vorgestellten Regenbogenforelle (*Oncorhynchus mykiss* [= *Salmo gairdneri*]) eignen sich beispielsweise auch Plötze (Rotauge; *Rutilus rutilus*), Rotfeder (*Scardinius erythrophthalmus*) oder Karpfen (*Cyprinus carpio*). Man sollte darauf achten, dass die erworbenen Exemplare eine Körperlänge von 20–30 cm nicht überschreiten, um sie noch in einer üblichen Präparierschale untersuchen zu können. Bei zu kleinen Exemplaren verläuft eine Präparation allerdings auch oft unbefriedigend. Die Tiere können mit MS222 abgetötet werden und sollten frisch untersucht werden. Fischzuchten stellen auch frisch abgetötete Tiere zur Verfügung – allerdings werden diese meistens durch einen Schlag auf den Kopf getötet.

Das Nervensystem und Gehirn eines Wirbeltieres lassen sich wohl am einfachsten bei einem Knorpelfisch präparieren; hier könnte man auf den Kleingefleckten Katzenhai (*Scyliorhinus canicula*) zurückgreifen. Obwohl gegenwärtig als nicht gefährdet eingestuft, sollte man sich auf wenige Exemplare beschränken. Von der Biologischen Anstalt Helgoland, Materialversand, können verschiedene Knochenfische, aber auch Knorpelfische wie Dornhaie (*Squalus acanthias*), Kleingefleckte Katzenhaie (*Scyliorhinus canicula*) und Rochen (*Raja* spec.) bezogen werden.

Die Regenbogenforelle *Oncorhynchus mykiss* zeigt einen typischen, an das aquatische Leben angepassten, stromlinienförmigen Körperbau, bei dem die Abschnitte Kopf, Rumpf und Schwanz ohne deutliche Grenzen ineinander übergehen (Abb. 12.1A). Der Körper ist relativ schlank, das Verhältnis Länge zu Höhe beträgt etwa 5:1 und nach etwa einem Drittel der Körperlänge wird der größte Durchmesser erreicht. Der Körper ist seitlich leicht zusammengedrückt, ist also etwas höher als breit. Die Schwanzflosse grenzt recht breit an den muskulösen Teil des Schwanzes. Durch diesen Körperbau zeigt uns die Forelle, dass sie zu den relativ schnellen Schwimmern gehört. Darüber hinaus ist der Bau des Schwanzes ein Hinweis darauf, dass sie sehr gut beschleunigen kann (beispielsweise haben schnelle Dauerschwimmer wie Makre-

len (*Scomber scombrus*) eine stielförmig abgesetzte Schwanzflosse; wendige Schwimmer sind dagegen relativ kurz und haben einen seitlich zusammengedrückten, scheibenförmigen Körper). Dies sind wichtige Eigenschaften, damit Forellen sich in Flusssystemen auch gegen die Strömung bewegen können oder sehr schnell beschleunigen und auf diese Weise ihre Beuteorganismen überraschen und überwältigen können. Bei der anschließenden Präparation wird der überragende Anteil der Muskulatur am gesamten Körper sichtbar. Die Körpermuskulatur ist dabei prinzipiell noch wie bei den Acrania (*Branchiostoma*) aufgebaut und besteht aus Muskelsegmenten (Myomeren) und Sehnenplatten (Myosepten) (Abb. 12.5B). Die dreidimensionale Anordnung ist allerdings wesentlich komplexer, hat im Wesentlichen die Form eines liegenden W. Die Muskulatur besteht überwiegend aus weißen Fasern, nur über dem horizontalen Septum erstreckt sich ein dünnes Band aus roter Muskulatur. Diese Färbung wird durch den Myoglobingehalt und die Mitochondrien verursacht; es handelt sich hier also um aerobe Muskelfasern. Diese dunkle Muskulatur ist für die langsamen Dauerleistungen verantwortlich. Wenn wir also in einem Aquarium einen schwimmenden Fisch beobachten, erreicht er diese Bewegung mit nur einem geringen Anteil der Muskulatur. Die weiße (anaerobe) Muskulatur ist für kurzfristige Spitzenleistungen (Fluchtreaktionen, Beutefang, Sprungbewegungen der Lachse) vorgesehen.

Die Rückenflosse ist relativ kurz und beginnt etwa in Körpermitte. Spreizt man die beim toten Tier meist am Körper anliegende Flosse vom Körper ab, werden die Flossenstrahlen sichtbar (Abb. 12.1E). In der Präparation des Skeletts wird dieses ebenso deutlich (Abb. 12.2A, C). Die Flossenstrahlen sind bei der Regenbogenforelle sogenannte Weichstrahlen, die distal verzweigt sind. Trotz dieser Bezeichnung sind es deckknöcherne Elemente, die jeweils aus mehreren Segmenten bestehen (Abb. 12.2C). Verteilung, Anzahl und Vorkommen der Flossenstrahlen sind übrigens wichtige Bestimmungsmerkmale. Die Schwanzflosse ist äußerlich symmetrisch (homocerk), sie enthält ein komplexes System aus modifizierten Schwanzwirbeln (Abb. 12.2A, C). Die eigentliche Wirbelsäule biegt dabei nach dorsal ab, besteht in diesem Abschnitt aber nur noch aus zwei Schwanzwirbeln. Die symmetrische Form der Schwanzflosse wird durch eine Vergrößerung der ventralen Bogenelemente der Wirbelsäule, der sogenannten Hypuralia, erreicht (Abb. 12.2C). Eine homocerke Schwanzflosse wirkt bei Aktivität höhenneutral; sie erzeugt also weder eine aufwärts noch eine abwärts gerichtete Bewegungskomponente und wirkt so im Einklang mit der Schwimmblase. Dagegen erzeugt die typische dorsal vergrößerte (hypocerke) Schwanzflosse vieler Haie, die keine Schwimmblase besitzen, eine nach oben gerichtete Bewegungskomponente. Die Brustflossen befinden sich unmittelbar hinter dem Kiemendeckel, die Bauchflossen etwa auf Höhe der Rückenflosse und median angenähert (Abb. 12.1E). After- und Fettflosse liegen einander gegenüber (Abb. 12.1A, 12.2A).

Bei der äußeren Untersuchung fallen am Kopf zunächst die sehr großen Augen auf (Abb. 12.1A–C). Durch die seitliche Lage ist das Gesichtsfeld sehr groß. Ein weiteres äußerlich sichtbares Sinnesorgan ist die Nase, die jeweils eine vordere und eine hintere Öffnung, Narinen genannt, besitzt (Abb. 12.1C, G); dazwischen befindet sich das Riechepithel. Bei der Fortbewegung wird so kontinuierlich Wasser an den Rezeptorzellen vorbeigeführt, es entsteht kein Konzentrationsgradient über den Rezeptorzellen und das Wasser kann kontinuierlich analysiert werden. Die vorderen Nasenöffnungen sind genau in Bewegungsrichtung ausgerichtet (Abb. 12.1G). Auch die Seitenlinie ist deutlich erkennbar. Manche Strahlenflosser besitzen darüber hinaus Tastanhänge im Unterkieferbereich, sogenannte Barteln, mit denen sie den Untergrund abtasten und chemisch untersuchen können. Den hinteren Abschluss der Kopfregion bildet der Kiemendeckel, der nach Abspreizen einen Blick auf die Kiemen freigibt (Abb. 12.1H). Diese zeigen einen komplexen Bau aus seitlich von den Kiemenbögen abstehenden Kiemenblättchen oder Kiemenfilamenten, auf denen dann die dünneren Kiemenlamellen stehen. Ist das Objekt nicht von Wasser bedeckt, kleben diese Strukturen allerdings leicht aneinander (Abb. 12.1H). An der Skelettpräparation werden nicht nur die Kiemenbogenelemente (rot) sichtbar, sondern auch die blau eingefärbten fadenförmigen Knorpelelemente, die die einzelnen Kiemenblättchen stützen (Abb. 12.2B). Der Kiemendeckel selbst ist eine aus mehreren Knochenelementen bestehende komplexe Struktur.

Öffnet man das Maul, werden die Zähne auf Ober- und Unterkiefer sowie die große Zunge sichtbar. Die Zähne sind relativ groß, einspitzig und stehen auf drei paarigen Knochenelementen, Prämaxillare und Maxillare im Oberkiefer und Dentale im Unterkiefer (Abb. 12.2B). Hinzu kommt noch das unpaare Pflugscharbein (Vomer) im Oberkiefer, das zwei Längs- und eine Querreihe von Zähnen trägt. Im Gegensatz zu Säugetieren sind bei Teleostei Prämaxillare und Maxillare gegenüber dem übrigen Schädel beweglich. Alles das zeigt, dass unser Untersuchungsobjekt ein aktiver Räuber ist, der sich von verschiedenen wirbellosen Tieren aber auch kleineren Fischen und Amphibien ernährt. Insekten werden sowohl unter als auch über Wasser gejagt („Forellensprung", vor allem abends zu beobachten).

Skelett

Das Skelett der Teleostei ist weitgehend verknöchert und kann nach einer relativ einfachen, aber etwas zeitaufwendigen Präparation studiert werden, bei der die Weichteile durchsichtig, die Skelettelemente dagegen farblich hervorgehoben werden (Knochen rot, Knorpel blau; Abb. 12.2A–C). Diese Präparationsmethode hat den Vorteil, dass die einzelnen

Skelettelemente weitgehend im Lagegefüge erhalten bleiben und untersucht werden können. Auffälligste Skelettstrukturen sind der Schädel und die Wirbelsäule. Der Schädel ist eine relativ komplexe Bildung, die aus zahlreichen Knochenelementen besteht. Diese lassen sich bei einem Totalpräparat nur bedingt zuordnen und sollen hier nicht im Detail besprochen werden (Abb. 12.2B). Auffällig sind beispielsweise die oben erwähnten zahntragenden Elemente, die die Augenhöhle umgebenden Circumorbitalia und der aus mehreren Elementen zusammengesetzte Kiemendeckel. Die Wirbelsäule besteht aus etwa 60 Wirbeln und durchzieht geradlinig den Körper; nur die letzten beiden Wirbel biegen nach dorsal ab. Die Wirbelkörper sind bikonkav und einteilig. Sie tragen dorsal einen Neuralbogen, der das Rückenmark umschließt und schützt und sich in einem Neuralfortsatz nach schräg hinten erstreckt. Ventral tragen die Wirbel im Schwanzbereich entsprechende Fortsätze, die als Hämalbögen und -fortsätze bezeichnet werden und die Aorta caudalis und Vena caudalis aufnehmen. Im Rumpfbereich gibt es statt der Hämalbögen seitliche Fortsätze, sogenannte Parapophysen, an denen die Rippen inserieren. Die Rippen stützen die Leibeshöhle und sind bei Teleostei über die gesamte Rumpfregion bis zum After ausgebildet. Vor der Rückenflosse finden sich weitere Skelettelemente oberhalb der Wirbelsäule, die Supraneuralia, die jeweils zwischen zwei aufeinanderfolgenden Neuralfortsätzen beginnen. Die unpaaren Flossen ruhen auf mehrteiligen Flossenträgern (Pterygiophoren), die im medianen bindegewebigen Septum liegen. An diese schließen sich die namensgebenden Flossenstrahlen an, die zumindest teilweise verzweigt sind. Bei der Schwanzflosse folgen die Flossenstrahlen auf die Bogenelemente der Wirbelsäule; man unterscheidet die größeren verzweigten mittleren Hauptstrahlen, denen dorsal und ventral die sogenannten procurrenten Strahlen vorausgehen. Die Flossenstrahlen der paarigen Extremitäten setzten sich in Radialia fort, die an den Extremitätengürteln eingelenkt sind. Der Beckengürtel besteht nur aus je einem stabförmigen Element und ist nicht mit dem übrigen Skelett verbunden (Abb. 12.2A). Der Schultergürtel ist dagegen mit dem Schädel verbunden und stellt eine vielteilige Bildung dar, die bogenförmig an das Kopfskelett anschließt und bis weit nach dorsal reicht (Abb. 12.2A, B). Bei relativ ursprünglichen Vertretern der Teleostei wie unserem Kursobjekt sind die Bauchflossen relativ weit hinten angeordnet (bauchständig), der Beckengürtel kann aber auch weit nach vorn unter die Brustflossen gerückt sein (brust- oder kehlständig). Von diesen Skelettelementen sind die Gräten zu unterscheiden, die bei vielen Teleostei in unterschiedlicher Häufigkeit und Lage auftreten. Es handelt sich dabei um verknöcherte Sehnen, die im segmentalen Bindegewebsapparat der Myosepten und im horizontalen Septum auftreten können. Bei der Forelle sind sie auf die epineuralen Gräten oberhalb der Wirbelsäule im Rumpfbereich beschränkt.

Präparationsschritte

Nach der eingehenden äußeren Untersuchung kann mit der Präparation der inneren Organe begonnen werden.

Präparation Forelle 1

Hierzu wird mit einer spitzen Schere auf der ventralen Mittellinie unmittelbar vor dem After vorsichtig in die Leibeshöhle eingestochen ohne den Darm zu beschädigen (Abb. 12.3A). Dann den Schnitt bis zur Unterkieferspitze fortsetzen; dabei muss der Schultergürtel durchtrennt werden (Abb. 12.3B). Zur Eröffnung der Leibeshöhle das Tier auf die rechte Seite legen und nun je einen vorderen und einen hinteren Schnitt von ventral nach dorsal bis zur Seitenlinie führen. Der hintere Schnitt wird auf Höhe des Afters gesetzt, der vordere Schnitt unmittelbar hinter der Brustflosse (Abb. 12.3C). Ein vierter Schnitt wird auf Höhe der Seitenlinie von hinten nach vorn angesetzt. Die so entstandene Klappe wird nun von hinten nach vorn geöffnet und die verbliebene Rumpfmuskulatur und die Rippen werden durchtrennt (Abb. 12.3D). Danach liegen die inneren Organe frei; die mit Luft gefüllte, silbrig-weiß glänzende Schwimmblase ist nur dann nicht zu erkennen, wenn sie versehentlich bei der Präparation beschädigt wurde und das Gas entwichen ist (Abb. 12.3E).

Präparation Forelle 2

Die weiteren Schnitte können sofort oder später durchgeführt werden (Abb. 12.3F–H): Den Kiemendeckel mit einer Pinzette anheben und so dicht wie möglich am Schädel abschneiden; hierzu müssen die Knochen des Kiemendeckels durchtrennt werden. Danach liegen die Kiemen frei; man sieht zunächst nur die erste Kieme, da diese die folgenden verdeckt (Abb. 12.3F). Vor der weiteren Präparation die vordere Begrenzung der Bauchhöhle, das Septum transversum, beobachten, das den Bauch- vom Herzraum abtrennt (Abb. 12.3G). Zur weiteren Präparation den dorsalen Schnitt bis zu den Kiemen verlängern und den Schultergürtel mit den restlichen Teilen der Körperwand entfernen; dann liegen das mehrteilige Herz und die Kopfniere frei (Abb. 12.3H). Der eigentliche Herzbeutel wird bei dieser Präparation meistens zerstört und ist damit nicht mehr erkennbar. Nach diesen Schnitten sollte man das Präparat mit Wasser bedecken; dabei entstehen immer wieder Öltropfen, die vor allem aus dem umfangreichen Fettgewebe (Abb. 12.3E, 12.5A, B) stammen. Deshalb muss von Zeit zu Zeit das Waser gewechselt werden.

Präparation Forelle 3

Nachdem die beschriebenen Präparationsschritte durchgeführt und die entsprechenden Organe beobachtet worden sind, kann man das Präparat auf die Ventralseite legen und die dorsale Muskulatur abtragen. Ist die Wirbelsäule mit den Dornfortsätzen erreicht, wird von hinten vorsichtig in die Schädelkapsel eingestochen und diese bis zur Oberkieferspitze durchtrennt. Man führt entweder zwei laterale Schnitte durch und klappt dann das Schädeldach ab oder man legt einen medianen Schnitt an und trägt nur auf einer Seite die Schädelseitenwand ab. In der Schädelkapsel wird dann das Gehirn sichtbar (Abb. 12.6C).

Verdauungssystem und Schwimmblase

Der Darmkanal ist bei einer frisch geöffneten Leibeshöhle nur teilweise sichtbar (Abb. 12.4A). Anterior fällt zunächst die recht große Leber auf, gefolgt von den Pylorusanhängen. Im hinteren Teil der Leibeshöhle dominiert das lappenförmige, je nach Ernährungszustand unterschiedlich ausgebildete Fettgewebe. Zur weiteren Untersuchung wird der Darm auseinandergelegt und die bindegewebigen Aufhängebänder (Mesenterien) werden durchtrennt. Neben den Verdauungsorganen fällt noch die dunkelrote Milz auf, die sich hinter dem Magen befindet und von Fettgewebe umgeben ist (Abb. 12.4B). Der Darm setzt sich hinter dem Septum transversum mit dem Oesophagus fort, der ohne deutliche Grenze in den U-förmig nach vorne umbiegenden Magen mündet (Abb. 12.4B, C). Darauf folgt nach dem Pylorus (eine äußerlich unsichtbare, ventilartige Struktur hinter dem Magen) der Mitteldarm, in dessen vorderen Abschnitt die schlauchförmigen Pylorusanhänge münden (Abb. 12.4A–C). Die Zahl kann innerhalb der Teleostei stark variieren und bei manchen Arten können diese Anhänge wie auch der Magen gänzlich fehlen (z. B. bei Karpfenfischen, Cyprinidae, zu denen die Plötze, *Rutilus rutilus*, gehört), während bei Salmonidae bis zu 200 vorhanden sind. Ihre Funktion ist nicht vollständig geklärt. Neben der Sekretion von Verdauungsenzymen wird auch eine Beteiligung an der Resorption diskutiert. Vor dieser Region mündet die Gallenblase, die zwischen den Leberlappen mehr oder weniger verborgen ist, in den Mitteldarm (Abb. 12.4E). Bei manchen Teleostei wird das Gallensekret unmittelbar in den Darm abgegeben, ohne dass eine Gallenblase vorhanden ist. Durch die als Fettemulgatoren wirksamen Abbauprodukte des roten Blutfarbstoffs ist sie grün gefärbt. Das Pankreas, das proteinabbauende Enzyme und Insulin produziert, ist bei Teleostei vorhanden, aber sehr diffus ausgebildet. Es liegt in den Mesenterien und im Bindegewebe des Darmkanals aus fein verzweigten Kanälchen, die bei unserer Präparation unentdeckt bleiben. Die Leber als zentrales Stoffwechselorgan erhält die

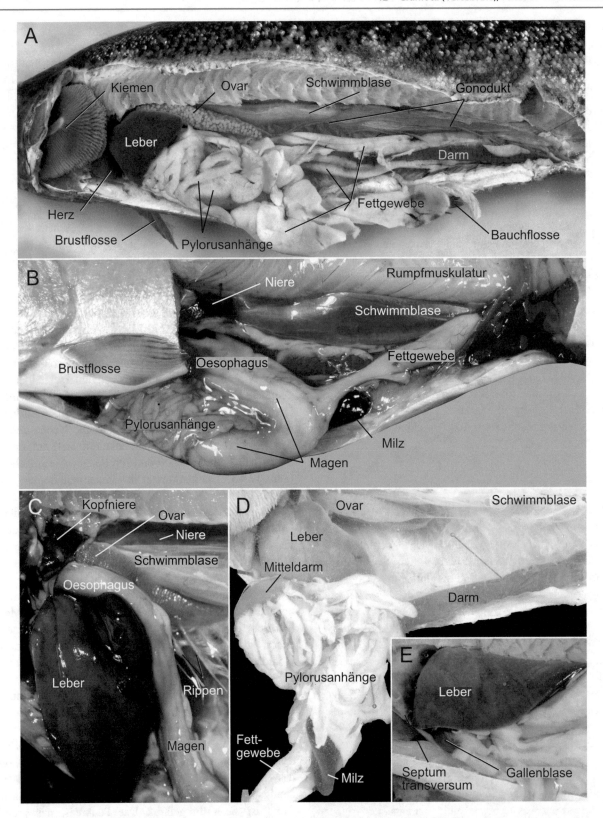

Abb. 12.4 *Oncorhynchus mykiss.* Situs der weiblichen Forelle. (**A**) Leibeshöhle nach Entfernen der seitlichen Körperwand, innere Organe noch nahezu in der natürlichen Position, Leber, Pylorusanhänge und Fettgewebe. (**B**) Durch vorsichtiges Auseinanderlegen werden Einzelteile des Verdauungskanals wie der Magen sowie die Milz unterscheidbar. (**C**) Oesophagus, Magen und Leber. (**D**) Nach Entfernen der Bindegewebsbrücken Darm nach ventral gelegt: Mitteldarm mit Pylorusanhängen. Ovar relativ klein, unterhalb der Schwimmblase. (**E**) Leber mit Gallenblase

vom Darm resorbierten Nährstoffe über die Vena portae (Leberpfortader) und versorgt ihrerseits über die Vena hepatica den Körper mit Nährstoffen. Die Vena hepatica kann bei vorsichtiger Präparation dargestellt werden, sie ist recht kurz und durchdringt das Septum transversum, um in den Sinus venosus zu münden. Vom vorderen Teil des Mitteldarms mit den Pylorusanhängen biegt dieser nach hinten um und verläuft als mehr oder weniger gerades Rohr bis zum After. Der

Enddarm (Rektum) ist vom übrigen Darm kaum abgesetzt und schlecht unterscheidbar.

Die Schwimmblase liegt im oberen (dorsalen) Teil der Leibeshöhle, oberhalb des Körperschwerpunkts (Abb. 12.4B, 12.5A, B). Durch diese dorsale Lage wird ein Umdrehen des Körpers in Rückenlage durch den Auftrieb der Schwimmblase verhindert. Sie bildet sich in der Ontogenese als Aus-

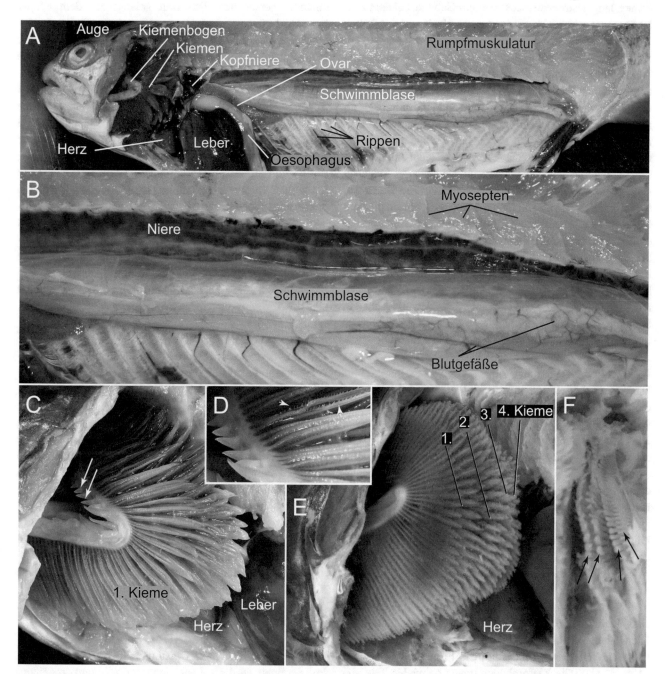

Abb. 12.5   *Oncorhynchus mykiss.* Schwimmblase und Kiemen. (**A**) Schwimmblase in natürlicher Lage; Darm nach ventral gelegt. (**B**) Schwimmblase mit Blutgefäßen und Niere (Ductus pneumaticus; s. Abb. 12.7A). (**C**) Erster Kiemenbogen mit Kiemenreuse und Kiemenfilamenten, dahinter das Herz und die Leber. Pfeile: nach innen gerichtete kurze Reusendornen. (**D**) Vergrößerung eines Teils der Kieme; Pfeilköpfe zeigen auf die Kiemenlamellen, die senkrecht auf den Kiemenfilamenten stehen. (**E, F**) Darstellung der vier Kiemen. Jede Kieme besteht aus zwei Reihen flacher Kiemenfilamente (Pfeile), die ihrerseits die hier nicht sichtbaren Kiemenlamellen (s. Teilabb. **D**) tragen

sackung des Vorderdarms am Übergang Kiemendarm (Pharynx)-Oesophagus. Die Wand der Schwimmblase ist recht dünn und kann bei der Präparation leicht beschädigt werden, sodass dann die Struktur der Schwimmblase schwer erkennbar wird. Durch die Luftfüllung erscheint die Schwimmblasenwand, die histologisch der Darmwand stark ähnelt, silbrig-weiß. Die Blutgefäße sind deshalb gut erkennbar (Abb. 12.5B). Bei der Regenbogenforelle ist sie ein einfaches, lang gestrecktes, sackförmiges Gebilde, bei dem zeitlebens eine offene Verbindung zum Vorderdarm erhalten bleibt. Diese Verbindung wird als Ductus pneumaticus bezeichnet (physostomer Zustand; Abb. 12.7A). Neben dem Schwimmblasenepithel kann Luft auch über diesen Gang aufgenommen oder abgegeben werden. Bei Karpfenartigen ist die Schwimmblase in eine vordere und eine hintere Kammer geteilt; in jeder liegt ein Teil des gasabgebenden Epithels (Gasdrüse), während der Ductus pneumaticus in die hintere Kammer mündet. Dieses System erlaubt einen relativ schnellen Druckausgleich, während bei anderen Teleostei nach der Ontogenese keine Verbindung zwischen Darm und Schwimmblase mehr vorhanden ist. Bei diesen erfolgt der Gasaustausch nur über das Blut und das Schwimmblasenepithel. Dieses System ist etwas langsamer und so kann es bei zu schnellem Aufstieg an die Oberfläche beispielsweise in einem Fischernetz zu einem Platzen der Schwimmblase kommen – eine immer tödliche Verletzung. Dazu kommt es regelmäßig beim Fang von Dorschen und anderen Fischen in Schleppnetzen, sodass ein Zurückwerfen zu kleiner Fische ins Meer oft kein Weiterleben dieser Tiere ermöglicht.

Kiemen und Kreislauforgane

Die eigentlichen Atemorgane der Teleostei sind die Kiemen, die normalerweise vom knöchernen Kiemendeckel verdeckt werden (Abb. 12.1A, B). Dieser besteht aus mehreren Knochenelementen; er schützt die empfindlichen Kiemen und spielt bei der Atmung durch Aufrechterhaltung eines Wasserstroms eine wichtige Rolle. Nach Abspreizen des Kiemendeckels werden die Kiemen sichtbar, die durch das aus den Blutgefäßen durchscheinende Hämoglobin rot gefärbt sind (Abb. 12.1H). Nach Entfernen des Kiemendeckels mit einer kräftigen Schere kann man die einzelnen Kiemenbögen mit den Kiemenfilamenten genauer erkennen (Abb. 12.3F, 12.5C–E). Die Teleostei haben vier Kiemenbögen, die je eine Doppelreihe von Kiemenfilamenten tragen (Abb. 12.5C–E), welche basal je nach Teleostei-Gruppe unterschiedlich lang verbunden sind. Jedes Kiemenfilament trägt die senkrecht aufsitzenden Kiemenlamellen, die allerdings bei der Präparation meistens nicht erkennbar sind und mit den Filamenten verkleben (Abb. 12.5D). Die Kiemenbögen tragen bei vielen Teleostei nach innen gerichtete Reusendornen; bei *O. mykiss* sind diese relativ kurz und kegelförmig (Abb. 12.5C). Sie spielen bei der Nahrungsaufnahme eine wichtige Rolle.

Das Herz stellt den auffälligsten Teil des Blutgefäßsystems dar (Abb. 12.6A, B). Es liegt in einem separaten Coelomraum, dem Perikard, dessen vordere und seitliche Wandung als weißliche Struktur mit dem Septum transversum verbunden ist. Das Perikard gewährleistet, dass die Pumptätigkeit des Herzens nicht von der Bewegung des Tieres oder seiner übrigen Organe beeinflusst wird. Das Herz der Craniota ist immer aus mehreren – primär hintereinanderliegenden – Abschnitten aufgebaut, bei der Regenbogenforelle liegen diese aber wie allen Teleostei etwas übereinander verschoben. Das Blut gelangt aus dem Körper kommend vom vor dem Herzen, dorsal des Perikards, gelegenen Sinus venosus in das Atrium, die Vorkammer, die meist dunkelrot gefärbt und relativ groß ist. Von dort in die Hauptkammer (Ventrikel), die deutlich muskulöser und heller gefärbt ist (Abb. 12.6A, B). Vom Ventrikel wird das Blut in den weißlichen Bulbus arteriosus gepumpt, der es in die ventrale Aorta weiterleitet. Der Bulbus verhindert ein Zurückströmen des Blutes in den Ventrikel. Die ventrale Aorta führt das sauerstoffarme Blut den Kiemen zu und gibt seitlich die afferenten (zuführenden) Kiemenbogenarterien ab; bei der vordersten gabelt sie sich. Es sind entsprechend der Kiemenbögen vier Paar Kiemenbogenarterien vorhanden, die mit römischen Zahlen von vorn nach hinten mit III, IV, V und VI bezeichnet werden; die Bögen I und II werden dem Hyoid- und Mandibularbogen zugeordnet. Da diese Kiemenbögen in den Kieferapparat einbezogen werden, fehlen sie bei Gnathostomen. Bei vorsichtiger Präparation lässt sich die Aorta in Rückenlage des Präparats darstellen.

Nierenorgane

Die Nierenorgane der Teleostei liegen als lang gestreckte Organe dorsal beiderseits der Wirbelsäule zwischen Peritoneum und Rumpfmuskulatur (Abb. 12.7A, B). Die Niere besteht aus zwei Abschnitten, der rundlichen Kopfniere, die vor dem Septum transversum liegt, und der Rumpfniere, die sich in ganzer Länge der Leibeshöhle als dunkelrot-violette Struktur erstreckt. Die Rumpfniere wird nur sichtbar, wenn die Schwimmblase entfernt wurde und die Gonaden etwas nach ventral verschoben wurden.

Die Kopfniere entspricht dem sogenannten Pronephros, der hier nur aus zwei Nephronen gebildet wird. Er ist nur während der Larvalphase das Organ der Exkretion und Osmoregulation, bei den Adulten ist die daraus entstandene Kopfniere nicht mehr exkretorisch aktiv und dient als lymphoides Organ, das vermutlich bei der Blutbildung eine große Rolle spielt.

Nach der Larvalphase ist die funktionelle Niere die Rumpfniere, die auch als Opisthonephros bezeichnet wird. Pro Segment wird ein Paar Nephrone (Nierenkörperchen) angelegt; ihre Ausführgänge vereinigen sich zum primären Harnleiter (Wolffscher Gang), der auch den definitiven Harnleiter der Teleostei bildet. Vor allem im hinteren Teil kann man diese als parallel verlaufende, helle Gänge auf der Niere erkennen (Abb. 12.7B). Posterior vereinigen sich die

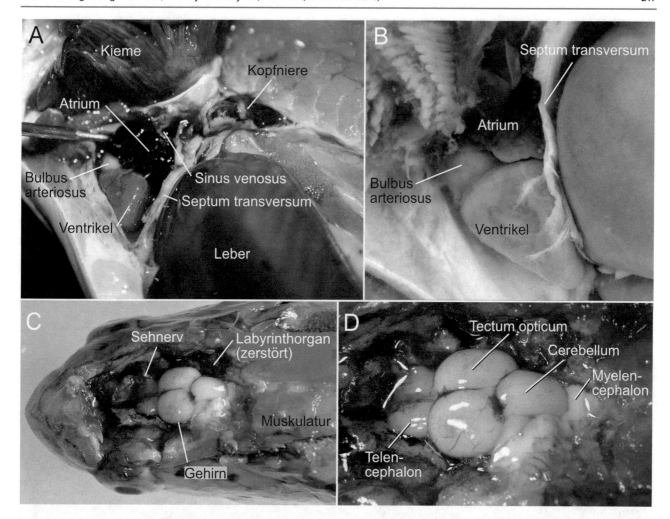

Abb. 12.6 *Oncorhynchus mykiss*. Herz und Gehirn. (**A**) Herz und seine Bestandteile nach Eröffnung des Perikards. Dorsal des Herzens liegt die große Kopfniere. (**B**) Atrium (Vorkammer), Ventrikel (Hauptkammer) und Bulbus arteriosus. (**C**) Gehirn im von dorsal geöffneten Schädeldach. (**D**) Gehirn mit Telencephalon (Endhirn, Großhirn), Mesencephalon (Mittelhirn) mit paarigem Tectum opticum, Cerebellum (Kleinhirn) sowie Myelencephalon (Medulla oblongata, Nachhirn); Diencephalon (Zwischenhirn) nicht erkennbar

beiden Harnleiter zu einer unpaaren Harnblase und münden über den Exkretionsporus getrennt von den Geschlechtsorganen nach außen. Je nach Lebensraum (Meer oder Süßwasser) zeigen die Nieren entsprechende Anpassungen an Exkretion und Osmoregulation. Die Blutversorgung der Niere ist bei den Teleostei komplex: Von der Aorta dorsalis zweigen Arterien in die Nieren ab und darüber hinaus erhalten die Nieren venöses Blut aus der aus dem Schwanz kommenden Nierenpfortader. Die abführenden Gefäße vereinigen sich zur paarigen Vena cardinalis posterior (hintere Kardinalvenen), die über die Ductus cuvieri in den Sinus venosus münden.

Geschlechtsorgane

Teleostei sind in der Regel getrenntgeschlechtlich – so auch die Regenbogenforelle. In der Regel lassen sich die Geschlechter äußerlich nicht unterscheiden. Hermaphroditen (Zwitter) sind bei Teleostei selten, diese sind dann, wie die Anemonenfische (*Amphiprion* spec.), meistens konsekutive

Zwitter, also die beiden Geschlechter werden nacheinander ausgebildet. Die Geschlechtsorgane der Teleostei sind relativ einfach gebaut und haben keine Verbindung zu den Nierenorganen, wie das sonst bei vielen Craniota, einschließlich der basalen Strahlenflosser(Actinopterygii)-Gruppen, wie beispielsweise bei den Stören (Chondrostei), Knochenhechten (Ginglymodi) und Kahlhechten (Halecomorphi), üblich ist. Der Grund hierfür liegt in der modifizierten Fortpflanzungsbiologie: Teleostei produzieren große Mengen an Gameten, die ins freie Wasser abgegeben werden; das Fehlen von innerer Befruchtung und Brutpflege ist innerhalb der Teleostei ein ursprüngliches Merkmal. Um eine erfolgreiche Fortpflanzung sicherzustellen, ist eine in die Tausende gehende Anzahl von Gameten erforderlich, da der Verlust von unbefruchteten Eiern und Entwicklungsstadien hoch ist. Die Ovarien sind durchsichtig und man kann die darin befindlichen kugeligen Oocyten meist gut erkennen (Abb. 12.4A, 12.7A, C–E). Die paarigen Ovarien der Regenbogenforelle sind mit einer Peritonealfalte dorsal im Coelom aufgehängt.

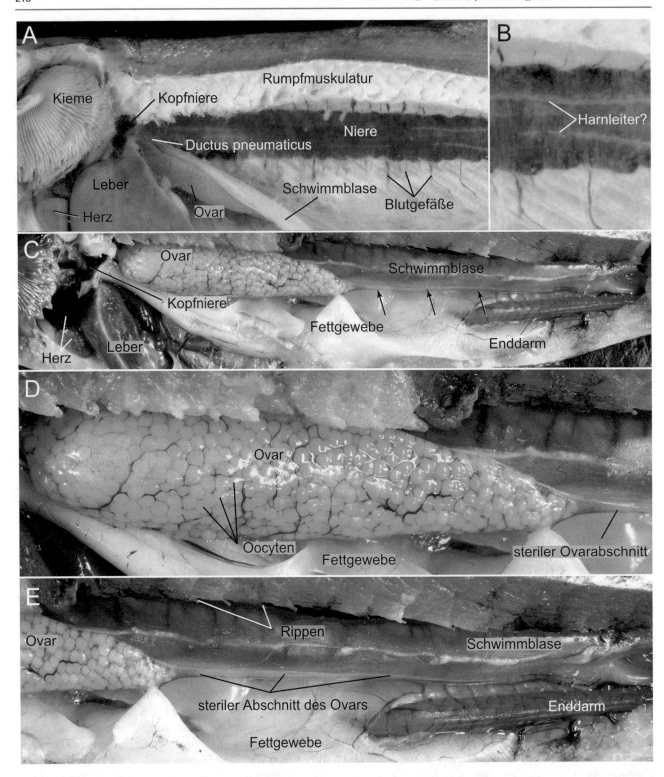

Abb. 12.7 *Oncorhynchus mykiss.* Niere und Geschlechtsorgane. (**A**) Lage der Niere als kompaktes, dunkelrotes Band unterhalb der Wirbelsäule. (**B**) Vergrößerung. (**C**) Linkes Ovar mit posteriorem sterilem Abschnitt (Pfeile) unterhalb der Schwimmblase nach Entfernen des Darmes. (**D**) Vergrößertes Ovar mit orangefarbigen runden Oocyten und versorgenden Blutgefäßen in der Wand des Ovars. (**E**) Steriler Teil des Ovars unterhalb der Schwimmblase (**D** und **E** Vergrößerungen aus **C**)

Bei kleinen und noch nicht vollständig geschlechtsreifen Exemplaren sind die Ovarien ebenfalls relativ klein und Eizellen finden sich besonders im vorderen Abschnitt (Abb. 12.5A, 12.7A, C, D). Über den hinteren sterilen Abschnitt werden bei der Forelle die Oocyten zunächst in die Leibeshöhle abgegeben, bevor sie vom Genitaltrichter, der sich über einen kurzen Gang nach außen öffnet, aufgenommen werden. Letzterer ist in der Präparation meist nicht darstellbar. Die Hoden erkennt man an der milchig weißen Farbe, die von den Spermien hervorgerufen wird. Ansonsten ist der Bau der männlichen Geschlechtsorgane ähnlich; sie münden jedoch über paarige sekundäre Spermiodukte, die sich kurz vor der Geschlechtsöffnung vereinigen, nach außen. Neben den Gameten produzieren die Gonaden in beiden Geschlechtern auch Sexualhormone.

Nervensystem, Sinnesorgane

Nachdem die übrigen Präparationsschritte und Beobachtungen durchgeführt worden sind, kann das Gehirn präpariert werden (Abb. 12.6C). Dieses zeigt noch sehr deutlich den seriellen Bau: Vorn liegt zunächst das relativ kleine Telencephalon mit den beiden Hemisphären (Abb. 12.6D). Davor und etwas tiefer sitzen die beiden Bulbi olfactorii. Vom Diencephalon geht ein kleiner stielförmiger dorsaler Anhang aus, das Pinealorgan, das leider meistens bei der Präparation verloren geht. Daran schließt sich dorsal das Mesencephalon mit den beiden großen Loben des Tectum opticum an; bei Forellen ist dies der größte Bereich des Gehirns. Hier laufen alle Sehnerven zusammen und hier sitzt bei allen Teleostei das übergeordnete Zentrum. Dann folgen das Mesencephalon mit dem dorsalen Cerebellum (Kleinhirn) und das ebenfalls aus zwei eher unscheinbaren kugeligen Teilen bestehende Myelencephalon (Abb. 12.6D), das sich ohne deutliche Grenze in das Rückenmark fortsetzt. Das Cerebellum dient vor allem der Koordination der Lage im Raum; hier laufen die Empfindungen aus dem statoakustischen System und dem Seitenliniensystem zusammen. Schneidet man nun vorsichtig in das Gehirn, wird deutlich, dass es eine hohle Struktur ist, und man kann die Hirnventrikel öffnen. Diese entstehen bei der Abfaltung des Nervensystems aus dem dorsalen Ektoderm als Neuralrohr; im Gehirn bleibt dieser Hohlraum als System der Ventrikel erhalten. Nasenorgan, Auge und Labyrinthorgan sind oben bereits erwähnt worden. An den großen Augen lassen sich die wie bei allen aquatischen Craniota kugelförmigen Linsen herauspräparieren. Anders als bei Landwirbeltieren erfolgt eine Akkommodation nicht durch die Verformung der Linse, sondern durch ihre Verschiebung. Die feinere Augenstruktur müsste dann in histologischen Präparaten untersucht werden. Das neben dem Cerebellum liegende Labyrinthorgan wird meistens bei der Präparation beschädigt und mehr oder weniger zerstört.

12.2   Die Laborratte (*Rattus norvegicus*, Mammalia, Säugetiere)

Weniger als 0,5 % aller auf der Erde lebenden Tierarten gehören zu den Säugetieren. Dennoch sind sie eine erfolgreiche Tiergruppe, die alle Lebensräume besiedelt hat. Des Weiteren sind die allermeisten für die Geschichte der Menschen so wichtigen domestizierten Tierarten Säugetiere. Mit nur wenigen Ausnahmen sind alle „großen" Tiere Säugetiere. Wenn im Alltag von Tieren die Rede ist, sind meistens Säugetiere gemeint, und für uns Menschen spielen sie auch deshalb eine besonders wichtige Rolle, weil unsere eigene Art dieser Tiergruppe angehört.

Eines der folgenreichsten Ereignisse in der Evolution der Craniota war die Eroberung des Landes im Devon, die vor etwa 365 Millionen Jahren begann. Dadurch konnten die Wirbeltiere eine Vielzahl neuer Lebensräume besiedeln und neue Nahrungsquellen erschließen. Dies ging mit zahlreichen Änderungen des Wirbeltierbauplans und mit dem Erwerb neuer Eigenschaften einher. Die hier am Beispiel der Wanderratte (*Rattus norvegicus*) vorgestellten Säugetiere oder Mammalia stellen dabei einen der beiden am besten an das Leben an Land angepassten Evolutionswege dar.

Die primär wasserlebenden, am nächsten mit den Landwirbeltieren verwandten Formen sind ausgestorben, unter den rezenten Fischen sind nach heutiger Kenntnis die Lungenfische (Dipnoi) die Schwestergruppe aller Landwirbeltiere. Bei der Eroberung des Landes waren zahlreiche Veränderungen in der Anatomie und der Physiologie erforderlich, um diesen ganz neuen und anderen Lebensraum erfolgreich besiedeln zu können. Einige Anpassungen, wie die Lungen, waren bereits bei den aquatischen Vorfahren der Tetrapoda vorhanden, während andere neu entstanden sind. Der Übergang zum Leben an Land erforderte unter anderem eine Umstellung des Bewegungsapparats, der Atmung, der Exkretion, der Fortpflanzung und die Entwicklung eines wirksamen Verdunstungsschutzes, da in dem neuen Lebensraum Wasser nicht mehr unbegrenzt zur Verfügung stand. Nicht alle Anpassungen sind bei allen Landwirbeltieren in gleicher Weise vervollkommnet. So zeigen beispielsweise nur die Amniota (Amniontiere, Nabeltiere) auch eine vom Wasser unabhängige Fortpflanzung und verfügen als Einzige über einen wirksamen Verdunstungsschutz. Aus diesem Grund werden sie auch als echte Landwirbeltiere bezeichnet. Zu den Amnioten gehören die Sauropsida mit Chelonia (Schildkröten), Squamata (Schuppenkriechtiere – Echsen und Schlangen), Crocodylia (Krokodile) und Aves (Vögel) sowie die Mammalia oder Säugetiere. Vor allem Mammalia und Aves haben konvergent ein vergleichbar hohes Anpassungsniveau erreicht. Darüber hinaus ist es Amnioten mehrfach gelungen, einerseits den Luftraum zu erobern († Flugsaurier, Vögel, Fledertiere mit Fledermäusen und Flughunden) als auch wieder in das Wasser zurückzukehren (z. B. † Fischsaurier, † Plesiosaurier, Meeresschildkröten, Pinguine, Wale, Seekühe und Robben).

Die Vorfahren der Tetrapoda besaßen eine typische strom-
linienförmige Fischgestalt und waren so optimal für das
Leben im Wasser angepasst. Im Laufe der Evolution und der
Anpassung an das Leben an Land erfolgte eine Reihe von
wichtigen Veränderungen im Körperbau:

1. Die Umgestaltung der paarigen Extremitäten (Flossen)
zu Beinen, also Strukturen, die den Körper zumindest zeit-
weise vom Boden abheben und tragen können.

2. Die Auflösung der festen Verbindung des Schulter-
gürtels mit dem Schädel, wodurch sowohl eine freie Beweglichkeit des Kopfes als auch der Extremitäten erreicht wurde.

3. Eine Regionalisierung der Wirbelsäule und deren Umbau
zum „Tragbalken" des Körpers. Hierzu gehören die Bildung
von Wirbeln mit kompakten (einteiligen) Wirbelkörpern und
die Differenzierung einer Halsregion, die eine unabhängige
Bewegung des Kopfes gegenüber dem Rumpf ermöglicht.

4. Die Ausdehnung des Beckengürtels nach dorsal und
dessen Verbindung mit der Wirbelsäule.

5. Die Anpassung im akustischen Organ. Das Hyomandibulare, auch als Kieferstiel bezeichnet, ein Element des
zweiten Kieferbogens, erfährt einen Funktionswechsel und
wird zum zunächst einzigen Gehörknöchelchen (jetzt Columella genannt), das eine Übertragung von Luft- auf
Flüssigkeitsschall bewirkt (Impedanzwandler).

6. Im Kreislaufsystem kommt es zunehmend zu einer Trennung des Körperkreislaufs von dem der Lunge. Eine Ver-
mischung von in der Lunge mit Sauerstoff angereichertem Blut
mit sauerstoffarmen Blut aus dem Körper aus dem Gewebe
wird aber nur bei Vögeln und Säugern effizient verhindert.

7. Eine völlige Reduktion der Kiemen und Umstellung
auf die alleinige Lungenatmung.

Erst die Evolution des sogenannten Amnioteneies mit seinen embryonalen Anhangsorganen, Amnion, Allantois, Chorion und Dottersack, sowie einer stark verhornten und dadurch wasserundurchlässigen Epidermis ermöglichte eine
völlige Loslösung aller Lebensbereiche vom Wasser. Bei
allen Amnioten wird das von einer festen Schale umgebene
Ei ursprünglich vom Weibchen abgelegt und demzufolge
vollzieht sich die Embryonalentwicklung außerhalb des Körpers der Weibchen. Eine solche Konstruktion erfordert zwin-
gend eine innere Befruchtung, die erfolgen muss, bevor das
Ei in der Schale eingeschlossen wird. Deshalb pflanzen sich
alle Amnioten mit direkter Spermaübertragung und innerer
Befruchtung fort. Auch die ursprünglichen Säugetiere legten
Eier und einige wenige eierlegende Vertreter gibt es auch
heute noch, nämlich die Monotremata (Kloakentiere) mit
Schnabeltier und vier rezenten Schnabeligel Arten. Der
wirksame Schutz vor Verdunstung wird durch eine stark ver-
hornte Epidermis erreicht, deren obere Schichten aus ab-
gestorbenen Zellen bestehen, die mehr oder weniger wasser-
undurchlässig sind. Erst durch diese beiden evolutiven
Neuerungen standen den Amniota alle Lebensräume der
Erde offen. Innerhalb der Vögel und der Säugetiere ist es be-

sonders angepassten Arten gelungen, auch in sehr kalten Regionen überleben zu können. Möglich wurde dies durch eine
isolierende Körperbedeckung aus Federn oder Haaren sowie
eine innere Wärmequelle (Endothermie, Homoiothermie).
Schließlich haben einige Arten auch den Weg zurück ins
Meer gefunden, sodass Säugetiere heute in fast allen Lebensräumen natürlicherweise vorkommen. Nur ins Innere der
Antarktis, in die Tiefsee und auf einige kleinere Inseln haben
sie es nicht geschafft.

Vögel und Säugetiere sind innerhalb der Amnioten die einzigen Tiergruppen, die homoiotherm oder besser endotherm
sind, das heißt, ihr Stoffwechsel ermöglicht ihnen eine gleich-
bleibende Körpertemperatur. Dementsprechend haben sie
einen aeroben Stoffwechsel, vor allem in der Muskulatur. Die
Säugetiere besitzen ein isolierendes Haarkleid, das sie vor zu
großem Wärmeverlust schützt. Die Muskulatur liefert auch
den größten Teil der Wärme, die trotzdem zum Ausgleich des
Wärmeverlusts an die Umgebung erforderlich ist. Die kon-
stante und relativ hohe Körpertemperatur ermöglicht diese
und andere hohe Leistungen, hat aber auch Nachteile: Im Vergleich zu gleich großen wechselwarmen Tieren haben Säugetiere und Vögel einen etwa zehnmal höheren Energiebedarf.
Aber Säugetiere können beispielsweise lange und ausdauernd
laufen, während dies den Schuppenkriechtieren (Squamata,
beispielsweise Eidechsen) mit ihrer überwiegend anaeroben
Muskulatur nicht möglich ist. Obwohl man gerne vom Zeit-
alter der Säugetiere spricht, ist ihre Artenzahl nicht so groß,
wie dieser Ausdruck vermuten lässt: Es gibt nur etwa 5400
rezente Arten, das ist ungefähr die Hälfte der Zahl der rezenten Vogelarten. Hierin äußert sich eine stark anthropomorph
geprägte Sichtweise auf die Biologie und Evolution.

Entscheidend für den evolutiven Erfolg der Mammalia
waren vermutlich ihre andere Fortpflanzungsstrategie, die Umgestaltung der Zähne, des Kiefers und des Gaumens sowie
des Bewegungsapparats. Die Veränderungen im Nahrungsauf-
nahmeapparat stehen sicher in Verbindung zur Endothermie,
denn der hohe Energiebedarf erfordert die Aufnahme relativ
großer Nahrungsmengen, gekoppelt mit einem effektiven Verdauungssystem. Schließlich können manche Pflanzenfresser
unter den Säugetieren auch relativ schlecht verdauliche Kost
wie Gräser nutzen und haben hierfür besondere Anpassungen.
Hierzu gehören beispielsweise die Wiederkäuer, die dank ihres
mehrteiligen Magens und mit mikrobieller Hilfe Cellulose als
Nahrung nutzen können. Zu den allen Säugern betreffenden
Neuerungen gehören: ein sekundärer Gaumen, der die inneren
Nasenöffnungen weit nach hinten verlagert, sodass die Tiere
atmen können, während sich Nahrung im Mund befindet; ein
sekundäres Kiefergelenk mit extremem Umbau des Unterkiefers; ein Gebiss aus verschiedenen spezialisierten Zahntypen
(heterodontes Gebiss) und eine umfangreiche Umgestaltung der
Kaumuskulatur (Abb. 12.8A–E). Alles das ermöglicht eine Bewegung des Unterkiefers in drei Achsen (x, y und z) und nicht
nur ein Auf- und Zuklappen des Kiefers, wie es das primäre

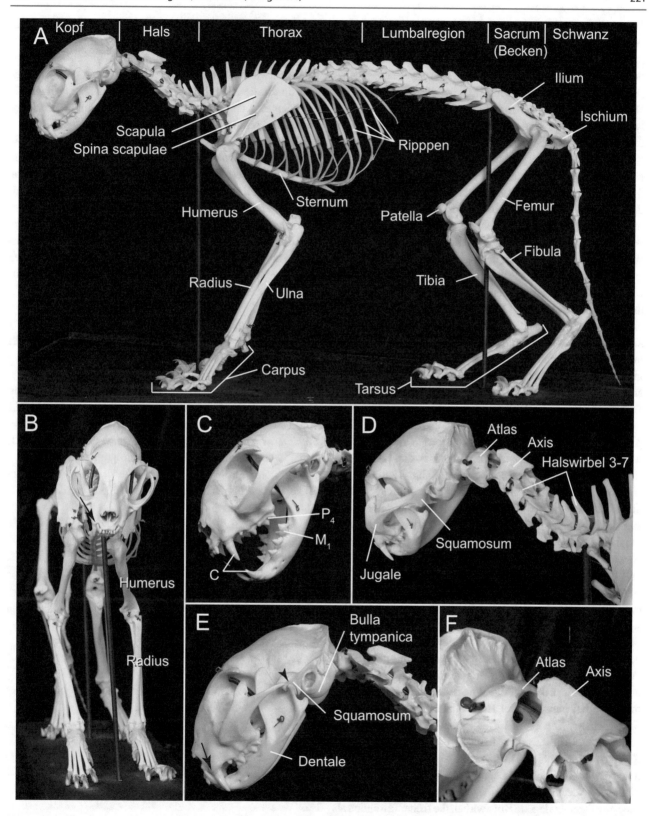

Abb. 12.8 *Felis silvestris* f. *catus*, Hauskatze. Beispiel für das Skelett der Mammalia. (**A**) Seitenansicht; Unterteilung der Wirbelsäule, Stellung und Haltung der Extremitäten. (**B**) Ansicht von vorn, Extremitäten stehen senkrecht und dicht am Körper. Durch die Drehung der Vorderextremität nach vorne überkreuzen sich Radius und Ulna. (**C**) Kopf mit geöffnetem Kiefer in Seitenansicht; charakteristisches Raubtiergebiss mit langen Canini (C) und großen Prämolar 4 (P_4) und Molar 1 (M_1), die die Brechschere bilden. (**D**) Kopf und Halsregion schräg von hinten; Atlas und Axis bilden ein Doppelgelenk und tragen jeweils um 90 Grad versetzte Muskelansatzflächen. Unterkiefer (Dentale) mit langem Fortsatz, der in den Jochbogen (aus Jugale und Squamosum) hineinreicht. (**E**) Heterodontes Gebiss mit langen Canini, die bei Kieferschluss aneinander entlanggleiten (Pfeil). Sekundäres Kiefergelenk (Pfeilkopf). (**F**) Atlas-Axis-Komplex. Das Skelett wurde freundlicherweise von der Abteilung Verhaltensbiologie an der Universität Osnabrück zur Verfügung gestellt

Gelenk gestattet, sodass die Nahrung im Mund zerkleinert werden kann. Die Zähne lassen sich vier Typen zuordnen und sind mit einer oder mehreren Wurzeln fest im Kiefer verankert: Schneidezähne (Incisivi), Eckzähne (Canini), Vorbackenzähne (Praemolaren) und Backenzähne (Molaren) (Abb. 12.8A, C, E). Das sogenannte Milchgebiss wird nur aus den ersten drei Zahntypen gebildet und wird während der Jugendphase durch die definitiven Zähne ersetzt. Dieser nur einmalige Zahnwechsel wird als diphyodont bezeichnet und ist eine Besonderheit der Mammalia. Die ursprüngliche Zahnformel beträgt wohl 3, 1, 4, 3 in jedem Quadranten, insgesamt also 44 Zähne. Die Zähne und deren jeweilige Anzahl sind so spezifisch, dass vor allem bei den Backenzähnen oft ein Zahn ausreicht, um die Teilgruppe oder manchmal sogar die Art erkennen zu können. Im Zusammenhang mit dieser Veränderung steht wohl die Verlagerung von zwei Unterkieferknochen als Gehörknöchelchen in das Mittelohr: Zusammen mit dem Hyomandibulare bilden Quadratum und Articulare die Gehörknöchelchen und werden nun als Steigbügel, Amboss und Hammer bezeichnet. Der Unterkiefer wird nur noch von einem einzigen Knochen, dem Dentale, gebildet und ragt mit einem langen Fortsatz weit nach oben in den Jochbogen (Abb. 12.8B–E). Dieser Fortsatz dient unter anderem zur Aufnahme der gegenüber den Sauropsiden stark veränderten Kaumuskulatur.

Säugetiere zeigen eine stärkere Regionalisierung des Körpers. Der Hals wird konstant nur von sieben Wirbeln gebildet, wobei die ersten beiden (Atlas und Axis) die Nick-Dreh-Bewegungen des Kopfes ermöglichen (Abb. 12.8D–F). Es sind also zwei Gelenke ausgebildet: eines zwischen Schädel und erstem Halswirbel und eines zwischen erstem und zweitem Halswirbel (Sauropsiden haben diese Bewegungsmöglichkeiten in nur einem Gelenk zwischen Schädel und erstem Halswirbel vereinigt). Der Rumpf ist in Brust-, Bauch- und Beckenregion aufgeteilt (Abb. 12.8A), die ersten beiden werden durch das Zwerchfell voneinander getrennt. Rippen treten nur in der Brustregion auf. Die Extremitäten werden seitlich unter den Körper gedreht, sodass sie dichter am Schwerpunkt stehen und nach vorn und hinten pendeln können (Abb. 12.8A, B). Gleichzeitig wird die Rumpfmuskulatur von der Erzeugung einer vorwärts gerichteten Schubkomponente entlastet; das heißt, die Wirbelsäule bewegt sich nicht mehr wie bei Echsen in der Horizontalebene, sondern in der Sagittalebene. Diese Anpassungen sind essenziell für das schnelle und ausdauernde Laufen. Übrigens besitzen die Rundschwanzseekühe (Trichechidae, Manatis) und das Hoffmann-Zweifingerfaultier (*Choloepus hoffmanni*) als einzige Säuger nur sechs Halswirbel. Dreifingerfaultiere (*Bradypus spec.*) besitzen verlagerte Brustwirbel, die früher fälschlich als zusätzliche Halswirbel interpretiert wurden. Bei Vögeln variiert die Zahl der Halswirbel zwischen zehn und 31.

Die Haut der Säugetiere ist relativ drüsenreich; besonders wichtige Drüsen sind die nur im weiblichen Geschlecht ausgebildeten Milchdrüsen, deren Sekret zur Ernährung der Jungtiere dient. Anders als bei ursprünglichen Sauropsiden,

aus deren großen Eiern sehr weit entwickelte und oft zur selbstständigen Nahrungsaufnahme befähigte Jungtiere schlüpfen, sind die Schlüpflinge der Mammalia klein und wenig entwickelt, sie müssen über mehr oder weniger lange Zeit durch die Muttermilch ernährt werden. Erst innerhalb der Säuger sind vor allem bei Steppen- und Offenlandbewohnern sekundär auch Nestflüchter entstanden.

Herz- und Kreislaufsystem sind ebenfalls verändert; die Säugetiere erreichten diese Veränderungen unabhängig von den Vögeln. Verbunden mit einer völligen Trennung von Lungen- und Körperkreislauf besteht das Herz aus vier Kammern. Die rechte Vorkammer erhält das Blut aus dem Körper und pumpt es über die rechte Hauptkammer in die Lunge. Von dort fließt das sauerstofffreie Blut über die linke Vor- und Hauptkammer in den Körper. Darüber hinaus haben Säuger Erythrocyten ohne Zellkerne, so wird in den Blutzellen mehr Platz für Hämoglobin geschaffen.

Präparation und Beobachtungen

Als Beispiel für ein Säugetier soll hier aus der Gruppe der Nagetiere (Rodentia) die Laborratte vorgestellt werden. Nagetiere stellen mit etwa 2300 Arten die größte und die am weitesten verbreitete Gruppe innerhalb der rezenten Säugetiere dar. Die Mehrzahl der Arten erreicht Kopf-Rumpf-Längen (KRL) von etwa 5–25 cm, die sogenannte Maus- bis Rattengröße. *Hydrochoerus hydrochaeris* (Wasserschwein) ist mit einer KRL von 130 cm und 60 kg das bei Weitem größte Nagetier, dicht gefolgt vom Europäischen Biber (*Castor fiber*), der bis zu 30 kg, in Ausnahmefällen bis zu 45 kg schwer werden kann.

Empfohlenes Material

Aus der Gruppe der Mammalia wird hier für einen Grundkurs Zoologie die Laborratte (*Rattus norvegicus*) vorgeschlagen. Je nach Verfügbarkeit könnten auch andere gezüchtete Arten wie Meerschweinchen verwendet werden. Kleinere Arten wie Labormäuse sind aufgrund ihrer geringeren Körpergröße für einen derartigen Kurs nicht so gut geeignet. Die Tiere können am besten aus einer Zucht bereits getötet und eingefroren bezogen werden. Andernfalls wird eine Tötung kurz vor der Präparation in größeren Gefäßen durch Einleiten von CO_2 oder Ether empfohlen. Die Präparation sollte in großen Wachsbecken erfolgen.

Für die Untersuchung eines Skeletts eignet sich im Prinzip jede mittelgroße Art; hier sollte man nach Verfügbarkeit vorgehen.

Die Labor- oder Farbratte ist die Zuchtform der Wanderratte (*Rattus norvegicus*) und wird etwa seit Beginn des 20. Jahrhunderts gezüchtet. Sie stellt somit eines der jüngsten Haustiere des Menschen dar. Im Vergleich zur Wildform

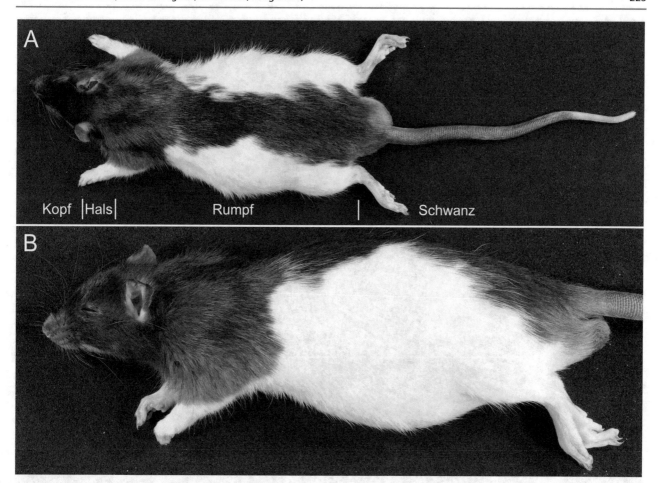

Abb. 12.9 *Rattus norvegicus*, Laborratte. Habitus und äußere Morphologie eines männlichen Tieres. Mit Ausnahme des Schwanzes trägt das Tier ein dichtes und vollständiges Haarkleid, das bei dieser Farbvariante weiß und schwarz ausgefärbt ist. Als Bewohner von Höhlen und Gängen sind die Extremitäten einer Ratte verhältnismäßig kurz. (**A**) Ganzes Tier in Dorsalansicht; typische Körpergliederung der Tetrapoden in Kopf, Hals, Rumpf und Schwanz. Unterteilung des Rumpfes in Thorax und Abdomen undeutlich. (**B**) Lateralansicht

sind Laborratten meist etwas kleiner und neben rein weißen Tieren gibt es verschieden gescheckte Formen, wobei neben Weiß meist Braun, Grau oder Schwarz vorkommen (Abb. 12.9). Ratten werden oft als Versuchstiere, als Futtertiere für andere Säuger oder Echsen, aber auch – wie beispielsweise Goldhamster – als echte Haustiere gehalten. Bei diesen Ratten sind auch besondere Farbvarianten gezüchtet worden. Das Fell der Wildform hat eine graubraune bis braunschwarze, leicht melierte Färbung. Von Asien ausgehend haben Wanderratten nach der sehr ähnlichen Hausratte (*Rattus rattus*) mit Ausnahme der Antarktis als sogenannte Kulturfolger mit dem Menschen alle Kontinente besiedelt und führen mancherorts außerhalb ihres Verbreitungsgebiets zu entsprechenden massiven Problemen in den dortigen Ökosystemen. Obschon Nagetiere, sind Wanderratten Allesfresser und so sind besonders große Probleme für die einheimische Fauna in Australien und Neuseeland entstanden. Die Ausbreitung der Wanderratte geschah überwiegend passiv als „blinde Passagiere" auf Schiffen; inzwischen hat sie weltweit die Hausratte weitgehend ersetzt und verdrängt. Ratten sind ausgesprochen soziale Tiere, die

in Gruppen von bis zu 60 Individuen leben; die einzelnen Gruppenmitglieder erkennen sich vor allem am Geruch. Hausratten und Wanderratten waren vornehmlich an der Ausbreitung verheerender Pestepidemien beteiligt, da die krankheitsauslösenden Bakterien (*Yersinia pestis*) durch verschiedene Floharten von der Ratte auf den Menschen übertragen werden.

Äußere Morphologie

Ratten sind relativ kleinwüchsige und kurzbeinige, quadrupede Tiere, die auch Erdbauten oder andere vorgegebene Hohlraumsysteme nutzen, was den typischen Habitus erklärt (Abb. 12.9A, B). Die Tiere können ausgesprochen gut klettern und sich durch recht enge Räume und Spalten bewegen. Am Körper lassen sich Kopf, Hals, Rumpf und Schwanzregion gut unterscheiden, während die weitere Unterteilung des Rumpfes in Brust- und Bauchregion äußerlich eher undeutlich ist. Der gesamte Körper ist von Haaren bedeckt. Man unterscheidet die längeren, feineren Grannen- oder Konturhaare von den kürzeren, feineren Wollhaaren, die man bei einer genaueren Untersuchung feststellen kann. Daneben besitzt die Ratte auch

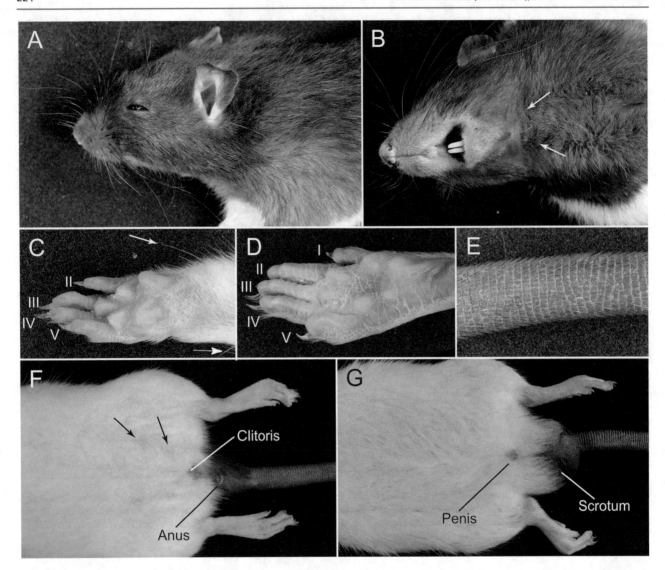

Abb. 12.10 *Rattus norvegicus*, Laborratte. Habitus und äußere Morphologie. (**A**) Kopf in Seitenansicht, wichtige Sinnesorgane: Nasenöffnung, Vibrissen (Tasthaare), Augen und Ohren mit beweglichen Ohrmuscheln. Die Vibrissen sind von unterschiedlicher Länge und sind im Nasenbereich (Oberlippe) besonders häufig (jeweils 50 bis 60). (**B**) Mund mit Nagezähnen im Ober- und Unterkiefer, zwischen den beiden Zähnen jeweils eine deutliche Lücke; auf dem Unterkiefer ebenfalls eine kleine Gruppe von Vibrissen erkennbar (Pfeile). Nasenspiegel reduziert, geht über mediane Rinne (Philtrum) in den Mundraum über; behaarte Haut der Oberlippe reicht bis in den Mund hinein. (**C**) Hand (Vorderpfote) von unten, Trittfläche unbehaart mit Tastballen; römische Zahlen bezeichnen die entsprechenden Fingerstrahlen, der erste (Daumen) fehlt, funktionell durch Präpollex (II) ersetzt; weiter oben befinden sich auf der Hand wiederum einige Tasthaare (Pfeile). (**D**) Fuß mit fünf Zehenstrahlen (I–V). (**E**) Ausschnittsvergrößerung des Schwanzes mit ringförmig angeordneten Schuppen und dazwischen stehenden, kurzen Haaren. (**F**) Weibchen, Genitalregion von ventral; nur die beiden hintersten Zitzenpaare sind sichtbar (Pfeile). (**G**) Männchen, Genitalregion

Tasthaare (Vibrissen), die ein wichtiges mechanisches Sinnessystem bilden und vor allem im Nahbereich außerordentlich wichtig sind (Abb. 12.10A–C). Die weitaus meisten Vibrissen befinden sich in der Oberlippenregion und sind dort in einem spezifischen Muster angeordnet (Abb. 12.10A) aber auch auf den Vorderextremitäten sind diese zu finden (Abb. 12.10C). Nur die Laufflächen der Pfoten sind haarlos (Abb. 12.10C, D). Auch der Schwanz trägt neben den charakteristischen Schuppen kurze Haare (Abb. 12.10E). Die Vibrissen kommen bei allen Plazentatieren (Placentalia, Eutheria) und bei den Beuteltieren (Marsupialia) vor.

Am Kopf fallen neben den Vibrissen die Sinnesorgane Nase, Augen und Ohren auf (Abb. 12.9A, B, 12.10A, B). Die großen, beweglichen trichterförmigen Ohrmuscheln mit ihren mehr oder weniger zahlreichen inneren Falten erlauben ein sehr genaues räumliches Hören. Beispielsweise können Füchse und Kojoten die Bewegungen einer Maus durch eine dicke Schneedecke hindurch sehr genau orten und so diese Tiere erfolgreich erbeuten. Dieses räumliche Hören ist uns Menschen weitgehend verloren gegangen. Ähnliches gilt übrigens für den Geruchssinn, der bei Ratten wie bei den meisten Säugern für die Orientierung und innerartliche Kommunikation essenziell ist und bei Menschen nur noch rudimentär vorhanden ist. Betrachtet man den Kopf von vorn oder unten, werden auch die meist gelblich gefärbten Schneidezähne sichtbar (Abb. 12.10B, 12.11A). Es ist pro Quadrant nur ein Schneidezahn vorhanden (Zahnformel für alle Quadranten: 1, 0, 0, 3). Hinter den Schneidezähnen befindet sich eine deutliche Zahnlücke; diese Diastema genannte Struktur ist für viele Pflanzenfresser charakteristisch und innerhalb der Säuger mehrmals evolviert. Benutzen Nagetiere ihre Schneidezähne, schieben sie den Unterkiefer nach vorne. Hinter den Schneidezähnen schlägt sich die behaarte Oberlippe nach innen ein (typisch für Nagetiere). Die Schneidezähne zeichnen sich im Übrigen durch zwei Besonderheiten aus: (1) Sie besitzen eine offene Wurzel und wachsen deshalb dauerhaft weiter, sodass die Abnutzung ausgeglichen wird. (2) Nur auf der Vorderseite befindet sich Zahnschmelz (die härteste Substanz der Wirbeltiere), während die Rückseite aus dem weicheren Zahnbein besteht. So nutzen sich die Schneidezähne hinten stärker ab als vorne und bleiben deshalb dauerhaft scharf. Werden Nager (Ratten, Meerschweinchen) als Haustiere gehalten, muss man ihnen genügend harte Materialien zur Verfügung stellen, wenn man Besuche beim Tierarzt zur Kürzung der Schneidezähne vermeiden will.

Das Fehlen der Eckzähne, die vor allem den Raubtieren und Allesfressern zum Festhalten der Beute und beim Kraftschluss der Kiefer das passgenaue Zusammenspiel der Ober- und Unterkieferzähne gewährleisten, ist wohl vor allem auf die für Nahrungszerkleinerung erforderlichen Mahlbewegungen zurückzuführen. Dementsprechend sind auf den Backenzähnen die Schmelzhöcker zu leistenartigen Strukturen verbunden (sogenannte lophodonte Zähne), wovon man sich durch vorsichtiges Öffnen des Mundes überzeugen kann. Bei vielen Muridoidea (Mäuseartige), zu denen auch die Ratte gehört, haben die Backenzähne ebenfalls offene Wurzeln und dementsprechend Dauerwachstum, sodass sich Abnutzung und Wachstum gegenseitig ausgleichen. Durch ein kompliziertes Muster von Schmelzkanten und Zahnbein sind die Backenzähne mit zahlreichen sich selbst schärfenden Scherkanten ausgestattet.

Die Vorderextremität trägt nur vier Zehen (Abb. 12.10C); hier ist der erste Strahl verloren gegangen. Die Hinterextremität besitzt dagegen fünf Zehen (Abb. 12.10D), die für alle Tetrapoden ursprüngliche Anzahl. Alle Zehen enden in einer Hornkralle. Die Auftrittsflächen (Ballen) sind stärker verhornt, dadurch verdickt und so mechanisch geschützt.

Sektion der Ratte
Erster Präparationsschritt

a) Um zunächst das Fell zu entfernen, hebt man es auf der Bauchseite in der Körpermitte leicht an und durchsticht mit einer spitzen Schere die Haut, ohne die darunterliegende Muskulatur zu beschädigen. Der erste Schnitt (1) wird dann bis zur Schnauzenspitze geführt (Abb. 12.11A).

b) Der zweite Schnitt (2) verläuft von der Einstichstelle nach hinten. Dabei den Schnitt seitlich am Penis bzw. der Klitoris vorbeiführen (Abb. 12.11A). Nun kann man vorsichtig das Fell von der darunterliegenden Muskulatur lösen (z. B. mit der stumpfen Seite des Skalpells). Zur Unterstützung wird dann je ein Schnitt entlang der Extremitäten geführt (Schnitte 3 und 4). Danach lässt sich die Haut vom übrigen Körper trennen und kann auf dem Boden der Präparierschale festgesteckt werden (Abb. 12.11B). Die Muskulatur der Ventralseite ist nun vollständig sichtbar. Diese wird im Thorax- und Halsbereich vorsichtig abpräpariert, sodass die Rippen und Speicheldrüsen sichtbar werden (Abb. 12.11C). Hierbei vorsichtig vorgehen, um die Speicheldrüsen und Lymphknoten im Unterkiefer- und Halsbereich nicht zu verletzen.

c) Dann wird die Bauchdecke gemäß Schnitt 1 entlang der ventralen Mittellinie (Linea alba) geöffnet; den Schnitt

entlang der sehnigen Linea alba führen und bis zur Schambeinfuge fortsetzen.

d) Nach vorne zunächst nur bis zur Brustbeinspitze schneiden. Dann entlang des Rippenbogens die Bauchdecke aufschneiden (Schnitt 2a auch auf der anderen Seite ausführen); dabei das Zwerchfell nicht beschädigen. Nun lässt sich die Bauchdecke nach beiden Seiten aufklappen und die inneren Organe des Abdomens werden sichtbar (Abb. 12.12A, B).

e) Danach kann der Brustkorb mit einer kräftigen Schere geöffnet werden: Je ein seitlicher Schnitt wird seitlich von hinten nach vorn geführt (Schnitt 3a auf beiden Körperseiten ausführen), bis man die Schlüsselbeine erreicht. Dann die beiden Schnitte hinten dicht am Rippenbogen verbinden und dabei das Zwerchfell durchtrennen. Anschließend kann der ventrale Bereich hochgeklappt und vorne vollständig abgetrennt werden. Schließlich die Schlüsselbeine durchtrennen und die Organe des Halses gemäß Schnitt 4 vorsichtig freilegen. Das Ergebnis zeigt Abb. 12.14C. Man kann diese beiden Präparationsschritte wie beschrieben zeitlich trennen oder auch unmittelbar nacheinander ausführen; andere bevorzugen, zunächst die Organe des Thorax zu untersuchen, da dann der beim Öffnen der Bauchhöhle bemerkbare Geruch nicht so stark und lange in Erscheinung tritt.

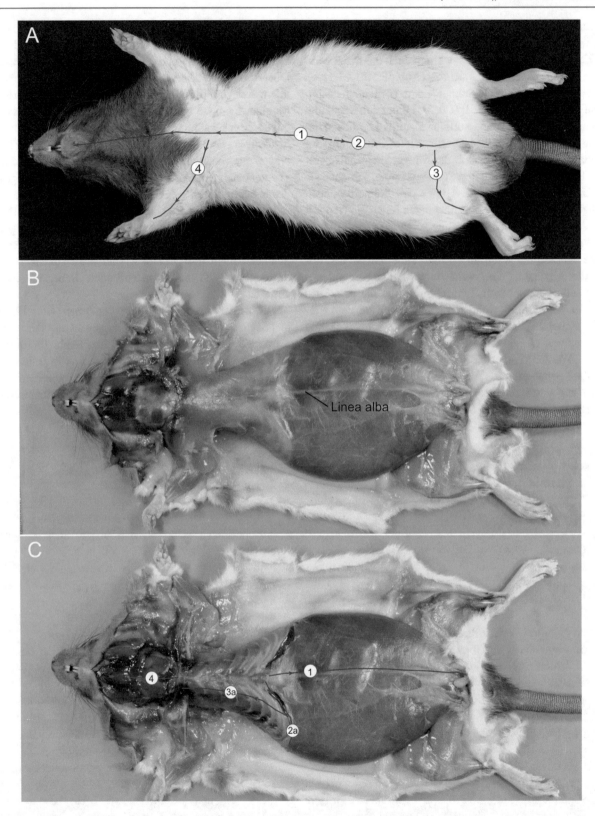

Abb. 12.11 *Rattus norvegicus*. Präparationsschritte. (**A**) Ventralansicht und Position des Tieres vor der Präparation (Männchen). Die zuerst durchzuführenden Schnitte, ihre Lage, Richtung und Reihenfolge sind durch Linien, Pfeile und Zahlen markiert. Die Schnitte 3 und 4 sind entsprechend auf der linken Körperseite ebenfalls durchzuführen. (**B**) Weibchen nach Entfernen des Felles entsprechend der Präparation in A. (**C**) Dasselbe Exemplar nach Entfernen der Muskulatur auf Brust, Vorderextremtäten und Hals. Die inneren Organe können nun freigelegt werden. Dabei zunächst das Abdomen entlang der sehnigen Linea alba öffnen (Schnitt 1); durch den Schnitt 2a (analog auf der anderen Körperseite ebenfalls ausführen) entlang der letzten Rippe kann dann die Bauchdecke geöffnet werden und die Organe des Abdomens liegen frei. Zur Öffnung des Thorax werden die Rippen entsprechend Schnitt 3a auf beiden Seiten durchtrennt, sodass das Brustbein mit einem Teil der Rippen abgehoben werden kann. Schnitt 4 erst durchführen, nachdem man die Speicheldrüsen untersucht hat. Dieser legt die Trachea mit Anhängen frei

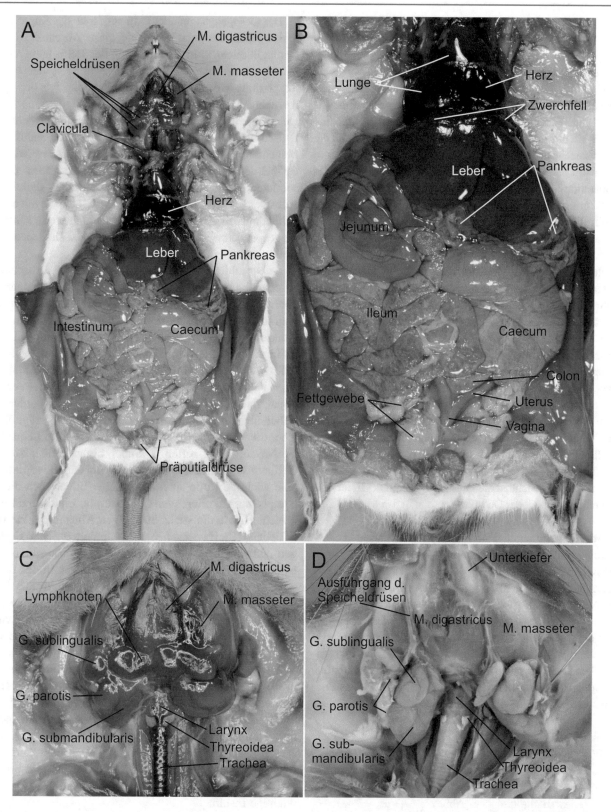

Abb. 12.12 *Rattus norvegicus*. Präparation der inneren Organe, Weibchen. (**A**) Situs der Organe nach Eröffnung der Bauchhöhle und des Thorax. (**B**) Vergrößerung des Abdomens; der in zahlreichen Schlingen gewundene Darm wird durch die Mesenterien in seiner Position gehalten. (**C**) Kaumuskeln und Speicheldrüsen. (**D**) Speicheldrüsen, Larynx, Trachea nach Entfernen der Halsmuskulatur

Verdauungssystem

Der Darmkanal der Säugetiere besteht aus Mundhöhle, Oesophagus, Magen, Dünndarm, Dickdarm und Enddarm, an denen sich teilweise Unterabschnitte unterscheiden lassen (Abb. 12.12, 12.13). In den Mundraum münden die Speicheldrüsen und in den vorderen Bereich des Dünndarms, als Zwölffingerdarm oder Duodenum bezeichnet, münden die beiden wichtigsten Drüsen des Darmkanals, die Leber und die Bauchspeicheldrüse. Am Übergang vom Dünndarm zum Dickdarm befindet sich der sackförmige Blinddarm. Bei der Präparation des Vorderkörpers fallen die mächtigen Kaumuskeln auf, die am Unterkiefer inserieren: medial liegt der Kieferöffner, Musculus digastricus (Abb. 12.12A, C), außen der Musculus masseter, Wangenmuskel, einer der drei Adduktoren des Unterkiefers. Der M. masseter ist eine evolutive Neuheit der Mammalia und ist unter anderem auch für das Saugen essenziell. Hinter den Kaumuskeln liegen neben den mehr median zu findenden Lymphknoten die drei Paar Speicheldrüsen, die Unterzungendrüse, Glandula sublingualis, die Ohrspeicheldrüse, Glandula parotis, und die Unterkieferdrüse, Glandula submandibularis (Abb. 12.12C, D). Nach Entfernen der Muskulatur kann man auch die Ausführgänge der Speicheldrüsen erkennen (Abb. 12.12D). Durch das muköse Sekret der Speicheldrüsen wird die Nahrung angefeuchtet und gleitfähig gemacht; gleichzeitig enthält das Sekret auch bereits Verdauungsenzyme. Die Speiseröhre überkreuzt sich im Kehlkopf (Larynx) mit der Luftröhre (Trachea) und verläuft von dort dorsal, sodass sie bei der Präparation von der Bauchseite zunächst unsichtbar bleibt (Abb. 12.12C, D). Hinter dem Zwerchfell mündet der Oeosphagus dann in den Magen.

An der geöffneten Bauchhöhle fallen zunächst die unmittelbar hinter dem Zwerchfell liegende Leber und der in zahlreiche Schlingen gelegte Darmkanal auf, der durch das Mesenterium in seiner Position gehalten wird (Abb. 12.12A, B). Neben dem Darmkanal wird auch die Bauchspeicheldrüse, das Pankreas, sichtbar, die sich hinter der Leber quer über die Bauchseite erstreckt. Der übrige sichtbare Teil wird vor allem vom Dünndarm eingenommen; je nach Präparation können aber auch der Magen, Teile des Dickdarms, Colon, oder der bei Ratten recht große Blinddarm, das Caecum, erkennbar sein (Abb. 12.12B).

Zweiter Präparationsschritt

a) Zur weiteren Präparation wird nun vorsichtig der Dünndarm herausgelegt, zunächst ohne die Mesenterien zu durchtrennen (Abb. 12.13A)

b) Später wird der Darm insgesamt aus der Leibeshöhle herausgelegt (Abb. 12.13B). Unterhalb des Magens wird dann auch die Milz sichtbar, die mit dem Darm schließlich ebenfalls entfernt werden kann (Abb. 12.13B, D, E).

Der Oesophagus mündet etwa auf Höhe der Körpermitte in den bohnenförmigen Magen ein, dieser Abschnitt wird als Cardia bezeichnet. Links (aus Sicht des Betrachters rechts) befindet sich dann der sackförmige Fundus, der in der Körpermitte in den Corpus und links schließlich in den Pylorus übergeht (Abb. 12.13A–D). Die Cardia ist eine Übergangsregion und enthält vor allem schleimproduzierenden Drüsen, während die Drüsen von Corpus und Fundus auch Magensäure und proteolytische Enzyme produzieren. Das Epithel des Magens enthält keine Zellen, die Nährstoffe resorbieren, vielmehr schützen die Magenzellen diesen vor Selbstverdauung. Der Magenausgang (Pylorus) ist mit einem Schließmuskel versehen. Je nach Ernährungsweise kann der Magen anderer Säugetiere weitere Spezialisierungen aufweisen.

Am anschließenden Dünndarm werden drei Abschnitte unterschieden, die ohne deutliche Grenzen ineinander übergehen (Abb. 12.12A, B, 12.13A–D). Der Dünndarm beginnt mit dem Duodenum, Zwölffingerdarm, in den Pankreas und Leber münden. Die große braunrote Leber ist in mehrere Lappen gegliedert, während das Pankreas hellrot und verzweigt ist. Wie bei den anderen Craniota ist auch bei Säugern die Leber das zentrale Stoffwechselorgan. Die vom Darm resorbierten Nährstoffe werden der Leber über die Vena portae (Leberpfortader) zugeführt. Über die Vena hepatica wiederum versorgt die Leber den Körper mit Nährstoffen. Darüber hinaus bildet sie die Gallenflüssigkeit, die als Emulgator bei der Fettverdauung eine wichtige Rolle spielt. Die Leber bildet auch die im Blutplasma zirkulierenden Cholesterine, Lipide und Lipoproteine sowie die stickstoffhaltigen Abbauprodukte verschiedener Stoffwechselwege. Sie speichert Eisen, Glykogen und verschiedene Vitamine. Der Glucose-, Fett- und Eiweißstoffwechsel finden im Wesentlichen in der Leber statt. Schließlich spielt sie auch bei der Entgiftung (Umwandlung zu ungiftigen Stoffen) von körpereigenen und körperfremden Stoffen eine große Rolle. Anders als viele andere Säuger besitzt die Ratte keine Gallenblase zur Speicherung der Gallenflüssigkeit, diese wird kontinuierlich in das Darmlumen abgegeben. Das Pankreas als zweite Verdauungsdrüse ist wie die Leber eine epitheliale Drüse, die sich embryonal vom Mitteldarmepithel ableitet. Etwa 98 % des Pankreas sind acinöse Drüsen, die in den Dünndarm ein Enzymsekret zur Verdauung von Kohlenhydraten, Fetten und Proteinen abgeben. Die restlichen 2 % sind die Langerhansschen Inseln. Sie produzieren Hormone wie das für den Zuckerstoffwechsel wichtige Insulin.

Das Duodenum bildet eine nach hinten gerichtete Schleife und geht dann in den verdauenden und resorbierenden Abschnitt über (Abb. 12.13C). Die Mesenterien gewährleisten eine Verschiebbarkeit des Darmes und verbinden ihn über Blut- und Lymphgefäße sowie Nerven mit dem übrigen Körper (Abb. 12.13A). Je nach Ernährungszustand ist mehr oder

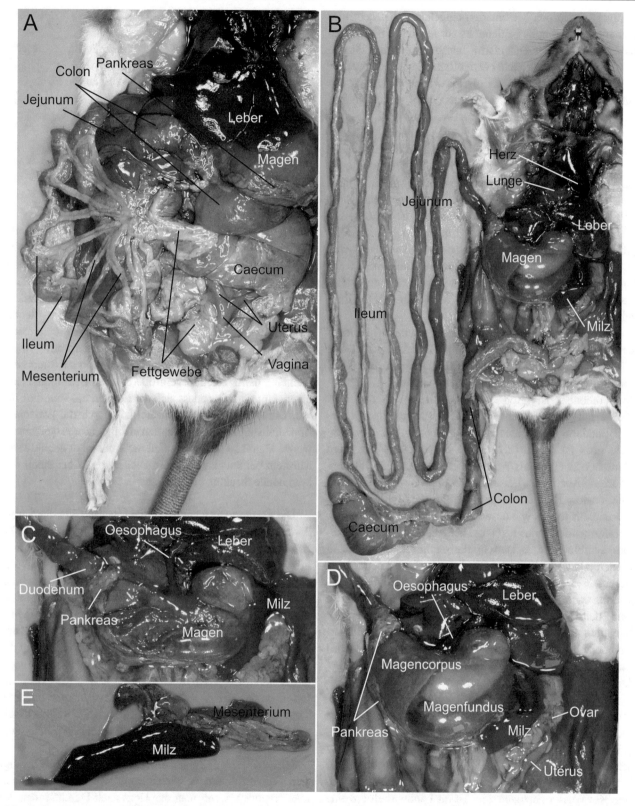

Abb. 12.13 *Rattus norvegicus*. Darmkanal und Abdominalorgane, Weibchen. (**A**) Darmkanal bei Beginn der Entfaltung; im Ileum ist das Mesenterium mit Blutgefäßen und Fettgewebe gut erkennbar. (**B**) Darmkanal nach Durchtrennen der Mesenterien, man beachte die mehrfache Körperlänge des Dünndarms. (**C**) Mündung des Oesophagus in den Magen. (**D**) Magenregion, Duodenum und Anhangsorgane. (**E**) Herauspräparierte Milz und Mesenterium

weniger Fett in den Mesenterien eingelagert; bei dem hier präparierten Exemplar begleitet es vor allem die Blutgefäße (Abb. 12.13A). Der Dünndarm, Intestinum, ist der längste Darmabschnitt und erreicht bei der Ratte ein Mehrfaches der Körperlänge (Abb. 12.13B). Der vordere Abschnitt des Dünndarms, das Jejunum, ist etwas stärker rötlich gefärbt und geht dann in das Ileum über (Abb. 12.12A, 12.13A, B). Auch hier gibt es keine scharfe äußerlich erkennbare Grenze; eine derartige Unterteilung ist im Übrigen nur bei Säugern gerechtfertigt. Entwicklungsbiologisch ist diese Grenze durch den Übergang des embryonalen Darmes in den Dottersack bestimmt; dies sagt aber nichts über die morphologische Differenzierung aus. Der lange Dünndarm ist für eine Erschließung der Nahrung essenziell und führt zu einer Vergrößerung der verdauenden und resorbierenden Oberfläche; in der hier nicht behandelten feineren Anatomie und Histologie würde man erkennen, dass dies durch Zottenbildung des Epithels und den dichten Mikrovillisaum der Epithelzellen noch verstärkt wird.

Am Übergang vom Dünndarm zum Dickdarm befindet sich der Blinddarm (Caecum; Abb. 12.12A, B, 12.13A). Wie bei allen Säugetieren liegt der Blinddarm bei der Ratte ventral, weshalb er bereits im frühen Stadium der Präparation erkennbar ist (Abb. 12.12B, 12.13A). Je nach Ernährungsphysiologie der verschiedenen Säugerarten ist dieser Blinddarm unterschiedlich groß. Während er bei Nagern recht groß ist (Abb. 12.13A), ist er beispielsweise beim Menschen zu einem als Wurmfortsatz bezeichneten Anhang reduziert. Aber auch bei diesen ist dieser Abschnitt nicht funktionslos; Blinddärme beherbergen stets lymphatisches Gewebe. Nagetiere wie unsere Ratte sind sogenannte Enddarmfermentierer, das heißt, sie beherbergen in ihrem Caecum symbiotische Bakterien, die Cellulose aufschließen können. Da diese Fermentationskammer hinter dem resorbierenden Darmabschnitt liegt, ist eine besondere Anpassung erforderlich, damit die Tiere an die in der Cellulose (und den Bakterien) enthaltenen Nährstoffe gelangen. Nagetiere (wie auch Hasenartige) produzieren zwei verschiedene Kotformen. Neben dem eigentlichen Kot wird auch Blinddarmkot gebildet, über den After ausgeschieden, dann durch den Mund erneut aufgenommen und so ein weiteres Mal der Darmpassage unterworfen. Neben dieser Caecotrophie – eine gewisse Form des Wiederkäuens – gibt es auch Beispiele bei anderen Säugern, bei denen es zum retrograden Transport im Darm kommt. Vom Blinddarm steigt der Dickdarm (Colon) nach oben auf und führt in einer U-förmigen Schlinge zum Enddarm. Hier im Rektum wird dem Kot Wasser entzogen; dies ist für Landwirbeltiere eine außerordentlich wichtige Funktion, gilt es doch, alle Lebensäußerungen mit so wenig Wasserabgabe wie möglich zu gestalten.

Dritter Präparationsschritt

Nach der Beobachtung des Darmkanals kann dieser vollständig entfernt werden, indem man den Oesophagus kurz vor dem Magen und den Enddarm kurz vor dem After durchschneidet. Neben dem Darm werden auch die Milz und das Pankreas entnommen. Je nach Vorliebe kann man anschließend entweder mit den Harn- und Geschlechtsorganen oder den Organen des Thorax fortfahren.

Lungen und Kreislauforgane

Die Leibeshöhle (Coelom) der Säugetiere ist durch das Zwerchfell in Thorax- und Bauchraum getrennt (Abb. 12.14A, B). Die beiden Pleuralräume beherbergen jeweils einen Lungenflügel und bilden eine gleitende Verschiebeschicht für die Lungen während der Atmung. Das Perikard (Herzbeutel) liegt zwischen rechtem und linkem Pleuralraum. Dem Zwerchfell kommt bei der Atmung eine essenzielle Rolle zu. In Ruhe kuppelförmig nach vorn gewölbt (Abb. 12.14A, B), führt eine Kontraktion zu einer Abflachung, damit zu einer Vergrößerung des Brustraumes und einem Unterdruck, sodass sich die Lungen mit Atemluft füllen. Unterstützt wird das Zwerchfell durch die Zwischenrippenmuskulatur. Das Ausatmen erfolgt in Ruhe weitgehend passiv. Damit ist das Zwerchfell nicht nur einer der aktivsten Muskeln bei Säugern, sondern auch eine nur bei ihnen vorkommende Struktur.

Die Atemorgane beginnen mit der Nase. Über die Nasenhöhle und den Rachen gelangt die Atemluft bis zum Kehlkopf (Larynx), eine komplexe Struktur, die Luft nach ventral in die Luftröhre (Trachea) leitet und verhindert, dass der Nahrungsbrei in die Trachea gelangt. Hierzu wird beim Schlucken die Trachea durch den Kehldeckel (Epiglottis) verschlossen. Daran schließt sich die röhrenförmige Trachea selbst an, deren Lumen durch Knorpelringe in ihrer Wand stabil gehalten wird (Abb. 12.12C, D, 12.14C, D, G). Auf der Trachea befindet sich eine der wichtigsten Hormondrüsen, die Schilddrüse, Thyreoidea (Abb. 12.14C). Sie speichert Iod und produziert iodhaltige Hormone, unter anderem Thyroxin und Calcitonin, die bei zahlreichen Stoffwechselprozessen und bei der Regulation von Knochenab- und -aufbau wichtig sind.

Unterhalb des Herzens, etwa in dessen Mitte, verzweigt sich die Luftröhre in die beiden Hauptbronchien. Diese kann man erkennen, wenn man das Herz nach Durchtrennen der Ligamente, mit denen es mit dem Zwerchfell verbunden ist, nach oben umklappt oder Herz und Lungen aus dem Thorax entnimmt und von der Rückenseite betrachtet (Abb. 12.14G).

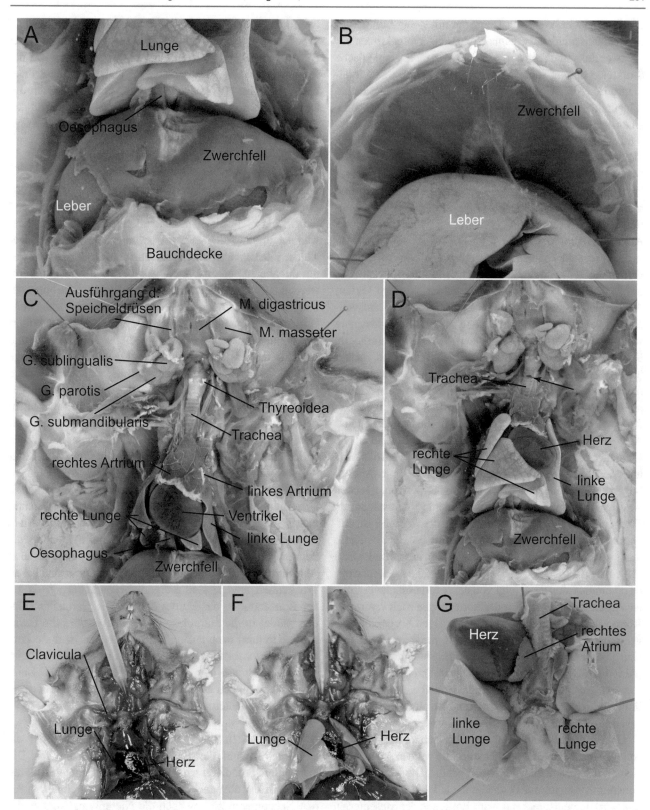

Abb. 12.14 *Rattus norvegicus.* Atem- und Kreislauforgane. (**A, C, D, G**) Männchen, (**B, E, F**) Weibchen. (**A**) Zwerchfell von anterior, Bauch-
decke geschlossen, Lunge teilweise entfaltet. (**B**) Zwerchfell von posterior, Thorax noch geschlossen. (**C**) Lage von Speicheldrüsen, Larynx,
Trachea, Lungen und Herz. (**D**) Vergrößerung von C, Pfeil weist auf Schnitt zur Öffnung der Trachea. (**E**) Einführen der Pasteurpipette in die
Trachea. (**F**) Entfaltete Lungen nach Luftzufuhr durch Pipette. (**G**) Herz und Lungen separiert, Ansicht von dorsal

Die Lunge ist bei den toten Tieren nur mit wenig Luft gefüllt und dadurch relativ unscheinbar. Die Lungenflügel treten nur als zwei links und rechts neben dem Herzen liegende flache Strukturen hervor, sodass der Brustraum vom Herzen dominiert wird (Abb. 12.12A, B, 12.13B, 12.14C, E). Der rechte Lungenflügel besteht aus mehreren Teilen, einem cranialen, einem mittleren und einem hinteren, caudalen Lappen, während die linke Lunge einteilig ist (Abb. 12.14D). Durch einen kleinen, quer verlaufenden Schnitt durch die Trachea (Abb. 12.14D; Pfeil) kann man vorsichtig die Spitze einer Pasteurpipette in die Trachea einführen (Abb. 12.14E) und die Lunge mit Luft befüllen (Abb. 12.14F). Die Lungenflügel werden dadurch entfaltet und bekommen ein hellrotes Aussehen (Abb. 12.14A, F).

Das Herz der Säugetiere besteht aus je zwei vollständig getrennten Vor- und Hauptkammern (Atrien, Ventrikel) (Abb. 12.14C–G). Durch diese Trennung ist es im Verlauf der Evolution gelungen, Lungen- und Körperkreislauf vollständig voneinander zu trennen und so eine Durchmischung von oxigeniertem und desoxigeniertem Blut zu verhindern. Das aus dem Körper kommende sauerstoffarme Blut gelangt über die beiden vorderen und die hintere Hohlvene über den nicht von der Vorkammer abgesetzten Sinus venosus in die rechte Vorkammer und von dort in die rechte Hauptkammer, die das Blut über die Lungenarterien in die Lungen pumpt. Aus den Lungen gelangt das oxigenierte Blut über die Lungenvenen in das linke Atrium, den linken Ventrikel und über den linken Aortenbogen in den Körper. Vom Aortenbogen zweigen zunächst die den Vorderkörper versorgenden Arterien ab, beginnend mit der aus einem gemeinsamen Ast (Truncus brachiocephalicus) entspringenden Arteria subclavia dexter und der rechten Aorta carotis communis. Diese teilt sich dann in die A. c. externa und A. c. interna auf. Dann folgen die Arterien der linken Körperseite: die Aorteria carotis communis sinister gefolgt von der Arteria subclavia sinister. Anschließend setzt sich der Aortenbogen nach ventral als Aorta ventralis fort und versorgt den übrigen Körper mit oxigeniertem Blut. Die Kopfarterien und vorderen Hohlvenen sind bei der Präparation der Halsregion erkennbar (Abb. 12.14C), die vor allem parallel zur Trachea angeordnet sind. Anfänger dürften Schwierigkeiten haben, diese Gefäße in der Präparation darzustellen – eine erfolgreiche Präparation erfordert einige Übung.

Da die Milz als Blutlymphorgan bezeichnet werden kann, soll sie an dieser Stelle kurz besprochen werden, auch wenn sie von ihrer Lage zum Abdomen gehört. Die Milz liegt im dorsalen Mesenterium dorsolateral und links des Magens und wird dementsprechend beim Entfernen der Mesenterien ebenfalls aus der Bauchhöhle entnommen (Abb. 12.13B–E). Das braunrote, lang gestreckte Organ spielt eine zentrale Rolle beim Abbau roter Blutkörperchen, ist eine Bildungsstätte von Lymphocyten und produziert Antikörper. Als stark durchblutetes Organ dient sie auch als Blutspeicher, aus dem bei erhöhtem Sauerstoffbedarf Blut in den Körperkreislauf abgegeben wird. Rodentia (Nagetiere), zu denen ja unser Kursobjekt gehört, besitzen eine Milz, die vorwiegend der Immunabwehr dient, während eine Speichermilz unter anderem bei Robbenartigen vorkommt. Von den Strukturen des Lymphsystems fallen bei der Präparation nur die neben den Speicheldrüsen befindlichen Lymphknoten des Hals-Kopf-Bereichs auf (Abb. 12.12C), sodass das Lymphsystem in seiner Komplexität hier nur ansatzweise behandelt wird.

Nierenorgane

Nach dem Entfernen des Darmes sind die Nieren und Geschlechtsorgane zugänglich; allerdings sind mehr oder weniger umfangreiche Fettablagerungen in den Aufhängebändern der weiblichen Geschlechtsorgane, der Hoden und um die Nieren vorhanden, die gegebenenfalls noch entfernt werden müssen (Abb. 12.15A–E). Die funktionelle Niere der Säugetiere ist der sogenannte Metanephros; die segmentale Urniere (Mesonephros) wird embryonal angelegt, erfährt einen Funktionswechsel und spielt als Nebenhoden und Samenleiter bei der Ausleitung der Gameten eine wichtige Rolle. Die paarige Niere liegt dorsal in der Leibeshöhle etwas unterhalb der Leber (Abb. 12.15A, B). Die Nieren der Ratte sind wie bei vielen Säugern bohnenförmig und leicht asymmetrisch angeordnet. Die rechte Niere ist etwas weiter vorn gelagert als die linke (Abb. 12.15A). In der nach innen gerichteten Einbuchtung entspringt jeweils ein Harnleiter (Ureter) und es treten dort die Blutgefäße ein beziehungsweise aus, welche die Niere versorgen. Der etwas erweiterte Ursprung des Harnleiters wird auch Nierenbecken genannt; hier liegt auch die bei der Ratte einzige Nierenpapille (Niere längs aufschneiden). Auf der Nierenpapille münden die Sammelrohre der Nephrone und hier sind auch die distalen Abschnitte der Henle-Schleifen lokalisiert. Diese sind bei an Trockenheit angepassten Säugern besonders lang, da sie der Konzentration des Harnes dienen. Die Harnleiter münden caudal in die Harnblase und von dort über die Harnröhre (Urethra) nach außen. Beim Weibchen ist diese kurz und mündet vor der Vagina an der Basis der Klitoris; beim Männchen ist sie lang und durchzieht den Penis. Beim Männchen münden auch die akzessorischen Genitaldrüsen und die Samenleiter in die Urethra (Abb. 12.15C).

Auf der Niere liegt cranial die Nebenniere, die als Hormondrüse mit der Exkretion nichts zu tun hat. Die Nebenniere produziert wichtige Hormone des intermediären Stoffwechsels, aber auch Adrenalin und Noradrenalin. Außer den Nebennieren gibt es noch die Nierenlymphkonten, die weiter ventral in der Einbuchtung der Niere liegen.

Geschlechtsorgane

Die weiblichen Geschlechtsorgane der plazentalen Säuger bestehen aus der unpaaren Klitoris und Vagina sowie den

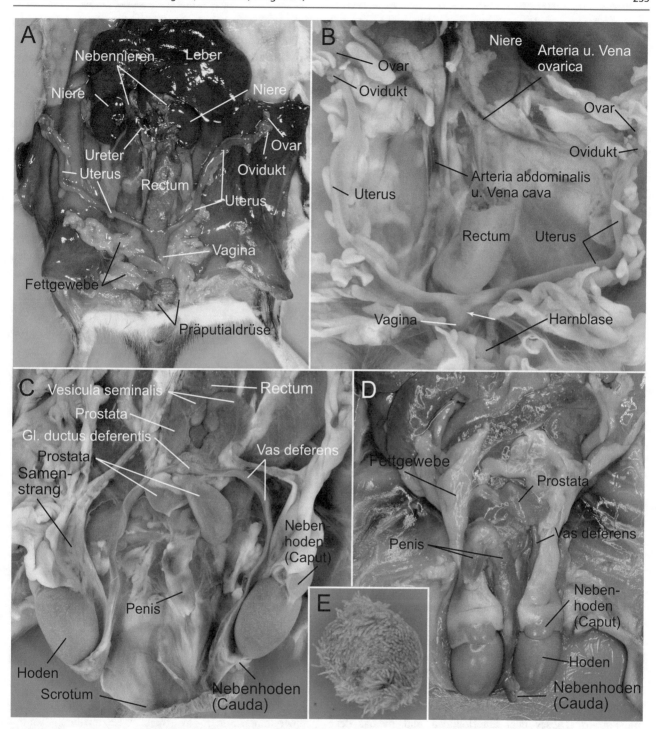

Abb. 12.15 *Rattus norvegicus*. Geschlechtsorgane. (**A, B**) Weibchen. (**A**) Übersicht; Uteri dorsal etwas zur Seite gelegt. (**B**) Stärkere Vergrößerung, natürliche Position. (**C–E**) Männchen. (**C**) Männliche Organe nach Öffnung des Scrotums und Herauslegen der Hoden. (**D**) Hoden und Penis in natürlicher Lage. (**E**) Herauspräparierter Hoden mit zahlreichen Hodentubuli

paarigen Uteri (Uterus duplex), Ovidukten und Ovarien (Abb. 12.15A, B). Vor allem die Uteri sind bei Säugern sehr unterschiedlich gestaltet; die Morphologie der Uteri ist stets mit der Wurfgröße korreliert. Sie können, wie beim Menschen, zu einem einheitlichen Uterus simplex verschmolzen sein. Bei der Ratte sind die Uteri bis zur Einmündung in die

Vagina voneinander getrennt; auch wenn die unteren Abschnitte miteinander verbunden scheinen, bleiben die Lumina getrennt (Abb. 12.15A, B, Pfeil). Die Uteri ziehen weit nach vorn; bei trächtigen Weibchen befinden sich in beiden Uteri Embryonen. Nach einer Tragzeit von 22 Tagen werden durchschnittlich acht bis neun blinde und nackte Jungtiere geboren, die nach weiteren 22 Tagen entwöhnt sind und bereits nach etwa drei Monaten geschlechtsreif werden. Auf die Uteri folgen die gewundenen Eileiter, Ovidukte, deren Trichter sich jeweils an das traubenförmige Ovar anlegt. Die Ovarien liegen etwa auf Höhe der Nieren.

Vierter Präparationsschritt

Zur Darstellung der männlichen Geschlechtsorgane sollte der Hodensack vorsichtig aufgeschnitten werden. Den Verlauf der Samenleiter, Vasa deferentia (Singular: Vas deferens), verfolgt man am besten von den Hoden ausgehend, die Samenleiter müssen dabei noch vollständig freigelegt werden und die Hoden werden dabei etwas zur Seite gelegt (Abb. 12.15C, D). Schließlich kann die bindegewebige Hülle der Hoden vollständig abpräpariert werden, sodass die Hodentubuli erkennbar werden (Abb. 12.15E).

Die männlichen Geschlechtsorgane bestehen aus den paarigen, eiförmigen Hoden, denen die Nebenhoden aufsitzen. Hinzu kommen die Samenleiter, die durch den Leistenkanal in die Bauchhöhle ziehen und sich dann medial wenden, die Urethra überqueren und von ventral in die Urethra einmünden (Abb. 12.15C, D). Von dort verläuft der gemeinsame Gang aus den beiden Samenleitern und der Urethra durch den Penis nach außen. Bei Säugern sind die akzessorischen Genitaldrüsen relativ divers und für die Aktivierung und den Transport der Spermien essenziell. Ihre Anordnung, Funktion und Struktur variieren innerhalb der Säugetiere. Die Hoden sind durch ein muskulöses Band aufgehängt und liegen bei den meisten Säugetieren außerhalb der Bauchhöhle im Scrotum (Hodensack; bei Placentalia postpenial gelegen). Die biologische Bedeutung ist nicht völlig geklärt, vor allem, weil es eine Reihe von Säugetieren mit inneren Hoden gibt. Die äußere Schicht der Hoden besteht aus einer faserigen Bindegewebsschicht, die eine Organkapsel bildet. Die Hoden bestehen aus einzelnen Hodentubuli (Abb. 12.15E). In diesen läuft von außen nach innen die Spermiogenese ab; die ausdifferenzierten, noch unbeweglichen Spermien werden ins Lumen dieser Tubuli abgegeben und zum Nebenhoden transportiert. Dieser liegt anteriodorsal und medial der Hoden; der dorsale Teil des Nebenhodens wird als Caput bezeichnet, von dort verläuft dieser medial und endet in der Cauda, die dann in den Samenleiter, Vas deferens, übergeht und in den Bauchraum zieht (Abb. 12.15C, D). Diese Strukturen gehen in der Ontogenese aus dem Mesonephros hervor. An der Einmündungsregion der Samenleiter in die Urethra liegen dann auch die akzessorischen Genitaldrüsen: die aus

mehreren Lappen bestehende Prostata, die Glandula ductus deferentis und die große Glandula vesiculosa (Vesicula seminalis). Eine Besonderheit bei Ratten und anderen Nagetieren ist die sogenannte Koagulationsdrüse, die Teil der Prostata ist. Ihr Sekret bildet nach der Kopulation in der Vagina einen Pfropf und verhindert so die Befruchtung der Eier mit Spermien anderer Männchen. Der Penis der Ratte liegt in nicht erigiertem Zustand in einem nach hinten gerichteten Knick, bildet gewissermaßen ein U (Abb. 12.15D).

Nervensystem, Sinnesorgane

Das Nervensystem und die Sinnesorgane der Ratte lassen sich in einem Anfängerkurs nur bedingt darstellen. Bestimmte Strukturen wie der Bau des Rückenmarks, des Gehirns oder der Augen sollten in histologischen Präparationen untersucht werden.

Fünfter Präparationsschritt

Vom Nervensystem soll hier nur das Gehirn präpariert und besprochen werden. Aufgrund seiner geschützten Lage im Schädel und seiner weichen Struktur ist ohne eine weitere Behandlung oder Fixierung eine Präparation nur sehr grob möglich.

Man löst den Kopf in Höhe des ersten Halswirbels vom Körper, entfernt dorsal die Haut und Muskulatur mit einem median verlaufenden und zwei davon ausgehenden senkrechten Schnitten, sodass man den Schädel freilegen kann. Nun wird mit einer feinen Säge die Schädelkapsel links und rechts vom Hinterhauptsloch oberhalb der Augenhöhle geöffnet und quer verbunden. Dann kann die Schädeldecke abgehoben werden und das Gehirn ist zugänglich. Nun wäre eine Fixierung mit Formaldehyd von Vorteil, da dann das Gewebe etwas fester wird. Man kann hinten beginnen die Medulla oblongata vorsichtig abheben und dann von hinten nach vorn die Hirnnerven möglichst weit von ihrem Ursprung durchtrennen. Nach dem Durchtrennen der Augen- und Riechnerven kann das Gehirn entnommen und in Ethanol fixiert werden. Bei Zeitmangel kann man auch versuchen, die Schädelkapsel durch einen medianen Einstich mit der Spitze einer feinen Schere zu öffnen und dann durch Aufklappen der Schere die Schädelkapsel zu öffnen.

Bei Betrachtung von dorsal fallen am Gehirn zunächst die beiden Hemisphären des Telencephalons (Endhirns) auf, die den größten Anteil des Gehirns bilden (Abb. 12.16A, B). Bei Nagern ist die Großhirnrinde nicht gefurcht. Davor befinden

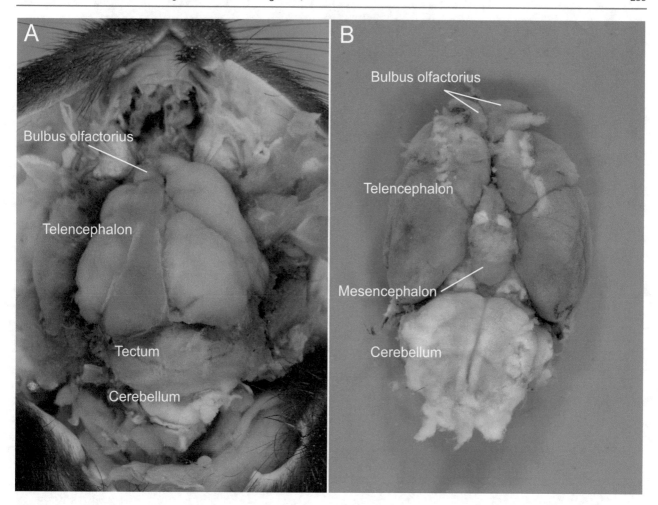

Abb. 12.16   *Rattus norvegicus*. Gehirn. (**A**) Lage im geöffneten Schädeldach von dorsal. (**B**) Herauspräpariert, ventral; Medulla oblongata (Myelencephalon) nicht erhalten

sich die beiden Bulbi olfactorii, in die jeweils die Neuriten des Riechnervs eintreten. Die Nase ist eines der wichtigsten Sinnesorgane vieler Säuger, nur beim Menschen spielt sie eine eher untergeordnete Rolle. Das Diencephalon ist von dorsal nicht erkennbar und von den Endhirnhemisphären überdeckt. Daran schließt sich posterior das Mittelhirn an, von dem das Tectum sichtbar ist, gefolgt vom Metencephalon. Darauf folgt das schmale Myelencephalon, das in das Rückenmark übergeht. Letztere Strukturen sind je nach Sorgfalt der Präparation mehr oder weniger gut erhalten. Die zwölf Gehirnnerven sind nur bei einer sehr guten Präparation darzustellen.

Weiterführende Literatur

Empfehlungen für die Handbibliothek, Präparationen

Brusca RS, Moore W, Shuster SH (2016) Invertebrates, 3. Aufl. Sinauer Associates Inc., Sunderland

Bullough WS (1958) Practical invertebrate anatomy, 2. Aufl. MacMillan, London

Dales RP (Hrsg) (1981) Practical invertebrate zoology. A laboratory manual, 2. Aufl. University of Washington Press, Seattle

De Iuliis G, Pulera D (2019) The dissection of vertebrates. A laboratory manual, 3. Aufl. Academic Press, London

Fiedler K, Lieder J (1994) Mikroskopische Anatomie der Wirbellosen. Gustav Fischer, Stuttgart

Fischer A (Hrsg) (2013) The Helgoland manual of animal development: Notes and laboratory protocols on marine invertebrates, 1. Aufl. Dr. Friedrich Pfeil, München

Löw P, Molnar K, Kriska G (2016) Atlas of animal anatomy and histology. Springer, Heidelberg

Paululat A, Purschke G (2011) Wörterbuch der Zoologie, 8. Aufl. Spektrum, Heidelberg

Ruppert EE, Fox RS, Barnes RD (2004) Invertebrate zoology. A functional evolutionary approach, 7. Aufl. Books/Cole – Thomson Learning, Belmont

Schmidt-Rhaesa A (2007) The Evolution of organ systems. Oxford University, Oxford

Storch V, Welsch U (2014) Kükenthal. Zoologisches Praktikum, 27. Aufl. Springer, Heidelberg

Streble H, Bäuerle A (2007) Histologie der Tiere. Spektrum, Heidelberg

Urry LA, Cain ML, Wassermann SA, Minorsky PV, Reece JB (Hrsg) (2019) Campbell Biologie, 11., deutsche Aufl. (Heinisch JJ, Paululat A (Hrsg)). Pearson, Hallbergmoos

Wehner R, Gehring WJ (2013) Zoologie, 25. Aufl. Thieme, Stuttgart

Westheide W, Rieger G (Hrsg) (2013) Spezielle Zoologie. Teil 1: Einzeller und Wirbellose Tiere, 3. Aufl. Spektrum, Heidelberg

Westheide W, Rieger G (Hrsg) (2014) Spezielle Zoologie. Teil 2: Wirbel- oder Schädeltiere, 3. Aufl. Spektrum, Heidelberg

Ausgewählte neuere Literatur zur Phylogenie der Metazoa

Bleidorn C (2019) Recent progress in reconstructing lophotrochozoan (spiralian) phylogeny. Org Divers Evol 19:557–566

Edgecombe GD, Giribet G, Dunn CW, Hejnol A, Kristensen RM, Neves RC, Rouse GW, Worsaae K, Sörensen MV (2011) Higher-level metazoan relationships: recent progress and remaining questions. Org Divers Evol 11:151–172

Giribet G, Edgecombe GD (2020) The invertebrate tree of life. Princeton University Press, Princeton/Oxford

Laumer CE, Fernández R, Lemer S, Combosch D, Kocot KM, Riesgo A, Andrade SCS, Sterrer W, Sørensen MV, Giribet G (2019) Revisiting metazoan phylogeny with genomic sampling of all phyla. Proc R Soc Lond B 286:20190831

Manni L, Penati R (2016) Tunicata. In: Schmidt-Rhaesa A, Harzsch S, Purschke G (Hrsg) Structure and evolution of invertebrate nervous systems. Oxford University, Oxford, S 699–718

Marlétaz F, Peijnenburg KTCA, Goto T, Satoh N, Rokhsar DS (2019) A new spiralian phylogeny places the enigmatic arrow worms among gnathiferans. Curr Biol 29:312–318

Schierwater B, DeSalle R (2022) Invertebrate zoology. A tree of life approach. Taylor and Francis Group/CRC Press, Boca Raton/Abingdon/Oxon

Simion P, Philippe H, Baurain D, Jager M, Richter DJ, Di Franco A, Roure B, Satoh N, Quéinnec E, Ereskovsky A, Lapébie P, Corre E, Delsuc F, King N, Wörheide G, Manuel MI (2017) A large and consistent phylogenomic dataset supports sponges as the sister group to all other animals. Curr Biol 27:958–967

Telford M, Budd GE, Philippe H (2015) Phylogenomic insights into animal evolution. Curr Biol 25:R876–R887

Whelan NV, Kocot KM, Moroz LL, Halanych KM (2015) Error, signal, and the placement of Ctenophora sister to all other animals. Proc Natl Acad Sci USA 112:5773–5778

Lesebücher zum Thema Metazoa

Godfrey-Smith P (2020) Metazoa: animal minds and the birth of consciousness, 1. Aufl. William Collins, Glasgow

Hass H (1979) Wie der Fisch zum Menschen wurde. Koch, Berlin

Leroi AM (2017) Die Lagune oder wie Aristoteles die Naturwissenschaften erfand. Theiss, Darmstadt

Literatur und Medien zu einzelnen Tiergruppen

Porifera

Müller WEG (Hrsg) (2012) Sponges. Progress in molecular and subcellular biology. Springer, Berlin/Heidelberg

Proksch P, Edrada-Ebel R, Ebel R (2006) Bioaktive Naturstoffe aus marinen Schwämmen: Apotheke am Meeresgrund. Biologie in unserer Zeit 3:150–159

Cnidaria

Bosch T (2009) Evolutionäres Gedächtnis. Stammzellen in Hydra. Biologie in unserer Zeit 2:114–122

Dupre C, Yuste R (2017) Non-overlapping neural networks in *Hydra vulgaris*. Curr Biol 27:1085–1097

Holstein T, Tardent P (1984) Ultrahigh-speed analysis of exocytosis: nematocyst discharge. Science 223:830–833

Holz O, Apel D, Hassel M (2020) Alternative pathways control actomyosin contractility in epitheliomuscle cells during morphogenesis and body contraction. Dev Biol 463(1):88–98

Tardent P (1978) Cnidaria. In: Seidel F (Hrsg) Morphogenese der Tiere. Lieferung 1: A1 Einleitung, Cnidaria. VEB Gustav Fischer, Jena

Plathelminthes

Lofty WM, Brant SV, DeJong R, Hoa Le T, Demiaszkiewicz A, Jayanthe Rajapakse RPV, Perera VBVP, Laursen JR, Loker ES (2008) Evolutionary origins, diversification, and biogeography of liver flukes (Digenea, Fasciolidae). Am J Trop Med Hyg 79(2):248–255

Mehlhorn H (2012) Die Parasiten des Menschen: Erkrankungen erkennen, bekämpfen und vorbeugen. Springer Spektrum, Heidelberg

Ording K (1971) Der große Leberegel und seine Verwandten. Die neue Brehm-Bücherei Heft 444

Skelly P (2009) Kampf den Killerwürmern. Spektrum der Wissenschaft 4:48–54

Wie gefährlich ist der Fuchsbandwurm, Teil 1 und Teil 2. In: odysso – Wissen im SWR, SWR Fernsehen 07.09.2017

Annelida

Bartolomaeus T, Purschke G (Hrsg) (2005) Morphology, molecules, evolution and phylogeny in Polychaeta and related taxa, Developments in Hydrobiology. Springer, Dordrecht, S 179

Bely AE, Zattara EE, Sikes JM (2014) Regeneration in spiralians: evolutionary patterns and developmental processes. Int J Dev Biol 58:623–634

Edwards CH (Hrsg) (1998) Earthworm ecology. St. Lucie Press (CRC Press LLC), Boca Raton

Fischer A (2005) Der Meeresringelwurm *Platynereis dumerilii*: Ein Labortier stellt sich vor. IWF, Göttingen. https://doi.org/10.3203/IWF/C-12740. Zugegriffen am 24.01.2023

Harrison FW, Gardiner SC (1992) Annelida. In: Harrison FW (Hrsg) Microscopic anatomy of invertebrates, Bd 7. Wiley Liss, New York

Hauenschild C, Fischer A (1969) *Platynereis dumerilii*. In: Siewing R (Hrsg) Großes Zoologisches Praktikum. Gustav Fischer, Jena

Peters W, Walldorf V (1986) Der Regenwurm *Lumbricus terrestris* L. Quelle und Meyer, Heidelberg

Purschke G (2016) Annelida: basal groups and Pleistoannelida. In: Schmidt-Rhaesa A, Harzsch S, Purschke G (Hrsg) Structure and evolution of invertebrate nervous systems. Oxford University Press, Oxford

Rouse G, Tilic E, Pleijel F (2022) Annelida. Oxford University, Oxford

Mollusca

Chase R, Blanchard KC (2006) The snail's love-dart delivers mucus to increase paternity. Proc R Soc B 73(1593):1471–1475. https://doi.org/10.1098/rspb.2006.3474

Dimitriadis VK, Domouhtsidou GP, Cajaraville MP (2004) Cytochemical and histochemical aspects of the digestive gland cells of the mussel *Mytilus galloprovincialis* (L.) in relation to function. J Mol Histol 35(5):501–509. https://doi.org/10.1023/B:HIJO.0000045952.87268.76

GPV-Naturfilm: Fische-Bitterling. https://www.youtube.com/watch?v=i4IP2WOFV2I. Zugegriffen am 24.01.2023

Hinzmann M, Lopez-Lima M, Teixeira A, Varandas S, Sousa R, Lopes A, Froufe E, Machado J (2013) Reproductive cycle and strategy of *Anodonta anatina* (L., 1758): notes on hermaphroditism. J Exp Zool 319A:378–390

Horstmann E (1977) Flimmerbewegung zum Teilchentransport (Nahrungsaufnahme) in den Kiemen der Teichmuschel. IWF K85, Göttingen. https://av.tib.eu/media/14768?hl=Muschel. Zugegriffen am 24.01.2023

Jaeckel SH (1952) Unsere Süßwassermuscheln. Die Neue Brehm-Bücherei. Heft 82

Kilias R (1995) Die Weinbergschnecke. Die Neue Brehm-Bücherei. Heft 563

Lodi M, Koene JM (2016) The love-darts of land snails: integrating physiology, morphology and behavior. J Molluscan Stud 82:1–10. https://doi.org/10.1093/mollus/eyv046

Nematoda

Anderson TJC (1995) *Ascaris* infections in humans from North America: molecular evidence for cross-infection. Parasitology 110(2):215–219

Grüntzig JW, Mehlhorn H (2005) Expeditionen ins Reich der Seuchen: Medizinische Himmelfahrtskommandos der deutschen Kaiser- und Kolonialzeit. Spektrum, Stuttgart

Leles D, Gardner SL, Reinhard K, Iniguez A, Araujo A (2012) Are *Ascaris lumbricoides* and *Ascaris suum* a single species? Parasit Vectors 5:42

Lucius R, Loos-Frank B (2007) Biologie von Parasiten, 2. Aufl. Springer, Berlin/Heidelberg

Sattmann H (2003) Inmitten Parasiten. Veröffentlichungen aus dem Naturhistorischen Museum in Wien, Neue Folge 30

Arthropoden-Crustacea

Die Flusskrebse verschwinden – was können wir tun? (2019) Filmbeitrag des Alfred-Wegener-Instituts, Helmholtz-Zentrum für Polar- und Meeresforschung

Heimliche Panzerträger – Der Flusskrebs. (1996) Reportage des Südwestdeutschen Rundfunks SWR. Ca. 29 Minuten

Hessen DO, Taugbøl T, Fjeld E, Skurdal J (1987) Egg development and lifestyle timing in the noble crayfish (*Astacus astacus*). Aquaculture 64:77–82

Ingle R (1977) Crayfishes, lobsters and crabs of Europe: an illustrated guide to common and traded species. Chapman & Hall, London

Kawai T, Kouba A (2020) A description of postembryonic development of *Astacus astacus* and *Pontastacus leptodactylus*. Freshwater Crayfish 25(1):103–116

Longshaw M, Stebbing P (Hrsg) (2016) Biology and ecology of crayfish. CRC Press Taylor/Francis Group, Boca Raton/London/New York

Müller H (1973) Die Flußkrebse. Die „langschwänzigen" Decapoda Mitteleuropas und ihre wirtschaftliche Bedeutung, 2. Aufl. A. Ziemsen, Lutherstadt Wittenberg

Richter S (2002) Evolution of optical design in the Malacostraca (Crustacea). In: Wiese K (Hrsg) The crustacean nervous system. Springer, Berlin/Heidelberg

Zehnder H (1934) Über die Embryonalentwicklung des Flusskrebses. Acta Zoologica 15: 261–408 und Tafel I–XXV

Arthropoden-Insecta

Berry R, van Kleef J, Stange G (2007) The mapping of visual space by dragonfly lateral ocelli. J Comp Physiol A 193:495–513

Chapman RF, Simpson SJ, Douglas AE (2013) The insects. Structure and function, 5. Aufl. Cambridge University Press, Cambridge

Honkanen A et al (2018) The role of ocelli in cockroach optomotor performance. J Comp Physiol A 204(2):231–243. https://doi.org/10.1007/s00359-017-1235-z

Kafka F (1916) Die Verwandlung. Dtv Verlagsgesellschaft, Leipzig

Vilcinskas A (Hrsg) (2013) Insect biotechnology, 1. Aufl. Springer, Heidelberg/London/New York

Echinodermata

Herrmann K (1982) Entwicklung beim Seeigel (Psammechinus miliaris) – 3. Metamorphose. IWF Film C1458, IWF, Göttingen. https://doi.org/10.3203/IWF/C-1458, https://av.tib.eu/media/10844

Reich A, Dunn C, Akasaka K, Wessel G (2015) Phylogenomic analyses of Echinodermata support the sister groups of Asterozoa and Echinozoa. PLoS One 10(3):e0119627. https://doi.org/10.1371/journal.pone.0119627

Sigl R, Steibl S, Laforsch C (2016) The role of vision for navigation in the crown-of-thorns seastar, Acanthaster planci. Sci Rep 6:30834. https://doi.org/10.1038/srep30834

Strenger A (1973) Sphaerechninus granularis, Violetter Seeigel. Großes Zoologisches Praktikum Band 18e. Ed. R. Siewing. Gustav Fischer, Stuttgart

Uhlig G (1976a) Entwicklung beim Seeigel (Psammechinus miliaris) – 1. Befruchtung und Furchung. IWF Film, C1178, IWF, Göttingen. https://doi.org/10.3203/IWF/C-1187, https://av.tib.eu/media/22021

Uhlig G (1976b) Entwicklung beim Seeigel (Psammechinus miliaris) – 2. Gastrulation und Larvenstadien. IWF Film C1188, IWF, Göttingen. https://doi.org/10.3203/IWF/C-1188, https://av.tib.eu/media/9141

Acrania

Holland ND, Venkatesh TV, Holland LZ, Jacobs KK, Bodmer R (2003) AmphiNk2-tin, an amphioxus homeobox gene expressed in myocardial progenitors: insights into evolution of the vertebrate heart. Dev Biol 255:128–137

Kümmel G, Brandenburg J (1961) Die Reusengeißelzellen (Cyrtocyten). Z Naturforsch 16b:962–697

Lacalli T, Stach T (2016) Acrania (Cephalocordata). In: Schmidt-Rhaesa A, Harzsch S, Purschke G (Hrsg) Structure and evolution of invertebrate nervous systems. Oxford University Press, Oxford

Rähr H (1979) The circulatory system of Amphioxus (Branchiostoma laceolatum (Pallas)). A light microscopic investigation based on intravasal injection technique. Acta Zool 60:1–18

Roschmann G (1975a) Embryonalentwicklung von Branchiostoma lanceolatum (Acrania). IWF Film C1166, IWF, Göttingen. https://doi.org/10.3203/IWF/E-2059, https://av.tib.eu/media/11415

Roschmann G (1975b) Branchiostoma lanceolatum (Acrania) – Schwimmen und Eingraben. IWF Film E2059, IWF, Göttingen. https://doi.org/10.3203/IWF/E-2059, https://av.tib.eu/media/12018

Starck D (1978) Vergleichende Anatomie der Wirbeltiere 1. Springer, Berlin/Heidelberg

Urochordata-Tunicata

Anderson HE, Christiaen L (2016) Ciona as a simple chordate model for heart development and regeneration. J Cardiovasc Dev Dis 3:25. https://doi.org/10.3390/jcdd3030025

Aoyama M, Kawada T, Satake H (2012) Localization and enzymatic activity profiles of the proteases responsible for tachykinin-directed oocyte growth in the protochordate, Ciona intestinalis. Peptides 34:186–192. https://doi.org/10.1016/j.peptides.2011.07.019. PMID: 21827805

Brunetti R, Gissi C, Pennati R, Caicci F, Gasparini F, Manni L (2015) Morphological evidence that the molecularly determined Ciona intestinalis type A and type B are different species: Ciona robusta and Ciona intestinalis. J Zool Syst Evol Res 53:186–193

Cima F, Peronato A, Ballarin L (2017) The haemocytes of the colonial aplousobranch ascidian Diplosoma listerianum: structural, cytochemical and functional analyses. Micron 102:51–64

Ebner B, Burmester T, Hankeln T (2003) Globin genes are present in Ciona intestinalis. Mol Biol Evol 20(9):1521–1525

Fischer A (Hrsg) (2013) The Helgoland manual of animal development: notes and laboratory protocols on marine invertebrates, 1. Aufl., Dr. Friedrich Pfeil, München

Groepler W (2016) Die Seescheiden von Helgoland: Biologie und Bestimmung der Ascidien, 2. Aufl. Die Neue Brehm-Bücherei. Verlags KG Wolf

Horstmann E (1977) Flimmerbewegung zum Teilchentransport (Nahrungsaufnahme) – Teichmuschel. IWF Film K85, IWF, Göttingen. https://doi.org/10.3203/IWF/K-85, https://av.tib.eu/media/14768

Jeffrey WR (2015) The tunicate Ciona: a model system for understanding the relationship between regeneration and aging. Invertebr Reprod Dev 59(sup1):17–22. https://doi.org/10.1080/07924259.2014.9255

Kusakabe T, Motoyuki T (2007) Photoreceptive systems in ascidians. Photochem Photobiol 83:248–252

Satoh N (1994) Developmental biology of ascidians. Cambridge University Press, Cambridge

Satoh N (2016) Chordate origins and evolution. The molecular evolutionary road to vertebrates. Academic Press, Amsterdam, S 206

Sawada H, Yamamoto K, Yamaguchi A, Higuchi A, Nukaya H, Fukoka M, Sakuma T, Yamamoto T, Sasakura Y, Shirae-Kurabayashi M (2020) Three multi-allelic gene pairs are responsible for self-sterility in the ascidian Ciona intestinalis. Sci Rep 10:2514. https://doi.org/10.1038/s41598-020-59147-4

Craniota

Fiedler K (1991) 2. Teil Fische. In: Starck D (Hrsg) Lehrbuch der Speziellen Zoologie. Band II Wirbeltiere. Gustav Fischer, Jena

Giersberg H, Rietschel P (1968) Vergleichende Anatomie der Wirbeltiere, Bd 2. Ernährungsorgane, Atmungsorgane, Kreislauforgane, Leibeshöhlen, Ausscheidungsorgane, Fortpflanzungsorgane. Gustav Fischer, Jena

Giersberg H., Rietschel P (1979) Vergleichende Anatomie der Wirbeltiere. Bd 1. Integument, Sinnesorgane, Nervensystem. Gustav Fischer, Jena

King GM, Custance DRN (1982) Colour atlas of vertebrate anatomy: an integrated text and dissection guide. Blackwell Scientific Publications, Oxford

Kramer B (1996) Electroreception and communication in fishes. Progr Zool 42:1–119

Müller H (1965) Die Forellen. Die Neue Brehm-Bücherei, Heft 164

Präparation einer Forelle, PH-Heidelberg (2013). https://www.youtube.com/watch?v=KeUh0wWGmAk. Zugegriffen am 21.01.2023

Rogers E (1986) Wirbeltiere im Überblick. Eine Praktikumsanleitung. Quelle & Meyer, Heidelberg

Romer RS, Parsons TS (1983) Vergleichende Anatomie der Wirbeltiere. Parey, Hamburg

Starck D (1978) Vergleichende Anatomie der Wirbeltiere auf evolutionsbiologischer Grundlage. 1. Theoretische Grundlagen, Stammesgeschichte und Systematik unter Berücksichtigung der niederen Chordata. Springer, Berlin/Heidelberg

Starck D (1979) Vergleichende Anatomie der Wirbeltiere auf evolutionsbiologischer Grundlage. 2. Das Skelettsystem. Allgemeines Skelettsubstanzen, Skelett der Wirbeltiere einschließlich Lokomotionstypen. Springer, Berlin/Heidelberg

Starck D (1982) Vergleichende Anatomie der Wirbeltiere auf evolutionsbiologischer Grundlage. 3. Organe des aktiven Bewegungsapparates, der Koordination, der Umweltbeziehung, des Stoffwechsels und der Fortpflanzung. Springer, Berlin/Heidelberg

Starck D (1995) 5/1. Teil Säugetiere. Allgemeines, Ordo 1–9. In: Starck D (Hrsg) Lehrbuch der Speziellen Zoologie. Band II Wirbeltiere. Gustav Fischer, Jena/Stuttgart/New York

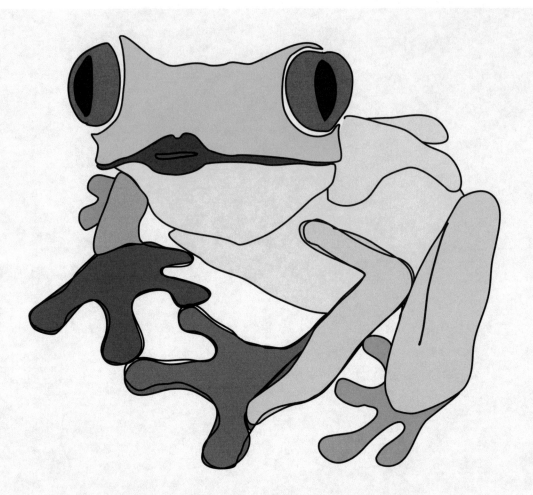